普通高等教育“十一五”国家级规划教材

西安交通大学“十一五”规划教材

智能理论与智能仪器

毕宏彦 徐光华 梁 霖 编

西安交通大学出版社
XI'AN JIAOTONG UNIVERSITY PRESS

内容简介

本书系普通高等教育"十一五"国家级规划教材，是根据测控仪器专业本科生教学需要编写的。本书分为两部分，第Ⅰ部分是教材，第Ⅱ部分是实验指导书。

本书对智能仪器的相关理论作了简要介绍，重点介绍了智能仪器电路设计技术，包括智能仪器的处理器、通信技术、数据采集技术、人机接口技术等。

书后附录简要介绍了在8位单片机系统中广为应用的C51程序设计语言，并介绍了应用日益广泛的串行E2PROM芯片的应用资料。

本书内容丰富，资料翔实，既可以作为专业课教材，也可以供广大技术人员参考使用。

图书在版编目(CIP)数据

智能理论与智能仪器/毕宏彦，徐光华，梁霖编.
—西安：西安交通大学出版社，2010.10
普通高等教育"十一五"国家级规划教材
ISBN 978-7-5605-3130-4

Ⅰ.智… Ⅱ.①毕…②徐…③梁… Ⅲ.智能仪器-高等学校-教材 Ⅳ.TP23

中国版本图书馆CIP数据核字(2009)第085555号

书　　名　智能理论与智能仪器
编　　者　毕宏彦　徐光华　梁　霖
责任编辑　屈晓燕　贺峰涛

出版发行　西安交通大学出版社
　　　　　(西安市兴庆南路10号　邮政编码710049)
网　　址　http://www.xjtupress.com
电　　话　(029)82668357　82667874(发行中心)
　　　　　(029)82668315　82669096(总编办)
传　　真　(029)82668280
印　　刷　陕西丰源印务有限公司

开　　本　727mm×960mm　1/16　印张　23.75　字数　440千字
版次印次　2010年10月第1版　2010年10月第1次印刷
书　　号　ISBN 978-7-5605-3130-4/TP·522
定　　价　40.00元

读者购书、书店添货、如发现印装质量问题，请与本社发行中心联系、调换。
订购热线：(029)82665248　(029)82665249
投稿热线：(029)82664954
读者信箱：jdlgy@yahoo.cn

前 言

本书系普通高等教育"十一五"国家级规划教材,是根据测控仪器专业本科生教学需要编写的。随着计算机在仪器领域的广泛应用,基于计算机处理器的智能仪器技术得到飞速发展。本书就是适应这一发展趋势,为广大学生和仪器专业技术人员编写的。本书系统阐述了智能仪器的主要理论、通信技术、数据采集技术、人机交互技术等知识。在编写中力求知识新颖,实用性强。本书既可作为测控仪器专业本科生教材之用,也可作为研究生和本科生学习仪器设计的参考书。本书有大量的图表资料,也可以作为现场技术人员的工具书使用。

本书分为两部分,第Ⅰ部分是教材,第Ⅱ部分是实验指导书。

教材的第1章介绍智能仪器的主要理论,第2章介绍智能仪器常用处理器,第3章介绍智能仪器通信技术,第4章介绍数据采集技术,第5章介绍人机交互技术,第6章是智能理论应用举例和智能仪器设计实例。

实验指导书结合教材内容,共设计了10个实验。

本书由西安交通大学毕宏彦副教授、徐光华教授、梁霖博士编写。第1章由徐光华和梁霖编写,其它章节由毕宏彦编写。研究生张坤、刘方华、路静、梅燕参加了第3章和实验指导书的编写,研究生闻红志、唐春霞、刘方华参加了第6章的编写,研究生杨俊、胡江参加了本书所有图幅的编辑整理工作。全书由毕宏彦统稿。

本书承蒙西安交通大学郭俊杰教授审阅并提出了宝贵的修改意见,西安交通大学出版社和该出版社的贺锋涛、屈晓燕编辑对本书的出版给予了热情的帮助,在此一并表示诚挚的谢意。

本书中芯片资料主要来源于 Intel、Philips、Maxim、Winbond、ATMEL、Silicon Labs 等公司的官方网站,在此一并表示感谢。

由于图幅太多,错误和疏漏之处在所难免,恳请读者批评指正。

西安交通大学

《智能理论与智能仪器》编写组

2010.9

目　录

第Ⅰ部分　智能理论与智能仪器

第Ⅰ部分

智能理论与智能仪器

绪　论

智能理论涉及到自动控制与自动信息处理的复杂技术领域,它是人们对信号处理和控制理论实践经验的提炼与总结。

仪器是人们对具有特定功能的精密机器或小型机器的称谓,主要用于实现机械量、几何量、电磁量、光学量、化学量等物理量的检测、计量、分析、存储、显示、记录等功能。机械量主要有速度、加速度、应力、应变、压力、真空度、温度、湿度、声音、噪声、振动、转动速度、转动惯量、流量、流速等;几何量主要有长度、方向、位置等;电磁量主要有电压、电流、电场强度、磁场强度、电信号的幅频特性等;光学量主要有光信号的强度、色度、波长等;化学量主要有化学成分、离子浓度、反应方向、反应速度、反应中的热效应、熵、焓等。例如,用于测定方向与位置的经纬仪,用于航空航天航海的各种导航仪,办公用的扫描仪、绘图仪、投影仪,各种光学显微镜、电子显微镜、普通望远镜、射电望远镜,各种医用分析仪器,各种治疗仪等等,品种繁多,不胜枚举。这些仪器广泛应用于工业、农业、科研、国防、医疗、教育等领域,成为人们探索自然,改造自然必不可少的工具,在生产、生活与科研中发挥着重要作用。

仪器是人们在生产实践中创造出来的,是随着生产实践的发展而发展的。随着生产水平的提高和科学技术的进步,人们不断地创造出品种更多、功能更强的仪器。

由于本书旨在于仪器专业的学生与工程技术人员使用,因此,本课程主要介绍智能仪器中关于智能理论的基础知识和智能仪器电路的设计技术。

0.1　仪器分类及其特点

仪器分类方法有多种,有根据用途来分类的,有根据结构和机电性能特点来分类的。

0.1.1　根据用途分类

主要有下面各类仪器仪表。

(1)工业仪器仪表

工业仪器仪表是用来对工业生产过程进行检测和控制的仪器仪表。它主要包括检测仪表、显示仪表、调节控制仪表和执行器四大部分。工业仪器仪表在工业生产中起到了不可估量的作用,过去一些人工很难完成的工作,今天已经变成现实。

(2)科学测试分析仪器

测试分析仪器是用来测定分析物质成分、化学结构的仪器仪表。空气、水、土壤和岩石等物质到底是什么组成的,这些都可以通过各类测试分析仪器搞清楚。一条金项链是真是假,一测便知。目前测试分析仪器种类繁多,如电化学式分析仪器、光学式分析仪器、热学式分析仪器、物性分析仪器以及质谱仪、波谱仪、色谱仪等。

(3)电子测量仪器

电子测量仪器是用来测量电压、电流、电阻、电容、电感、相位、频率、功率等电特性的测量仪器。包括各种电阻电感电容测试仪、晶体管特性图示仪、通用示波器、频谱分析仪、数字电压表、逻辑分析仪、功率表等等。

(4)医用仪器仪表

医用仪器仪表是实现医学诊断、治疗、监护的专用仪器仪表。包括各种体温计、血压计、肺功能机、心电图机、脑电图机、生化分析仪器、各种监护设备、透视照相设备等等。

(5)航天航空仪器仪表

航天航空仪器仪表包括人造卫星、宇宙飞船、火箭及各种飞行器使用的控制、制导、操纵运行的仪表。还包括各种航空基地使用的专用仪器仪表和遥感仪器。随着航空航天事业的发展,人们不仅把在地球上旅行变成了非常简单的事,而且还登上了月球,并已揭开了金星的神秘面纱。航天飞机在茫茫宇宙中飞行,正在探索太空新的秘密。

(6)航海航船仪器仪表

在浩瀚的大海中,轮船的安全航行离不开仪器仪表,我国古代发明的指南针,就是航海中最古老的仪表。而今航海船舶仪器仪表已今非昔比,机舱用上了自动驾驶仪、无线电导航仪,其他还有方位仪、计程仪、测深仪、雷达系统等等。

另外,现代仪器仪表还包括各种标准计量仪器、环境保护仪器、海洋仪器仪表、天文仪器仪表、气象仪器仪表、地质勘探仪器仪表、车辆交通仪器仪表、农业专用仪器仪表等等,真可谓门类众多,数不胜数。

0.1.2 根据仪器构造和机电性能特征分类

根据仪器构造和机电性能特点可以将仪器分为机械式仪器和电子仪器,电子仪器又可分为智能仪器和普通电子仪器。其分类见图0.1。

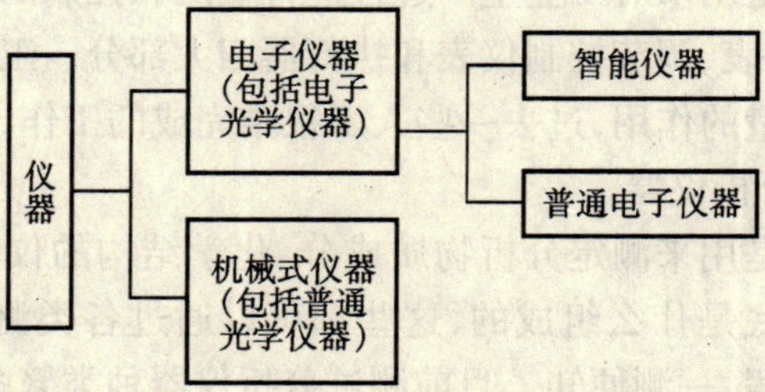

图0.1　仪器分类

1. 机械式仪器

机械式仪器是单纯由机械部件组成的仪器,也包括普通光学仪器。在电器元件问世之前的几千年,人类所发明的仪器都是机械式仪器。它们大多数具有精密的机械结构,在科研与生产中发挥了重要作用。例如,我国古代科学家张衡发明的侯风地动仪,就成功地测报了多次地震,有些地震发生在很远的地方,也测到了其方位与大小,代表了世界上当时地震研究的最高水平。现在仍有许多机械工程师在研究机械式仪器,并取得了举世瞩目的成就。小的机械式仪器有听诊器、血压计,水平仪、经纬仪、机械钟等,大的机械式仪器有枪弹检测器,一台高射机枪子弹检测器占地20 m^2,重达5 t,结构复杂精巧,价值上百万元。有些机械式仪器有相当高的精度,可以实现相当复杂的功能。例如西安交通大学研究的用于热电厂发电机汽机水位自动调节的汽液两相流水位计,在全国各热电厂推广使用以来,节能效果显著,取得了巨大的社会经济效益。各种精密复杂的机械式仪器还在不断发展之中。

2. 电子仪器

电子仪器是主要由电子元件和软件实现其功能的仪器,也包括电子光学仪器。是种类最多,功能最复杂,发展最快的仪器。电子仪器分为普通电子仪器和智能仪器两大类。

(1)普通电子仪器

普通电子仪器具有以下特点。

①机械结构比较复杂精巧,没有智能单元。

②信息显示方式比较简单,指针式或者指示灯显示。

③功能比较单一。

④内部电路一般是模拟电路或者数字逻辑电路。

⑤没有运算和通信功能。

例如万用电表、电流表、电压表、电度表、兆欧表、普通示波器、各种电测仪器等。普通电子仪器精度较高，价格低，用量大。

(2)智能仪器仪表

智能仪器仪表带有微处理器，通常由硬件和软件两部分组成。硬件是智能仪器仪表的物质基础，针对不同的检测控制要求采用不同的硬件可以组成各种功能的智能仪器仪表。硬件包括主机电路、信息输入输出接口、人机联系部件、电源等组成。而主机电路通常是由微处理器 CPU、只读存储器 ROM、读写存储器 RAM、输入输出接口和定时计数电路等组成，或者它本身就是一个集多种功能于一身的单片机。软件包括用指令编写的一系列程序。它主要有监控程序、中断处理程序及实现各种算法的控制程序。监控程序是仪器仪表软件的核心，它接受和分析各种命令，并管理和协调整个程序的执行。中断处理程序是在人机联系部件或其他外围设备提出中断申请时，主机响应后直接转去执行的程序，以便进行实时任务处理。控制运算程序用来实现智能仪器仪表的数据处理和控制功能。

正是上述硬件和软件的融合，使得智能仪器仪表具有了“智能”。智能仪器仪表的出现，使得仪器仪表的发展产生了一个新的飞跃。第一片微处理器出现的1971 年，美国 Booton 公司就开始研制带微处理器的仪器。到 1973 年便研制出76A 型电容电桥，成为第一台采用微处理器的智能仪器仪表。20 世纪 80 年代以来，智能仪器仪表的发展极为迅速，日新月异。它遍及各类电桥、数字电压表、示波器等许多测量仪器中。微处理器与传感器相结合，出现了智能传感器。智能控制仪表已从简单的 PID(比例、积分、微分)调节发展到各种最优控制，如自适应控制、模糊控制、专家系统、人工智能等等，特别是在分析仪器中，已广泛实现了智能化。例如美国生产的 MAT-331 高分辨率质谱仪，其内存有 3.3 万张质谱图，该仪器就像一名熟练的化学家。智能仪器仪表广泛应用于科学技术领域、工业检测控制、广播通信电视、医疗卫生、环境保护等等几乎各行各业，智能仪器仪表正在向着微型化、集成化、多功能化的方向发展。

概括地说，智能仪器是带有智能单元和监控分析程序的电子仪器，也包括带有智能单元的光学仪器例如电子显微镜、生化分析仪、各类色谱仪等。智能仪器是对传统仪器的继承和发展。随着生产实践和科学技术的发展，人们对仪器提出了更多的功能要求，智能化就是最重要的一条。人们不断地开发出新的、功能强大的、智能化的仪器。智能仪器的基本特点是：

①有智能单元(各种类型的计算机 CPU 芯片)。

②有传感器信息采集单元。

③有功能强大的软件和目标模式库，有自学习能力，可以自动建模，可以进行

各种分析判断。能进行复杂的模拟信号处理与数字信号处理(带通滤波,数字滤波,模式识别,新建模式,数值计算、分析、判断、存储)。

④信息显示方式多样化(LED 显示、LCD 显示、CRT 显示)。

⑤一般具有数字通信功能。

⑥一般具有控制功能。

⑦有些具有遥测、遥信、遥控功能。

根据功能要求,不同的智能仪器采用不同的计算机芯片,大型复杂仪器用高档微型计算机作为智能单元,小型的根据需要选用各种单片微型计算机(MPU 或 MCU),中等的采用数字信号处理器 DSP 或者用 ARM 处理器等作为智能单元,也有多处理器并用的复杂系统。由于智能仪器是将计算机系统嵌入到仪器中去,因此它也属于一种典型的嵌入式系统(embedded system)。

本课程主要介绍智能仪器中关于智能理论的基础知识和智能仪器电路的设计技术。在智能仪器设计中,根据仪器的功能要求,又分为电路设计、结构与外观设计和软件设计三项内容。电路是仪器实现既定功能的基本载体之一,仪器的所有功能开发都是以电路和机械结构为基础的。而本书的主要内容是智能仪器的电路设计技术。

当然智能理论本身就有着丰富的知识可以作为独立的一个知识领域去研究,多年来有许多人围绕智能理论和技术进行研究和探索,获得了诸多成果,建立了庞大的智能理论体系,包括推理理论、学习理论、控制理论、自然语言理解、图像识别与处理等。有许多人工智能和机器智能的著述出版发行。

由于本书主要针对仪器专业本科生学习智能仪器设计(重点是智能仪器电路设计)的需要而编写,因此在智能理论方面,仅简要介绍智能仪器中信号采集、分析、判断、决策的一些基本方法,其中信号采集的基本方法包括频率自动调整、滤波方法等,分析方法包括常用的快速傅里叶变换、频域分析、幅频特性分析等,判断方法主要是仪器根据已经构建好的模型,判断所采集的信号属于何种模型,决策是在以上分析判断的基础上确定仪器下一步动作(或操作)的过程。

0.2 智能仪器电路结构

智能仪器电路通常由智能单元、信号选通与隔离电路、信号调理电路、模数转换器、存储器、输出锁存与驱动电路、显示器、键盘、网络接口与通信电路、电源电路等组成。有些仪器本身还带有传感器。智能仪器的电路结构如图 0.2 所示。其中的智能单元是仪器的大脑和核心,对仪器的性能起着关键的作用。根据仪器的复杂程度和速度要求,可选用相应类型的计算机处理器。在选用处理器时,既要考虑其功能和速度指标，还要考虑到产品开发的难易程度、开发工作量和开发效率。在仪器的功能确定之后，电路的设计试验和软件设计开发可以并行进行，电路的设计试验通常只有仪器开发总工作量的20%～40%，智能仪器软件的设计开发则是仪器开发中工作量最大的部分，所有的内外端口处理、信息输入输出、数据采集、数字滤波、模式建立、模式识别、数据库、数据采集、通信等都要进行大量的软件开发和试验，而软件是由处理器运行的，因此处理器的选择至关重要。在保证性能的前提下，一定要选择仪器开发的软件与硬件环境好、资料丰富、开发人员对其比较熟悉、能长期生产供货的处理器。如果选择了资料少、开发环境差，或者准备停产、已经停产的处理器，将是很大的失误。

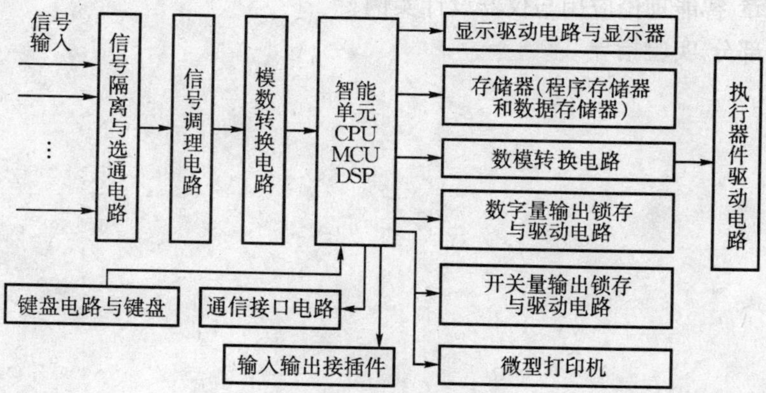

图0.2 智能仪器结构框图

0.3 智能仪器的发展方向

21世纪是科学技术高速发展的时期，智能仪器也会有快速的更新和发展，主要有以下特点：

(1)仪器要有更快的工作速度，更高的检测精度和运算精度，更精密的机械结构，更好的输出控制功能。

(2)功能更多，体积更小。

(3)人机界面更好，更易于操作。

(4)温度稳定性更好。

(5)抗干扰、冲击、振动的能力更强。

(6)实现网络化，具有更好的信息载体和信息共享的能力。

0.4　本书各章节内容安排

第Ⅰ部分 智能理论与智能仪器

第 1 章 信号处理与智能理论概要

第 2 章 智能仪器的处理器

第 3 章 智能仪器常用通信技术

第 4 章 数据采集技术

第 5 章 仪器的人机交互部件

第 6 章 智能理论应用与仪器设计实例

第Ⅱ部分 实验指导

第1章

信号处理与智能理论概要

智能仪器是计算机技术与测试技术相结合的产物,是含有微计算机或微处理器的测量仪器。它具有对数据存储、运算、逻辑判断及自动化操作等功能,具有一定的智能表现。近年来,智能仪器已开始从智能化的数据处理向知识处理发展,应用于模糊控制、信息融合、故障诊断等众多领域,推动了智能仪器的功能向更高层次发展。由于本书主要针对仪器专业本科生学习智能仪器设计(重点是智能仪器电路设计)的需要,主要介绍面向信号测量的智能仪器,主要用于测量目标对象的位置、速度、压力、温度、质量、流量、振动、应力、应变等物理量,因此,本章重点介绍智能仪器对信号进行数据采集、分析、判断的信号处理基本方法和人工智能理论基础知识。

1.1 信号的测试与分析基础

信号作为一定物理现象的表示,包含着丰富的信息,是研究客观事物状态或属性的依据。通过测试技术可以实现信号的测量,进而提取出有用信息。

1.1.1 信号的分类

(1)按所传递信息的物理属性分类

按所传递信息的物理属性分类,信号可分为机械量(如位移、速度、加速度、力、温度、流量等),电学量(如电流、电压等),声学量(如声压、声强等),光学量等。

(2)按时间函数取值的连续性和离散性分类

按时间函数取值的连续性和离散性分类,信号可分为连续时间信号和离散时间信号。对于某一信号,若自变量时间 t 在某一个时间内连续取值,称此信号为时间的连续信号,如图1.1(a)所示的模拟信号。若时间 t 只在一些确定的时刻取值,则此信号为时间的离散信号。图1.1(b)是将图1.1(a)中的连续信号进行等时距采样后的结果,它就是离散信号。模拟信号经模数转换(A/D采样)后的数字序列是离散信号,也称数字信号。

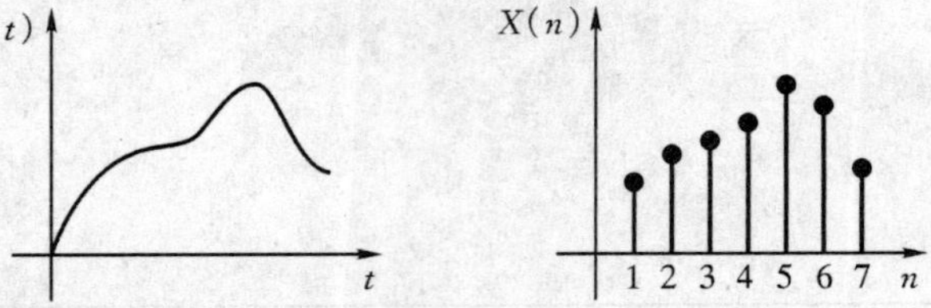

(a) 连续信号　　(b) 离散信号

图 1.1　连续信号和离散信号

(3)按信号随时间变化的特点分类

按信号随时间变化的特点分类,信号可分为确定性信号和非确定性信号两大类。

确定性信号为能够用明确的数学关系式描述的信号,或者可以用实验的方法以足够的精度重复产生的信号,它又可分为周期信号和非周期信号。

周期信号是经过一定时间可以重复出现的信号,它满足条件:$x(t)=x(t+nT)$,式中,T 为周期,$n=0,\pm1,\pm2,\cdots$。简谐(正、余弦)信号和周期性的方波、三角波等非简谐信号都是周期信号。

将确定性信号中那些不具有周期重复性的信号称为非周期信号。非周期信号有准周期信号和瞬变非周期信号两种。准周期信号是由两种以上的周期信号合成的,但各周期信号的频率相互之间不是公倍关系,无公有周期,其合成信号不满足周期信号的条件。

除准周期信号之外的非周期信号是一些在一定时间内存在,或随着时间的增长而衰减至零的信号,称为瞬变非周期信号。如按指数衰减的振荡信号、各种波形(矩形、三角形)的单个脉冲信号等。

非确定性信号又称随机信号,可分为平稳随机信号和非平稳随机信号两类。如果描述随机信号的各种统计特征(如平均值、均方根值等)不随时间推移而变化,则这种信号称为平稳随机信号。反之,如果在不同采样时间内测得的统计参数不能看做常数,则这种信号就称为非平稳随机信号。

1.1.2　信号的采集

在智能化仪器仪表的信号处理过程中,存在着模拟量的测量与控制问题,即将温度、压力、流量等模拟量转变为数字信号,以供计算分析之用,这个过程称为"数据采集"。为了保证这些数字信号可以正确恢复成模拟量,需要满足信号的采样定理。

1. 采样过程的数学描述

对连续信号的采样过程如图 1.2 所示。图中 $f(t)$ 是连续函数,$s(t)$ 为开关函数,$f_s(t)$ 为采样函数,即 $f(t)$ 在时间上离散以后的值,可用式 1.1 表示。

$$f_s(t) = f(t) \cdot s(t) \tag{1.1}$$

设两次开关闭合的时间间隔为 T(称为采样周期),开关闭合的时间为 τ(称为采样时间),这样 $s(t)$ 可用一系列宽度为 τ 的单位矩形脉冲之和来表示。

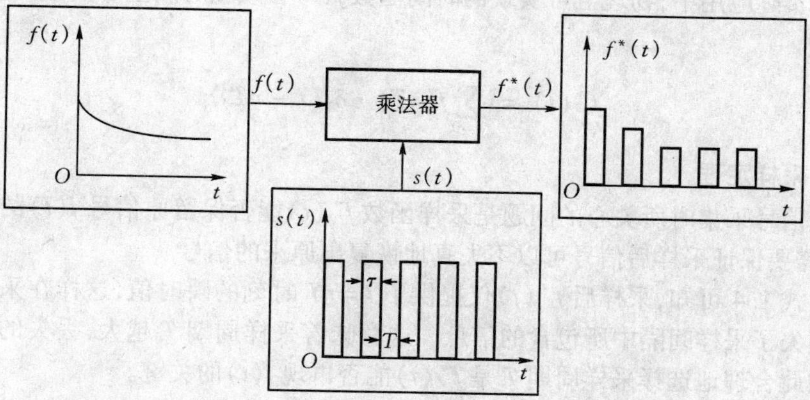

图 1.2　采样过程的模拟

在实际应用中,由于脉冲宽度 τ 远远小于采样周期 T,即 $\tau/T \to 0$,故常用单位脉冲函数 $\delta(t)$ 来替代开关脉冲,用单位脉冲系列 $\delta_T(t)$ 替代开关函数 $s(t)$。由于单位脉冲幅值无穷大,宽度无穷小,面积(单位脉冲冲量)为 1,所以可以表示为

$$\delta_T(t) = \sum_{n=-\infty}^{+\infty} \delta(t - nT) \tag{1.2}$$

式中:$n = 0, \pm 1, \pm 2, \cdots, \pm\infty$;$T$ 为采样周期。

以 $f^*(t)$ 替代采样函数 $f_s(t)$,式 1.1 可重新表示为

$$f^*(t) = f(t) \cdot \delta_T(t) = f(t) \cdot \sum_{n=-\infty}^{+\infty} \delta(t - nT) \tag{1.3}$$

它们之间的相互关系如图 1.3 所示。

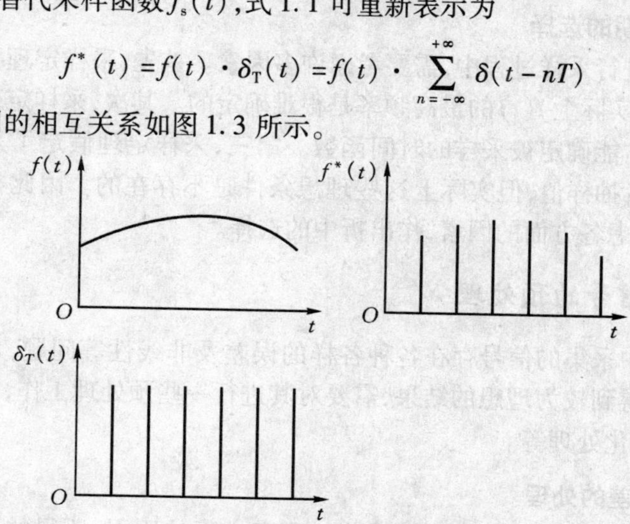

图 1.3　采样过程的描述

由图 1.3 可知，仅当 $t = nT$ 时刻，$f(t)$ 才有意义，记作 $f(nT)$，则有

$$f^*(t) = \sum_{n=-\infty}^{+\infty} f(nT) \cdot \delta_T(t - nT) \tag{1.4}$$

在实际应用中，物理上可实现的时间函数 $f(t)$ 必须在时间上非负，故式 1.1 可简化为

$$f^*(t) = \sum_{n=0}^{+\infty} f(nT) \cdot \delta_T(t - nT) \tag{1.5}$$

2. 采样定理

在信号采集时所关心的问题是采样函数 $f^*(t)$ 能否保留原信号 $f(t)$ 的全部信息，即需要保证采样后信号可以不失真地恢复出原来的信号。

由式 1.4 可知，采样后 $f^*(t)$ 仅提供了 $t = nT$ 时刻的瞬时值，这样在采样过程中就损失了采样间隔中所包含的信息。这意味着采样周期 T 越大，丢失的信息越多。因此合理地选择采样周期 T 是 $f^*(t)$ 能否再现 $f(t)$ 的关键。

可以证明，对一个具有有限频谱的连续函数（频带为 $-\omega_{max} \leqslant \omega \leqslant \omega_{max}$）进行采样，仅当采样频率 $\omega_s > 2\omega_{max}$ 时，采样函数才能不失真地恢复原函数。这就是香农采样定理，即采样频率应大于或等于信号所含最高频率的两倍。这样才有可能通过理想的低通滤波器，把 $\omega > \omega_{max}$ 的高频分量全部滤除，即去除掉信号的干扰成分，从而把原信号完整地恢复出来。如果 $\omega_s < 2\omega_{max}$ 时，则 $f^*(t)$ 频谱中各个波形将会重叠而相互干扰，不能提取出原来的信号成分。但实际上 $f(t)$ 不可能有很窄而明显的频带，而采样通过的低通滤波器也不可能是理想的，所以实际的采样频率 ω_s 往往比 ω_{max} 大得多，一般取 4 ~ 10 倍。

3. 采样周期的选择

在对信号进行采样过程中，需要考虑许多因素。首先，采样定理要求给出采样周期的上限，但实际上 $f(t)$ 的最高频率是很难确定的。其次，采样定理要求取得所有的采样值后才能确定被采样的时间函数。第三，采样定理假定了采样器是理想的，$f^*(t)$ 是瞬时抽样值，但实际上这些理想条件是不存在的。因此在确定采样周期时，要综合考虑各方面的因素，作出折中的选择。

1.1.3 信号的预处理

由于实际中采集的信号存在各种各样的误差及非线性等问题，为了在信号分析过程中可以得到较为理想的结果，需要对其进行一些预处理工作，如测量误差的处理，信号线性化处理等。

1. 测量误差的处理

在测量过程中，由于实验条件、操作过程等方面的原因，所得的数据存在测量

误差,主要表现为随机误差(包括粗大误差)和系统误差。不同类型的误差需要采用不同的处理方法,这样可以提高所测数据的精准度,得到的实验结果更加具有可信性。

1）随机误差处理方法

随机误差是由于测量过程中一系列随机因素的影响而造成的。就一次测量而言,随机误差无一定规律。当测量次数足够多时,测量结果中的随机误差将会服从统计规律,而且大多数按正态分布。因此,消除随机误差最为常用的方法是对多次测量的结果进行算术平均运算,即

$$\bar{x}=\frac{1}{N}\sum_{i=1}^{N}x_i \tag{1.6}$$

式中的 N 为测量次数,N 愈大,$\bar{x}$ 就愈接近真值,但所需要的测量时间也就愈长。为此,智能仪器常常设定专用功能键来输入具体的测量次数 N,而有的测量仪器则根据实际情况采用 N 值自动调整的办法。

2)系统误差处理方法

系统误差是指在相同条件下多次测量同一量时,误差的绝对值和符号保持恒定或在条件改变时按某种确定的规律而变化的误差。系统误差的处理不像随机误差那样有一些普通适用的处理方法,而只能针对具体情况采取相应的措施,常用的修正方法如下。

(1)利用误差模型修正系统误差

首先建立系统的误差模型,对其进行分析,然后根据分析结果求出包含若干误差因子的误差修正公式。对系统误差进行修正时,先通过校正技术把这些误差因子求出来,然后利用修正公式来修正结果,从而减少系统误差的影响。

在测量仪器中,许多传感器、检波器及其他器件的输出信号与被测物理参数之间大都存在明显的非线性。为使智能仪器直接显示各种被测参数并提高测量精度,必须对非线性进行验证,使之线性化。

线性化的关键是找出校正函数。但有时校正函数很难求得,这时可用多项式或解析函数进行拟合。

例如,半导体二极管检波器输出、输入电压的关系为指数关系

$$U_0 \propto e^{U_i/a} \tag{1.7}$$

式中 a 为常数。显然,为了得到线性结果,计算机必须对数字化后的输出电压进行一次对数运算,即

$$R \propto \ln U_0 \propto U_i/a \tag{1.8}$$

使得,R 就与输入电压 U_i 成线性关系。

(2)利用校正数据表修正系统误差

如果对系统误差的来源及仪器工作原理缺乏充分的认识而不能建立误差模型时,可以通过建立校正数据表的方法来修正系统误差。步骤如下:

a. 通过已知的标准电压 $x_1, x_2, \cdots, x_n$ 实测出对应的测量结果 $y_1, y_2, \cdots, y_n$。

b. 在存储器中建立一张标准电压和输出的校准数据表。

c. 实际测量时,根据实测值去访问内存,读出其中经过修正的测量值。

d. 若实际测量值介于某两个标准点 y_i 和 y_{i+1} 之间,为了减少误差,还要在查表基础上作内插计算来进行修正。

(3)通过曲线拟和来修正系统误差

曲线拟和是指从 n 对测定数据(x_i, y_i)中,求得一个函数 $f(x)$ 作为实际函数的近似表达式。其实质就是找出一个简单的、便于计算机处理的近似表达式来代替实际的非线性关系。采用曲线拟和对测量结果进行修正的方法是:首先定出 $f(x)$ 的具体形式,然后再通过对实测值进行选定函数的数值计算,求出精确的测量结果。

目前仪器用的传感器、检波器以及其他器件大多数都具有非线性的特征。为了使智能仪器能直接显示被测参数的数值,确保仪器在整个测量范围内具有高的精度,也经常采用曲线拟和的办法对被测结果进行线性化处理。

常用的拟合函数有解析函数,如 $1/x$, x^m 和 $\lg x$ 等,也可以采用把器件非线性函数的区间划分为若干段的分段拟合方法进行,即每段用一个多项式来拟合,通常是用直线或抛物线来拟合。

3) 粗大误差(异常值)处理方法

粗大误差是指在一定的测量条件下,测量值明显地偏离实际值所形成的误差。粗大误差明显地歪曲了测量结果,应予以剔除。在测量次数较多时,测量结果中的粗大误差宜采用莱特准则判断。若测量次数不够多时,宜采用格拉布斯准则。当对仪器的系统误差采取了有效技术措施后,对于测量过程中所引起的随机误差和粗大误差一般可按下列步骤处理。

(1) 求测量数据的算术平均值

$$\bar{x} = \frac{1}{N}\sum_{i=1}^{N} x_i \tag{1.9}$$

(2) 求各项的剩余误差

$$v_i = x_i - \bar{x} \tag{1.10}$$

(3) 求标准偏差

$$\sigma = \sqrt{\frac{1}{N-1}\sum_{i=1}^{N} v_1^2} \tag{1.11}$$

(4) 判断粗大误差(坏值)

可以运用公式 $|v_i| > C\sigma_i$ 进行判断,其中 C 为系数。

在测量数据为正态分布情况下,如果测量次数足够多,习惯上采用莱特准则判断,取 $C=3$。如果测量次数不够多,宜采用格拉布斯准则判断,系数 C 需要通过查表求出。

对于非正态测量数据,应根据具体分布形状来确定剔除异常数据的界限。

在上述测量数据的处理中,为了削弱随机误差的影响,提高测量结果的可靠性,应尽量增加测量次数,即增大样品的容量。

2. 信号的动态处理

测量数据的动态处理主要是指对数据进行微分及积分运算。这在某些测量仪表中占有较大的比重。

1)微分计算

(1)简单的微分算法

对微分可采取一阶差分形式,即

$$\frac{\mathrm{d}c}{\mathrm{d}t} \approx \frac{\Delta c}{\Delta t} = \frac{c_n - c_{n-1}}{T} \tag{1.12}$$

式中:c_n 为第 n 时刻的测量值,T 为采样周期。

在实际测量信号内难免包含有高频噪声,而微分运算对高频噪声很敏感,这就会产生严重的偏离值。即使噪声的幅值很小,只要频率较高,微分后也可能使结果发生异常变化。因此,直接采用上述算法进行微分运算是不合适的,必须对数据进行平滑处理,滤除高频噪声后,再进行微分运算。

(2)改进的微分算法

改进的微分算法实质上对数据进行了一定程度的平滑。

假定有一批测量数据,其值为 $c_1, c_2, \cdots, c_k, \cdots, c_n$,现求第 k 点的微分值。先从数据中取出 $c_k, c_{k-1}, c_{k-2}, c_{k-3}$,求其平均值 $\overline{c_k}$

$$\overline{c_k} = \frac{1}{4}(c_k + c_{k-1} + c_{k-2} + c_{k-3}) \tag{1.13}$$

然后分别求出上述四点与 $\overline{c_k}$ 的差分,再取这四个差分的平均值,即

$$\frac{\Delta c_k}{T} = \frac{1}{4}\left[\frac{c_k - \overline{c_k}}{1.5T} + \frac{c_{k-1} - \overline{c_k}}{0.5T} + \frac{\overline{c_k} - c_{k-2}}{0.5T} + \frac{\overline{c_k} - c_{k-3}}{1.5T}\right]$$

化简得:

$$\frac{\Delta c_k}{T} = \frac{1}{6T}(c_k + 3c_{k-1} - 3c_{k-2} - c_{k-3}) \tag{1.14}$$

上式称为四点中心差分公式,T 为每点的测量间隔时间。本微分算法较上面的简单微分算法增加的计算量不大,但需要将 c_k 前三个值 $c_{k-1}, c_{k-2}, c_{k-3}$ 保存起来。

(3)不完全微分算法

将测量信号先进行一阶惯性滤波算法处理,滤除高频噪声后,再进行微分计算,这种算法称为不完全微分算法。设有一批测量数据,其值为 $c_1,c_2,\cdots,c_k,\cdots,c_n$,现求 k 点的微分值 D。设 D 与 c 之间的关系为

$$D=[T_\mathrm{d}S/(\gamma T_\mathrm{d}S+1)]c \tag{1.15}$$

式中:T_d 为微分时间常数,S 为微分算子,γ 为小于 1 的常数。当 $\gamma\to0$ 时,则失去滤波作用,D 与 c 之间变成简单微分关系。将上式变成微分方程,再进一步变成一阶差分方程式得

$$\gamma T_\mathrm{d}\frac{D_k-D_{k-1}}{T}+D_k=\frac{T_\mathrm{d}(c_k-c_{k-1})}{T} \tag{1.16}$$

化简后得

$$D_k=\frac{\gamma T_\mathrm{d}}{\gamma T_\mathrm{d}+T}D_{k-1}+\frac{T_\mathrm{d}}{\gamma T_\mathrm{d}+T}(c_k-c_{k-1}) \tag{1.17}$$

称为不完全微分的算法公式。

2)积分计算

智能仪器中,积分运算常用梯形积分法和辛普森法来实现。

(1)梯形积分法

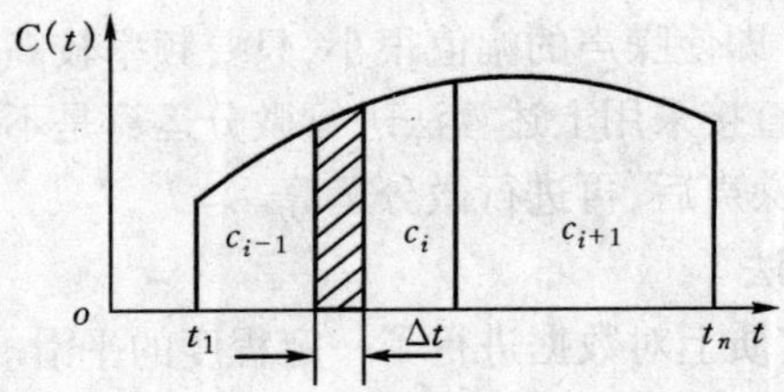

图 1.4　梯形积分法

如图 1.4 所示,理想的积分值,可由 $n-1$ 个梯形面积来近似,即

$$\int_{t_1}^{t_n}c(t)\,\mathrm{d}t=\left(\frac{c_1+c_2}{2}+\frac{c_2+c_3}{2}+\cdots+\frac{c_{n-1}+c_n}{2}\right)\cdot\Delta t=\frac{\Delta t}{2}\sum_{i=1}^{n-1}(c_i+c_{i+1}) \tag{1.18}$$

式中 $\Delta t=\dfrac{t_n-t_1}{n-1}$。

(2)辛普森法

与梯形法不同,它通过一条抛物线逼近被积函数。这样三个采样点的抛物线精度比梯形法高。它把积分区间分割成 $n-1$ 等分,即需要 n 个采样点,要求 n 为奇数,表达式为

$$\int_{t_1}^{t_n} f(t)\,\mathrm{d}t = \frac{1}{3}\Delta t\{f(t_1) + f(t_2) + 4[f(t_2) + f(t_4) + \cdots + f(t_{n-1})] + 2[f(t_3) + f(t_5) + \cdots + f(t_{n-2})]\} \tag{1.19}$$

式中 $\Delta t = \dfrac{t_n - t_1}{n-1}$。

1.1.4　信号的分析

信号可以有多种表示方式,通常以时间域、频率域和时频域来表示。所以信号的分析方法也与之一一对应,可分为时域分析、频域分析和时频分析。

1. 信号的时域分析

直接观测或记录的信号一般是随时间变化的物理量,称为信号的时域描述。信号的时域分析就是求取信号在时域中的特征参数以及信号波形在不同时刻的相似性和关联性。

1)时域统计指标

对信号 $x(t)$ 进行时域统计分析,可以获得信号的峰值、峰峰值、平均值、方差、均方值、均方根值等时域特征参数。

(1)峰值和峰峰值

峰值是信号在时间间隔 T 内的最大值,用 x_{p} 表示,即

$$x_{\mathrm{p}} = \max\{x(t)\} \tag{1.20}$$

峰峰值是信号在时间间隔 T 内的最大值与最小值之差,用 $x_{\mathrm{p-p}}$ 表示,即

$$x_{\mathrm{p-p}} = \max\{x(t)\} - \min\{x(t)\} \tag{1.21}$$

它表示了信号的动态变化范围,即信号的分布区间。

(2)平均值

平均值是信号在时间间隔 T 内的平均值,用 μ_x 表示,即

$$\mu_x = \lim_{T\to\infty}\frac{1}{T}\int_0^T x(t)\,\mathrm{d}t \tag{1.22}$$

它表示了信号变化的中心趋势,也称为固定分量或直流分量,即不随时间变化的分量。

(3)方差和均方差

信号的方差定义为

$$\sigma_x^2 = \lim_{T\to\infty}\frac{1}{T}\int_0^T [x(t) - \mu_x]^2\,\mathrm{d}t \tag{1.23}$$

它表示了信号的分散程度或波动程度。σ_x 称为均方差或标准差,也表示了信号的分散程度。

(4)均方值和均方根值

信号的均方值定义为

$$\varphi_x^2 = \lim_{T\to\infty}\frac{1}{T}\int_0^T x^2(t)\,\mathrm{d}t \tag{1.24}$$

也可称为平均功率,它表示了信号的强度大小。信号的均方根值 φ_x 是均方值的平方根,也称为有效值,它表示了信号的平均能量。

2)时域相关分析

为了反映一个信号幅值随时间变化的波动规律,即在不同时刻的相关程度,可以采用自相关函数来描述。

(1)自相关函数

信号 $x(t)$ 的自相关函数定义为

$$R_x(\tau) = \lim_{T\to\infty}\frac{1}{T}\int_0^T x(t)x(t-\tau)\,\mathrm{d}t \tag{1.25}$$

它描述了信号一个时刻的取值与相隔 τ 时刻取值的依赖关系,即相似程度。自相关函数是偶函数,且周期信号的自相关函数也为周期信号,周期与原信号相同。

(2)互相关函数

信号 $x(t)$ 和 $y(t)$ 的互相关函数定义为

$$R_{xy}(\tau) = \lim_{T\to\infty}\frac{1}{T}\int_0^T x(t)y(t-\tau)\,\mathrm{d}t \tag{1.26}$$

它表示两个信号之间依赖关系的相关统计量,即定量地表征它们幅值之间的相互依赖关系。互相关函数不是偶函数,两个相互独立的信号的互相关函数等于零。

2. 信号的频谱分析

对于时域难以分析的信号,可以把它从时域变换到频域加以分析,即以频率作为独立变量建立信号与频率的函数关系,称为频域分析,或频谱分析。频谱分析的目的是把复杂的时间信号,经傅里叶变换分解为若干单一的谐波分量来研究,以获得信号的频率结构以及各谐波幅值和相位信息。

1)周期信号的频谱分析

(1)周期信号的三角函数展开式

从数学分析可知,任何周期函数 $x(t)$ 在一个周期内处处连续,或者只存在有限个间断点,而且在间断点处函数值不跳变到无穷大,即满足狄里赫利(Dirichlet)条件,则此函数可以展开为傅里叶级数

$$x(t) = a_0 + \sum_{k=1}^{\infty}(a_k\cos k\omega_0 t + b_k\sin k\omega_0 t) \tag{1.27}$$

式中，$k=1,2,3,\cdots$为正整数；

$a_0=\frac{1}{T}\int_{-T/2}^{T/2}x(t)\mathrm{d}t$，是函数在一个周期内的平均值，也叫直流分量；

$a_k=\frac{2}{T}\int_{-T/2}^{T/2}x(t)\cos k\omega_0 t\mathrm{d}t$，是第 k 次谐波分量余弦项的幅值；

$b_k=\frac{2}{T}\int_{-T/2}^{T/2}x(t)\sin k\omega_0 t\mathrm{d}t$，是第 k 次谐波分量正弦项的幅值；

$\omega_0=\frac{2\pi}{T}$是基波圆频率。

通过数学变换，式(1.27)还可表示为

$$x(t)=a_0+\sum_{k=1}^{\infty}A_k\sin(k\omega_0 t+\phi_k) \tag{1.28}$$

式中，$A_k=\sqrt{a_k^2+b_k^2}$，A_k 为 k 次谐波的幅值；$\phi_k=-\arctan(b_k/a_k)$，ϕ_k 为 k 次谐波的相位角。

(2)周期信号的复指数展开式

复指数函数在某些场合下运算和分析非常简便，傅里叶级数写成复指数形式，为

$$x(t)=c_0+\sum_{k=1}^{\infty}c_{-k}\mathrm{e}^{\mathrm{j}k\omega_0 t}+\sum_{k=1}^{\infty}c_k\mathrm{e}^{\mathrm{j}k\omega_0 t}=\sum_{k=-\infty}^{\infty}c_k\mathrm{e}^{\mathrm{j}k\omega_0 t} \tag{1.29}$$

式中，$k=0,\pm1,\pm2,\cdots,\pm\infty$。

$$c_k=\frac{1}{T}\int_{-T/2}^{T/2}x(t)\mathrm{e}^{-\mathrm{j}k\omega_0 t}\mathrm{d}t=|c_k|\mathrm{e}^{\mathrm{j}\phi(k)}\quad(k=0,\pm1,\pm2,\cdots)$$

2)非周期信号的频谱分析

非周期信号的频谱可通过傅里叶变换得到：

$$X(\mathrm{j}\omega)=\int_{-\infty}^{\infty}x(t)\mathrm{e}^{-\mathrm{j}\omega t}\mathrm{d}t \tag{1.30}$$

$$x(t)=\frac{1}{2\pi}\int_{-\infty}^{\infty}X(\mathrm{j}\omega)\mathrm{e}^{\mathrm{j}\omega t}\mathrm{d}\omega \tag{1.31}$$

$X(\mathrm{j}\omega)$称为信号 $x(t)$ 的傅里叶正变换，而 $x(t)$ 称为 $X(\mathrm{j}\omega)$ 的傅里叶反变换。

式中 $X(\mathrm{j}\omega)$ 就是非周期信号的频谱，与周期信号的频谱谱线不同，为连续谱。通常情况下 $X(\mathrm{j}\omega)$ 是复数，则其模称为 $x(t)$ 的幅值谱密度，而它的相位表示 $x(t)$ 的相位谱密度。

傅里叶变换一般有线性叠加性、时间尺度性、时移性、频移性、微积分性、时域卷积性和频域卷积性等七大性质。

3)随机信号的频谱分析

随机信号是按时间随机变化而不可预测的信号，不能用确定的时间函数描述。

由于工程实际中直接通过传感器得到的信号大多数可视为随机信号,因此对随机信号进行研究具有更普遍的意义。随机信号不能直接进行傅里叶变换,又因为其频率、幅值和相位是随机的,因此从理论上讲,可采用具有统计特性的功率谱密度来做信号的谱分析。

根据维纳-辛钦公式,平稳随机过程的功率谱密度与自相关函数是一傅里叶变换对,即

$$S_x(\omega)=\int_{-\infty}^{\infty}R_x(\tau)\mathrm{e}^{-\mathrm{j}\omega\tau}\mathrm{d}\tau \tag{1.32}$$

$$R_x(\tau)=\frac{1}{2\pi}\int_{-\infty}^{\infty}S_x(\omega)\mathrm{e}^{\mathrm{j}\omega\tau}\mathrm{d}\omega \tag{1.33}$$

其中自相关函数 $R_x(\tau)$ 由式(1.25)给出。

同理可定义两个随机信号 $x(t)$、$y(t)$ 之间的互谱密度函数为:

$$S_{xy}(\omega)=\int_{-\infty}^{\infty}R_{xy}(\tau)\mathrm{e}^{-\mathrm{j}\omega\tau}\mathrm{d}\tau \tag{1.34}$$

$$R_{xy}(\tau)=\frac{1}{2\pi}\int_{-\infty}^{\infty}S_{xy}(\omega)\mathrm{e}^{\mathrm{j}\omega\tau}\mathrm{d}\omega \tag{1.35}$$

其中互相关函数 $R_{xy}(\tau)$ 由式(1.26)给出。

自功率谱用于描述随机信号的频率结构,而互谱表示出了两个信号之间的幅值以及相位关系。需要指出,互谱密度不像自谱密度那样具有功率的物理涵义,引入互谱这个概念是为了能在频率域描述两个平稳随机信号的相关性。在实际中,常利用测定线性系统的输出与输入的互谱密度来识别系统的动态特性。

3. 时频分析-短时傅里叶变换

除了时间以外,频率是一种表示信号特征重要的方式。频率的表示方法是建立在傅里叶分析(Fourier analysis)基础之上的,由于傅里叶分析是一种全局的变换,要么完全在时间域,要么完全在频率域,因此无法表述信号的时频局部性质,而时频局部性质恰好是非平稳信号最基本和最关键的性质,它可以同时反映信号的时间和频率信息,揭示信号的时间变化和频率变化特征,更好地描述非平稳信号所代表的被测物理量的本质。常用的典型时频分析方法主要有短时傅里叶变换、小波变换等。

由于标准傅里叶变换只在频域有局部分析的能力,而在时域内不存在局部分析的能力,故 Dennis Gabor 于 1946 年引入短时傅里叶变换(short-time Fourier transform)。短时傅里叶变换的基本思想是:把信号划分成许多小的时间间隔,用傅里叶变换分析每个时间间隔,以便确定该时间间隔存在的频率。图 1.5(a)、(b)为短时傅里叶变换对信号分析示意图。

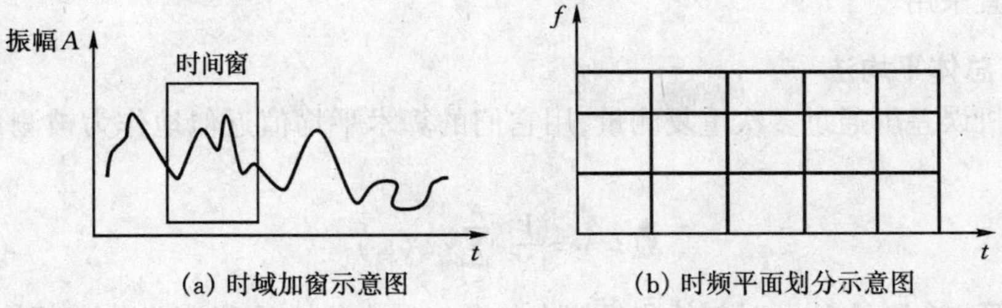

图 1.5　短时傅里叶变换示意图

如前所述，傅里叶变换可以将时域信号变换到频域中。通过中心在 t 的窗函数 $h(t)$ 乘以信号可以研究信号在时刻 t 的特性，即

$$x_t(\tau) = x(\tau)h(\tau - t) \tag{1.36}$$

改变的信号 $x_t(\tau)$ 是两个时间的函数，即所关心的固定时间 t 和执行时间 τ。窗函数决定留下的信号围绕着时间 t 大体上不变，而离开所关心时间的信号衰减了许多，因此，它的傅里叶变换将反映了围绕 t 时刻的频谱，即

$$X_t(f) = \int_{-\infty}^{\infty} x_t(\tau)\mathrm{e}^{-\mathrm{j}2\pi f\tau}\mathrm{d}\tau = \int_{-\infty}^{\infty} x(\tau)h(t-\tau)\mathrm{e}^{-\mathrm{j}2\pi f\tau}\mathrm{d}\tau \tag{1.37}$$

因此，在时刻 t 的能量分布密度为

$$P_{\mathrm{SP}}(t,f) = |X_t(f)|^2 = \left|\int_{-\infty}^{\infty} x(\tau)h(t-\tau)\mathrm{e}^{-\mathrm{j}2\pi f\tau}\mathrm{d}\tau\right|^2 \tag{1.38}$$

对于每个不同的时间，都可以得到不同的频谱，这些频谱的变化就是时频分布 $P_{\mathrm{SP}}(t,f)$。

人们关心的是时刻 t 的信号，所以通过一个围绕着 t 的窗函数可以得到一个短持续时间信号，其傅里叶变换方程(1.37)叫做短时傅里叶变换。由方程(1.38)确定的 $P_{\mathrm{SP}}(t,f)$ 函数曲面叫时频分布。

1.1.5　信号的数字滤波

随机信号是生产实际中最常出现的信号，是需要智能仪器处理的主要对象之一。例如系统中不规律的噪声即为随机信号，对它可采用中值滤波、总体平均、移动平均、滤波法等来处理。

1. 中值滤波

所谓中值滤波是对被测参数连续采样 N 次（N 一般选为奇数），然后将这些采样值进行排序并选中间值。中值滤波对去掉脉冲性质的干扰比较有效，并且采样次数 N 愈大，滤波效果愈强，但采样次数 N 太大会影响速度，所以 N 一般取 3 或 5。对于变化很慢的参数，有时也可增加次数，例如 15 次。对于变化较为剧烈的参数，此法不宜采用。

2. 总体平均法

随机误差可通过多次重复测量,用它们的算术平均值近似地作为被测量值的真值:

$$\hat{X}(t_1)=\frac{1}{N}\sum_{i=1}^{N}x_i(t_1) \tag{1.39}$$

设第 i 次测量在 t_1 时刻的测量值内包含信号成分 S_i 和噪声成分 n_i,则 N 次测量的信号之和为

$$\sum_{i=1}^{N}S_i(t_1)=NS \tag{1.40}$$

由于噪声的随机性,噪声应采用矢量叠加,进行 N 次测量的噪声强度之和为

$$\sqrt{\sum_{i=1}^{N}n_i^2}=\sqrt{N}n(t_1) \tag{1.41}$$

上两式中 n、S 分别是 N 次测量后噪声和信号的平均幅值。因此,它们的信噪比为

$$(NS)/(\sqrt{N}n)=\sqrt{N}\frac{S}{n} \tag{1.42}$$

即信噪比提高了 $\sqrt{N}$ 倍。

总体平均法的缺点是要进行多次同步的测量,因而费时且操作麻烦。

3. 移动平均法

移动平均法只需要进行一次测量。对测量数据边平均、边移动窗口。平均次数总为 N,如图 1.6 所示。

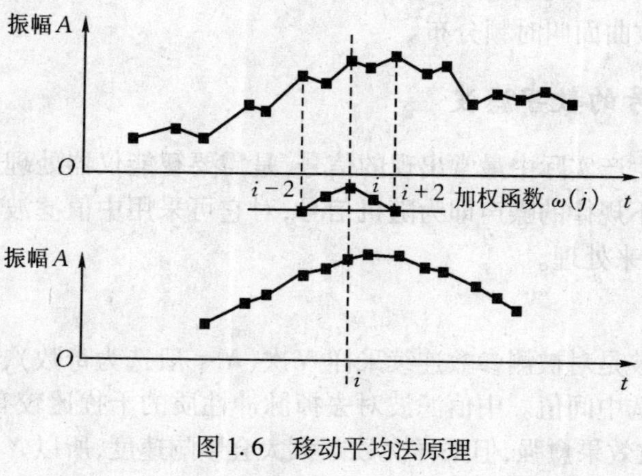

图 1.6　移动平均法原理

第 i 点的平均值为以 i 点为中心，左右各 m 点（共 $2m+1$ 点）的算术平均值或加权算术平均值 $y(i)$ 为

$$y(i)=\frac{1}{W}\sum_{j=-m}^{m}x(i+1)w(j) \tag{1.43}$$

式中 $i=m+1,m+2,\cdots,n-m$。

$$W=\sum_{j=-m}^{m}w(j)$$

式中 $w(j)$ 为左右对称的加权函数，$j=-m,\cdots,-1,0,1,\cdots,m$；$n$ 为测量数据的总和。

由式(1.43)可知，移动平均值等于 $x(i)$ 与加权函数 $w(j)$ 的卷积。

移动平均法的关键是选择加权函数，图 1.7 表示采用矩形和二次多项式加权函数。移动平均法类似于模拟技术中低通滤波，它可以对信号进行实时处理。

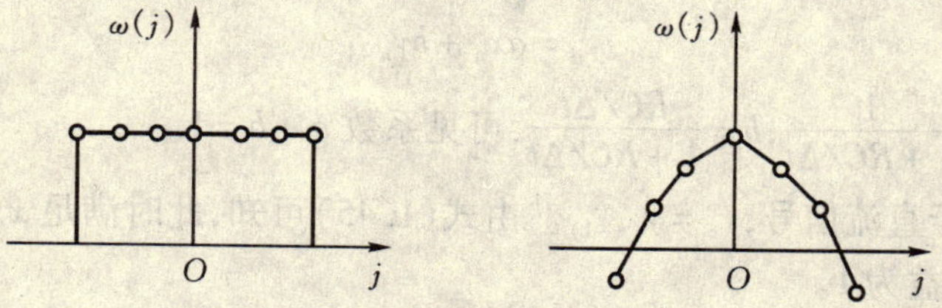

图 1.7　加权函数

4. 滤波法

数字滤波器具有模拟滤波器无可比拟的优点：精度高、可靠性好、稳定性高、输入输出不存在阻抗匹配以及容易改变滤波器传递函数等。此外，模拟滤波器在低频和甚低频时实现很困难，而数字滤波器则不存在这些问题。前面的各种平均法，实际上就是某种形式的滤波器。下面以最经典的模拟滤波器进行数字化来取得数字滤波器，并研究其特性。

如图 1.8 所示为最简单的模拟低通滤波器，也叫 RC 有源滤波器。按照它所实现的传递函数的次数分，可分为一阶、二阶和高阶 RC 有源滤波器。从电路结构

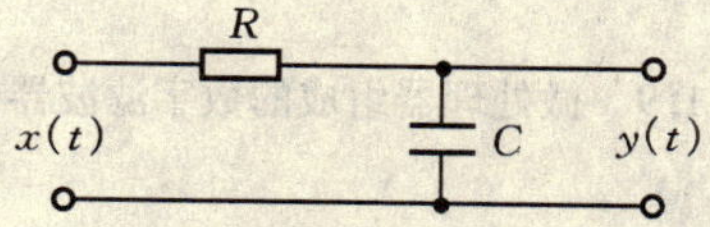

图 1.8　低通滤波器

上看，一阶 RC 有源滤波器比较简单，含有一个电阻和一个电容。二阶 RC 有源滤波器含有两个电阻和两个电容。一般的高阶 RC 有源滤波器可以由一阶和二阶的滤波器通过级联来实现。

其中 $x(t)$ 为输入，$y(t)$ 为输出，它们之间的关系式为

$$RC\frac{\mathrm{d}y(t)}{\mathrm{d}t}+y(t)=x(t) \tag{1.44}$$

在进行数字化处理时，可令

$$y_n=y(n\cdot\Delta t),x_n=x(n\cdot\Delta t)$$

若 Δt 取得足够小，则式(1.44)可改写为

$$RC\frac{y(n\cdot\Delta t)-y(n-1)\Delta t}{\Delta t}+y(n\cdot\Delta t)=x(n\cdot\Delta t)$$

即

$$\left(1+\frac{RC}{\Delta t}\right)y_n=x_n+\frac{RC}{\Delta t}y_{(n-1)}$$

或

$$y_n=ax_n+by_{n-1} \tag{1.45}$$

式中 $a=\dfrac{1}{1+RC/\Delta t}$，$b=\dfrac{RC/\Delta t}{1+RC/\Delta t}$，可见系数 $a+b=1$。

显然，对于直流信号，$y_n=y_{(n-1)}$。由式(1.45)可知，此时满足 $x_n=y_n$。即本滤波器的直流增益为1。

若取样间隔 Δt 足够小，则 $a=\Delta t/RC$。滤波器的截止频率为

$$f=\frac{1}{2\pi RC}\approx\frac{a}{2\pi\Delta t} \tag{1.46}$$

系数 a 越大，则滤波器的截止频率就越高。

如图1.9所示为微处理器系统组成的数字滤波器。微处理器先启动 A/D 转换器进行 A/D 转换，转换完后，转换器经 $\overline{\text{INT}}$ 线发出中断请求信号给微处理器。微处理器工作于中断方式，响应中断后，执行中断服务子程序，从转换器读取转换好的数据。然后返回，进行滤波运算，把结果送到锁存器，经 D/A 转换后输出。

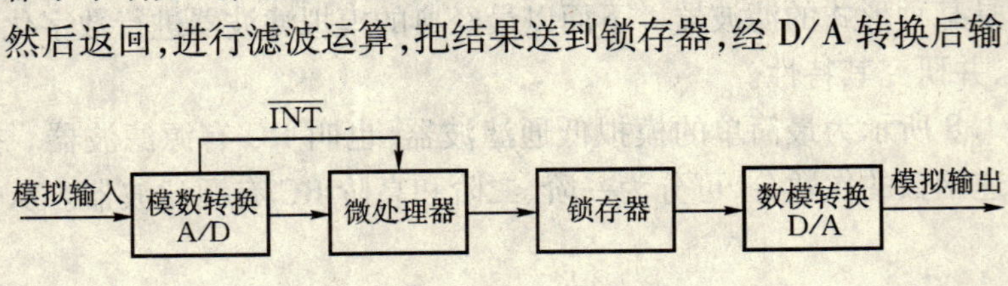

图1.9　微处理器组成的数字滤波器框图

5. 频域法

移动平均法的基本运算是求卷积，对应在频域则是进行乘法运算。在频域消除噪声的运算是先求 $x(t)$、$w(t)$ 的傅里叶变换，再进行乘法运算，求得 $Y(f)$，再进

行傅里叶反变换即可求得 $y(t)$,即

$$y(t) = x(t) * w(t) \tag{1.47}$$

$$Y(f) = X(f)W(f) \tag{1.48}$$

符号 $*$ 表示求卷积,$Y(f)$ 是 $y(t)$ 的傅氏变换。

在频域中消除噪声,是利用信号频谱与噪声频谱不同的特点。这种方式能消除特定频率和极低频率的噪声。

1.2　智能信息理论概要

随着模糊理论、人工神经网络、遗传算法等人工智能理论的发展,智能信息处理方法也从传统的数字处理向具有学习与进化能力等的智能处理方向发展,广泛应用在机器人控制、图像信息处理、计算机视觉等众多领域。智能仪器也形成一批智能测量、智能控制、智能分析与诊断的仪器和系统,已成为当前仪器设计与应用中的重要组成部分。下面仅对目前两种主要的智能信息处理方法作一简单介绍。

1.2.1　模糊信息理论

在自然界和人类的活动中所遇到的各种各样的现象,大体上可分为两类:确定性现象和不确定性现象。不确定性现象又可分为两类:随机现象和模糊现象。模糊理论就是为了解决真实世界中普遍存在的模糊现象而发展起来的一门学科,它是一种定量表达工具,用来表达某些无法明确定义的模糊性概念。模糊理论以模糊集合为基础,其基本精神是接受模糊性现象存在的事实,而以处理概念模糊不确定的事物为研究目标,并积极地将其严密量化成计算机可以处理的信息。实际上,模糊理论是模糊集合、模糊关系、模糊逻辑、模糊控制、模糊测量等理论的泛称,通常将之称为模糊数学。

1. 模糊数学理论的发展

1965 年美国加利福尼亚大学的自动控制专家扎德(L. A. Zadeh)教授首先提出了模糊集(fuzzy sets)概念,给出了模糊性现象的定量描述和分析运算的方法,标志着模糊数学的诞生。模糊数学的产生把数学的应用范围从精确性现象扩大到模糊性现象,把传统数学从二值逻辑扩展到连续值逻辑上来,把绝对的“是与不是”变得更加灵活,在适当的限阈上去相对地划分“是与不是”,使得模糊性现象清晰化。在扎德及许多学者随后的研究工作中,准确地阐述了模糊性的含义,制定了刻画模糊性的数学方法(隶属度、隶属函数、模糊集合等),为模糊数学作为一门独立的学科建立了必要的基础。

因为对于模糊性的事物难以简单地用“属于”或“不属于”来描述,因此经典

集合论对于这类概念就显得无能为力，它们只能通过属于的程度来刻画。进一步说，论域中的元素符合某一概念的程度不能仅仅用 0 或 1 表示，而需要借助介于 0 到 1 之间的实数表示。

定义：模糊集合“A”：$A=\{(x,A(x))\mid x\in X\}$ 或者 $A=\{(x,\mu_A(x))\mid x\in X\}$。其中，$A(x)$ 或 $\mu_A(x)$ 称为“隶属函数”，它满足 $A:X\to M$，这里的 M 称为“隶属空间”。最常见的隶属空间为区间(0,1)。根据定义不难推出，模糊集合 A 实际上是论域 X 到隶属空间 M 的一个映射。

隶属函数 $\mu_A(x)$ 用于刻画元素 x 对于模糊集合 A 的隶属程度——“隶属度”。所以，模糊集合 A 的每个元素 $(x,\mu_A(x))$ 都能明确地表现出 x 的隶属等级。$\mu_A(x)$ 的值越大，x 的隶属程度就越高。$\mu_A(x)=1$ 时，说明 x 完全属于 A；而 $\mu_A(x)=0$ 时，说明 x 不属于 A；而 $\mu_A(x)$ 的值介于 0 与 1 之间时，说明隶属于 A 的程度也介于“属于”与“不属于”之间，是模糊的。

与经典集合可由其特征函数所确定一样，模糊集合也能由其隶属函数所确定。当隶属函数 $\mu_A(x)$ 的值域为集合(0,1)时，模糊集合 A 便退化为经典集合，而隶属函数就等同于特征函数。由此可知，模糊集合概念是经典集合概念的推广，而经典集合是模糊集合的特例。

在模糊数学的应用中，由于隶属函数能否反映出客观事实将直接影响应用效果，所以如何确定隶属函数是个很值得探讨的重要课题。在实际中，隶属函数的确定具有一定的主观性，但如果经过较科学的方法加工，还是可以反映出或较好地反映出客观事实的。到目前为止，国内外已得到应用或已提出的构造方法有很多种，常用的方法有例证法、模糊统计法、蕴涵解析定义法、二元对比法、三分法、模糊分布法等。已有的模糊隶属函数主要有正态型、Γ 型、界上型和界下型四种。而在实际应用中，还可以根据具体问题设计隶属函数。

2. 模糊集合和隶属函数

下面给出一些模糊数学中的基本概念。

(1) 模糊集合的定义为：给定论域 X，X 到[0,1]闭区间的任一映射 μ_A

$$\mu_A:X\to[0,1]$$

都确定 X 的一个模糊集合 A，μ_A 称为模糊集合 A 的隶属函数。它反映了模糊集合中的元素属于该集合的程度，它在[0,1]闭区间内可连续取值。μ_A 越接近 1 表示模糊集中的元素属于 A 的程度越高；反之，μ_A 越接近 0 表示模糊集中的元素属于 A 的程度越低。当 μ_A 的值域为 0,1 两值时，μ_A 即退化成为一个经典子集的特征函数，相应的模糊子集 A 便退化成一个经典子集。

(2) 模糊集合的表示方法。模糊集合有多种不同的表示方法，当论域 X 为有限集或可数集时，模糊集合 A 可由以下三种方法表示：

①Zadeh 表示法：

$$A=\sum_{x}\mu_{A}(x_i)/x_i \tag{1.49}$$

其中斜线“/”仅表示论域中的元素 x_i 与其对 A 的隶属度之间的对应关系，求和号 $\sum$ 仅表示论域 X 上 A 集合的全部，而不是相加求和的意思。

②序偶表示法：

$$A=\{[x_1,\mu_A(x_1)],[x_2,\mu_A(x_2)],\cdots,[x_n,\mu_A(x_n)]\} \tag{1.50}$$

③向量表示法：

$$A=\{\mu_A(x_1),\mu_A(x_2),\cdots,\mu_A(x_n)\} \tag{1.51}$$

当论域 X 为无限不可数集时，Zadeh 将模糊集合 A 表示为

$$A=\int_x \mu_A(x)/x \tag{1.52}$$

这里积分号仅表示论域 X 上相关集合 A 的整体关系；同样斜线也表示元素 x 与其对 A 的隶属度之间的对应关系。

(3)模糊运算。与经典集合的并、交、补的运算相对应，模糊集合也有相似的运算。本文仅介绍最简单的模糊并、模糊交与模糊补的概念。

①模糊并。两个模糊集合 A 和 B 的“并”为模糊集合 C。写成 $C=A\cup B$，或 $C=A$ or B。C 与 A 和 B 的隶属函数的关系为

$$\mu_C(x)=\max(\mu_A(x),\mu_B(x)) \tag{1.53}$$

②模糊交。两个模糊集合 A 和 B 的“交”为模糊集合 C。写成 $C=A\cap B$，或 $C=A$ and B。C 与 A 和 B 的隶属函数的关系为

$$\mu_C(x)=\min(\mu_A(x),\mu_B(x)) \tag{1.54}$$

③模糊补。模糊集合 A 的补表示为 $-A$ 或 $\bar{A}$(非 A)。模糊补的隶属函数定义为

$$\mu_{-A}(x)=1-\mu_A(x) \tag{1.55}$$

一般地，模糊集合 A 和 B 的交集可由一个二元映射 T 来指定，它将两个隶属函数按如下方式结合起来

$$\mu_{A\cap B}(x)=T(\mu_A(x),\mu_B(x)) \tag{1.56}$$

(4)隶属函数。常用的隶属函数确定方法有：

①模糊统计法。首先，对于在论域 X 上给出的模糊集合 A，由 n 个不同的试验者独立判断做出一个在概念上与 A 完全一致的但又有明确边界的普通子集 $A_i(i=1,2,3,\cdots,n)$，因试验者在主观上的差异，一般 A_i 可有不同的边界。然后，对于论域上特定的元素 x_j，统计 $x_j\in A_i$ 的次数并计算相应的频度，即

$$f=(x_j\in A_i\text{ 的次数})/n \tag{1.57}$$

将 x_j 对 A 的隶属频度 f 近似作为对 A 的隶属度 $\mu_A(x_j)$。随着 n 的增加,也会出现像概率统计一样的稳定性。

②例证法。对论域 X 给出的模糊集合 A,可根据有限个 $\mu_A(x)$ 的值,来估计 A 的隶属函数。例如论域代表全体人类,A 代表"高个子的人"。为确定 $\mu_A(x)$,先给定一个高度值 h,然后选定几个语言真值(即判断一句话的真实程度)中的一个来回答某人高度是否属于"高个人"。语言真值可分为"真的"、"大致真的"、"似真似假的"、"大致假的"、"假的",并且对应地用 1,0.75,0.5,0.25 和 0 表示。对 n 个不同高度 $h_1,h_2,h_3,\cdots,h_n$ 的样本分别进行查询,就可得到 A 的隶属函数的离散值,进而得到近似的隶属函数 $\mu_A(x)$。

③专家经验法。根据专家的实际经验,对于所讨论的模糊集合,经分析相关的因素及必要的信息处理后,可建立一个计算隶属度的数学模型。例如郭荣江等在《关幼波治疗肝病的计算机诊断程序》中,设待诊病人为论域 X,模糊子集 A 为患有脾虚性迁延性肝炎的病人。根据专家经验,可以有 16 种症状如 GPT 异常等来判断病人 x 是否患有此病。将每一症状 $a_i(i=1,2,\cdots,16)$ 视为普通子集,令其特征函数为 $Xa_i(x)$。如结合临床经验,将每一症状 a_i 对 A 集所起作用赋予一定的权系数 $w_i(i=1,2,\cdots,16)$,则隶属函数可按下式求出

$$\mu_A(x)=\left[\sum w_jXa_i(x)\right]/\sum w_j \tag{1.58}$$

④二元对比排序法。设论域 X 内有元素 $x_1,x_2,\cdots,x_n$,模糊子集 A,经两两相互比较后具有某一特征(模糊子集特征)的从属程度为 a_{ij},则可以构造一个相关矩阵 $\boldsymbol{A}_R$

$$\begin{array}{c} \\ x_1 \\ x_2 \\ \vdots \\ x_n \end{array}\begin{array}{c} \begin{array}{cccc} x_1 & x_2 & & x_n \end{array} \\ \begin{bmatrix} a_{11} & a_{12} & \cdots & a_{1n} \\ a_{21} & a_{22} & \cdots & a_{2n} \\ \vdots & \vdots & \cdots & \vdots \\ a_{n1} & a_{n2} & \cdots & a_{nn} \end{bmatrix} \end{array}$$

如令 b_{ij} 为 x_i 与 x_j 相对比较后 x_i 具有某一特征的程度,b_{ji} 为 x_j 具有某一特征的程度,并且用(0,1)上的值来刻画,则 a_{ij} 可由下式计算

$$a_{ij}=\frac{b_{ij}}{\max\quad(b_{ij},b_{ji})},i=1,2,\cdots,n \tag{1.59}$$

显然 a_{ij} 表示 x_i 相对 x_j 比较后从属模糊集 A 的相对程度。注意,一般 $a_{ij}\neq a_{ji}$,当 $i=j$ 时,$a_{ij}=1$。

$\boldsymbol{A}_R$ 矩阵的第 i 行元素表示 x_i 与论域内各元素两两作了比较后所得从属模糊集 A 的相对程度。因此,对第 i 行各元素取小运算即可得到 x_i 对于 A 的相对隶属度

$$\mu_i = \min(a_{i1}, a_{i2}, \cdots, a_{in}) \tag{1.60}$$

由此容易得到相对隶属函数 $\mu_A(x)$，这即确定了隶属函数的大致形状。此方法也是一种比较实用的方法，特别是当论域内元素不太多时。

常用的隶属度函数有：

①正态型，表达式为：

$$\mu(x) = \exp\left[-\left(\frac{x-a}{b}\right)^2\right] \tag{1.61}$$

式中 a 和 b 分别是决定函数位置与形状的参数。

②Γ 型，表达式为：

$$\mu(x) = \begin{cases} 0 & x < 0 \\ \left(\dfrac{x}{\lambda v}\right)^v \cdot \exp\left(v - \dfrac{x}{\lambda}\right) & x \geqslant 0 \end{cases} \tag{1.62}$$

式中，$\lambda > 0$，$v > 0$。

③界上型，表达式为：

$$\mu(x) = \begin{cases} \dfrac{1}{1 + [a(x-c)]^b} & x > c \\ 1 & x \leqslant c \end{cases} \tag{1.63}$$

式中，$a > 0$，$b > 0$。

④界下型，表达式为：

$$\mu(x) = \begin{cases} 0 & x < c \\ \dfrac{1}{1 + [a(x-c)]^b} & x \geqslant c \end{cases} \tag{1.64}$$

式中，$a > 0$，$b < 0$。

3. 模糊规则与模糊推理

人类对于模糊信息之所以具有很好的处理能力正是因为人类的思维以及语言表达具有模糊性。为了模拟人脑思维的模糊性，对系统进行模糊控制，关键的问题是建立一个模糊模型——模糊控制规则库，即人们在控制过程中的经验总结所表达的一些不确定性推理规则的集合。因此有必要研究模糊规则与模糊推理的规律。

(1) 模糊规则

模糊 if-then 规则又称模糊隐含或模糊条件语句。if-then 规则语句用以阐明包含模糊逻辑的条件语句，一个单独的模糊 if-then 规则形式如下：

if x is A then y is B

其中，A 和 B 是由模糊集合分别定义在 X，Y 论域上的语言值，模糊规则中的 if 部分"x is A"被称为规则的前提或假设，同时 then 部分"y is B"被称为结果或结论。实质上，该表达式描述了变量 x 与 y 之间的关系。因此，我们可以把 if-then 规则定义为乘积空间中的二元模糊关系。

例如，要购买一个软件，其价格由其用户界面和软件功能决定。若单独考虑其价格，则

if interface is good then charge is high

注意"good"用一个 0 和 1 之间的数字表示，因此所谓的前提是一个解析，它返回一个 0 和 1 之间的单值；另一方面，"high"由一个模糊集合表示，因此所谓的结果是一个分配，它分配整个模糊集合 B 到输出变量 y。在 if-then 规则中，当"is"分别出现在前提和结果中时，其意义完全不同。书写这个规则时，避免混淆的写法是

if interface = = good then charge = high

一般地，if-then 规则的输入是输入变量的当前值（在此是"interface"），输出是一个模糊集合的整体（在此是"high"）。

在模糊推理中，一个规则的前提可以有多个部分。例如：

if interface is good and performance is good then charge is high

在这种情况下，前提的所有部分都同时使用前面描述的逻辑算子进行计算，并分配为一个单值。

规则的结果同样也有多重部分：

if interface is bad then charge is low and cash in order is low

在这种情况下，所有的结果都同等地被前提影响。而前提是怎样影响结果的呢？在模糊逻辑中，模糊推理的结果将一个模糊集合分配到输出中，然后模糊规则按前提中指定的程度修改模糊集合。在 MATLAB 中，最常用的修改输出模糊集的方法是用 min 函数进行截断或用 prod 函数进行缩放。

（2）模糊推理

建立了模糊规则的概念之后，再来进行模糊推理的讨论。

推理是对于一个特定表述的解释过程，它利用所有的有用知识以产生最佳的输出估计。在模糊系统中，利用推理机制完成当前模糊输入集 $\mu_A(x)$ 与所有模糊规则前提的模式匹配，并结合其响应，产生一个单独的模糊输出集 $\mu_B(y)$。这个过程定义如下

$$\mu_B(y) = \hat{\sum}_x (\mu_A(x) \hat{*} \mu_R(x,y)) \tag{1.65}$$

其中，对于所有可能的 x 值，都应用三角协范式 $\hat{\sum}_x$。应用三角范式的目的，是计算对一个特定的 x 值，两个隶属函数之间的匹配。当 $\hat{\sum}$ 和 $\hat{*}$ 被分别用作积分（和）算子与乘法算子时，则

$$\mu_B(y)=\int_D \mu_A(x)\mu_R(x,y)\,dx \tag{1.66}$$

上式要求对任意模糊输入集合，在输入域 D 上是 n 维可积的。对模糊输出集的计算依赖于模糊输入集 $\mu_A(x)$、相关曲面 $\mu_R(\cdot)$ 以及实际的推理算子。

一般地，模糊推理可以分为四步，即：计算隶属度，将已知事实与模糊规则的前提进行比较，求出相对每一前提隶属函数的隶属度；求激励强度，或称求总前提的满足程度，用模糊并或模糊交算子，把相对于前提隶属函数的隶属度结合起来，求出对总前提的满足程度；应用模糊规则，将激励强度施加于模糊规则结果的隶属函数，以产生一个定性的隶属函数；进行模糊聚类，获得最终输出的隶属度。

模糊推理的输出结果是一个模糊集，而模糊控制器的输出必须是一个确定的数值。这就是涉及到推理结果的反模糊化问题。通常对模糊推理结果有下面几种反模糊化方法。

①简单平均法

取 $y(x)$ 为

$$y(x)=\frac{1}{2}(\inf A_0+\sup A_0) \tag{1.67}$$

②最大隶属函数法

选择 y，使

$$y(x)=\max_{y\in Y}\mu(y) \tag{1.68}$$

用上式确定的 y 有时不唯一。对此问题的解决办法是，取使上式成立的多个结果的平均值作为 $y(x)$。

③重力中心法

$$y(x)=\frac{\int_Y \mu_B(y)\,y\,dy}{\int \mu_B(y)\,dy} \tag{1.69}$$

④中位数法

所谓中位数法，是将描述输出模糊集合的隶属函数曲线与横坐标所围成的面积的均分点所对应的论域元素作为判决结果的方法。即取 $y(x)$，使

$$\int_{\inf A_0}^{y(x)}\mu(y)\,dy=\int_{y(x)}^{\sup A_0}\mu(y)\,dy \tag{1.70}$$

4. 模糊理论在智能仪器设计中的应用

模糊集理论的诞生为处理客观事物中的模糊性问题提供了有力的工具。近年来，模糊数学及其应用发展十分迅速，开拓了模糊控制、模糊线性规划、模糊聚类分析等研究领域。目前，随着模糊逻辑理论的发展及其与计算机相关技术的进一步

结合，模糊传感器、模糊仪器仪表、模糊控制等正在取代智能化较低的整机、部件和模块。模糊传感器的发展极大地促进了传感器的智能化，与传统传感器相比使传感器具备自学习功能。模糊仪器仪表的出现不但拓宽和丰富了测控理论和方法，加速了智能仪器的发展，而且也推动了模糊逻辑理论的发展。模糊控制就是在控制方法上应用模糊集理论和模糊逻辑推理来模拟人的思维的方法，已应用在模糊微处理器、模糊逻辑专用芯片、模糊控制器等方面。

1.2.2 人工神经网络

人工神经网络是人脑及其活动的一个理论化的数学模型，它由大量的处理单元通过适当的方式互连构成，是一个大规模的非线性自适应系统。1988 年，Hecht-Nielsen 曾经给人工神经网络下了如下的定义：人工神经网络是一个并行、分布处理结构，它由处理单元及称为联接的无向信号通道互连而成。这些处理单元（PE-processing element）具有局部内存，并可以完成局部操作。每个处理单元有一个单一的输出联接，这个输出可以根据需要被分支成希望个数的许多并行联接，且这些并行联接都输出相同的信号，即相应处理单元的信号，信号的大小不因分支的多少而变化。处理单元的输出信号可以是任何需要的数学模型，每个处理单元中进行的操作必须是完全局部的。也就是说，它必须仅仅依赖于经过输入联接到达处理单元的所有输入信号的当前值和存储在处理单元局部内存中的值。

该定义主要强调了四个方面的内容：并行、分布处理结构；一个处理单元的输出可以被任意分支，且大小不变；输出信号可以是任意的数学模型；处理单元完全的局部操作。这里说的处理单元就是人工神经元（AN-artificial neuron）。

人工神经网络除了可以叫做并行分布处理系统外，还可以叫做人工神经系统（ANS）、神经网络（NN）、自适应系统（adaptive systems）、自适应网（adaptive networks）、联接模型（connectionism）、神经计算机（neurocomputer）等。

1. 人工神经网络发展概述

1943 年心理学家 M. McCulloch 和数理学家 W. Pitts 首先提出了一个简单的神经模型，其神经元的输入输出关系为

$$y_j = \mathrm{sgn}\left(\sum_i w_{ij}x_i - \theta_j\right) \tag{1.71}$$

其中输入 x_i 输出 y_j 均为二值量。利用该简单网络可以实现一些逻辑关系。虽然该模型很简单，但它为进一步的研究打下了基础。

1949 年 D. O. Hebb 首先提出了一种调整神经网络连接权的规则，通常称为 Hebb 学习规则。其基本思想是当两个神经元同时兴奋或同时抑制时，它们的连接强度便增加。

$$w_{ij}=\begin{cases}\sum_{k=1}^{n}x_i^{(k)}x_j^{(k)} & i\neq j\\0 & i=j\end{cases} \tag{1.72}$$

该学习规则的意义在于连接权的调整正比于两个神经元活动状态的乘积，连接权是对称的，神经元到自身的连接权为零。现在有不少的神经网络采用这样的学习规则。

1969 年 M. Minsky 和 S. Papert 发表了名为《感知机(Perceptron)》的专著。他们在这本专著中指出简单的线性感知机的功能是有限的，它无法解决线性不可分的两类样本的分类问题。典型的例子如“异或”计算，要解决这个问题，必须加入隐层结点。但是对于多层网络，如何找到有效的学习算法尚是难于解决的难题，因此它使得整个 70 年代神经网络的研究处于低潮。

美国物理学家 J. J. Hopfield 在 1982 年和 1984 年发表了两篇神经网络的文章，引起了很大的反响。他提出了一种反馈互联网，定义了一个能量函数，它是神经元的状态和连接权的函数，利用该网络可以求解和优化计算的问题。该网络后来成为 Hopfield 网，最典型的例子是应用该网络成功的求解了旅行商最优路径的问题。

1986 年 D. E. Rumelhart 和 J. L. Mcclelland 等人提出了多层前馈网的反向传播算法(back bropagation)，以后简称 BP 网络或 BP 算法。该算法解决了感知机所不能解决的问题。

Hopfield 网和反向传播算法的提出使人们看到了神经元网络的前景和希望。1987 年在美国召开了第一届国际神经网络会议，它掀起了神经网络研究的热潮，许多研究人员都企图找到神经网络在各自领域的应用。

2. 人工神经网络原理

人工神经网络是以数学手段模拟人脑神经网络的结构和特征的系统。它由大量的处理单元(神经元)广泛连接而成，是对人脑的抽象、简化和模拟，反映人脑的基本特性。

一般来说，作为神经元模型应具备以下三个要素：

①具有一组突触或连接，常用 w_{ij} 表示神经元 i 和神经元 j 之间的连接强度，一般称之为权值。与人脑神经元不同，人工神经元权值的取值可在负值与正值之间。

②具有反映生物神经元时空整合功能的输入信号累加器。

③具有一个激励函数用于限制神经元输出。激励函数将输出信号压缩(限制)在一个允许范围内，使其成为有限值，通常，神经元输出的扩展范围在[0,1]或[-1,1]闭区间。

我们用 MP 模型来说明人工神经网络的原理。MP 模型是由美国心理学家

McCulloch 和数学家 Pitts 于 1943 年共同提出来的人工神经元模型,MP 模型如图 1.10 所示,它是一个多输入多输出的非线性信息系统处理单元。图中,y_j 表示神经元 j 的输出,它可以与其他多个神经元通过权连接;s_i 是神经元 j 的输入;w_{ij} 为神经元 i 至 j 的连接权值;θ_j 为神经元 j 的阈值;$f(x_j)$ 为神经元 j 的激励函数。神经元 j 的输出 y_j 可以用式 1.73 描述。

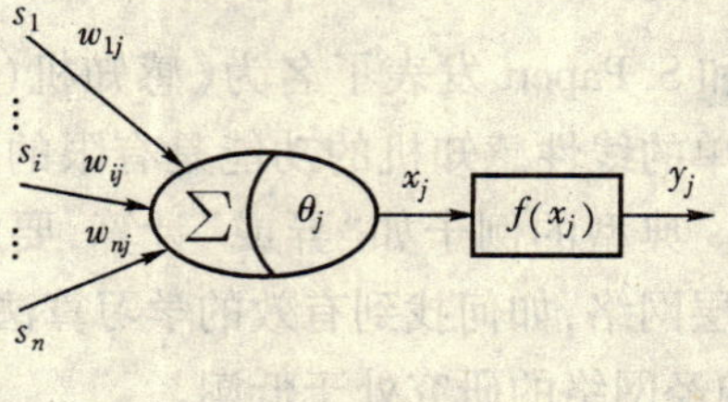

图 1.10　人工神经元模型

$$\begin{cases} y_j = f(x_j) \\ x_j = \sum_{i=1}^{n} w_{ij}s_i - \theta_j \end{cases} \tag{1.73}$$

每一个神经元的输出为“0”或“1”,分别表示“抑制”或“兴奋”状态,则

$$f(x) = \begin{cases} 1, x \geqslant 0 \\ 0, x < 0 \end{cases} \tag{1.74}$$

$f(x)$是一个激励函数。式 1.74 所示的激励函数为阶跃函数。由式 1.73 知,当神经元 j 的输入信号加权和超过阈值时,输出为“1”,即兴奋状态;反之,输出为“0”,是“抑制状态”。

若把阈值也看成一个权值,则式 1.73 可以写成

$$y_j = f\left(\sum_{i=0}^{n} w_{ij}s_i\right) \tag{1.75}$$

式中,$w_{0j} = -\theta_j, y_0 = 1$。

以上就是 MP 模型。MP 神经元模型是人工神经元模型的基础。在神经元模型中,激励函数除了在 MP 模型中的阶跃函数外,还有以下几种形式:

①符号函数

$$\mathrm{sgn}(x) = \begin{cases} 1, x \geqslant 0 \\ -1, x < 0 \end{cases} \tag{1.76}$$

符号函数也常常作为神经元函数的激励,如图 1.11 所示。

②分段性函数

该函数在[-1,1]线性区内的放大系数是一致的,如图 1.12 所示。

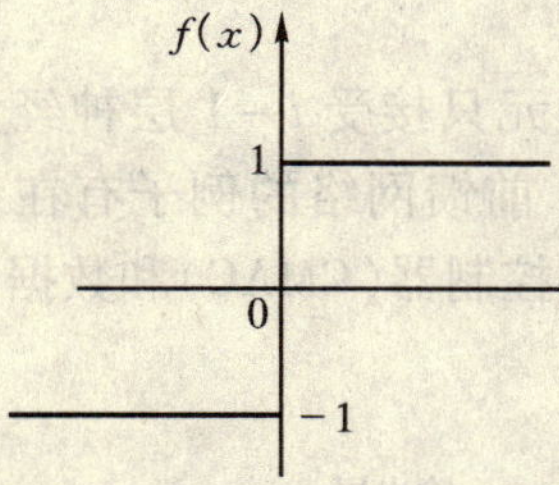

图 1.11　符号函数

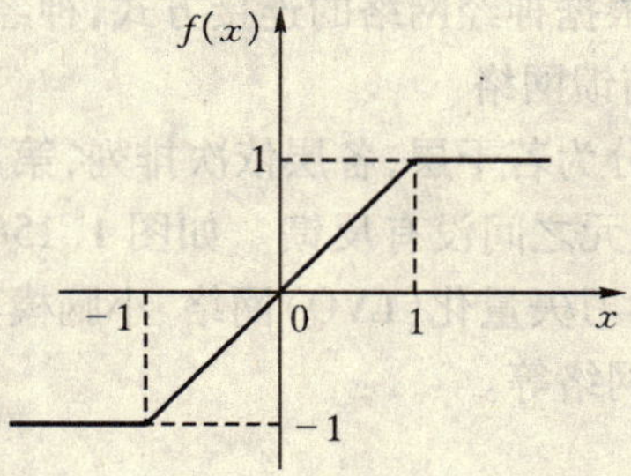

图 1.12　分段性函数

$$f(x)=\begin{cases}1, x\geqslant 1\\ x, -1<x<1\\ -1, x\leqslant 1\end{cases} \tag{1.77}$$

③非对称型的 Sigmoid 函数

如图 1.13 所示，非对称型的 Sigmoid 函数是可微的，用下式表示

$$f(x)=\frac{1}{1+\mathrm{e}^{-x}} \tag{1.78}$$

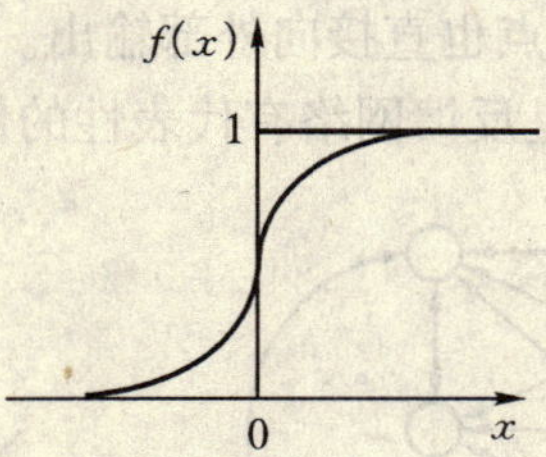

图 1.13　非对称型 Sigmoid 函数

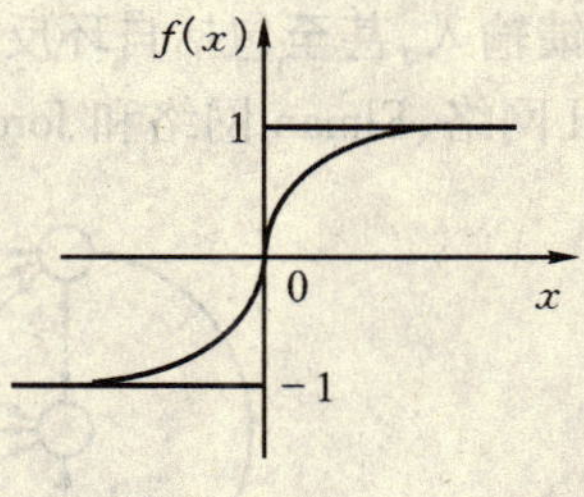

图 1.14　对称型 Sigmoid 函数

④对称型 Sigmoid 函数

如图 1.14 所示，对称型 Sigmoid 函数是可微的，用下式表示：

$$f(x)=\frac{1-\mathrm{e}^{-x}}{1+\mathrm{e}^{-x}} \tag{1.79}$$

3. 人工神经网络的分类

人工神经网络是以数学手段模拟人脑神经网络的结构和特征的系统。利用人工神经元可以构成各种不同拓扑结构的神经网络，从而实现对生物神经网络的模拟。目前神经网络模型的种类相当丰富，其中典型的有多层前向传播（BP 网络）、Hopfield 网络、ART 自适应共振、BAM 双向联想记忆、SOM 自组织网络和 Madaline

网络等。根据神经网络的连接方式,神经网络可以分为三种形式。

(1)前馈网络

网络分为若干层,各层依次排列,第层神经元只接受 $i-1$ 层神经元的输出信号,各神经元之间没有反馈。如图 1.15 所示。前馈网络的例子有在多层感知器(MLP)、学习矢量化(LVQ)网络、小脑模型连接控制器(CMAC)和数据处理方法等(GMDH)网络等。

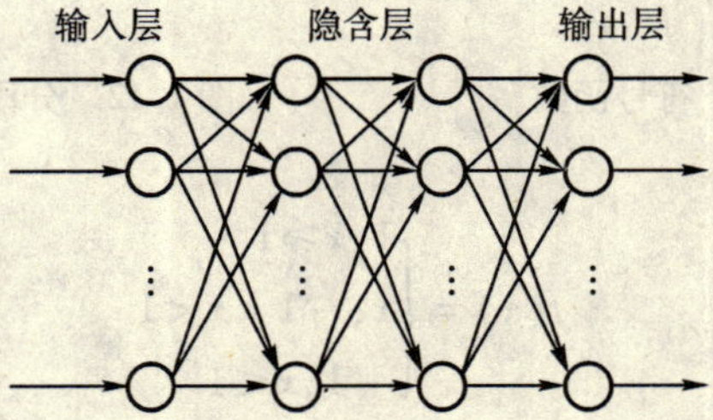

图 1.15　前馈型神经网络模型示意图

(2)反馈(递归)网络

在反馈型神经网络中,每个节点都表示一个计算单元,同时接受外加输入和其他节点的反馈输入,甚至包括自环反馈每个节点也直接向外部输出。如图 1.16 所示。Hopfield 网络、Elman 网络和 Jordon 网络是反馈网络有代表性的例子。

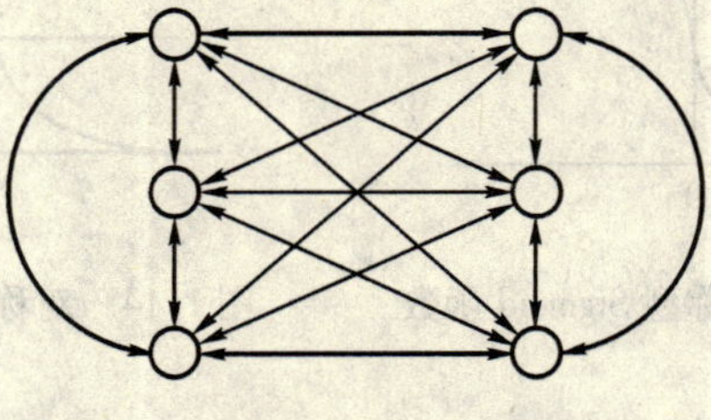

图 1.16　反馈型神经网络模型示意图

(3)自组织网络

网络结构如图 1.17 所示,Kohonen 网络是典型的自组织网络。Kohonen 认为当前神经网络在接受外界输入时,网络将会分成不同的区域,不同区域具有不同的相应特征,即不同的神经元以最佳方式响应不同性质的信号激励,从而形成一种拓扑意义上的特征图。该特征图实际上是一种非线性映射,这种映射是通过无监督的自适应过程完成的,所以也称为自组织特征图。

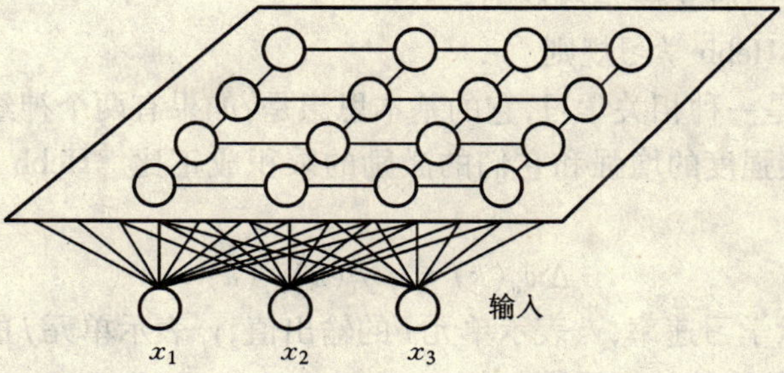

图 1.17　自组织神经网络

4. 人工神经网络的学习算法

神经网络学习算法是神经网络智能特性的重要标志，神经网络通过学习规则，实现了自适应、自组织和自学习的能力。

目前神经网络的学习算法有多种，按有无导师分类，可分为有导师学习(supervised learning)、无导师学习(unsupervised learning)等几类。在有导师的学习方式中，网络的输出和期望的输出(即导师信号)进行比较，然后根据两者之间的差异调整网络的权值，最终使差异变小，如图 1.18 所示。在无导师的学习方式中，输入模式进入网络后，网络按照一种预先设定的规则(如竞争规则)自动调整权值，使网络最终具有模式分类功能，如图 1.19 所示。

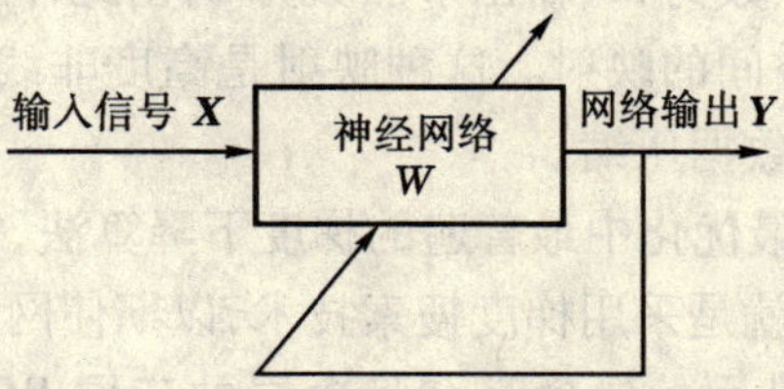

图 1.18　无导师的神经网络学习

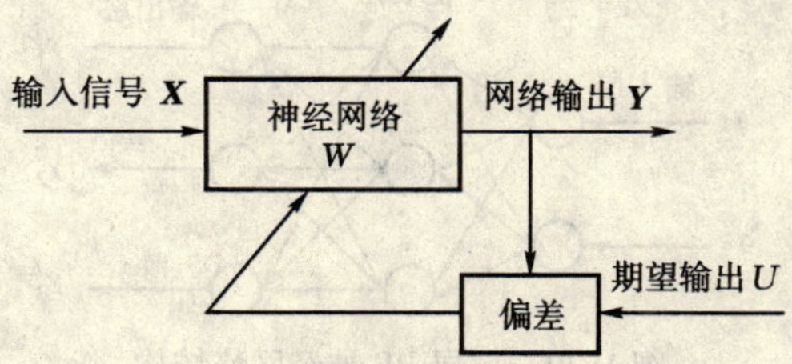

图 1.19　有导师的神经网络学习

较简单的有三种主要学习规则。

(1)无监督 Hebb 学习规则

Hebb 学习是一种相关学习,它的基本思想是:如果有两个神经元同时兴奋,则它们之间的连接强度的增强和它们的激励的乘积成正比。Hebb 学习规则用下式表示

$$\Delta w_{ij}(k)=\eta\, y_i(k)y_j(k) \tag{1.80}$$

式中 η 表示学习速率,y_i 表示单元 i 的输出值,y_j 表示单元 j 的输出值,w_{ij}表示单元 i 到单元 j 的连接加权系数。

(2)有监督 δ 学习规则

在 Hebb 学习规则中引入导师信号 u_i,有监督 δ 学习规则如下

$$\Delta w_{ij}(k)=\eta\,[u_i(k)-y_i(k)]y_j(k) \tag{1.81}$$

(3)有监督 Hebb 学习规则

将无监督的 Hebb 学习规则和有监督 δ 学习规则两者结合起来,组成有监督 Hebb 学习规则,即

$$\Delta w_{ij}(k)=\eta\,[u_i(k)-y_i(k)]y_i(k)y_j(k) \tag{1.82}$$

5. BP 神经网络

BP(back propagation)网络是一种有隐含层的多层前馈网络,系统地解决了多层网络中隐含单元连接权的学习问题。

如果网络的输入节点数为 M、输出节点数为 L,则此神经网络可以看成是从 M 维欧氏空间到 L 维欧氏空间的映射。这种映射是高度非线性的,它主要用于模式识别与分类、函数逼近和数据压缩。

BP 学习算法使用了最优化中最普遍的梯度下降算法,它的中心思想是调整权值使网络总误差最小,也就是采用梯度搜索技术,以期使网络的实际输出值与期望输出值的误差均方值为最小。包含一个隐含层的三层 BP 神经网络的结构如图 1.20 所示,其中 X 为输入层神经元,中间层为隐含层神经元,Y 为输出层神经元。

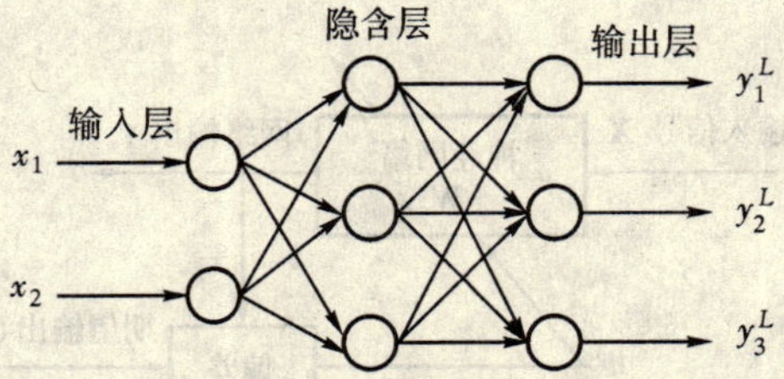

图 1.20　三层 BP 神经网络结构

多层网络运用 BP 学习算法时,实际上包含了正向和反向传播两个阶段。在

正向传播过程中，输入信息从输入层经隐含层逐层处理，并传向输出层，每一层神经元的状态只影响下一层神经元的状态。如果在输出层不能得到期望的输出，则转入反向传播，将误差信号沿原来的连接通道返回，修改各层的神经元权值，使误差信号最小。

将上一层节点的输出传送到下一层时，通过调整连接权系数来达到增强或削弱这些输出的作用。除了输入层的节点外，隐含层和输出层节点的净输入是前一层节点输出的加权和。每一个节点的激活程度由它的输入信号、激活函数和节点偏置来决定。但对于输入层，输入模式送到输入层节点上，这一层节点的输出即等于其输入。BP 网络的每一层连接权值都可以通过学习来调节，而且 BP 网络的基本处理单元除输入层外，都为非线性的输入输出关系，一般选用 Sigmoid 函数。

图 1.20 所示的 BP 网络学习算法为：设网络输入矢量 $\boldsymbol{X}=(x_1,x_2,\cdots,x_n)^{\mathrm{T}}$，输出矢量 $\boldsymbol{Y}^L=\{y_1^L,y_2^L,\cdots,y_m^L\}$，从输入层直至输出层的权矩阵分别为 $\boldsymbol{W}^1,\boldsymbol{W}^2,\cdots,\boldsymbol{W}^L$。其中 n 为输入数，m 为输出数，L 表示第 L 层，即输出层。$\boldsymbol{W}^L=(\boldsymbol{w}_1^L,\boldsymbol{w}_2^L,\cdots,\boldsymbol{w}_{n1}^L)^{\mathrm{T}}$，为第 $l-1$ 层至第 l 层的权矩阵，$l=1,2,\cdots,L$。$\boldsymbol{w}_j^l(j=1,2,\cdots,n_l)$ 为第 l 层第 j 个神经元的权矢量，n_l 为第 l 层的神经元数目。该网络可通过下式进行描述

$$\boldsymbol{Y}^L=f[\boldsymbol{W}^L\cdot f[\boldsymbol{W}^{L-1}\cdot f[\cdots f(\boldsymbol{W}^1\cdot\boldsymbol{X})]]]\tag{1.83}$$

式中，$f(\cdot)$ 为激活函数，显然网络输出 $\boldsymbol{Y}^L$ 为输出的 $\boldsymbol{X}$ 显式表示，$\boldsymbol{X}$ 通过前向传播计算得到输出 $\boldsymbol{Y}^L$。

为简便起见，考虑单样本学习的 BP 算法，定义网络的目标函数为

$$\boldsymbol{J}=\frac{1}{2}\boldsymbol{E}^{\mathrm{T}}\boldsymbol{E}=\frac{1}{2}(\boldsymbol{U}-\boldsymbol{Y}^L)^{\mathrm{T}}(\boldsymbol{U}-\boldsymbol{Y}^L)\tag{1.84}$$

则对于输出层权重 $\boldsymbol{W}^L$，应用梯度下降原理，可以求得其误差修正公式为

$$\Delta\boldsymbol{W}^L=-\eta\cdot\frac{\partial J}{\partial\boldsymbol{W}^L}=\eta\cdot Df^L\cdot(\boldsymbol{U}-\boldsymbol{Y}^L)(\boldsymbol{Y}^{L-1})^{\mathrm{T}}\tag{1.85}$$

式中，η 为学习率，通常取 $0<\eta<1$；$\boldsymbol{U}$ 为期望（目标）输出矢量；$\boldsymbol{Y}^{L-1}$ 为第 $L-1$ 层的输出矢量。$Df^L=Diag(f'\cdot(s_1^L),f'(s_2^L),\cdots,f'(s_m^L))$。$s_k^L(k=1,2,\cdots,m)$ 为输出层第 k 个神经元的激活水平。令

$$\delta^L=Df^L\cdot(\boldsymbol{U}-\boldsymbol{Y}^L)=Df^L\cdot\boldsymbol{E}\tag{1.86}$$

为输出层神经元的误差信号，则

$$\Delta\boldsymbol{W}^L=\eta\cdot\delta^L(\boldsymbol{Y}^{L-1})^{\mathrm{T}}\tag{1.87}$$

对于第 $L-1$ 层的权重 $\boldsymbol{W}^{L-1}$，同样可以求得

$$\begin{aligned}\Delta\boldsymbol{W}^{L-1}&=-\eta\cdot\frac{\partial L}{\partial\boldsymbol{W}^{L-1}}=\eta\cdot Df^{L-1}\cdot(\boldsymbol{W}^L)^{\mathrm{T}}\cdot Df^L\cdot(\boldsymbol{U}-\boldsymbol{Y}^L)\cdot(\boldsymbol{Y}^{L-2})^{\mathrm{T}}\\&=\eta\cdot Df^{L-1}\cdot(\boldsymbol{W}^L)^{\mathrm{T}}\cdot\delta^L\cdot(\boldsymbol{Y}^{L-2})^{\mathrm{T}}\end{aligned}\tag{1.88}$$

式中，Y^{L-2} 为第 $L-2$ 层的输出矢量；$Df^{L-1}=Diag(f'(s_1^{L-1}),f'(s_2^{L-1}),\cdots,f'(s_{n_{L-1}}^{L-1}))$；$s_j^{L-1}(j=1,2,\cdots,n_{L-1})$ 为第 $L-1$ 层第 j 个神经元的激活水平。

令
$$\delta^{L-1}=Df^{L-1}\cdot(W^L)^{\mathrm{T}}\cdot\delta^L \tag{1.89}$$

则
$$\Delta W^{L-1}=\eta\cdot\delta^{L-1}\cdot(Y^{L-2})^{\mathrm{T}} \tag{1.90}$$

由式(1.89)显然可以看出，第 $L-1$ 层的误差信号 δ^{L-1} 是由输出层的误差信号 δ^L 经输出层权重 W^L 反向传播计算所得。一般有

$$\delta^l=Df^l\cdot(W^{l+1})^{\tau}\cdot\delta^{l+1}\quad l=1,2,\cdots,L-1 \tag{1.91}$$

$$\Delta W^l=\eta\cdot\delta^l\cdot(Y^{l-1})^{\tau},Y^0=X\quad l=1,2,\cdots,L \tag{1.92}$$

式中，X 为输入矢量。

在工程实践中，对于多样本的学习问题，主要采用如下的两种处理方法：

(1)模式(样本)学习法。输入一个样本给待训练网络，按上述方法计算网络权重的修正值，在给出其它样本之前调节所有权重。

(2)批处理学习法。对所有输入样本，计算其对权重的修正值，累加求和之后，再调节权重。

批处理方法综合了所有训练样本对权重的影响，这就避免了由于单个训练样本存在噪声或训练样本集存在矛盾样本时对权重调节带来的消极影响。因此，通常批处理方法的训练速度要快于模式学习法。尽管如此，批处理方法却难以实现模式学习所具有的在线或实时学习功能。

BP 神经网络的特点如下：

①BP 网络是一种多层网络，包括输入层、隐含层和输出层。

②层与层的连接是单向的，信息的传播是双向的。

③神经元激励函数为 Sigmoid 函数。

④学习算法由正向传播和反向传播组成。

⑤权值通过 δ 学习算法进行调节。

6. 人工神经网络在智能仪器设计中的应用

目前，人工神经网络已经应用于仪器与测量领域，显示出了无可比拟的技术优势。一个典型的应用为传感器增强问题。在工程实际中，传感器的输出和被测量之间大多呈非线性关系，且受环境的影响较大。传统的手段是根据具体的使用环境对输出进行补偿、查表和分段逼近来获得线性或者准线性，精度较低。利用神经网络的非线性逼近能力，可以有效地改善传感器的静态输出特性。例如，可以利用三层 BP 网络去逼近热电偶或热电阻的输出电压与被测温度之间的非线性关系，并且同时能够实现温度补偿，而需要的计算量却很小。

思考题与习题

1. 试描述连续信号的采样过程。

2. 试述采样定理的具体内容以及在采样过程中要用采样定理的理由。

3. 在一定的测量条件下,测量值明显地偏离实际值所形成的误差属于什么误差? 处理此种误差可采取什么措施?

4. 下式为周期性矩形波,在一个周期内有求此信号的频谱。

$$x(t)=\begin{cases}1 & 0<t<T/2\\ 0 & t=0,\ \pm T/2\\ -1 & -T/2<t<0\end{cases}$$

5. 随机信号是生产实际中最常出现的信号,通常应用什么方法对此种信号进行处理?

6. 与经典集合的运算相对应,模糊集合也有相似的运算,试简要说明模糊集合中的各种运算形式及其各自的适用范围。

7. 隶属函数是对模糊概念的定量描述,正确的选择隶属函数是运用模糊集合理论解决问题的基础,常用的隶属函数确定方法有哪些? 常用的隶属函数有哪几种?

8. 简述人工神经网络的分类形式,并用图示进行说明。

9. 试述 BP 学习算法的基本原理及其实现过程。

10. 人工神经网络主要应用在哪些方面? 举一具体的应用实例。

第 2 章

智能仪器的处理器

智能仪器的智能单元的核心部件是电脑芯片，以各种类型的单片机和数字信号处理器 DSP 及 ARM 芯片为主。对于绝大多数智能仪器，其智能单元首选为单片机 SCM（single chip microcomputer），又称之为微控制器 MCU（micro controller unit），这是由单片机特有的性能所决定的。对于语音、图像等需要进行大量高速数据处理的情况，智能单元则应选择 DSP（digital signal processor）或者 ARM 器件。

2.1　单片机概述

2.1.1　单片机特点

计算机是应数值计算要求而诞生的。长期以来，电子计算机技术都是为了满足海量高速数值计算要求而发展的。直到 20 世纪 70 年代，电子计算机在数字逻辑运算、推理、温度适用性、实际控制方面有了长足的进展后，在技术上才具备了进入实际工业现场的条件。工业现场对计算机的要求与普通计算机的性能有很大的不同，主要表现在以下方面：

① 能对现场设备进行自动控制和人机交互的操作控制。

② 能嵌入到便携式仪器仪表中去。

③ 能在工业现场环境中可靠运行。

④ 有强大的控制功能，对外部信息能及时捕捉，对控制对象能灵活地实时控制，有实现控制功能的指令系统，有强大的扩展能力等。

单片机正是适应这些要求而被开发出来的，它的出现是计算机技术发展史上的一个重要事件，它是计算机从数值计算进入到智能化控制领域的标志。它既具有快速的运算处理能力，又有丰富灵活的接口，加上其单片集成，使其抗震动性能，抗电磁干扰的能力都比普通计算机好得多，单片机有唯一的专门为测控应用设计的体系结构与指令系统，因此，单片机广泛应用于生产过程控制、分布式控制、智能仪器仪表、嵌入式系统等。

从 1976 年 8 位单片机诞生以来，在单片机领域中一直是以 8 位机为主流机型，16 位单片机虽有发展，但所占市场份额一直不大，根据专家预测，在世界范围内 8 位机为主的情况还将继续下去。而与之相对应的通用计算机的 CPU 却迅速从 8 位过渡到 16 位、32 位，直到 64 位。单片机有专门为测控应用设计的体系结构与指令系统，因此，它最能满足控制系统和智能仪器的应用要求。因此，它广泛地应用在中、小型工控领域和各类仪器仪表中，是电子系统智能化的重要工具。由于单片机技术的飞速发展，单片机的运行速度越来越高，性能越来越强大，在智能仪器中的应用将更为广泛和灵活。

2.1.2　8 位单片机系列产品简介

在分布式控制系统和智能仪器仪表中，8 位单片机的应用最多，用量最大。8 位单片机产品主要有 Intel 公司的 8051 系列、Philips 公司的 80C51 系列、Motorola 公司的 68XX 和 Zilog 公司的 Z8XX 系列。近年来以 8051 为基核的 51 系列单片机发展迅速，品种和功能大大扩展，指令执行速度增长为原 8051 的数倍，被广泛应用。尤其是 ATMEL 公司的 89C5X/89S5X 系列、Philips 公司的 OTPROM 系列和 Winbond 公司的 W78EX 系列、Silicon Labs 公司的 C8051F 系列、宏晶公司的 STC 系列单片机非常著名，其性价比高，销售量很大。常用 8 位单片机产品见表 2.1。

表 2.1　8 位单片机主要产品

公司	型号	片内 RAM	片内 ROM /EPROM	定时/计数器	监视定时器	并行 I/O 口(8b/口)	串行 I/O	A/D	D/A	DMA	中断
Philips	P89C51RA2	512B	8KB	4×16b		4	UART				5
	/RB2	512B	16KB	4×16b		4	UART				6
	/RC2	512B	32KB	4×16b		4	UART				5
	/RD2XX	1KB	64KB	4×16b		4	UART				6
Intel	80(C)31	128B	0KB	2		4	UART				5
	80(C)51	128B	4KB	2		4	UART				5
	80C51FB	256B	16KB	3×16b		4	UART	8b			7
	80C152JB	256B	8KB	2	有	7	UART		有		11
Motorola	6801	128～192B	2～4KB	3			UART				7
	68HC11	192～512B	4KB	4	有	4	UART	有	有		18
	6804/6805	32～176B	0.5～8KB	8		2～4	UART				2～5
	68HC05	96～176B	2～16KB	8	有	4	UART	有	有		2
Zilog	Z86C71	236B	8KB	2×16b		3					8
	Z8800	272B	8～16KB	2×16b		3				有	7
ATMEL	89C51	128B	4KB	2×16b	有	4	UART				5
	89C52	256B	8KB	3×16b	有	4	UART				6
	89C55	256B	20KB	3×16b	有	4	UART				6
	89C51RD2	1280B	64KB	3×16b	有	4	UART				6

续表 2.1

公司	型号	片内 RAM	片内 ROM /EPROM	定时/计数器	监视定时器	并行 I/O 口(8b/口)	串行 I/O	A/D	D/A	DMA	中断
Winbond	W78E516B	512B	64KB	3×16b		4	UART				6
	W78IE52	256B	64KB	3×16b	有	4+1/2	UART				8
Silicon Labs	C8051F020/021	4352B	64KB	5×16b	有	8/4	2×UART	12b	12b		22
	/022/023	4352B	64KB	5×16b	有	8/4	2×UART	10b	12b		22
	/040/060	4352B	64KB	5×16b	有	8/7	CAN2.0	12b	12b		22
	C8051F206	1024B	8KB	3×16b	有	4	SCI/SPI	12b			21
	/320/340	5376B	64KB	5×16b	有	3/5	USB2.0	10b			22
	C8051F12X	8448B	128KB	5×16b	有	8	2×UART	10b	12b		22
宏晶	STC89C51~516	512~1280B	4~63KB	3×16b	有	4	UART				8
	STC10F(L)XX	256~512B	8KB	3×16b	有	4/5	UART				8
	STC11F(L)XX	1280B	8~60KB	3×16b	有	4	UART				8
	STC12C(L)52XX	256B	1~6KB	3×16b	有	2/3	UART	10b			8
	STC12C(L)56XX	768B	1~30KB	3×16b	有	1/4	UART	8b			8
	STC12C(L)5AXXS2	1024B	8~62KB	3×16b	有	4/5	2×UART	10b			8
	STC15C(L)XX	128~256B	1~6KB	2×16b	有	3	UART	10b			8
	注:宏晶单片机有多个系列二百多个品种,从 STC10XX 到 STC15XX 都有独立波特率发生器、片内 EEPROM 等资源,都有 5V 供电品种和 3V 供电品种,许多还有 PWM 输出功能。其产品名称中的 C(L)含义是:C 指 5V 电源供电品种;L 指 3V 电源供电品种。										

目前,国内外公认的 8 位单片机标准体系结构是 Intel 的 8051 系列,由于其卓越的功能和丰富的指令系统,使其得到了广泛的应用。全世界围绕 8051 所作的软件开发、仿真机开发、技术书籍、资料、教材和系统集成工作,超过了其他任何单片机。8051 系列拥有最多的硬件和软件开发资源,使得应用 8051 的产品或者系统,设计开发周期短,速度快,成本低,效率高。又由于 8051 系列大批量的生产供货,其综合成本大大降低,生产工艺更加成熟,使其芯片的质量得到很好的保证,并具有极低的价格。因此,采用 8051 开发的产品有较低的成本和高的可靠性,因此具有很强的市场竞争力。因此 8051 已被多家计算机厂家作为基核,发展了许多兼容系列。尤其是近年来,ATMEL 公司将 51 基核与 FLASH 存储器技术相结合,研制了内置 FLASH 程序存储器的 51 系列单片机,为众多的设计开发人员所钟爱。最新开发的 89C51RD 系列单片机,片内集成了 64 KB 的 FLASH 程序存储器和 1280 B随机存取存储器(RAM)。

美国 Silicon Labs 公司开发的 C8051F 系列单片机,更将 51 单片机的功能发展到了极至。内含可多路输入的 12 位 A/D 转换器和 12 位 D/A 转换器,输入信号可编程分级放大。更具优越性的是,这种单片机内部结构采用流水线方式运行程序,处理指令的速度非常快,其中的 C8051F36X 已达到 100MIPS,1MIPS 意指每秒钟执行 100 万条指令，普通 8 位或 16 位单片机在规定的最高时钟频率下的指令运行速度仅为 1MIPS，也就是说其运行速度为普通 51 单片机的 100 倍。这类单片机内部程序存储器从 8 KB 到 128 KB 不等，为 FLASH 程序存储器，有最大为 8 KB + 256 B 的 RAM。而且其使用温度全部按工业级标准，为 -40 ~ +85℃。使单片机有了更为强大而复杂的功能，从而具有更广阔的市场前景，估计会成为高级智能仪器应用数量最多的单片机。

8051 器件，根据片内存储器形式，又有四种不同的结构。

①片内 ROM 型。在器件内部集成有一定容量的只能一次写入的只读存储器（掩膜 ROM），如 8051 系列、OTPROM 系列单片机。

②片内 EPROM 型。片内含有一定容量可供用户多次编程的 EPROM 存储器，如 8751 系列单片机。

③无 ROM 型。片内无 ROM，必须外接程序存储器，如 8051 单片机。

④片内 FLASHROM 型。片内含有一定容量可供用户多次编程的 FLASH（闪速）存储器，如 89CXX 系列、W78EXX 系列、C8051F 系列 STC 系列单片机。

这四种类型器件，其封装几乎完全相同，引脚兼容。它们适合于不同的应用需要。

C8051F 系列单片机，由于其功能的极大增强，其内部结构也有较大变化，其引脚封装形式已不同于普通的 51 系列单片机，在使用时应该注意。就开发过程中的仿真方式来说，两者也完全不同。普通 51 单片机用的仿真机，其仿真头直接插在用户板的 51 单片机插座中，在开发过程中容易损坏插座的针脚。而 C8051F 系列单片机通过边界扫描方式的 JTAG 接口进行实时仿真，与单片机插座无关。

在选用 MCU 时也要考虑其封装形式，应优先选用封装小巧的芯片。MCU 片内 ROM 大小也是选择的一个条件，应采用带有足够内部 ROM 的单片机，这样就可以直接将程序写入芯片。如果需要修改程序，还可以擦除后再写。目前人们大多数采用内带 FLASHROM 的 MCU，例如 Atmel 公司生产的 89C51、89C52、89C55 等芯片和华邦公司生产的 W78E58、W78E516 等芯片。这些芯片的 ROM 为闪速存储器，可以快速擦除和编程。受到产品开发人员的普遍欢迎，加上其频率高，可大大提高运算速度，因此近年来在应用系统中广泛使用。但是由于 FLASHROM 的可靠性不及 OTPROM（one time program ROM），因此在干扰特别大的环境下工作的系统，还是用 EPROM 或者 OTPROM 为好。本章从学习原理和应用的角度出发，将重点介绍 51 单片机在控制系统和智能仪器中的应用技术。

为了适应一些速度更快、处理数据量更多的工业控制要求，后来又出现了 16 位单片机，16 位单片机在硬件集成度和软件性能方面都有很大提高。以 Intel 公司的 MCS8096 为例，它在一块芯片上集成了 12 万只以上的晶体管，片内有 16 位的 CPU、8 KB 的 ROM、232 B 的 RAM、8 路（或 4 路）10 位 A/D 转换器、4 个 16 位软件定时器、5 个 8 位并行 I/O 端口等。在软件方面，它的指令可支持位、字节、字、双字以及 8 位或 16 位带符号和不带符号数的运算，执行一条加法指令只需 1 μs（主频为 12 MHz 时），完成 16 位 ×16 位乘法或 32 位/16 位除法指令只需 2.25 μs。目前 Intel 公司的 16 位单片机由于品种多、功能全，加上有较强的系统软件支持和较多的资料，其应用较为普遍。

ATMEL 公司新近推出了基于 51 基核的 16 位单片机 T151 和 T251，其综合性能比 Intel 的 16 位机更好，一推出就受到业界的重视，在工业控制中将会有较多的应用。但就单片机的应用和销售情况来说，由于新研制的 8 位单片机性能的大幅度提升，8 位单片机在近几年来进入了一个全新的发展时期。在单片机市场上占了绝对优势。把前几年被 16 位单片机挤占的一些市场又夺了回来，而且发展势头更猛。

2.2　8051 单片机

2.2.1　8051 单片机的基本结构与功能

8051 单片机内部包含了一个独立的计算机硬件系统所必需的各个功能部件，还有一些重要的功能扩展部件。8051 内部有一个 8 位 CPU。8 位的意思是指 CPU 对数据的处理是按 8 位二进制数进行的。其功能见图 2.1，内部结构见图 2.2。

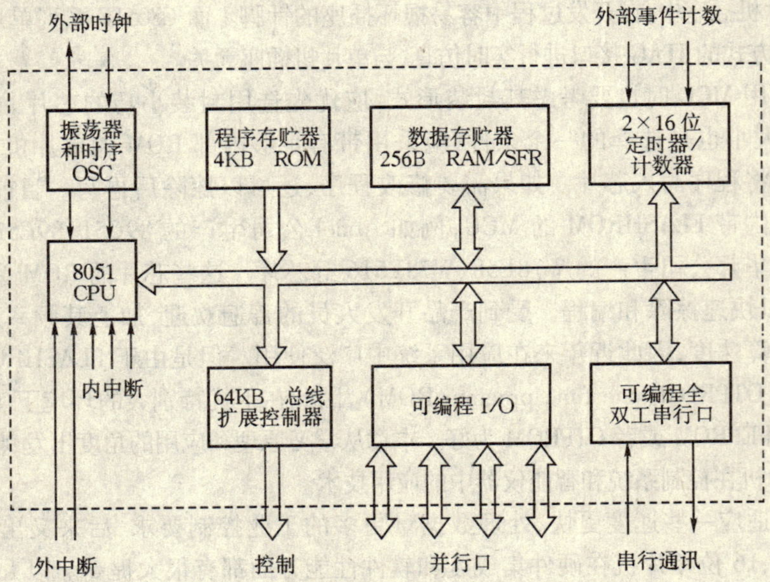

图 2.1　8051 功能框图

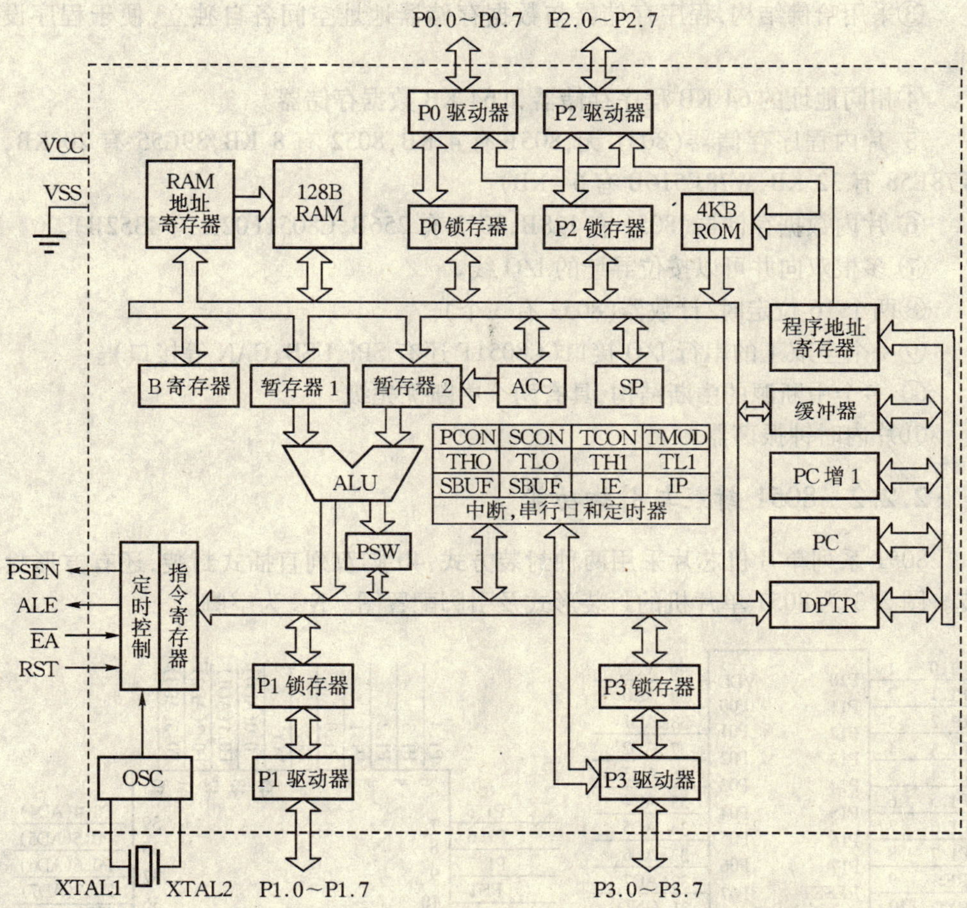

图 2.2　8051 内部结构图

8051 有强大的运算能力。它可以进行加、减、乘、除;逻辑与、或、异或、取反和清零等运算,并具有多种形式的跳转、判断转移及数据传送功能。在此基础上,8051 配置了丰富的指令系统。由于 8051 的时钟频率可达 12 MHz,因此,它的指令执行速度很快,在时钟频率为 12 MHz 时,大多数指令的执行时间仅为 1 μs,少量指令的执行时间为 2 μs,个别指令的执行时间为 4 μs。这样,8051 不仅适用于一般的数据处理和逻辑控制,更适合于实时控制。尤其是近年来基于 51 内核的各种新型高速单片机的出现,使其在控制领域的应用获得了更大的空间。

8051 系列单片机的基本功能如下:

① 8 位数据总线 16 位地址总线的 CPU。

②具有布尔处理能力和位处理能力。

③采用哈佛结构，程序存储器与数据存储器地址空间各自独立，便于程序设计。

④相同地址的 64 KB 程序存储器和 64 KB 数据存储器。

⑤ 片内程序存储器（8031 无，8051 有 4 KB，8052 有 8 KB，89C55 有 20 KB，W78E58 有 32 KB，W78E516B 有 64 KB）。

⑥ 片内数据存储器（8051 有 128B，8052 有 256B，C8051F02X 有 4352B）。

⑦ 多根双向并可以按位寻址的 I/O 线。

⑧两个 16 位定时/计数器（8052 有 3 个）。

⑨一个全双工的串行 I/O 接口（C8051F 还有 SPI、USB、CAN 等接口）。

⑩ 多个中断源的中断结构，具有两个中断优先级。

⑪片内时钟振荡器。

2.2.2　8051 封装与引脚功能

8051 系列单片机芯片采用两种封装方式：40 脚双列直插式封装，还有方形封装。图 2.3 为 8051 单片机的封装形式及引脚配置图。NC 为空脚。

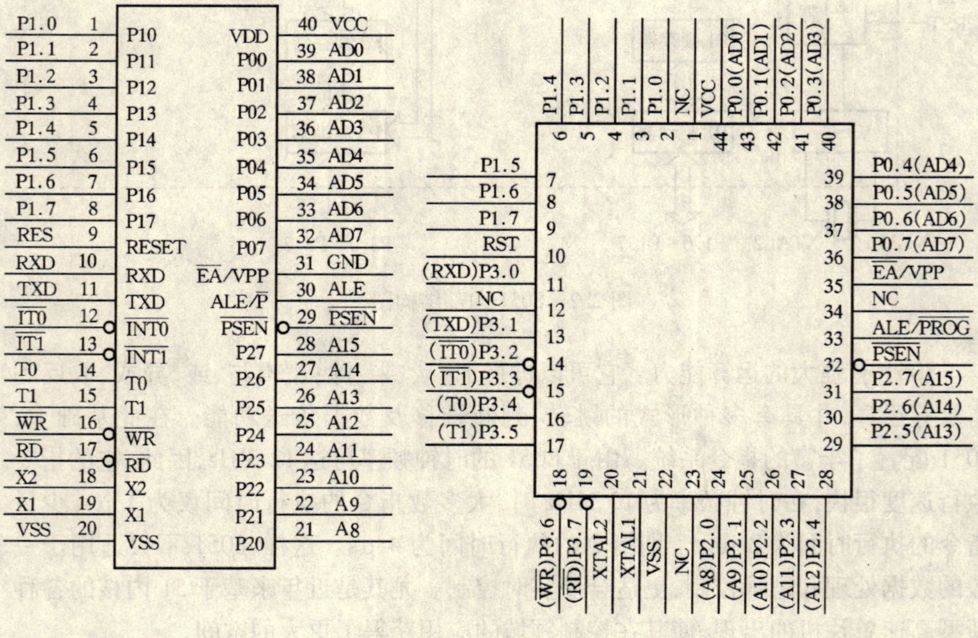

图 2.3　8051 引脚图

8051 各引脚功能如下：

VCC:正电源,接 +5V。VSS:电源地,接地。RESET:复位信号输入引脚。

$\overline{\text{EA}}$/VPP:$\overline{\text{EA}}$为内外程序存储器选择,VPP 为编程电压输入。若$\overline{\text{EA}}$保持高电平,那么在访问程序存储器时,指令取自于片内程序存储器,否则若 EA 保持低电平,指令取自于片外程序存储器。对于内部有 EPROM 的单片机,在对片内 EPROM 编程期间,此引脚用于施加编程电压,有些单片机需要的编程电压比单片机的工作电压要高。

ALE/PROG:访问外部存储器或片外 I/O 器件时,输出地址锁存信号 ALE。在不访问外部存储器和非 EPROM 编程状态下,ALE 输出为振荡器频率的 1/6,必须注意,在每次访问外部数据存储器时,要少一个 ALE 脉冲。

$\overline{\text{PROG}}$:在对 EPROM 器件进行编程时用于输入编程脉冲。

$\overline{\text{PSEN}}$:外部程序存储器的读选通信号输出,低有效。在从外部程序存储器取指令或取数据期间,每个机器周期出现两次$\overline{\text{PSEN}}$负脉冲。$\overline{\text{PSEN}}$负脉冲的作用是使程序存储器的数据端口解除高阻态,从而将地址总线上的地址所确定的程序存储器中的单元的数据接通到数据总线上,把指令或数据读入到 CPU 中。在访问外部数据存储器时,该引脚不输出负脉冲。

P0、P1、P2、P3:4 个 8 位输入输出端口。每个端口主要由 4 部分组成:端口锁存器、输入缓冲器、输出驱动器和引至芯片外的引脚。它们都是双向端口,每一条口线都能独立地用来作为输入或输出。作输出时数据可以锁存,作输入时数据可以缓冲。但这四个端口的功能不完全相同。图 2.4 给出了四个端口中各个端口的一位逻辑图。从图中可见,P0 口和 P2 口内部各有一个 2 选 1 的选择器,受内部控制信号的控制,在如图位置则是处在 I/O 工作方式。四个端口在 I/O 方式时,特性基本相同,具体有以下特点。

(1)作为输出口用时,内部带锁存器,故可以直接和外设相连,不必外加锁存器。

(2)作为输入口用时,有两种工作方式,即读端口和读引脚。读端口时实际上并不从外部读入数据,而只是把端口锁存器中的内容读入到内部总线,经过某种运算和变换后,再写回到端口锁存器。属于这类操作的指令很多,如对端口内容取反等等。而读引脚时才真正地把外部的数据读入到内部总线。口线结构中各有两个输入缓冲器,CPU 根据不同的指令,分别发出“读端口”或“读引脚”信号,以完成两种不同的读操作。

(3)在端口作为外部输入线,也就是读引脚时,要先通过指令,把端口锁存器置 1,然后再执行读引脚操作,否则就可能读入出错。若不先对端口置 1,端口锁存器中原来状态有可能为 0,加到输出驱动场效应管栅极的信号为 1,该场效应管就导通,对地呈现低阻抗。这时即使引脚上输入的是信号 1,也会因端口对地的低阻抗而使信号变低,使得外加的信号 1 读入后不一定是 1。如果先执行置 1 操作,则可以驱动场效应管截止,引脚信号直接加到三态缓冲器,实现正确的读入。由于在输入时还必须附加置1操作,所以这类I/O口被称为"准双向"口。

这四个端口特性上的差别主要是P0、P2和P3都还有第二功能,而P1口则只能用作I/O口。当然对8052来说,其P1.0和P1.1也有第二功能。各口线的电气逻辑结构见图2.4。

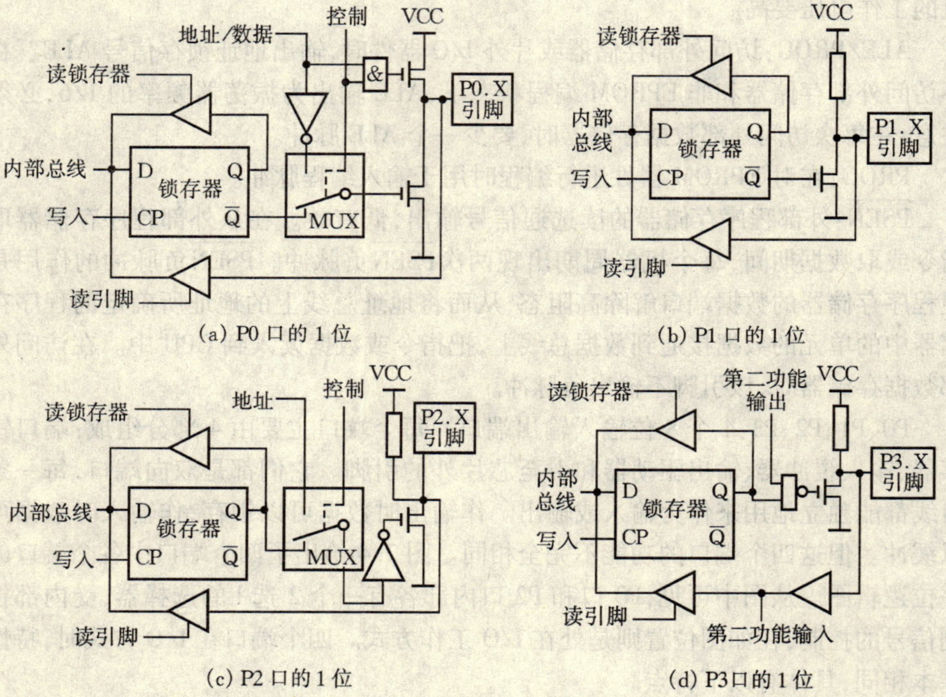

图2.4　8051端口结构图

8051的芯片引脚中没有专门的地址总线和数据总线,在向外扩展存储器和接口时,由P2口输出地址总线的高8位A15～A8,由P0口输出地址总线的低8位A7～A0,同时对P0口采用了总线复用技术,P0口又兼作8位双向数据总线D7～D0,即由P0口分时输出低8位地址和输入/输出8位数据。在不作总线扩展用时,P0口和P2口可以作为普通I/O口使用。

由图2.4可以看出,P0口在片内没有上拉电阻,在驱动场效应管的上方有一个提升场效应管,它只是在对外部存储器进行读写操作,用作地址/数据线时才起作用,这时,内部控制信号使MUX开关倒向上端,从而使地址/数据信号通过输出驱动器输出。在其它情况下,上拉场效应管处于截止状态。因而P0口线用作输出时为开漏输出,必须外接上拉电阻,通常该上拉电阻为10 kΩ。如果向位锁存器写入 1，使驱动场效应管截止，则引脚“浮空”，这时可用于高阻抗输入。P0 口在作为普通 I/O 口输出信号时，必须外接上拉电阻，否则其输出的高电平信号无法表达。

P1 口是一个内部带有上拉电阻的 8 位双向 I/O 口，据测试，该上拉电阻数值较大，约在 30 ~ 50 kΩ，若要以该口线输出高电平以驱动外部电流驱动型器件，必须外接上拉电阻以增强驱动能力。若作为低电平吸入电流驱动外部电流驱动型器件，且需要的驱动电流小于 1 mA 时，可以直接由 P1 口线驱动。

在 8032/8052 中，Pl 口各位除作通用 I/O 口使用外，P1.0 还可作为定时器 T2 的计数触发输入端，P1.1 还可作为定时器 T2 的外部控制输入端 T2E。

P2 口既可用作通用 I/O 口，也可用作高 8 位地址输出总线。作为通用 I/O 口使用时，其驱动能力与 P1 口相同，其处置方法与 P1 口相同。在对片内 EPROM 编程和程序验证时，它接收高 8 位地址。

P3 口是一个带内部上拉电阻的 8 位双向 I/O 口。作为通用 I/O 口使用时，其驱动能力与 P1 口相同，其处置方法与 P1 口相同。P3 口除了可作为通用双向 I/O 口外，还有第二功能，因此称为多功能口。8051 系列单片机的 P3 口各位的第二功能见表 2.2。

表 2.2　P3 口各位的第二功能

口线	第二功能	口线	第二功能
P3.0	RXD（串行输入通道）	P3.4	T0（定时器 T0 外部输入）
P3.1	TXD（串行输出通道）	P3.5	T1（定时器 T1 外部输入）
P3.2	$\overline{\text{INT0}}$（外中断 0）	P3.6	$\overline{\text{WR}}$（外部数据存储器写选通）
P3.3	$\overline{\text{INT1}}$（外中断 1）	P3.7	$\overline{\text{RD}}$（外部数据存储器读选通）

四个端口的负载能力也不相同。P1、P2、P3 口都能驱动三个 LSTTL 门，并且不需外加电阻就能直接驱动 CMOS 电路。P0 口在驱动 TTL 电路时能带 8 个 LSTTL 门，但驱动 CMOS 电路时若作为地址/数据总线，可以直接驱动，而作为 I/O 口时，需外接上拉电阻到 VCC。

2.2.3　时钟电路

8051 外接晶体振荡器和补偿电容，就能构成时钟产生电路，如图 2.5 所示。CPU 的所有操作均在时钟脉冲同步下进行。片内振荡器的振荡频率 f_{osc} 非常接近晶振频率，一般多在 1.2 ~ 12 MHz 之间选取。XTAL2 输出约 3 V 左右的正弦波。图中 C1 和 C2 是补偿电容，其值在 5 ~ 30 pF 之间选取，其典型值为30 pF。

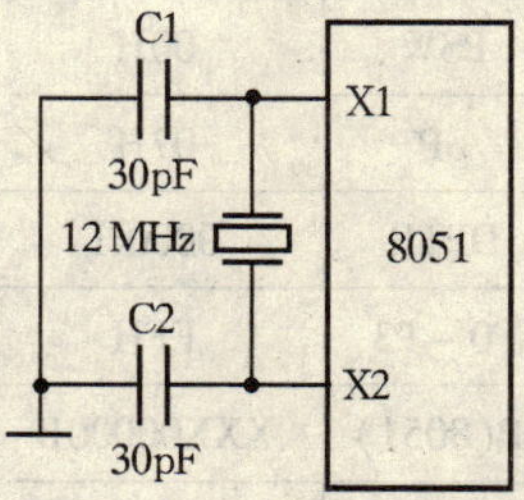

图 2.5　8051 晶振接法

改变 C1 和 C2 可微调 f_{osc}。也可以由外部提供时钟信号，作为振荡器输入信号，如图 2.6 所示。

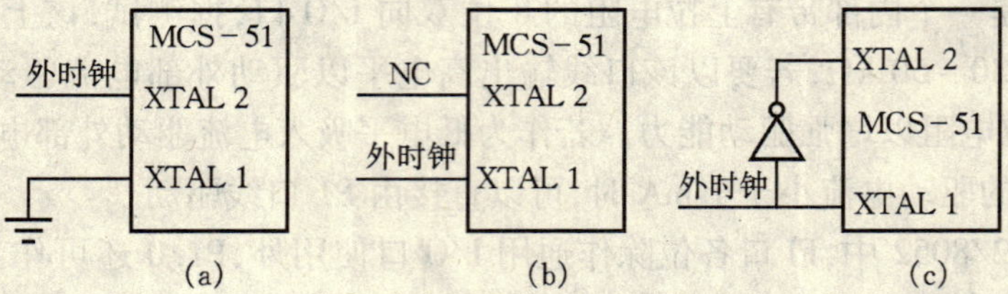

图 2.6　8051 外部时钟接法

2.2.4　复位和复位电路

计算机在启动运行时都需要复位，以便 CPU 和系统中的其它部件都处于某一确定的初始状态，并从这个状态开始工作。最重要的是将程序地址寄存器 PC 清零，使程序从头执行（从地址 0000H 执行）。在 8051 芯片内，有一个施密特触发器介于内部复位电路与外部 RST 引脚之间。引脚 RST 是施密特触发器的输入端，施密特电路的输出端接复位电路的输入。当主电源 VCC 已上电且振荡器已起振后，若在 RST 引脚上保持高电平两个机器周期（即 24 个振荡周期），就可以使 8051 复位。若一直保持 RST 为高电平，就使 8051 每个机器周期复位一次。复位之后，PC 寄存器的内容为 0000H，ALE、$\overline{\text{PSEN}}$、P0、Pl、P2 口的输出均为高电平。复位以后内部寄存器的状态如表 2.3 所示。

表 2.3　8051 复位后寄存器的内容

寄存器	内 容	寄存器	内 容	寄存器	内 容
PC	0000H	IE(8051)	0XX00000B	SBUF	不定
ACC	00H	IE(8052)	0X000000B	PCON(HMOS)	0XXXXXXXB
B	00H	TMOD	00H	PCON(CHMOS)	0XXX0000B
PSW	00H	TCON	00H	TH2(8052)	00H
SP	07H	TH0	00H	TL2(8052)	00H
DPTR	0000H	TL0	00H	RCAP2H(8052)	00H
P0－P3	FFH	TH1	00H	RCAP2L(8052)	00H
IP(8051)	XXX00000B	TL1	00H		
IP(8052)	XX000000B	SCON	00H		

RST 变为低电平后,就退出了复位状态,CPU 从初始状态开始工作。由于复位后,程序指针寄存器 PC 为 0000H,因此,8051 单片机复位后从 0000H 执行程序。

内部 RAM 不受复位的影响。VCC 上电时,RAM 的内容是不定的。

8051 的复位电路见图 2.7。图 2.7(a)为上电自动复位电路,图 2.7(b)为上电自动复位 + 手动复位电路。

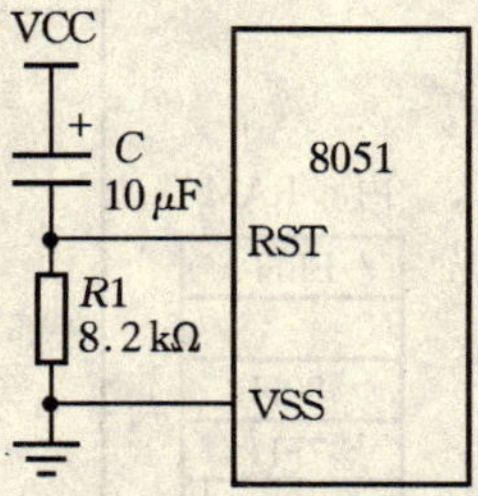

(a) 上电自动复位电路

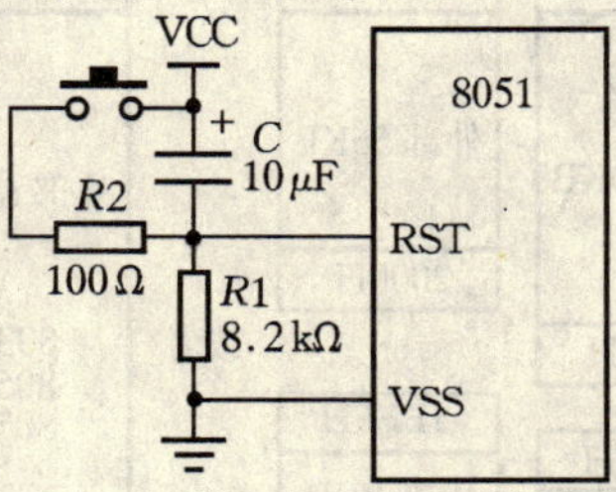

(b) 上电自动复位与手动复位电路

图 2.7　8051 的复位电路

上电自动复位电路的工作原理是:$VCC = V_C + V_{R1}$,V_C 是电容 C 两端的电压,V_{R1}是电阻 $R1$ 两端的电压,也是单片机复位引脚上的电压。在未加电时,$VCC = V_C = V_{R1} = 0$。VCC 为阶跃函数,上电时,VCC 在 $t = 0$ 瞬时即可以达到工作电压 5 V。因为电路中电阻 $R1$ 的限流作用,电路对电容 C 的充电电流为有限值,电容上的电压不能突变,而是按照指数曲线变化。其值为 $V_C = VCC(1 - e^{-\frac{t}{R1C}})$。在刚上电的一段时间内,$V_C$ 上的电压低,而电阻 $R1$ 上的电压高,则单片机复位引脚 RST 上的电压就高。由于复位端口内部是一个施密特触发器输入比较电路,因此其复位端口 RST 上的电压大于施密特触发器的高电平跳变点即可。对 8051 单片机,该高电平维持两个机器周期(24 个时钟周期)以上,单片机就可以复位。若所采用的晶振频率为 12 MHz,$R1$ 与 C 的数值取上图中的数值即可,若晶振频率低于 12 MHz,应该适当加大电容 C 和电阻 $R1$,以满足复位的时间要求,保证可靠的复位。图 2.7(b)中加了手动复位按钮,为了减小按键时的脉冲电流干扰,在手动复位开关上串联了一只 100 Ω 的限流电阻。按键接通后,由 $R1$ 和 $R2$ 组成分压电路,由于 $R2$ 的阻值很小,只有 100 Ω,其上面分担的电压可以忽略不计,因此电压主要由 $R1$ 承担。因此手动复位时,$R1$ 上的电压几乎等于电源电压,从而使 RST 上保持高电平而使单片机复位。

若复位电路失效,加电后 CPU 从一个随机的状态开始工作,系统就不能正常运行。在电路调试时,如发现电路不工作,首先要检查复位电路,检查 RST 引脚上的电平信号是否正常。

2.2.5　存储器结构

8051 的存储器为哈佛结构，有两个分开的可以各自独立寻址的程序存储器与数据存储器空间。其存储器结构见图 2.8。

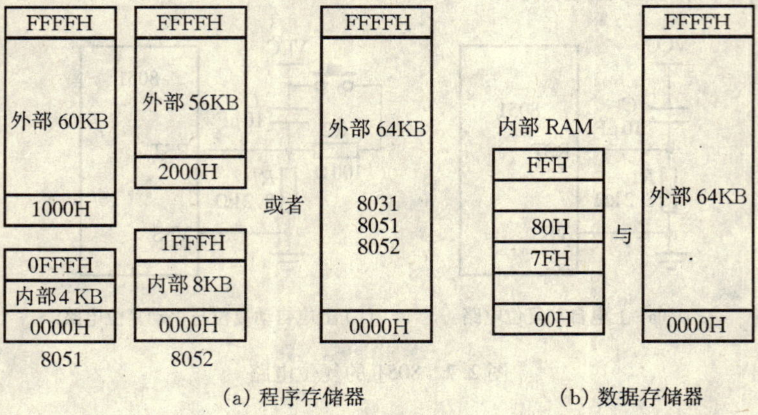

图 2.8　8051 存储器结构

8051 有片内片外从 0000H ~ FFFFH 地址连续的共 64 KB(1 KB = 1024 字节)的程序存储器(包括片内 ROM 或 EPROM)。当$\overline{EA}$接低电平时，在访问程序存储器时，从 PC = 0000H 开始的指令都取自于片外程序存储器。当$\overline{EA}$接高电平时，在访问程序存储器时，则 PC 为 0000H 至 0FFFH(对于 8051/8751/80C51)或 PC 为 0000H 至 1FFFH(对于 8052/8752/80C52/89C52)，执行的是片内程序存储器的程序。超出此范围将自动执行片外程序存储器的程序。对 89C51RD 和 51F 来说，64 KB 程序存储区全位于片内，因此其$\overline{EA}$引脚必须接高电平。

8051 的数据存储器包括片外 0000H ~ FFFFH 共 64 KB 数据存储器(包括存储器地址映射的片外 I/O 设备)，片内 RAM 和专用寄存器 SFR 区。8051 片内 RAM 为 00H ~ 7FH 共 128 B，可以直接寻址或间接寻址，SFR 区只能直接寻址(地址 80H ~ FFH)。

8052 的存储器配置，除了与 8051 相同的部分外，还增加第二个片内 RAM 区(80H ~ FFH)。这部分 RAM 只能通过寄存器间接寻址进行访问。

不同的 51 单片机，其片内数据存储器的大小不同，存储器容量从 128 B(1 B 为 1 个字节)到 8448 B 不等，标准的 MCS - 51 单片机的内部存储器分为三部分，详见表 2.4。

表 2.4　8051 单片机片内数据存储器

RAM 地址	(MSB)						(LSB)	地址序号	区别
7FH ⋮ 30H								127 ⋮ 48	数据区
2FH	7F	7E	7D	7C	7B	7A	79	78	47	位寻址区
2EH	77	76	75	74	73	72	71	70	46	
2DH	6F	6E	6D	6C	6B	6A	69	68	45	
2CH	67	66	65	64	63	62	61	60	44	
2BH	5F	5E	5D	5C	5B	5A	59	58	43	
2AH	57	56	55	54	53	52	51	50	42	
29H	4F	4E	4D	4C	4B	4A	49	48	41	
28H	47	46	45	44	43	42	41	40	40	
27H	3F	3E	3D	3C	3B	3A	39	38	39	
26H	37	36	35	34	33	32	31	30	38	
25H	2F	2E	2D	2C	2B	2A	29	28	37	
24H	27	26	25	24	23	22	21	20	36	
23H	1F	1E	1D	1C	1B	1A	19	18	35	
22H	17	16	15	14	13	12	11	10	34	
21H	0F	0E	0D	0C	0B	0A	09	08	33	
20H	07	06	05	04	03	02	01	00	32	
1FH 18H	3 区								31 24	工作寄存器区
17H 10H	2 区								23 16	
0FH 08H	1 区								15 8	
07H 00H	0 区								7 0	

(1)工作寄存器区 0 区 ~3 区

地址从 00H ~1FH,共 32 B。每 8 B(记作 R0 ~R7)构成一个区,共有 4 个区。

工作寄存器区的选择由程序状态字 PSW 中的 RS1 位和 RS0 位的值来决定,有关指令将在后面讨论。在 8051 芯片复位后,系统自动指向工作寄存器 0 区。

工作寄存器 R0 ~ R7 在编程中极为有用,它一般用作数据缓冲寄存器,如果不用作工作寄存器,这个区域中的存储单元可以直接按字节访问,把它们作为数据存储器来使用。

(2)位寻址区

该区域地址从 20H 到 2FH,共 16 B,128 b(1 b 指二进制数的 1 位),使用指令可以寻址到位地址,它们的位地址为 00H ~ 7FH。

位地址表示方法与片内 RAM 字节地址的表示方法是一样的,都是 00H ~ 7FH,但字节操作同位操作的指令形式是不一样的,在使用时应注意它们的区别。

这个区域的位地址还有另一种表示方法,即用它们的字节地址加位数来表示,例如位 0 到位 7 可写成 20.0 ~ 20.7,位 08H 到 0FH 可写成 21.0 ~ 21.7 等,“.”号之前的数字为该字节的字节地址,“.”号之后为该位在该字节中的位号。

位寻址区是布尔处理器的一部分。该区域的 16B 也可按字节访问。

(3)数据区

地址从 30H ~ 7FH,共 80 B,可作为用户数据存储器,按字节访问。用户堆栈通常放置在该区域。

2.2.6 指令部件

(1)程序计数器 PC。它是一个 16 位寄存器,是指令地址寄存器。用来存放下一条需要执行的指令的地址。其寻址能力为 64 KB。

(2)指令寄存器 IR。用来存放当前正在执行的指令。

(3)指令译码器 ID。该寄存器对 IR 中的指令操作码进行分析解释,产生相应的控制信号。

(4)数据指针 DPTR。DPTR 是一个 16 位地址寄存器,既可以用于寻址外部数据存储器,也可以寻址外部程序存储器中的表格数据。DPTR 可以寻址 64 KB 地址空间,由高位字节 DPH 和低位字节 DPL 组成,这两个字节也可以单独作为 8 位寄存器使用。使用时,应先对 DPTR 赋值,可用指令 MOV DPTR,#data,这样 DPTR 即指向了以 16 位常数 data 为地址的存储单元,这就是所谓数据指针的含意,在此基础上就可以进行以 DPTR 为地址指针的数据传送等操作。如 8051 执行指令“MOVX A,@ DPTR”就能把 DPTR 所指向的外部数据存储器中地址为 data 的单元的数据送入累加器 A 中。

2.2.7 特殊功能寄存器

8051 访问特殊功能寄存器,只能使用直接寻址方式。特殊功能寄存器的定义见表 2.5。表中前边有 * 号的寄存器可以位寻址,前面有 + 号的寄存器仅 8052 单片机才有。

8051 把 CPU 中的专用寄存器、并行端口锁存器、串行口与定时器/计数器内的控制寄存器等集中安排到一个区域,离散地分布在地址从 80H 到 FFH 范围内,这个区域称为特殊功能寄存器区。在性质上它属于数据存储器。

表 2.5 特殊功能寄存器的符号、名称及地址

符　号	名　称	地　址
* ACC	累加器	0E0H
* B	B 寄存器	0F0H
* PSW	程序状态字	0D0H
SP	堆栈指针	81H
DPTR	数据指针(2 字节)	
DPL	低位字节	82H
DPH	高位字节	83H
* P0	P0 口	80H
* P1	P1 口	90H
* P2	P2 口	0A0H
* P3	P3 口	0B0H
* IP	中断优先级控制	0B8H
* IE	中断允许控制	0A8H
TMOD	定时器/计数器方式控制	89H
* TCON	定时器/计数器控制	88H
* + T2CON	定时器/计数器 2 控制	0C8H
TH0	定时器/计数器 0 高位字节	8CH
TL0	定时器/计数器 0 低位字节	8AH
TH1	定时器/计数器 1 高位字节	8DH
TL1	定时器/计数器 1 低位字节	8BH

续表 2.5

符　号	名　称	地　址
+ TH2	定时器/计数器 2 高位字节	0CDH
+ TL2	定时器/计数器 2 低位字节	0CCH
+ RCAP2H	定时器/计数器 2 捕捉寄存器高位字节	0CBH
+ RCAP2L	定时器/计数器 2 捕捉寄存器低位字节	0CAH
* SCON	串行控制	98H
SUF	串行数据缓冲器	99H
PCON	电源控制	87H

几种最常用的寄存器介绍如下。

(1) 累加器 ACC

ACC 是一个具有特殊用途的 8 位寄存器，主要用来存放操作数或者存放运算结果。8051 指令系统中多数指令的执行都要通过累加器 ACC 进行。因此，在 CPU 中，累加器的使用频率是很高的。作为一个寄存器，累加器 ACC 又可简写为累加器 A。

(2) 寄存器 B

B 也是一个 8 位的寄存器，通常用来和累加器配合，进行乘法、除法运算。例如在乘法指令“MUL A,B”和除法指令“DIV A,B”中，B 用来寄存另一个操作数及部分结果。对其它指令，B 可作为一个工作寄存器使用。

(3) 程序状态字 PSW

PSW 是一个可编程的 8 位寄存器，用来寄存当前指令执行结果的有关状态。8051 有些指令的执行结果会自动影响 PSW 有关位（称为标志位）的状态，在编程时要加以注意。同时 PSW 中各位的状态也可通过指令设置。PSW 各标志位如下：

位	D7	D6	D5	D4	D3	D2	D1	D0
名称	CY	AC	F0	RS1	RS0	OV	–	P

其中的 RS1 和 RS0 用来选择 8051 的工作寄存器区，可由指令置位或清零，其与工作寄存器组的关系见表 2.6。

表 2.6　RS1、RSO 与工作寄存器组的关系

RS1	RS0	寄存器区	地　址
0	0	0	00H ~ 07H
0	1	1	08H ~ 0FH
1	0	2	10H ~ 17H
1	1	3	18H ~ 1FH

(4)堆栈指针 SP

存储单元在作为数据堆栈使用时,是不能按字节任意访问的,有专门的堆栈操作指令把数据送入或移出堆栈,堆栈为程序中断、子程序调用等临时保存一些特殊信息(例如某些工作寄存器的内容)提供了方便。

堆栈指针 SP 用来指示堆栈的位置。当用户需要设置堆栈时,总是先要定义堆栈在片内 RAM 的哪一个单元开始,这个起始单元称为栈底。

8051 的堆栈可以设置在片内 RAM 的任何地方。堆栈指针 SP 是一个 8 位寄存器,它的地址为 81H。复位操作后,堆栈指针初始化为 07H。当用户开辟堆栈时,必须首先对 SP 赋值,以确定堆栈的起始位置(即栈底)。随着数据进出堆栈的操作,堆栈指针 SP 的内容是随时在变化的。8051 的堆栈采用地址增量型。当执行 PUSH 操作时,一个字节数据进栈,SP 内容自动加 1,当执行 POP 操作时,一个字节数据出栈, SP 内容自动减 1。SP 始终指向堆栈中地址最高的单元,即指向栈顶。堆栈及其操作见示意图 2.9。

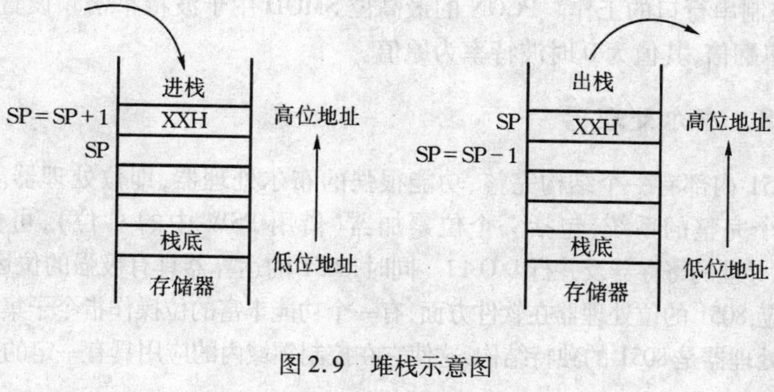

图 2.9　堆栈示意图

在使用堆栈时应注意,堆栈的深度(即开辟了多少字节作为堆栈)在程序中是没有标识的,在片内 RAM 中,哪些为工作寄存器,哪些为变量区,哪些为堆栈区,编译连接程序都会自动给予设置,通常在留出工作寄存器和变量区以后,自动确定好 SP 的位置。

(5)并行口寄存器 P0、P1、P2、P3

用于寄存并行口输出的数据。

(6)中断用寄存器 IE、IP

IE 用于中断允许或禁止设置,IP 用于中断优先级设置。

(7)定时器/计数器 T0、T1 及其控制寄存器 TMOD、TCON

8051 内部有两个 16 位可编程定时器/计数器,记为 T0 和 T1。其最大计数值为 65535。可编程是指它们的工作方式由指令来设定,或者当计数器用,或者当定时器用,并且计数(或定时)的范围也可以由指令来设置。这种控制功能是通过定时器方式控制寄存器 TMOD 来完成的。

如果需要,定时器在计到规定的定时值时可以向 CPU 发出中断申请,从而完成某种定时的控制功能。在计数状态下同样也可以申请中断。定时器控制寄存器 TCON 用来负责定时器的启动、停止以及中断管理。

在定时工作时,时钟由单片机内部提供,即系统时钟经过 12 分频后作为定时器的时钟。计数工作时,时钟脉冲(计数脉冲)由外部引脚 P3.4、P3.5 输入。

(8)串行口用寄存器 SBUF、SCON、PCON

8051 单片机内部有一个可编程的、全双工的串行接口。有一个发送数据用的特殊功能寄存器 SBUF 和一个接收数据用的特殊功能寄存器 SBUF,两个 SBUF 占用内部 RAM 的同一个地址 99H。发送数据的 SBUF 由地址信号和写信号共同控制其访问,接收数据的 SBUF 由地址信号和读信号共同控制其访问。因此,可以同时收/发数据,收/发操作都是对同一地址 99H 进行的。SCON 是串行口控制寄存器,用于控制串行口的工作。PCON 的最高位 SMOD 用于波特率倍频设置,其值为 1 时波特率翻倍,其值为 0 时波特率为原值。

2.2.8　布尔处理器

在 8051 内部有一个结构完整、功能很强的布尔处理器,即位处理器。它在硬件上是一个完整的系统,包括一个位累加器(借用 PSW 中的 C 位),可位寻址的 RAM,可位寻址的寄存器及并行 I/O 口。同时,8051 的运算器具有极强的位运算能力。与此相适应,8051 的位处理器在软件方面,有一个功能丰富的位操作指令子集。

布尔处理器是 8051 的独特结构,这使它在控制领域内的应用具有一定的优势。

2.2.9　8051 的机器周期与指令周期

CPU 完成一种基本操作所需要的时间称为机器周期。单片机的各种指令功能,都是由几种基本的机器周期实现的。基本的机器周期有取指周期、存储器读周期、存储器写周期等。

8051的一个机器周期由6个状态组成,分别为S1至S6。每个状态时间为2个振荡器周期。一个机器周期共12个振荡器周期。如果振荡器频率为12 MHz,则1个机器周期的时间为1 μs。

为了叙述方便,又把每个状态的两个振荡器周期称为相位1(P1)和相位2(P2),1个机器周期的12个振荡器周期分别为S1P1、S1P2、…、S6Pl、S6P2等。

CPU执行一条指令所需要的时间称为指令周期。指令的功能不同,指令的长度(字节数)也不同,不同指令的指令周期是不一样的。按机器周期划分8051的指令,有单周期、双周期及四周期指令三种,其中大部分为单周期指令。

2.2.10　8051访问片外存储器的时序

弄清CPU访问片外存储器的时序,是正确设计接口的关键。而8051的时序主要是地址信号、指令读取、数据读写信号、控制信号ALE、$\overline{\text{PESN}}$、$\overline{\text{RD}}$、$\overline{\text{WR}}$等在时间上的严密配合。

在不对片外操作时,ALE为低电平,$\overline{\text{PESN}}$、$\overline{\text{RD}}$和$\overline{\text{WR}}$均为高电平,这些引脚均无效。在访问片外程序存储器期间,ALE引脚每个机器周期(12个振荡周期)出现两次正脉冲。只有在访问(读或写)片外数据存储器(包括存储器影射的I/O设备)时,每个机器周期少一个ALE正脉冲。在这个缺少的ALE正脉冲处代替它的是$\overline{\text{RD}}$(在读操作时)或$\overline{\text{WR}}$(在写操作时)的负脉冲(负脉冲宽度比ALE正脉冲宽度大)。在每个ALE正脉冲的下降沿前后,P0口输出低8位地址A7～A0有效且稳定。片外地址锁存器就利用ALE正脉冲的高电平选通地址锁存器,把A7～A0

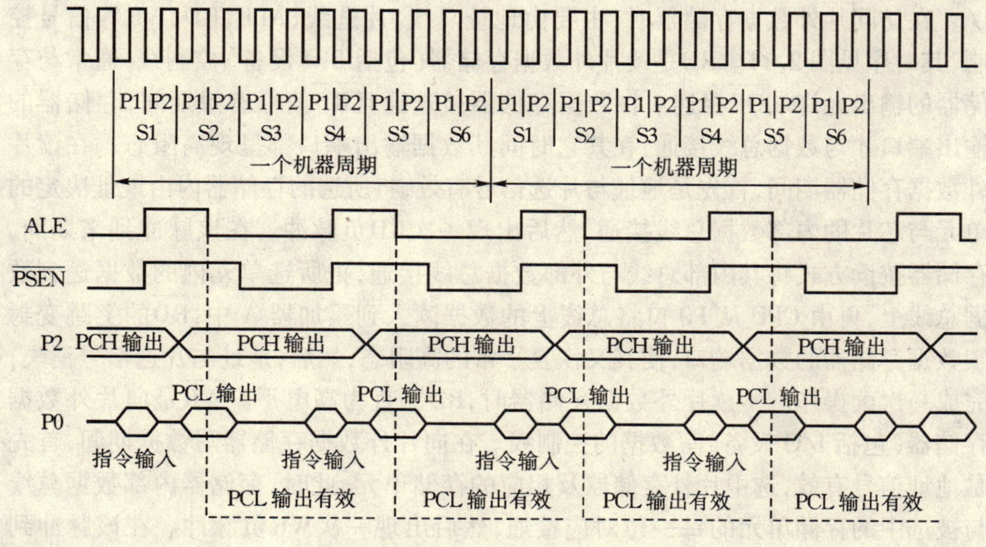

图2.10　8051访问外部程序存储器时序图

送到锁存器，然后利用 ALE 的下跳沿把低 8 位地址锁存在地址锁存器的输出端口，从而使低 8 位地址在读或写过程中一直有效。在低 8 位地址从 P0 口输出并锁存后，P0 口上的信号就消失了，P0 口就空闲出来，用作下边紧接着要进行的数据传送的通道。因为在整个对片外操作期间，P2 口输出并锁存高 8 位地址 A15 ~ A8，而且一直有效且稳定。因此高 8 位地址不需锁存。在地址有效期间，被选通的外部存储器的单元就可以在$\overline{RD}$或$\overline{WR}$控制信号的作用下被读出或写入数据。

CPU 执行一条指令分两个阶段：取指阶段和执行阶段。取指阶段从程序存储器取出若干字节的指令码（包括操作码和操作数）放到 CPU 的指令寄存器中；执行阶段对指令的操作码（指令第一字节）进行译码，并执行该指令的功能。取指令实际上是对程序存储器的读访问，其时序见图 2.10。是以$\overline{PSEN}$信号作为读控制信号的，$\overline{PSEN}$信号线必须和程序存储器的输出允许端$\overline{OE}$相连。在程序存储器被选通且$\overline{PSEN}$信号有效期间，程序存储器的输出端口才与数据总线接通，在其它时间其数据输出端口都呈现高阻态。在程序存储器没有被选通时，不管$\overline{PSEN}$信号是否有效，其数据输出端口都呈现高阻态。从图中可见，在每个机器周期，ALE 信号两次有效，一次在 S1P2 到 S2P1 之间，一次在 S4P2 到 S5P1 之间。每出现一次 ALE 信号，CPU 进行一次取指操作。在从片外程序存储器取指令期间，每个机器周期出现两次$\overline{PSEN}$负脉冲。应利用$\overline{PSEN}$脉冲上跳前的低电平把程序存储器的指令数据选通到数据总线上，CPU 在$\overline{PSEN}$上跳时把数据总线上的数据通过 P0 口读到指令寄存器中锁存，并且$\overline{PSEN}$的上跳沿封锁程序存储器的输出口。在不取指令期间，$\overline{PSEN}$脚为高电平（无效）。

在访问片外数据存储器时，主要由地址总线、片选线、ALE、$\overline{RD}$、$\overline{WR}$等信号控制，其时序见图 2.11。$\overline{RD}$是读片外数据存储器（包括 I/O 设备）控制线，通常与存储器的输出允许端$\overline{OE}$相连。在数据存储器被选通且$\overline{RD}$信号有效期间，存储器的输出端口才与数据总线接通，在其它时间其数据输出端口都呈现高阻态。在读片外数据存储器期间，首先是地址与片选信号有效，将所选的存储器内由地址决定的单元与芯片的内部数据总线接通，然后出现一次$\overline{RD}$负脉冲。在该脉冲到来期间，存储器按读方式将其内部总线与外部数据总线接通，把所选单元内的数据送到数据总线上，再由 CPU 从 P0 口将总线上的数据读入到累加器 A 中，$\overline{RD}$的上跳变封锁数据存储器的数据端口，使其又恢复平常的高阻态，然后，地址与片选信号消失，完成一次读操作。不读片外数据存储器时，$\overline{RD}$一直为高电平。$\overline{WR}$是向片外数据存储器（包括 I/O 设备）写数据的控制线。在向片外数据存储器写数据期间，首先是地址信号有效，选中片外存储器及相应的存储单元，此时，存储器内部数据总线与被选中的存储单元的每一位对应接通，然后出现一次$\overline{WR}$负脉冲。在该脉冲到来期间，存储器按写入方式将其内部总线与外部数据总线接通，随之 CPU 通过 P0

口把数据送上数据总线，使数据进入所选的存储单元，总线上的数据要稳定并持续到$\overline{WR}$上跳变之后一段时间。$\overline{WR}$的上跳变把数据锁存在数据存储器里。在不对片外数据存储器进行写操作时，$\overline{WR}$一直为高电平（无效）。

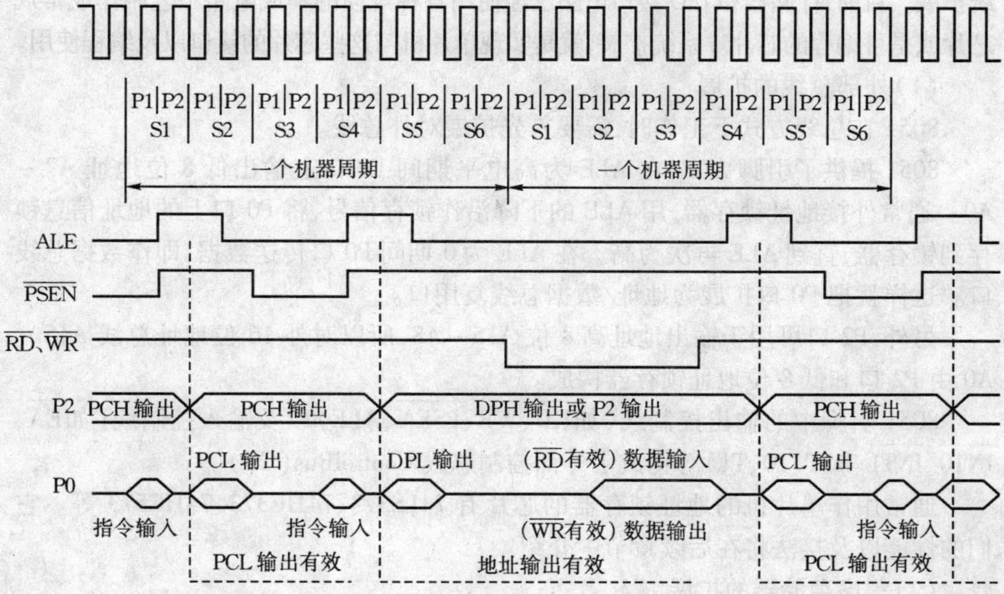

图 2.11　8051 访问外部数据存储器时序图

8051 有 111 条指令，按指令功能和指令长度，安排了几种基本时序。有 1 字节 1 周期指令；2 字节 1 周期指令；1 字节 2 周期指令；2 字节 2 周期指令；3 字节 2 周期指令及 1 字节 4 周期指令等。下面对几种主要时序作以简单介绍。

（1）单字节、单周期指令时序

执行一条单字节单周期指令时，在 S1 期间读入操作码，把它送入指令寄存器，接着开始执行，并在本周期的 S6P2 执行完毕。在本周期的 S4P2 期间还要照常读入下一个指令字节，但 CPU 不予处理，PC 也不加 1，也就是说此次读取无效。

（2）双字节单周期指令时序

在执行 1 条 2 字节单周期指令时，在 S1 期间读入指令操作码字节并将它锁存在指令寄存器，在 S4 期间读入指令第 2 字节，指令在本周期的 S6P2 期间执行完毕。

（3）单字节双周期指令时序

在执行一条单字节双周期指令时，在第 1 个周期的 S1 期间读入操作码并锁存，然后开始执行。在本周期的 S4 期间及下一个周期的两次读操作均无效，指令在第二周期的最后一个状态 S6P2 执行完毕。

2.2.11 8051 的系统扩展

在很多应用场合,8051 自身的存储器和 I/O 资源不能满足要求,这时就要进行系统扩展。目前,存储器和 I/O 接口电路已经使用各种规模的集成电路工艺制作成常规芯片或是可编程的芯片。系统扩展,就是实现单片机与这些芯片的接口以及编程使用。

(1)外部总线的扩展

8051 在总线方式下工作时,需要首先扩展对外总线。

8051 提供了引脚 ALE,在 ALE 为高电平期间 P0 口上输出低 8 位地址 A7 ~ A0。通常外接地址锁存器,用 ALE 的下降沿作锁存信号,将 P0 口上的地址信息锁存到锁存器,直到 ALE 再次为高。在 ALE 为 0 期间 P0 口传送数据,即作数据总线口。这样就把 P0 口扩展为地址/数据总线复用口。

另外,P2 口可用于输出地址高 8 位 A15 ~ A8,所以对外 16 位地址总线 A15 ~ A0 由 P2 口和低 8 位地址锁存器构成。

8051 引脚中的输出控制线(如 $\overline{\text{RD}}$、$\overline{\text{WR}}$、$\overline{\text{PSEN}}$、ALE)以及输入控制线(如 $\overline{\text{EA}}$、$\overline{\text{INT0}}$、$\overline{\text{INT1}}$、RST、T0、T1)等构成了外部控制总线 ControlBus(CB)。

通常用作单片机的地址锁存器的芯片有 74LS373、74HC373、74HC573 等。它们的性能以及接法将在后续章节中介绍。

(2)程序存储器的扩展

在片内程序存储器不够用的情况下,就要加接外部程序存储器,称此为外部程序存储器的扩展。通常扩展一片存储器即可。单片机与外部程序存储器的连接如图 2.12 所示。

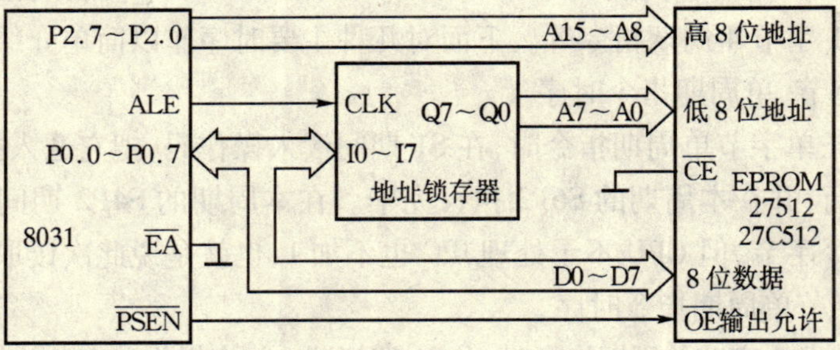

图 2.12 8051 与外部程序存储器的连接

图 2.12 中 P2 口与 EPROM 的高 8 位地址线连接;P0 口经地址锁存器输出的地址线与 EPROM 的低 8 位地址线相连,同时 P0 口又与 EPROM 的数据线相连;单片机 ALE 连接锁存器的锁存控制端 CLK;$\overline{\text{PSEN}}$接 EPROM 的输出允许$\overline{\text{OE}}$;8051 的内、外存储器选择端$\overline{\text{EA}}$接地。

存储器芯片型号的高两位数字 27 表示紫外线可擦除的芯片 EPROM，价格便宜，使用可靠，但若要改写程序，擦除耗时多（需要紫外线擦除 20～30 min），宜于程序已经完善的大批量产品使用。28 表示电可擦除的芯片 EEPROM，可快速擦除，但价格高，宜于开发试验过程中使用。目前 27 系列存储器也有电可擦除的，其价格与 28 系列的相同。低位数字表示存储容量的千位的数值，如 2764 表示 64 K（1K＝1024）个存储位的 EPROM，28256 表示 256K 个存储位的 EEPROM，低位数字除以 8 为芯片的字节存储容量，如 XX64 表示有 8 K 字节容量，可以表示成 8 KB。由于存储器芯片有 8 KB、16 KB、32 KB、64 KB 各种规格，为了减少电路板的面积，使电路紧凑，建议根据程序大小，选用一片即可。这样，该芯片的片选端可以直接接地，使该片始终处于选通状态。只要系统执行读外部程序存储器的指令，就由 $\overline{PSEN}$ 控制读该片 EPROM。几种存储器芯片的引脚说明见表 2.7。

表 2.7　几种存储器芯片引脚说明

27512	28256	27256	2764	6264	元件引脚		6264	2764	27256	28256	27512
A15	A14	VPP	VPP	NC	1	28	VCC	VCC	VCC	VCC	VCC
A12	A12	A12	A12	A12	2	27	$\overline{WE}$	$\overline{PGM}$	A14	$\overline{WE}$	A14
A7	A7	A7	A7	A7	3	26	CS2	NC	A13	A13	A13
A6	A6	A6	A6	A6	4	25	A8	A8	A8	A8	A8
A5	A5	A5	A5	A5	5	24	A9	A9	A9	A9	A9
A4	A4	A4	A4	A4	6	23	A11	A11	A11	A11	A11
A3	A3	A3	A3	A3	7	22	$\overline{OE}$	$\overline{OE}$	$\overline{OE}$	$\overline{OE}$	$\overline{OE}$/VPP
A2	A2	A2	A2	A2	8	21	A10	A10	A10	A10	A10
A1	A1	A1	A1	A1	9	20	$\overline{CE}$	$\overline{CE}$	$\overline{CE}$	$\overline{CE}$	$\overline{CE}$
A0	A0	A0	A0	A0	10	19	D7	D7	D7	D7	D7
D0	D0	D0	D0	D0	11	18	D6	D6	D6	D6	D6
D1	D1	D1	D1	D1	12	17	D5	D5	D5	D5	D5
D2	D2	D2	D2	D2	13	16	D4	D4	D4	D4	D4
GND	GND	GND	GND	GND	14	15	D3	D3	D3	D3	D3

从芯片引脚表中可以看到，相同引脚数目而容量不同的芯片，引脚基本兼容。这样为在已设计好的电路板上更换不同容量的芯片，带来了方便，也方便了不同型号 EPROM 的编程写入。

EPROM 的引脚中，除去 VCC、GND、地址线 AX、数据线 DX 外，还有四个引脚：

$\overline{WE}$、$\overline{OE}$、$\overline{CE}$和 VPP。其中：

$\overline{WE}$：写允许，接 CPU 的写信号$\overline{WR}$。

$\overline{OE}$：输出允许，接 CPU 的读程序信号$\overline{PSEN}$。

$\overline{CE}$：片选，由地址译码器或单独的地址线选通，只有一片程序存储器的情况下，$\overline{CE}$直接接地即可。

VPP：编程写入电压，不同型号芯片的 VPP 可能不同。

(3)外部数据存储器的扩展

8051 外部数据存储器的扩展分为并行接口扩展和串行接口扩展。并行接口扩展的存储器寻址范围为 64 KB，并与外部 I/O 接口统一编址。外部 RAM 和外部 I/O 接口的读写控制信号为$\overline{RD}$和$\overline{WR}$。串行接口扩展存储器目前主要是 I^2C 器件，每片存储器容量大小不等，每片最大为 64 KB，一个 8051 可以接多个这样的存储器。下边介绍并行接口 RAM 的扩展。

在 64 KB 范围寻址外部 RAM 时，地址指针为 DPTR；若对外部 RAM 按页面寻址(256 字节为一页)，则用 R0 或 R1 作页内地址指针，P2 口作页地址指针。

外部数据存储器扩展时，地址总线和数据总线的连接方法与程序存储器的扩展相同。控制信号是读信号$\overline{RD}$和写信号$\overline{WR}$。8051 的$\overline{RD}$信号与外部 RAM 的输出允许$\overline{OE}$相连，8051 的$\overline{WR}$信号与外部 RAM 的写信号$\overline{WE}$相连。外部 RAM 的片选信号与外部 I/O 接口的片选信号由译码逻辑电路产生。

常用的静态 RAM 芯片有 6264(8 KB)、62256(32 KB)、62512(64 KB)等。在使用上，即使很复杂的仪器系统，作为数据缓存的 RAM 的需求一般也不大于 5 KB，因此选择一片 6264 通常已足够用。但有些仪器的数据需要较长时间保存，在系统停电后数据也不丢失，则必须使用 EEPROM，因此可选用 28XX 存储器。因为 EEPROM 的价格现在已经大大降低，为了电路板紧凑可靠，最好根据容量需求选用一片 EEPROM。由于串行 EEPROM 体积小，最好优先选用。下面以 6264 芯片为例，讨论 RAM 的并行扩展方法。

6264 是 8 K×8 的 SRAM 芯片。SRAM 是静态 RAM，不需要定时刷新。其引脚在表 2.7 中已有表述，6264 和 8051 的连接电路见图 2.13。具体说明如下：

A12～A0：地址线，高 5 位地址线直接与 8051 的高 5 位地址线(A12～A8)相连，低 8 位与地址锁存器 74HC573 的输出相连，该锁存器的输入端与 8051 的数据与低 8 位地址复用口线 P0 口相连，接受并锁存来自 8051 的低 8 位地址，使得 6264 的地址输入端口在被访问期间，13 位地址一直有效。

$\overline{CE1}$：片选线 1，低电平有效。

$\overline{WE}$：写允许线，低电平有效。

D07～D00：双向数据线。

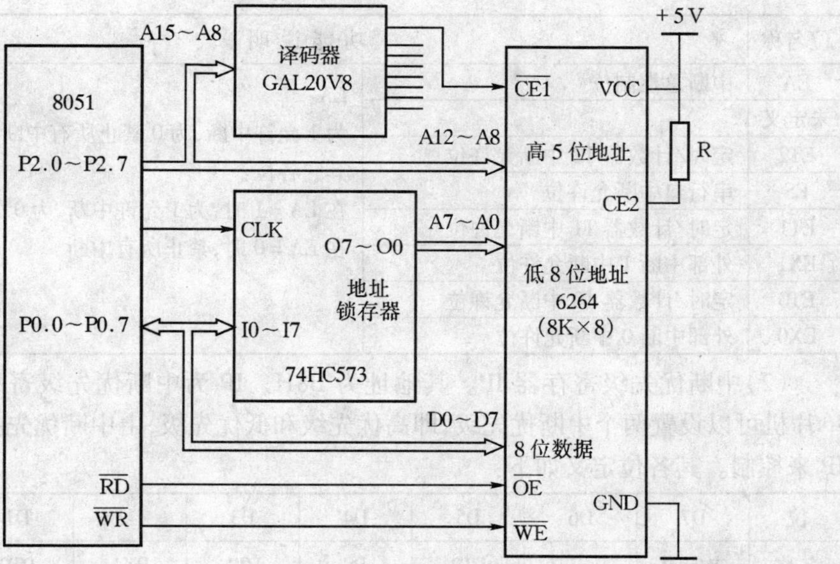

图 2.13　8051 与 6264 的连接

CE2:片选线 2,高电平有效;可通过上拉电阻 R 接到 VCC,也可以直接接到 VCC,在后备电池供电时,为保证在电源切换瞬时数据不丢失,CE2 必须接到后备电池的正极。

$\overline{\text{OE}}$:输出允许线,低电平有效。

2.2.12　8051 的中断系统

8051 的中断系统有 5 个独立的中断源,包括两个外部中断申请,两个定时器/计数器中断以及串行口中断。外部中断申请通过$\overline{\text{INT0}}$和$\overline{\text{INT1}}$(即 P3.2 和 P3.3)输入,输入方式可以是电平触发(低电平有效),也可以是边沿触发(下降沿有效)。两个定时器中断请求是当定时器溢出时向 CPU 提出的,即当定时器由状态全 1 转为全 0 时发出的。第五个中断请求是由串行口发出的,串行口每发送完一个数据或接收完一个数据,就可提出一次中断申请。

8051 的中断系统由以下几个寄存器控制。

(1)中断允许寄存器 IE。其地址为 A8H。设置 IE 内部的相应位为 1 或 0,就可以决定对哪些中断源允许中断,对哪些不允许。其各位定义如下:

位	D7	D6	D5	D4	D3	D2	D1	D0
名称	EA	未定义	ET2	ES	ET1	EX1	ET0	EX0

其各位的定义见表 2.8。

表 2.8　中断允许寄存器 IE

<table>
<tr><th>位名称</th><th colspan="2">功 能 说 明</th></tr>
<tr><td>EA</td><td>中断总控制位</td><td rowspan="8">EA：
为 1 允许中断，为 0 禁止所有中断
其它各位：
在 EA = 1 时，为 1 允许中断，为 0 禁止中断
在 EA = 0 时，禁止所有中断</td></tr>
<tr><td>未定义</td><td></td></tr>
<tr><td>ET2</td><td>定时/计数器 T2 中断允许位</td></tr>
<tr><td>ES</td><td>串行口中断允许位</td></tr>
<tr><td>ET1</td><td>定时/计数器 T1 中断允许位</td></tr>
<tr><td>EX1</td><td>外部中断 1 中断允许位</td></tr>
<tr><td>ET0</td><td>定时/计数器 T0 中断允许位</td></tr>
<tr><td>EX0</td><td>外部中断 0 中断允许位</td></tr>
</table>

（2）中断优先级寄存器 IP。其地址为 B8H。IP 为中断优先级寄存器。8051 单片机可以设置两个中断优先级，即高优先级和低优先级，由中断优先控制寄存器 IP 来控制。其各位定义如下：

位	D7	D6	D5	D4	D3	D2	D1	D0
名称	未定义	未定义	PT2	PS	PT1	PX1	PT0	PX0

IP 各位功能说明见表 2.9。

表 2.9　中断优先级寄存器 IP 各位的功能

<table>
<tr><th>位名称</th><th colspan="2">功 能 说 明</th></tr>
<tr><td>PT2</td><td>定时/计数器 T2 中断优先级设定位</td><td rowspan="6">8051 中断优先级分为两级：
某位为 1，则该中断为高优先级；
为 0，则该中断为低优先级。
如果同一优先级的几个中断申请同时发生，则其响应中断的顺序为：EX0、ET0、EX1、ET1、ES、ET2</td></tr>
<tr><td>PS</td><td>串行口中断优先级设定位</td></tr>
<tr><td>PT1</td><td>定时/计数器 T1 中断优先级设定位</td></tr>
<tr><td>PX1</td><td>外部中断 1 中断优先级设定位</td></tr>
<tr><td>PT0</td><td>定时/计数器 T0 中断优先级设定位</td></tr>
<tr><td>PX0</td><td>外部中断 0 中断优先级设定位</td></tr>
</table>

低优先级的中断服务会被高优先级的中断所打断，即当有一个低优先级的中断被响应，CPU 正在执行其中断服务程序时，又有一个没有禁止的高优先级的中断申请到来，如果此时 EA = 1，则 CPU 会停止当前的中断服务程序，转去执行刚发生的高优先级的中断服务程序，执行完后，再接着执行刚停止的低优先级的中断服务程序。

同一级别的中断不能互相中断对方。

各中断的入口地址见表 2.10。

表 2.10　中断入口地址

中断源	中断入口地址	中断号
定时器 2	002BH	5
串行口	0023H	4
定时器 1	001BH	3
外中断 1	0013H	2
定时器 0	000BH	1
外中断 0	0003H	0

(3)定时器控制与中断方式控制寄存器 TCON

其地址为 88H,其各位的定义与功能如下。

位	D7	D6	D5	D4	D3	D2	D1	D0
名称	TF1	TR1	TF0	TR0	IE1	IT1	IE0	IT0
说明	用于 T1		用于 T0		用于中断控制			

TF1、TF0 是定时器 T1、T0 溢出标志,是 T1、T0 的中断请求标志。定时器 T1、T0 溢出时,该位被自动置 1。CPU 检测到其为 1 时,就根据中断优先级及当前是否允许中断决定是否响应这个中断,响应 T1、T0 中断后,TF1、TF0 被自动清零。TF1、TF0 也可以由程序查询和清零。

TR1、TR0 是定时器 T1、T0 的启动控制位,由程序设定。设其为 1 时,定时器开始工作;设其为 0 时,定时器停止工作。

IT1、IT0 是外中断 1、0 的中断触发方式控制位。ITX 为 0 时,为电平触发方式,外中断引脚上的低电平将触发中断。低电平必须保持一定的时间,直到中断被响应为止。在电平触发方式,外中断引脚上低电平的到来不会引起下跳沿触发标志位 IE1、IE0 的变化。ITX 为 1 时,为下跳沿触发方式,在这种方式下,外中断引脚上由高到低的电平下跳将使 IEX 被自动置位(为 1), CPU 响应这个中断后,IEX 被自动清零。

2.2.13　8051 的定时器/计数器

8051 有 16 位加 1 定时器/计数器 T0 和 T1,与 T0 和 T1 有关的专用寄存器有以下几种。

(1)方式控制寄存器 TMOD(地址 89H)

TMOD 用于规定 T0 和 T1 的工作方式,其各位定义如下:

位	D7	D6	D5	D4	D3	D2	D1	D0
名称	GATE	$C/\overline{T}$	M1	M0	GATE	$C/\overline{T}$	M1	M0
说明	用于定时器/计数器 T1				用于定时器/计数器 T0			

M1 和 M0 是工作方式选择位,如表 2.11 所示。

表 2.11　定时器/计数器工作方式选择

M1	M0	方式	功　能
0	0	方式 0	13 位定时器/计数器
0	1	方式 1	16 位定时器/计数器
1	0	方式 2	计数初值重新装入的定时器/计数器
1	1	方式 3	对 T0 分为两个独立的 8 位定时/计数器,对 T1 停止计数

$C/\overline{T}$:定时或计数方式选择位。若 $C/\overline{T}=0$,则 T0(或 T1)为定时器方式,以振荡频率的 1/12 为计数信号;若 $C/\overline{T}=1$,为计数方式,以引脚 T0(P3.4)和 T1(P3.5)的脉冲为计数脉冲。

GATE:门控位,若 GATE = 1,则 TX(T0 或 T1)计数器受引脚$\overline{INTX}$($\overline{INT0}$或$\overline{INT1}$)和 TRX(TR0 或 TR1)共同控制。当$\overline{INTX}$和 TRX 都是 1 时,TX 计数,否则 TX 停止计数。若 GATE = 0,则 T0 和 T1 不受$\overline{INT0}$(或$\overline{INT1}$)引脚控制而只受 TRX 控制,此时,TRX 为 1,TX 计数,TRX 为 0,停止计数。

(2) 定时器/计数器寄存器的 TH1、TL1、TH0、TL0

TH1 和 TL1 分别为定时器/计数器 T1 的高 8 位和低 8 位,TH0 和 TL0 分别为 T0 的高 8 位和低 8 位。它们均可由软件置初值。两组作用相似,讨论其中 1 组即可,现讨论 TH1 和 TL1。

①当 T1 工作于方式 0 时:此时 TH1 是 T1 的高 8 位,TL1 是 T1 的低 5 位,于是由 TH1 和 TL1 组成 T1 的 13 位计数器。T1 加 1 计数到 1FFFH 后,再加 1 便溢出,置 TF1 为 1。

②当 T1 工作于方式 1 时:此时由 TH1 和 TL1 组成 16 位计数器,其计数最大值为 FFFFH。

③当 T1 工作于方式 2 时:此时 TL1 是 T1 的 8 位计数器,TH1 是计数初值寄存器。T1 在 TL1 的初值的基础上加 1 计数。当 T1 计数到 FFH 再加 1 溢出时,便把 TF1 置为 1,同时把 TH1 送到 TL1,于是 T1 又在 TL1 的新值基础上加 1 计数,如此周而复始。

④当 T1 或 T0 工作于方式 3 时:T1 与 T0 的情况不同。当 T0 工作于方式 3 时,把 T0 分成两个 8 位定时器/计数器。一个与方式 0 时很相似,差别只在于现在不是 13 位计数器,而是 8 位计数器。此计数器由 TL0 承担,计数溢出时置 TF0 = 1。另一个是 8 位定时器,对振荡频率的 12 分频($f_{osc}/12$)计数,计数器由 TH0 承担,计数溢出时置 TF1 = 1。TH0 是否计数由 TR1 控制,若 TR1 = 1,允许计数,若 TR1 = 0,则禁止计数。此时定时器/计数器 T1 只可用作串行口的波特率发生器。

2.2.14　8051 的串行接口

8051 单片机有一个全双工的异步串行通信接口,它有四种工作方式。四种方式各有特点,但也有共同点:发送(输出)和接收(输入)都是数据的最低位在先。

(1)与串行口有关的寄存器

①数据寄存器SBUF(地址99H)

SBUF是可直接寻址的专用寄存器,在物理上它对应着两个寄存器,一个是接收寄存器SBUF,另一个是发送寄存器SBUF,它们的地址都是99H。读SBUF就是读接收寄存器。写SBUF就是写发送寄存器。

②串行口控制寄存器SCON(地址98H)

SCON用于控制和监视串行口的工作状态,其各位定义如下:

位	D7	D6	D5	D4	D3	D2	D1	D0
名称	SM0	SM1	SM2	REN	TB8	RB8	TI	RI

SM0、SM1:串行口的方式选择位,如表2.12所示。

表2.12　串行口工作方式

SM0	SM1	方式	功能	波特率
0	0	0	同步移位寄存器	振荡频率$f_{osc}/12$
0	1	1	8位UART	可变(T1或T2溢出率/n)
1	0	2	9位UART	$f_{osc}/32$(SMOD=1)或$f_{osc}/64$(SMOD=0)
1	1	3	9位UART	可变(T1或T2溢出率/n)

表中的SMOD是特殊功能寄存器PCON的D_7位的值,由软件赋值。

SM2:允许方式2或3的多机通信控制位。

在串行工作方式0时,不用SM2位,应置SM2=0。只在串行口工作于方式1、2或3的接收状态时,SM2位才对串行的工作有影响,在接收完9位数据D0~D8后,若RI=1,则把接收的所有数据丢失;若RI=0且SM2=0,则把接收到的前8位数据D0~D7装入SBUF,把第9位数据D8装入RB8,并置"1"RI,请求中断;若RI=0,但是SM2=1,那么只有D8为1时,才把D0~D7装入SBUF,把D8装入RB8,并置RI=1,否则,把接收的数据全部丢失,RI仍为0,不请求中断。

REN:允许串行接收控制位。无论串行口工作于方式0、1、2或3的那一种,只有先用软件置REN=1,才允许串行口接收数据。由软件清"0"REN来禁止接收。

TB8:预置发送的第9位数据。在串行口工作于方式2或方式3的发送状态时,TB8是待发送的第9位数据。TB8需用软件置位或清零。其它情况用不到TB8。

RB8:接收到的第9位数据。方式0不用RB8。串行口工作于方式1时,装入RB8的是停止位。工作于方式2和3时,把接收到的第9位数据装入RB8。工作于方式2或方式3的多MCS-51单片机通讯时,RB8实际上来自发送机的TB8。

TI:发送中断标志。在方式 0 发送完第 8 位数据时,由内部硬件自动置 TI = 1,请求中断;在其它方式串行发送的停止位开始时,由硬件置 TI = 1,请求中断。TI 必须由软件清“0”(撤消中断请求)。

RI:接收中断标志。在方式 0 接收完第 8 位数据时,由内部硬件自动置 RI = 1,请求中断;在其它方式串行接收的停止位开始时,由硬件置 RI = 1,请求中断。RI 必须由软件清“0”(撤消中断请求)。

③电源管理寄存器 PCON,其最高位 D7 位名为 SMOD,SMOD 位决定通信波特率是否翻倍,若 SMOD = 1,则在晶振频率和重装入值不变的情况下,通信波特率与 SMOD = 0 时相比,会翻倍。

(2)波特率产生

从表 2.12 可知,串行口工作于方式 0 和方式 2 时,波特率是基本固定的,工作于方式 1 和方式 3 时,波特率是由定时器 1 的溢出率决定的,每溢出 32 次,发送或者接收 1 位数据。其波特率值为

$$\text{方式 1、方式 3 波特率} = (\text{定时器 1 的溢出率}) \times \frac{2^{SMOD}}{32}$$

定时器 1 的溢出率取决于定时器工作方式控制寄存器 TMOD 的设定,在通信应用中,设置定时器 1 为定时器方式,在这种方式下,T1 对机器周期计数。且须运行于自动重新装载方式,此时 TMOD 的高 4 位应为 0010B,而自动重装入的值放在 TH1 中,这时波特率的产生公式为

$$\text{方式 1、方式 3 波特率} = \frac{2^{SMOD}}{32} \times \frac{f_{osc}}{12 \times [256 - (TH1)]}$$

在这种情况下,应禁止定时器 1 中断。定时器 1 产生的常用波特率见表 2.13。

表 2.13 定时器 1 产生的常用波特率

波特率(b/s)	f_{OSC}(MHz)	SMOD	定时器 1		
			$C/\overline{T}$	方式	重装入值
方式 0(最大):1M	12	×	×	×	×
方式 2(最大):375k	12	1	×	×	×
方式 1、3:62.5k	12	1	0	2	FFH
19.2k	11.0592	1	0	2	FDH
9.6k	11.0592	0	0	2	FDH
4.8k	11.0592	0	0	2	FAH
2.5k	11.0592	0	0	2	F4H
1.2k	11.0592	0	0	2	E8H
137.5	11.0592	0	0	2	1DH
110	6	0	0	2	72H
110	12	0	0	1	FEEBH

2.3　16 位单片机

16 位单片机包括了许多种型号。以 Intel 的 MCS96 系列应用较多，Philips 公司的 16 位单片机 80C51AX 也应用较多，ATMEL 公司推出的 T151/T251，虽然因其性能卓越被商家看好，但因刚推出不久，资料较少，开发成本高。因此本书主要介绍应用比较广泛的 Intel 的 MCS96 中的 80C196 系列 16 位单片机，本节介绍 196 系列单片机内部基本结构。包括内部 CPU 结构和外设端口的工作原理与基本特性、存储器结构和地址分配、存储器的寻址方式和编程常规，这些知识都是设计应用系统所必需的。

2.3.1　MCS96 单片机系列简介

MCS96 单片机是一种在工业上应用广泛的嵌入式控制器的主芯片，由于它的高性能的寄存器-寄存器结构，可以很好地用于实时控制应用，如工业自动化控制，车辆控制，电机控制等。MCS96 系列有一个共同的内核，即 CPU 是通用寄存器-寄存器结构。其中的 80C196 单片机系列的主要特点如下：

①16 位 CPU，比 8 位机的数据处理能力大大增强，主频可达 50 MHz，片上内存较大，运算速度大大加快。

②寄存器-寄存器结构，克服了 51 系列单片机基于累加器结构的瓶颈效应，计算速度和数据吞吐能力提高。

③有 8 位、16 位总线宽度控制，可以方便地与 8 位或 16 位接口电路相连，能充分利用内存和外设接口。

④80C196 总线控制器可以用程序控制等待时间，这样 CPU 可和其它外设方便地连接。

80C196 单片机系列主要有如下 3 种类型。

①主流产品是 EPA I/O 端口系列，这种类型有丰富的外设接口，灵活的输入/输出系统和事件处理器阵列（EPA）；

②HSIO 系列由带有高速输入/输出口的系统构成；

③电机控制系列，主要应用于电机控制应用系统，这一系列也用 EPA 作为 I/O 控制。

下面主要介绍在智能仪器中使用较多的 HSIO 系列的 C196 单片机。

2.3.2　HSIO 系列

1. 简介

(1)80C196KB

80C196KB 是第一个 CHMOS MCS96 系列成员。它仅有 8 KB 的 ROM 和 8 KB

OTPROM 两种，带有 232 B 的寄存器 RAM。80Cl96KB 用高速输入/输出（HSIO）结构进行事件控制。HSIO 有 4 个输入、6 个输出，用两个 16 位定时器/计数器作为系统时间基准，还有硬件 PWM、全双工串口（SIO）、看门狗定时器和 8 通道 10 位分辨率的 A/D 转换器，有 4 个输入/输出并行口。

（2）80C196KC

80C196KC 是出现的第二种 CHMOS 196 系列单片机。它有 16 KB 的 ROM 型和 16 KB 的 OTPROM 型两种，带有 488 B 寄存器 RAM。它主频可运行到 20 MHz，在性能上比 80Cl96KB 提高 25%。80C196KC 除有 80C196KB 的所有功能和接口外，还有如下特性：有三个由硬件产生的 PWM 发生器，有 8 位和 10 位可编程采集和转换时间的 A/D 变换；有外设事务服务器（PTS），它由微代码处理中断事件，类似于 DMA 通道方法，这样可以大大减少 CPU 响应中断服务的开销；带有水平和垂直窗口映射功能。

（3）80C196KD

80C196KD 有所有 80C196KC 的特性，但是它进一步扩展了片内存储器。它有 32 KB 的 ROM 型和 OTPROM 型两种，同时内部带有 1 KB 的 RAM。它也有主频达 20 MHz 的类型，由于它的内部 ROM 比较大，所以可以应用于高级语言编程的场合。

（4）HSIO 系列的主要特点

◆可运行 20 MHz 的工作主频；
◆16 位定时器和 16 位计数器；
◆快速寄存器-寄存器结构；
◆可达三个 PWM 发生器；
◆可达 1 KB 寄存器 RAM；
◆全双工串行口；
◆可达 32 KB 内部 OTPROM；
◆16 位看门狗定时器 WDT；
◆可动态配置 8 位或 16 位总线宽度；
◆8 通道 8 位或 10 位 A/D 变换；
◆总线 HOLD/HOLDA 协议；
◆电源的闲置和掉电模式；
◆8 通道高速 I/O 口（HSIO）；
◆外设事件服务器（PTS）。

HSIO 系列的主要性能见表 2.14。

表 2.14　MCS96 的 HSIO 系列单片机的主要性能一览表

型号	主频速度/MHz	OTPROM/ROM	寄存器RAM	I/O引脚	I/O类型	串口SIO/SSIO	A/D输入通道	寻址空间	封装	温度
80C196KB16	16	8 KB	232B	48	HSIO	1	8	64 KB	N－68 S－80	C,E,A
80C19816	16	8 KB	232B	34	HSIO	1	4	64 KB	N－52 S－80	C

续表 2.14

型号	主频速度/MHz	OTPROM/ROM	寄存器RAM	I/O引脚	I/O类型	串口SIO/SSIO	A/D输入通道	寻址空间	封装	温度
80C196KC20	20	16 KB	488 B	48	HSIO	1	8	64 KB	N-68 S-80 SB-80	C,E,A
80C196KD	16	32 KB	1 KB	48	HSIO	1	8	64 KB	同上	同上
80C19620	20	32 KB	1 KB	48	HSIO	1	8	64 KB	同上	同上

2. 80C196KC 内部结构

由 80C196KC 为核心组成的智能仪器,可进行较快的检测和数据处理,现在已经广泛应用在工业自动化领域,尤其在汽车控制中有较多应用。图 2. 14 是 80C196KC 内部结构图。从图可见这一类单片机片内资源很丰富,可以用于设计各类智能仪器和控制器。目前,在电气自动化领域有多种产品使用这种单片机。一些医疗仪器和工业检测与控制器也使用这种单片机。从 2000 年以来,51 系列单片机由于技术上的巨大发展,速度极大提高,功能极大扩展,对其它单片机市场造成了冲击。使 80C196 系列单片机也受到了某些冲击,但是在仪器的设计上,这类单片机还会有一定的应用。

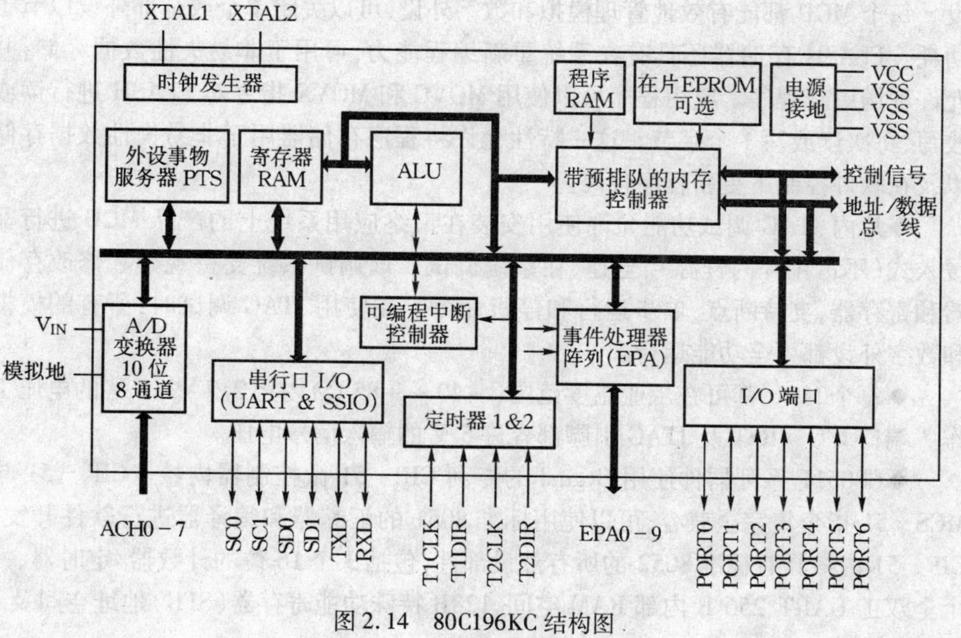

图 2.14　80C196KC 结构图

2.4　C8051F 系列和 STC 系列多功能单片机

2.4.1　C8051F 特性简介

C8051F 系列单片机是完全集成的混合信号系统级芯片，具有与 8051 兼容的微控制器内核，与 MCS－51 指令集完全兼容。除具有标准 8051 的数字外设部件外，片内还集成了数据采集和控制系统中常用的模拟部件和其它数字外设及功能部件。表 2.15 所列为 C805lF 系列单片机的特性。

(1) C8051F 特点描述

◆MCU 中的外设或功能部件包括模拟多路选择器、可编程增益放大器、ADC、DAC、电压比较器、电压基准、温度传感器、SMBus/I²C、UART、SPI、可编程计数器/定时器阵列(PCA)、定时器、数字 I/O 端口、电源监视器、看门狗定时器(WDT)和时钟振荡器等。所有器件都有内置的 FLASH 程序存储器和 256 B 以上的内部 RAM，有些器件内部还有位于外部数据存储器空间的 RAM，即 XRAM。

◆C8051F 系列单片机采用流水线结构，机器周期由标准的 12 个系统时钟周期降为 1 个系统时钟周期，处理速度大大提高，有些芯片的峰值性能可达 100MIPS。

◆C8051F 系列单片机具有能独立工作的片上系统(SOC)，内带多种片内外设。每个 MCU 都能有效地管理模拟和数字外设，可以关闭单个或全部外设以节省功耗。FLASH 存储器还具有在系统重新编程能力，可用于非易失性数据存储，并允许现场更新程序。应用程序可以使用 MOVC 和 MOVX 指令对 FLASH 进行读或改写，每次读或写 1 个字节。这一特性允许将程序存储器用于非易失性数据存储以及在软件控制下更新程序代码。

◆片内 JTAG 调试功能允许使用安装在最终应用系统上的产品 MCU 进行非侵入式(不占用片内资源)、全速、在系统调试。该调试系统支持观察和修改存储器和寄存器，支持断点、单步运行和停机命令。在使用 JTAG 调试时，所有的模拟和数字外设都可全功能运行。

◆每个 MCU 都可在工业温度范围(－40～＋85℃)内用 2.7～3.6 V 的电压工作。端口 I/O、/RST 及 JTAG 引脚都容许 5 V 的输入信号电压。

◆C8051F 系列器件使用 Cygnal 的专利 CIP－51 微控制器内核。CIP－51 与 MCS－51 指令集完全兼容，可以使用标准 8051 的汇编器和编译器进行软件开发。CIP－51 内核具有标准 8052 的所有外设部件，包括 3 个 16 位的计数器/定时器、一个全双工 UART、256 B 内部 RAM 空间、128B 特殊功能寄存器(SFR)地址空间及 4

表 2.15　C8051F 系列单片机特性

型号	MIPS（峰值）	FLASH存储器/KB	RAM/B	外部存储器接口	SMBus/I^2C	SPI	UART	定时器（16位）	可编程计数器阵列	内部振荡器	数字I/O端口/位	ADC分辨率/位	ADC最大速度/ksps	ADC输入/位	电压基准	温度传感器	DAC分辨率/位	DAC输出/位	电压比较器	封装
C8051F000	20	32	256	–	√	√	1	4	√	√	32	12	100	8	√	√	12	2	2	64TQFP
C8051F001	20	32	256	–	√	√	1	4	√	√	16	12	100	8	√	√	12	2	2	48TQFP
C8051F002	20	32	256	–	√	√	1	4	√	√	8	12	100	4	√	√	12	2	1	32LQFP
C8051F005	25	32	2304	–	√	√	1	4	√	√	32	12	100	8	√	√	12	2	2	64TQFP
C8051F006	25	32	2304	–	√	√	1	4	√	√	16	12	100	8	√	√	12	2	2	48TQFP
C8051F007	25	32	2304	–	√	√	1	4	√	√	8	12	100	4	√	√	12	2	1	32LQFP
C8051F010	20	32	256	–	√	√	1	4	√	√	32	10	100	8	√	√	12	2	2	64TQFP
C8051F011	20	32	256	–	√	√	1	4	√	√	16	10	100	8	√	√	12	2	2	48TQFP
C8051F012	20	32	256	–	√	√	1	4	√	√	8	10	100	4	√	√	12	2	1	32LQFP
C8051F015	25	32	2304	–	√	√	1	4	√	√	32	10	100	8	√	√	12	2	2	64TQFP
C8051F016	25	32	2304	–	√	√	1	4	√	√	16	10	100	8	√	√	12	2	2	48TQFP
C8051F017	25	32	2304	–	√	√	1	4	√	√	8	10	100	4	√	√	12	2	1	32LQFP
C8051F018	25	16	1280	–	√	√	1	4	√	√	32	10	100	8	√	√	–	–	2	64TQFP
C8051F019	25	16	1280	–	√	√	1	4	√	√	16	10	100	8	√	√	–	–	2	48TQFP
C8051F020	25	64	4352	√	√	√	2	5	√	√	64	12	100	8	√	√	12	2	2	100TQFP
C8051F021	25	64	4352	√	√	√	2	5	√	√	32	12	100	8	√	√	12	2	2	64TQFP
C8051F022	25	64	4352	√	√	√	2	5	√	√	64	10	100	8	√	√	12	2	2	100TQFP
C8051F023	25	64	4352	√	√	√	2	5	√	√	32	10	100	8	√	√	12	2	2	64TQFP
C8051F206	25	8	1280	–	–	√	1	3	–	√	32	12	100	32	–	–	–	–	2	48TQFP
C8051F220	25	8	256	–	–	√	1	3	–	√	32	8	100	32	–	–	–	–	2	48TQFP
C8051F221	25	8	256	–	–	√	1	3	–	√	22	8	100	22	–	–	–	–	2	32LQFP
C8051F226	25	8	1280	–	–	√	1	3	–	√	32	8	100	32	–	–	–	–	2	48TQFP
C8051F230	25	8	256	–	–	√	1	3	–	√	32	–	–	–	–	–	–	–	2	48TQFP
C8051F231	25	8	256	–	–	√	1	3	–	√	22	–	–	–	–	–	–	–	2	32LQFP
C8051F236	25	8	1280	–	–	√	1	3	–	√	32	–	–	–	–	–	–	–	2	48TQFP
C8051F320/340	20	64	5376	22	√	USB2.0		5	√	√	32	12		8×8	√	√	12	2	2	64TQFP
C8051F12×/13×		128	8448	22	√	√	√	5	√	√	64	12			√	√	12	2	2	100TQFP

个8位的I/O端口。CIP－51还另外有增加的模拟和数字外设或功能部件。

◆CIP－51采用流水线结构，与标准的8051结构相比，指令执行速度有很大的提高。在一个标准的8051中，除MUL和DIV以外的所有指令都需要12个或24个系统时钟周期。而对于CIP－51内核，70%指令的执行时间为1个或2个系统时钟周期，只有4条指令的执行时间大于4个系统时钟周期。

◆C8051F系列MCU与标准8051相比，在CPU内核的内部和外部有几项关键性的改进，提高了整体性能，更易于在应用中使用。

◆扩展的中断系统向CIP－51提供22个中断源（标准8051只有6个中断源），允许大量的模拟和数字外设中断微控制器。中断驱动的系统需要较少的MCU干预，却有更高的执行效率。在设计多任务实时系统时，这些增加的中断源是非常有用的。

◆MCU可有多达7个复位源：一个片内VDD监视器、一个看门狗定时器、一个时钟丢失检测器、一个由比较器0提供的电压检测器、一个软件强制复位、CNVSTR引脚及/RST引脚。/RST引脚是双向的，可接受外部复位或将内部产生的上电复位信号输出到/RST引脚。除了VDD监视器和复位输入引脚以外，每个复位源都可以由用户用软件禁止。

◆MCU内部有一个能独立工作的时钟发生器，在复位后被默认为系统时钟。如有需要，时钟源可以在运行时切换到外部振荡器。外部振荡器可以使用晶体、陶瓷谐振器、电容、RC或外部时钟源产生系统时钟。这种时钟切换功能在低功耗系统中是非常有用的，它允许MCU从一个低频率（节电）外部晶体源运行，当需要时再周期性地切换到高速（可达16 MHz）的内部振荡器。

C8051F020是8051F系列中有代表性的芯片，图2.15是其内部结构图。从结构图可以看出，该系列芯片确实结构复杂，功能强大，远非普通的8051芯片可比。在比较高级的智能仪器中采用C8051F系列，可以使仪器具有强大的数据采集、数据处理和实时控制的能力。

（2）存储器

CIP－51有标准8052的程序和数据地址配置。它包括256 B的数据RAM，其中高128 B为两个地址空间。用间接寻址访问通用RAM的高128 B，用直接寻址访问128 B的SFR地址空间。数据RAM的低128 B可用直接或间接寻址方式访问。前32字节为4个通用工作寄存器区，接下来的16字节既可以按字节寻址，也可以按位寻址。

某些器件中还另有位于外部数据存储器地址空间的1～4 KB的RAM块。这个RAM块可以在整个64 KB外部数据存储器地址空间中被寻址。C8051F02X中有可用于访问外部数据存储器的外部存储器接口（EMIF）。外部数据存储器地址空间可以只映射到片内存储器或只映射到片外存储器，或两者的组合（4 KB以下的地址指向片内，4 KB以上的地址指向EMIF）。EMIF可以被配置为地址/数据线

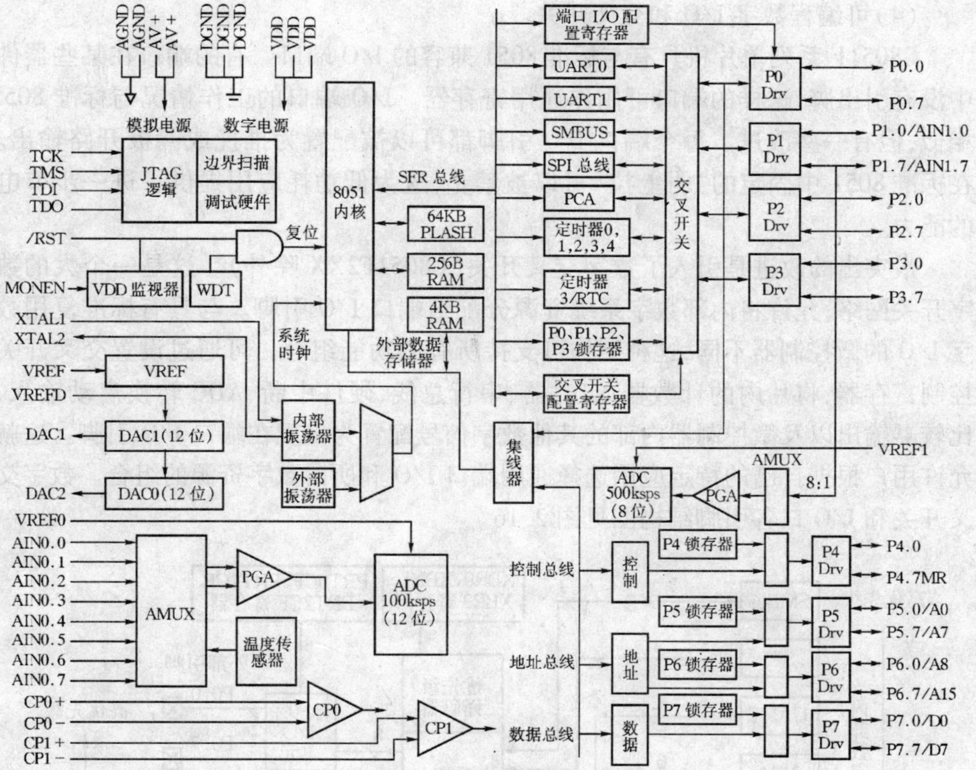

图 2.15　C8051f020 内部结构框图

复用方式或非复用方式。

MCU 的程序存储器为 8 ~ 64 KB 的 FLASH 存储器。该存储器以 512 B 为一个扇区,可以在系统编程,且无须在片外提供编程电压。

(3)JTAG 调试和边界扫描

C8051F 系列单片机具有片内 JTAG 和调试电路,通过 4 脚 JTAG 接口并使用安装在最终应用系统中的器件就可以进行非侵入式、全速的在系统调试。该 JTAG 接口完全符合 IEEE 1149.1 标准(C8051F2XX 的 JTAG 接口没有边界扫描功能),为生产和测试提供完全的边界扫描功能。Cygnal 的调试系统支持观察和修改存储器和寄存器,支持断点、观察点、堆栈指示器及单步执行。调试时不需要额外的目标 RAM、程序存储器、定时器或通信通道,并且所有的模拟和数字外设都正常工作。当 MCU 单步执行或遇到断点而停止运行时,所有的外设(ADC 除外)都停止运行,以保持同步。

对于开发和调试嵌入式应用来说,该系统的调试功能比采用标准 MCU 仿真器要优越得多。标准的 MCU 仿真器要使用在板仿真芯片和目标电缆,还需要在应用板上有 MCU 的插座。Cygnal 的调试环境既便于使用,又能保证精确模拟外设的性能。

(4)可编程数字 I/O 和交叉开关

C8051F 系列单片机具有与标准 8051 兼容的 I/O 端口。有的端口在某些器件中没有引出脚,这样的端口可用作通用寄存器。I/O 端口的工作情况与标准 8051 相似,但有一些改进。每个端口 I/O 引脚都可以被配置为推挽或漏极开路输出。在标准 8051 中固定的"弱上拉"可以被禁止,这为低功耗应用提供了进一步节电的能力。

最突出的改进是引入了数字交叉开关(C8051F2XX 除外)。这是一个大的数字开关网络,允许将内部数字系统资源分配给端口 I/O 引脚。与具有标准复用数字 I/O 的微控制器不同,这种结构可支持所有的功能组合。可通过设置交叉开关控制寄存器,将片内的计数器/定时器、串行总线、硬件中断、ADC 转换启动输入、比较器输出以及微控制器内部的其他数字信号配置为出现在端口 I/O 引脚。这就允许用户根据自己的特定应用选择通用端口 I/O 和所需数字资源的组合。数字交叉开关和 I/O 口各引脚结构图见图 2.16。

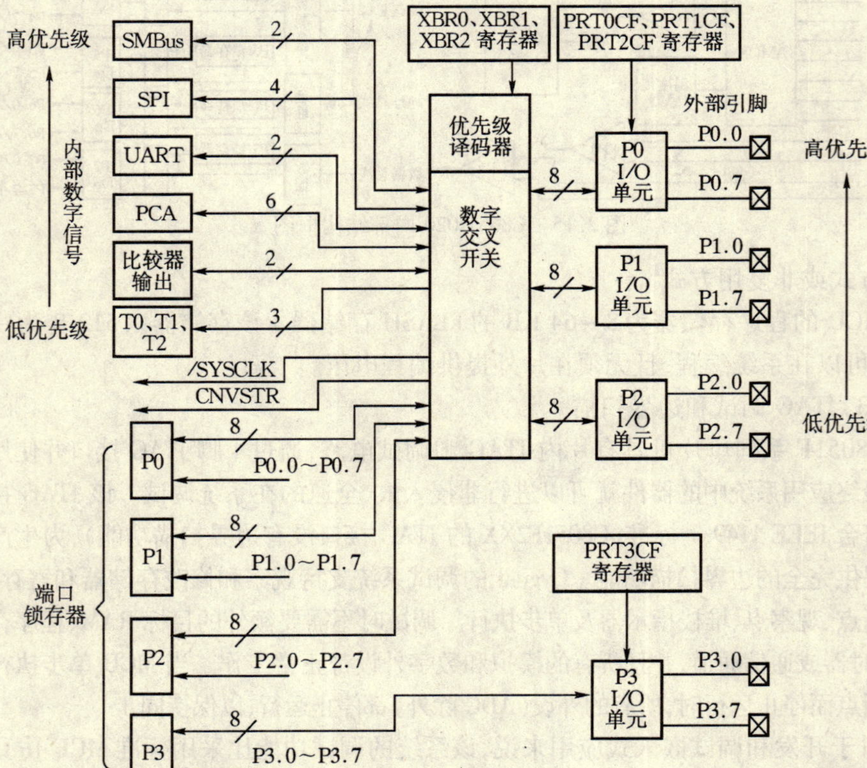

图 2.16　数字交叉开关和 I/O 口各引脚关系图

(5)可编程计数器阵列

除通用计数器/定时器外，C8051F00X/01X/02XMCU 还有一个片内可编程计数器/定时器阵列(PCA)。PCA 包括一个专用的 16 位计数器/定时器时间基准和 5 个可编程的捕捉/比较模块。时间基准的时钟可以是下面的 6 个时钟源之一：系统时钟/12、系统时钟/4、定时器 0 溢出、外部时钟输入(ECl)、系统时钟和外部振荡源频率/8(C8051F00X/01X 没有后两个时钟源)。

每个捕捉/比较模块都有 4 种或 6 种工作方式：边沿触发捕捉、软件定时器、高速输出、8 位脉冲宽度调制器、频率输出、16 位脉冲宽度调制器(C8051F00X/01X 没有后两种工作方式)。

PCA 捕捉/比较模块的 I/O 和外部时钟输入可以通过数字交叉开关连到 MCU 的端口 I/O 引脚。

(6)串行端口

C8051F 系列单片机 MCU 内部有一个全双工 UART、SPI 总线和 SMBUS/I^2C 总线。每种串行总线都完全用硬件实现，都能向 CIP-51 产生中断，因此很少需要 CPU 的干预。这些串行总线不“共享”定时器、中断或端口 I/O，所以可以使用任何一个或全部同时使用。C8051F02X 系列 MCU 内部还有第二个 UART，这是个增强型全双工 UART，具有硬件地址识别和错误检测功能。

(7)模/数转换器

除 C8051F230/1/6 外，其它 C8051FXX 器件内部都有一个 ADC 子系统，由逐次逼近型 ADC、多通道模拟输入选择器和可编程增益放大器(F018/19 没有可编程增益放大器)组成。

ADC 工作在最大采样速率 100 ksps 时，可提供真正的 8 位、10 位或 12 位精度。ADC 完全由 CIP-51 通过特殊功能寄存器控制，系统控制器可以关断 ADC 以节省功耗。

C8051F00X/01X/02X 还有一个 15×10^{-6} 的电压基准和内部温度传感器，并且 8 个外部输入通道的每一对都可被配置为 2 个单端输入或一个差分输入。

可编程增益放大器接在模拟多路选择器之后，增益可以用软件设置，从 0.5 到 16 以 2 的整数次幂递增。当不同 ADC 输入通道之间，输入的电压信号范围差距较大或需要放大一个具有较大直流偏移的信号时(在差分方式，DAC 可用于提供直流偏移)，这个放大环节是非常有用的。

A/D 转换可以有 4 种启动方式：软件命令、定时器 2 溢出、定时器 3 溢出或外部信号输入。这种灵活性允许用软件事件、硬件信号触发转换或进行连续转换。一次转换完成后可以产生一个中断，或者用软件查询一个状态位来判断转换结束。在转换完成后，转换结果数据字被锁存到特殊功能寄存器中。对于 10 位或 12 位

ADC,可以用软件控制结果数据字为左对齐或右对齐格式。

ADC 数据比较寄存器可被配置为当 ADC 数据位于一个规定的窗口之内时向控制器申请中断。ADC 可以用后台方式监视一个关键电压,当转换数据位于规定的窗口之内时才向控制器申请中断。

除了 12 位的 ADC 子系统 ADC0 之外,C8051F02X 还有一个 8 位 ADC 子系统,即 ADCl,它有一个 8 通道输入多路选择器和可编程增益放大器。该 ADC 工作在最大采样速率 500ksps 时,可提供真正的 8 位精度。ADCl 的电压基准可以在模拟电源电压(AV +)和外部 VREF 引脚之间选择。用户软件可以将 ADCl 置于关断状态以节省功耗。ADCl 的可编程增益放大器的增益可以被编程为 0.5,1,2 或 4。ADCl 也有灵活的转换控制机制,允许用软件命令、定时器溢出或外部信号输入启动 ADCl 转换;用软件命令可以使 ADCl 与 ADC0 同步转换。

(8)数/模转换器

C8051F00X/01X/02X(F018/19 除外)内部有两个 12 位电压输出 DAC,MCU 可以将任何一个 DAC 置于低功耗关断方式。C8051F02X 的 DAC 有灵活的输出更新机制,允许用软件命令和定时器 2、定时器 3 及定时器 4 的溢出信号更新 DAC 输出。DAC 在作为比较器的参考电压或为 ADC 差分输入提供偏移电压时非常有用。

(9)比较器

大多数 C8051F 系列单片机的 MCU 内部都有两个比较器 CP0 和 CPl(在 F002/07/12/17 中没有第二个比较器 CPl),MCU 可以将任何一个比较器置于低功耗关断方式。

可以用软件设置比较器的回差电压。每个比较器都能在上升沿或下降沿产生中断,或在两个边沿都产生中断。比较器的输出状态可以用软件查询。比较器中断能将 MCU 从等待方式唤醒。可通过设置交叉开关或端口 MUX 将比较器的输出接到端口 I/O 引脚。

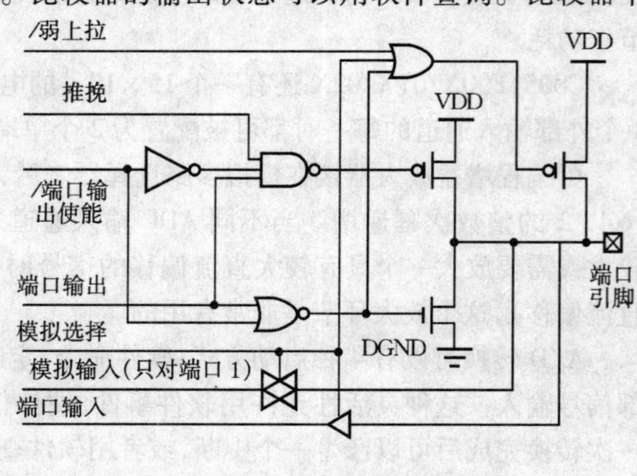

图 2.17 C8051F 系列单片机端口结构

(10)I/O 端口

C8051F 系列单片机的 I/O端口数量,不同的芯片有所不同。每个端口既可以被定义为通用 I/O 端口(GPIO),又可以被分配给一个数字外设或功能项(例如

UART0 或/INT1 等)。其每一位端口结构见图 2.17。

(11)CPU

C8051F 系列单片机 MCU 系统的 CPU 是 CIP－51。CIP－51 具有标准 8052 的所有外设部件,并与 MCS－51 指令集完全兼容,可以使用标准 8051 的汇编器和编译器进行软件开发。CIP－51 微控制器内核除了具有标准 8051 的组织结构和外设以外,还另外有增加的模拟和数字外设或功能部件,大大增强了它的处理能力。

CIP－51 具有下列特点:

◆与 MCS－51 指令集完全兼容;

◆在时钟频率为 25 MHz 时的峰值执行速度为 25 MIPS;

◆0～25 MHz 的时钟频率;

◆扩展的中断处理系统;

◆片内调试电路;

◆程序和数据存储器安全机制。

2.4.2　C8051F 指令集

(1)指令和 CPU 时序

CIP－51 系统控制器的指令集与标准 MCS－51 指令集完全兼容。可以使用标准 8051 的开发工具开发 CIP－51 的软件。所有的 CIP－51 指令在二进制码和功能上与 MCS－51 完全等价,包括操作码、寻址方式和对 PSW 标志的影响,但是指令时序与标准 8051 不同。

在很多的 8051 实现中,机器周期和时钟周期之间是有差别的,机器周期的长度在 12 个时钟周期之间。但是 CIP－51 只基于时钟周期,所有指令时序都以时钟周期计算。

由于 CIP－51 采用了流水线结构,大多数指令执行所需的时钟周期数与程序指令的字节数一致。条件转移指令在不发生转移时的执行周期数比发生转移时少一个。

(2)MOVX 指令和程序存储器

MOVX 指令通常用于访问外部数据存储器。在 CIP－51 中,通过设置 PSCTL 寄存器中的控制位,MOVX 指令可以访问 FLASH 程序存储器空间。这一特性为 CIP－51提供了更新程序代码和将程序存储器空间用于非易失性数据存储的机制。对具有位于外部数据存储器空间 RAM 的产品,MOVX 可用于读/写这个存储器,但 PSCTL 寄存器要配置为访问外部数据存储器空间。

(3)存储器组织

CIP－51 系统控制器的存储器组织与标准 8051 的存储器组织类似。有两个独立的存储器空间:程序存储器和数据存储器。程序和数据存储器共享同一个地址空间,但用不同的指令类型访问。CIP-51 内部有 256 B 的内部数据存储器和 64 KB 的内部程序存储器地址空间。

①程序存储器

CIP-51 有 64 KB 的程序存储器空间。MCU 在这个程序存储器空间中实现了 8~64 KB(取决于器件)的可在系统编程的 FLASH 存储器,其组织在一个连续的存储块内。注意:该 FLASH 存储器中有 512 B 保留给工厂使用,不能用于存储用户程序。CIP-51 不支持外部程序存储器扩展。

程序存储器通常被认为是只读的。但是 CIP-51 可以通过设置程序存储写允许位(PSCTL.0)用 MOVX 指令对程序存储器写入。这一特性为 CIP-51 提供了更新程序代码和将程序存储器空间用于非易失性数据存储的机制。

②数据存储器

CIP-51 的数据存储器空间中有 256 B 的内部 RAM,地址为 00H~FFH。数据存储器中的低 128 B 用于通用寄存器和临时存储器。可以用直接或间接寻址方式访问数据存储器的低 128 B。00H~lFH 为 4 个通用寄存器区,每个区有 8 个寄存器;接下来的 16 B,地址为 20H~2FH,既可以按字节寻址又可以作为 128 个位地址用直接位寻址方式访问。

数据存储器中的高 128 B 只能间接寻址访问。该存储区与特殊功能寄存器(SFR)占据相同的地址空间,但物理上与 SFR 空间是分开的。当寻址高于 7FH 的地址时,指令所用的寻址方式决定了 CPU 是访问数据存储器的高 128 B 还是访问 SFR。使用直接寻址方式的指令将访问 SFR 空间。间接寻址大于 7FH 地址的指令将访问数据存储器的高 128 B。

有些器件还有位于 CIP-51 的外部数据存储器空间 RAM(称为 XRAM),须用 MOVX 指令访问。

③通用寄存器

数据存储器的低 32 B,地址为 00~lFH,可以作为 4 个通用寄存器区访问。每个区有 8 个寄存器,称为 R0~R7。在某一时刻只能选择一个寄存器区。程序状态字中的 RS0(PSW.3)位和 RSl(PSW.4)位用于选择当前的寄存器区。这允许在进入子程序或中断服务程序时进行快速现场切换。间接寻址方式使用 R0 或 R1 作为间址寄存器。

④位寻址空间

除了直接访问按字节组织的数据存储器外,20H~2FH 的 16 个数据存储器单元还可以作为 128 个独立寻址位访问。每个位有一个位地址,在 00H~7FH 之间。位于地址 20H 的数据字节的位 0 具有位地址 00H,位于 20H 的数据字节的位 7 具有位地址 07H，位于 2FH 的数据字节的位 7 具有位地址 7FH。由所用指令的类型来区分是位寻址还是字节寻址。

MCS－51 汇编语言允许用××.b 的形式替代位地址，××为字节地址，b 为寻址位在字节中的位置。例如，指令：

MOV　　C,22h.3

将 22H 中的布尔值（字节地址 22H 中的位 3）传送到用户进位标志。

⑤堆栈

程序的堆栈可以位于 256 B 内部数据存储器中的任何位置。堆栈区域用堆栈指针 SP 指定，SP 指向最后使用的位置。下一个压入堆栈的数据将被存放在 SP＋1，然后 SP 加 1。复位后堆栈指针被初始化为地址 07H。因此，第一个被压入堆栈的数据将被存放在地址 08H，这也是寄存器区 1 的第一个寄存器。如果使用不止一个寄存器区，SP 应被初始化为数据存储器中不用于数据存储的位置。堆栈深度最大可达 256 B。

Cygnal 的 MCU 中有用于堆栈记录的硬件。堆栈记录器是一个 32 位的移位寄存器，每次压栈或 SP 增 1 都向该寄存器压入一个记录位，每次调用或中断向该寄存器压入两个记录位（一次出栈或 SP 减 1 弹出一个记录位，一次返回弹出两个记录位）。堆栈记录电路可以检测堆栈的上溢和下溢，即使在 MCU 运行全速调试时也可以通知调试软件。

⑥特殊功能寄存器

CIP－51 具有标准 8052 中的全部特殊功能寄存器（SFR），SFR 的直接寻址存储器空间与 8051 的相同，为 80H～FFH。SFR 提供对 CIP－51 的资源和外设的控制及用于 CIP－51 与这些资源和外设之间的数据交换。还增加了一些用于配置和访问专有子系统的 SFR，允许在保证与 MCS－51 指令集兼容的前提下增加新的功能。

任何时刻用直接寻址访问 80H～FFH 的存储器空间将访问特殊功能寄存器（SFR）。地址以 0H 或 8H 结尾的 SFR（例如 P0、TCON、P1、SCON、IE 等）既可以按字节寻址，也可以按位寻址；其它 SFR 只能按字节寻址。SFR 空间中未使用的地址保留为将来使用。访问这些地址会产生不确定的结果，应予避免。

与 CIP－51 系统控制器操作有关的 SFR，保留位不应被置为逻辑 1。将来的产品版本可能会使用这些位实现新功能，这种情况下各位的复位值将是逻辑 0，以选择缺省状态。

2.4.3　C8051F 的中断系统

CIP－51 包含一个扩展的中断系统，支持 22 个中断源，每个中断源有两个优先级。中断源在片内外设与外部输入引脚之间的分配随器件的不同而变化。每个中断源可以在一个 SFR 中有一个或多个中断标志。当一个外设或外部源满足有效的中断条件时，相应的中断标志被置为逻辑 1。

如果中断被允许，在中断标志被置位时将产生中断。一旦当前指令执行完，CPU 产生一个 LCALL 到预定地址，开始执行中断服务程序（ISR）。每个 ISR 必须以 RETI 指令结束，使程序回到中断前执行的那条指令的下一条指令。如果中断未被允许，中断标志将被硬件忽略，程序继续正常执行（中断标志置 1 与否不受中断允许/禁止状态的影响）。

每个中断源都可以用一个 SFR（IE－EIE2）中的相关中断允许位来允许或禁止，但必须先将 EA 位（IE.7）置 1，以保证每个单独的中断允许位有效。不管每个中断允许位的设置如何，EA 位清 0 将禁止所有中断。

某些中断标志在 CPU 进入 ISR 时被自动清除，但大多数中断标志不是由硬件清除的，必须在 ISR 返回前用软件清除。如果中断标志在 CPU 执行完中断返回（RETI）指令后仍然保持置位状态，则会立即产生新的中断请求。CPU 将在执行完下一条指令后再次进入该 ISR。

（1）中断源和中断向量

C8051F 系列单片机 MCU 支持 22 个中断源。软件可以通过将任何一个中断标志设置为逻辑 1 来模拟中断。如果中断标志被允许，系统将产生中断，CPU 将转向与该中断标志对应的 ISR 地址。

（2）外部中断

外部中断源/INT0 和/INT1 可被配置为低电平触发或下降沿触发输入，由 IT0（TCON.0）和 IT1（TCON.2）的设置决定。IE0（TCON.1）和 IE1（TCON.3）分别为外部中断/INT0 和/INT1 的中断标志。如果/INT0 或/INT1 外部中断被配置为边沿触发，CPU 在转向中断服务程序（ISR）时将自动清除相应的中断标志。当被配置为电平触发时，中断标志将跟随外部中断输入引脚的状态。电平触发的外部中断源必须一直保持输入有效，直到中断请求被响应。在 ISR 返回前必须使该中断请求无效，否则将产生另一个中断请求。

除了/INT0 和/INT1 之外，C8051F00X/01X 和 C8051F2XX 还有另外 4 个下降沿触发的外部中断（外部中断 4～7），C8051F02X 有另外 2 个可配置为上升沿或下降沿触发的外部中断（外部中断 6～7）。这些中断的中断标志在端口 1 中断标志寄存器（C8051F00X/01X 和 C8051F2XX）或端口 3 中断标志寄存器（C8051F02X）中。

（3）中断优先级

每个中断源都可以被独立地编程为两个优先级中的一个：低优先级或高优先级。低优先级的中断服务程序可以被高优先级的中断所中断，但高优先级的中断不能被中断。每个中断在 SFR（1P～EIP2）中都有一个配置其优先级的中断优先级设置位，缺省值为低优先级。如果两个中断同时发生,具有高优先级的中断先得到服务。如果这两个中断的优先级相同,则由固定的优先级顺序决定哪一个先得到服务。

(4)中断响应时间

中断响应时间取决于中断发生时 CPU 的状态。中断系统在每个系统时钟周期对中断标志采样,并对优先级译码。最快的响应时间为 5 个系统时钟周期:1 个周期用于检测中断,4 个周期完成对 ISR 的长调用(LCALL)。如果中断标志有效时 CPU 正在执行 RETI 指令,则需要再执行一条指令才能进入中断服务程序。因此,最长的中断响应时间(没有其他中断正被服务或新中断具有较高优先级)发生在 CPU 正在执行 RETI 指令,而下一条指令是 DIV 的情况。在这种情况下,响应时间为 18 个系统时钟周期:1 个时钟周期检测中断,5 个时钟周期执行 RETI,8 个时钟周期完成 DIV 指令,4 个时钟周期执行对 ISR 的长调用(LCALI)。如果 CPU 正在执行一个具有相同或更高优先级中断的 ISR,则新中断要等到当前 ISR 执行完(包括 RETI 和下一条指令)才能得到服务。

(5)中断寄存器

与 8051 的中断控制寄存器相同,C8051F 有用于允许中断和设置中断优先级的特殊功能寄存器 IE 和 IP。由于 C8051F 中断源多,因此还有扩充的中断控制寄存器 EIE1、EIE2、EIP1 和 EIP2。

①中断允许寄存器 IE。其地址为 A8H。其各位定义如下:

位	D7	D6	D5	D4	D3	D2	D1	D0
名称	EA	IEGF0	ET2	ES/ES0	ET1	EX1	ET0	EX0

其各位的意义见表 2.16。

表 2.16　中断允许寄存器 IE

位名称	功能说明	
EA	中断总控制位	EA 为 1 允许中断,为 0 禁止所有中断
IEGF0	通用标志位	该位用作软件控制的通用标志位
ET2	定时/计数器 T2 中断允许位	其他各位: 在 EA =1 时,为 1 允许中断,为 0 禁止中断 在 EA =0 时,不论其为何值,都禁止中断
ES/ES0	UART/UART0 中断允许位	
ET1	定时/计数器 T1 中断允许位	
EX1	外部中断 1 中断允许位	
ET0	定时/计数器 T0 中断允许位	
EX0	外部中断 0 中断允许位	

②中断优先级寄存器 IP。其地址为 B8H。其各位定义如下：

位	D7	D6	D5	D4	D3	D2	D1	D0
名称	未定义	未定义	PT2	PS/PS0	PT1	PX1	PT0	PX0

IP 各位功能说明见表 2.17。

表 2.17　中断优先级寄存器 IP

<table>
<tr><th>位名称</th><th colspan="2">功能说明</th></tr>
<tr><td>PT2</td><td>定时/计数器 T2 中断优先级设定位</td><td rowspan="6">C8051F 中断优先级分为两级：
某位为 1，则该中断为高优先级；
为 0，则该中断为低优先级。
如果同一优先级的几个中断申请同时发生，则其响应中断的顺序为：EX0、ET0、EX1、ET1、ES、ET2</td></tr>
<tr><td>PS/PS0</td><td>UART/UART0 中断优先级控制</td></tr>
<tr><td>PT1</td><td>定时/计数器 T1 中断优先级设定位</td></tr>
<tr><td>PX1</td><td>外部中断 1 中断优先级设定位</td></tr>
<tr><td>PT0</td><td>定时/计数器 T0 中断优先级设定位</td></tr>
<tr><td>PX0</td><td>外部中断 0 中断优先级设定位</td></tr>
</table>

③扩展的中断允许寄存器 EIE1。其地址为 E6H。其各位定义如下：

位	D7	D6	D5	D4	D3	D2	D1	D0
名称	ECP1R	ECP1F	ECP0R	ECP0F	EPCA0	EWADC0	ESMB0	ESPI0

其各位的意义见表 2.18。

表 2.18　扩展中断允许寄存器 EIE1

<table>
<tr><th>位名称</th><th colspan="2">功能说明</th></tr>
<tr><td>ECP1R</td><td>比较器 1(CP1)上升沿中断允许位</td><td rowspan="8">所有位都是：
为 1 允许中断，
为 0 禁止中断</td></tr>
<tr><td>ECP1F</td><td>比较器 1(CP1)下降沿中断允许位</td></tr>
<tr><td>ECP0R</td><td>比较器 0(CP0)上升沿中断允许位</td></tr>
<tr><td>ECP0F</td><td>比较器 0(CP0)下降沿中断允许位</td></tr>
<tr><td>EPCA0</td><td>可编程计数器阵列(PCA0)中断允许位</td></tr>
<tr><td>EWADC0</td><td>ADC0 窗口比较中断允许位</td></tr>
<tr><td>ESMB0</td><td>SMBUS0 中断允许位</td></tr>
<tr><td>ESPI0</td><td>串行外设接口 0 中断允许位</td></tr>
</table>

④扩展的中断允许寄存器 EIE2，其地址为 E7H。其各位定义如下：

位	D7	D6	D5	D4	D3	D2	D1	D0
名称	EXVLD	ES1	EX7	EX6	EX5/EADC1	EX4/ET4	EADC0	ET3

其各位的意义见表 2.19。

表 2.19　扩展中断允许寄存器 EIE2

位名称	功能说明	
EXVLD	外部时钟源有效(XTLVLD)中断允许位	所有位都是: 为 1 允许中断, 为 0 禁止中断
ES1	UART1 的中断允许位(仅限于 C8051F02X)	
EX7	外部中断 7 允许位	
EX6	外部中断 6 允许位	
EX5/EADC1	外部中断 5 允许位(C8051F00X/01X 和 C8051F2XX)或 ADC1 转换结束中断允许位(对于 C8051F02X)	
EX4/ET4	外部中断 4 允许位(对于 CS051F00X/01X 和 C8051F2XX),定时器 4 中断允许位(对于 C8051F02X)	
EADC0	ADC0 转换结束中断允许位	
ET3	定时器 3 中断允许位	

⑤扩展的中断优先级寄存器 EIP1。其地址为 F6H。其各位定义如下:

位	D7	D6	D5	D4	D3	D2	D1	D0
名称	PCP1R	PCP1F	PCP0R	PCP0F	PPCA0	PWADC0	PSMB0	PSPI0

其各位的意义见表 2.20。

表 2.20　扩展中断允许寄存器 EIP1

位名称	功能说明	
PCP1R	比较器 1(CP1)上升沿中断优先级控制	为 0 时,为低优先级 为 1 时,为高优先级
PCP1F	比较器 1(CP1)下降沿中断优先级控制	
PCP0R	比较器 0(CP0)上升沿中断优先级控制	
PCP0F	比较器 0(CP0)下降沿中断优先级控制	
PPCA0	可编程计数器阵列中断优先级控制	
PWADC0	ADC0 窗口比较器中断优先级控制	
PSMB0	SMBUS0 中断优先级控制	
PSPI0	串行外设接口 0 中断优先级控制	

⑥扩展的中断优先级寄存器 EIP2。其地址为 F7H。其各位定义如下：

位	D7	D6	D5	D4	D3	D2	D1	D0
名称	PXVLD	PS1	PX7	PX6	PX5/PADCl	PX4/PT4	PADC0	PT3

其各位的意义见表 2.21。

表 2.21　扩展中断允许寄存器 EIP2

位名称	功能说明	
PXVLD	外部时钟源有效(XTLVLD)中断优先级控制	为 0 时，为低优先级 为 1 时，为高优先级
PS1	UART1 中断优先级控制	
PX7	外部中断 7 优先级控制	
PX6	外部中断 6 优先级控制	
PX5/PADCl	外部中断 5 优先级控制(对于 C8051F00X/01X 和 C8051F2XX)，或 ADC1 转换结束中断的优先级控制(对于 C8051F02X)	
PX4/PT4	外部中断 4 优先级控制或定时器 4 中断的优先级控制	
PADC0	ADC0 转换结束中断优先级控制	
PT3	定时器 3 中断优先级控制(在 C805lF2XX 中该位未用)	

2.4.4　C8051F 的电源管理方式

CIP－51 有两种可软件设置的电源管理方式：等待和停机。在等待方式，CPU 停止运行，而外设和时钟处于活动状态。在停机方式，CPU 停止运行，所有的中断和定时器(时钟丢失检测器除外)都处于非活动状态，系统时钟停止。由于在等待方式下时钟仍然运行，所以功耗与进入等待方式之前的系统时钟频率和处于活动状态的外设数目有关。停机方式消耗最少的功率。

尽管 CIP－51 具有等待和停机方式(与任何标准 8051 结构一样)，但最好禁止不需要的外设，以使整个 MCU 的功耗最小。每个模拟外设在不用时都可以被禁止而进入低功耗方式。

像定时器、串行总线这样的数字外设在不使用时消耗很少的功率。关闭振荡器可以消耗更少的功率，但需要靠复位来重新启动 MCU。

(1)电源控制寄存器 PCON

其地址为 87H。其各位定义如下：

位	D7	D6	D5	D4	D3	D2	D1	D0
名称	SMOD/ SMOD0	GF4/ SSTAT0	GF3/ 保留	GF2/ SMOD1	GF1/ SSTAT1	GF0/ 保留	STOP	IDLE

其各位的意义见表 2.22。

表 2.22　电源控制寄存器 PCON

位	名称	意　义
D7	SMOD	串口波特率加倍允许。该位为 1 时,串口的波特率加倍(方式 1 ~ 3)
	SMOD0	UART0 波特率加倍允许。该位为 1 时,UART0 的波特率加倍(方式 1 ~ 3)
D6	GP4	通用标志位
	SSTAT0	UART0 增强状态方式选择。该位控制对 SCON0 寄存器中 SM20 ~ SM00 位的访问方式。 其值为 0 时,读/写 SM20 ~ SM00 时,访问 UART0 方式设置位 SM20 ~ SM00; 其值为 1 时,读/写 SM20 ~ SM00 时,访问帧错误(FE0)、RX 溢出(RXOV0)和 TX 冲突(TXCOL0)状态位
D5	GF3	通用标志位
D4	GF2	通用标志位
	SMOD1	UART1 波特率加倍允许。该位为 1 时,UART1 的波特率加倍(方式 1 ~ 3)
D3	GF1	通用标志位
	SSTAT1	UART1 增强状态方式选择。该位控制 SCON1 寄存器中 SM21 ~ SM01 位的访问方式为: 其值为 0 时,读/写 SM21 ~ SM01 时,访问 UART1 方式设置位 SM21 ~ SM01 其值为 1 时,读/写 SM21 ~ SM01 时,访问帧错误(FE1)、RX 溢出(RXOV1)和 TX 冲突(TXCOL1)状态位
D2	GF0	通用标志位
D1	STOP	停机方式选择。将该位置 1,进入停机方式(关闭振荡器);将该位清 0,正常运行。该位读出值总是为 0
D0	IDLE	等待方式选择。将该位置 1,使 CIP - 51 进入等待方式。(关闭供给 CPU 的时钟信号,但继续给定时器、中断、串口和模拟外设提供时钟信号);将该位清 0,正常运行。该位读出值总是为 0

(2)等待方式

等待方式选择位(PCON.0)置1将导致CIP-51停止运行,并进入等待方式。在执行完对该位置1的指令后,MCU立即进入等待方式,所有内部寄存器和存储器都保持原来的数据不变。所有的模拟和数字外设在等待方式期间都可以保持活动状态。

当有被允许的中断发生或/RST有效时将结束等待方式。当有被允许的中断发生时,等待方式选择位(PCON.0)被清0,CPU将恢复工作。该中断将得到服务,中断返回(RETI)后,将开始执行设置等待方式选择位的那条指令的下一条指令。如果等待方式因一个内部或外部复位而结束,则CIP-51进行正常的复位过程,并从地址0000H开始执行程序。

如果被允许,WDT将产生内部看门狗复位,从而结束等待方式。这一功能可以保护系统不会因为对PCON寄存器的意外写入而导致永久性停机。如果不需要这种功能,可以在进入等待方式之前禁止看门狗。这将进一步节省功耗,并允许系统一直保持在等待状态,等待外部激励唤醒系统。

(3)停机方式

停机方式选择位(PCON.1)置1将导致CIP-51进入停机方式。在执行完对该位置1的指令后,MCU立即进入停机方式。在停机方式,CPU和振荡器都被停止,实际上所有的数字外设都停止工作。在进入停机方式之前,可以单独关闭每个模拟外设。只有内部或外部复位才能结束停机方式。复位时,CIP-51进行正常的复位过程,并从地址0000H开始执行程序。

如果被允许,时钟丢失检测器(MCD)将产生内部复位,从而结束停机方式。如果想要使CPU的休眠时间长于100 μs的时间,则应禁止时钟丢失检测器。

2.4.5 STC系列多功能单片机简介

宏晶STC单片机是8位单片机的后起之秀,有多种系列产品,有STC89C系列、STC10/11系列、STC12C系列等几十种机型。内部采用流水线结构,速度快,功能强大,可靠性好,价格低。该系列单片机上市仅几年时间,就迅速普及,应用广泛。

STC89C系列主要特点如下。

(1) 加密性强。

(2) 抗干扰性能好。具体如下:

◆高抗静电(ESD保护);

◆轻松过2 kV/4 kV快速脉冲干扰(EFT测试);

◆宽电压,不怕电源抖动;

◆宽温度范围，-40～85℃；

◆I/O 口经过特殊处理；

◆单片机内部的电源供电系统经过特殊处理；

◆单片机内部的时钟电路经过特殊处理；

◆单片机内部的复位电路经过特殊处理；

◆单片机内部的看门狗电路经过特殊处理。

以下三大措施，大大降低单片机时钟对外部的电磁辐射。

◆禁止 ALE 输出；

◆如选 6 时钟/机器周期，外部时钟频率可降一半；

◆单片机时钟振荡器增益可设为 1/2Gain。

(3) 超低功耗。

◆掉电模式：典型功耗小于 0.1 μA；

◆空闲模式：典型功耗 2 mA；

◆正常工作模式：典型功耗 4～7 mA。

(4) 掉电模式可由外部中断唤醒，适用于电池供电系统，如水表、气表、便携设备等。

(5) 在系统可编程，无需编程器，可远程升级。

(6) 有内部集成专用复位电路，原复位电路可以保留，也可以不用，不用时 RESET 脚直接短到地。

STC12C/LE 系列主要性能如下：

(1) 速度快：1 个时钟/机器周期，RISC 型 CPU 内核（流水线结构），速度比普通 8051 快 6～12 倍。

(2) 适应电压范围宽：STC12C 系列 3.4～5.5 V，STC12LE 系列 2.0～3.8 V。

(3) 低功耗设计：空闲模式、掉电模式（可由外部中断唤醒）可选。

(4) 工作频率：0～35 MHz，相当于普通 8051 单片机在 0～420 MHz 下的速度。

(5) 时钟：外部晶体或内部 RC 振荡器可选。

(6) 512 B/1 KB/2 KB/3 KB/4 KB/5 KB/8 KB～64 KB 的片内 FLASH 程序存储器，擦写次数 10 万次以上。

(7) 256 B～1280 B 片内 RAM 数据存储器。

(8) 片内高速 A/D 子系统。

(9) 片内可编程计数器阵列（PCA）。

(10) 两个全双工 UART 串行通信口。

(11) PWM 发生器。

(12) 片内看门狗。

(13) 片内电压监视器。

2.5 DSP 器件

DSP 器件,即数字信号处理器,是专门为快速实现各种数字信号处理算法而设计的具有特殊结构的微处理器。它们一般具备以下特点:

◆具有比普通单片机高的指令执行速度;

◆内部采用程序和数据分开的哈佛总线结构;

◆具有专门的硬件乘法器;

◆广泛采用流水线操作;

◆提供特殊的 DSP 指令集。

DSP 芯片可分为通用型和专用型两大类型。本书主要介绍软件可编程的通用型 DSP 芯片。DSP 芯片的发展很快,功能不断增强,性能价格比不断上升,开发手段不断改进,已经在高性能的智能仪器开发设计中得到应用,在通信与电子系统、信号处理系统、自动控制、雷达、军事、航空航天、医疗、家用电器、电力系统等许多领域中有较多的应用。对于要求处理速度快,处理数据量大的仪器,使用 DSP 器件是较好的方案之一。

TI、AD、AT&T、Motorola 和 Lucent 等公司是 DSP 芯片的主要生产商。其中 TI 公司的 TMS320 系列的 DSP 占据了全球 DSP 市场一半左右。该系列产品在我国同样被用户广泛使用,国内也有较多的资料介绍。因此,本书仅以 TMS320 系列为例进行介绍。

2.5.1 DSP 应用特点与分类

从应用的角度,通用型 DSP 一般都具有以下特点。

(1)多总线结构

世界上最早的微处理器是基于冯.纽曼(Von-Neumann)结构的,其取指令、取数据都是通过同一条总线完成的,因此必须分时进行,在高速运算时,往往在传输通道上会出现瓶颈效应。而 DSP 内部一般采用的是哈佛(Harvard)体系结构,它在片内至少有两套总线:程序的数据总线、地址总线和控制总线,数据的数据总线、地址总线和控制总线。这种分离的程序总线和数据总线,可允许同时获得指令字(来自程序存储器)和操作数(来自数据存储器),而互不干扰,这意味着在一个机器周期内可以同时准备好指令和操作数。这种多总线结构就好象在 DSP 内部架起了四通八达的高速通道,使得运算单元在取得程序指令的同时也取到了需要的数据,提高运算速度。因此,对 DSP 来说,内部总线是个资源,总线越多,可以完成的功能就越复杂。

(2)多处理单元

DSP 内部一般都包括多个处理单元,如硬件乘法器(MUL)、累加器(ACC)、算术逻辑单元(ALU)、辅助算术单元(ARAU)以及 DMA 控制器等。它们都可以在一个单独的指令周期内执行完成计算任务,并且这些运算往往是同时完成的。例如,当完成一个乘法和累加的同时,辅助算术单元已经完成了下一个地址的寻址工作,为下一次的运算做好了充分的准备。因此,DSP 可以完成连续的乘加运算,而每一次的运算都是单周期的。这种结构特别适用于滤波器的设计,如 IIR 和 IFR。DSP 的这种多处理单元结构还表现在将一些特殊算法做成硬件,以提高速度。

(3)流水线结构

要执行一条 DSP 指令,需要通过取指令、解码、取操作数和执行等几个阶段,DSP 的流水线结构是指它的这几个阶段在程序执行过程中是重叠的,即在执行本条指令的同时,下面的三条指令已依次完成了取操作数、解码、取指令的操作,这样就将指令周期的时间降低到最小值。正是利用这种流水线机制,保证了 DSP 的乘法、加法以及乘加运算可以在一个单周期内完成,这对提高 DSP 的运算速度具有重要意义,特别是当设计的算法需要连续的乘加运算,这种结构的优越性就得到了充分的表现。也正是这种结构,决定了 DSP 的指令基本上都是单周期指令,衡量一个 DSP 的速度也基本上以单周期指令时间为标准。

(4)硬件乘法器

可以说几乎所有的 DSP 内部都有硬件乘法器,硬件乘法器的功能是在单周期内完成一次乘法运算,是 DSP 实现快速运算的重要保障。

(5)特殊的 DSP 指令

为了更好地满足数字信号处理应用的需要,在 DSP 的指令系统中,设计了一些特殊的 DSP 指令。例如,TMS320C25 中的 MACD(乘法、累加和数据移动)指令,具有执行 LT、DMOV、MPY 和 APAC 等 4 条指令的功能;TMS320C54X 中的 FIRS 和 LMS 指令,则专门用于系数对称的 FIR 滤波器和 LMS 算法。

(6)指令周期短

早期的 DSP 的指令周期约 400 ns,采用 4μmNMOS 制造工艺,其运算速度为 5 MIPS(每秒执行 5 百万条指令)。随着集成电路工艺的发展,DSP 广泛采用亚微米 CMOS 制造工艺,其运行速度越来越快。以 TMS320C54X 为例,其运行速度可达 100 MIPS。TMS320C6203 的时钟为 300 MHz,运行速度达到 2 400 MIPS。

(7)运算精度高

早期 DSP 的字长为 8 位,后来逐步提高到 16 位、24 位、32 位。为防止运算过程中溢出,有的累加器达到 40 位,此外,一批浮点 DSP,例如 TMS320C3X、

TMS320C4X、ADSP21020 等,则提供了更大的动态范围。

(8)硬件配置强

新一代 DSP 的接口功能愈来愈强,片内具有串行口、主机接口(HPI)、DMA 控制器、软件控制的等待状态产生器、锁相环时钟产生器以及实现在片仿真符合 IEEE 1149.1 标准的测试访问口,更易于完成系统设计。许多 DSP 芯片都可以工作在省电方式,使系统功耗降低。DSP 芯片的上述特点,使其在各个领域得到越来越广泛的应用。DSP 作为数字化技术发展的核心部件,将对许多行业包括人们的日常生活产生很大的影响。今后的 DSP 将追求更高的速度和更小的封装,追求低价格和多功能,追求硬件设计简单化,软件设计多样化。

在以往担当微处理器任务的主要是单片机,一方面单片机的 I/O 控制能力比较强,另一方面成本低。但是现在由于 DSP 器件的成本降低,其性能价格比和单片机相比,就具有优势。另外,目前越来越强调对数据进行分析的能力,而这些对单片机来说是很难完成的,基本理由有三点:一是由于它们结构的限制,通常不能高效地完成许多基本运算,例如乘法等,而这些运算在数字信号处理算法中是很普遍地;二是通用单片机对结构复杂的数据,由于繁琐的寻址算法使数据处理速度很慢,而 DSP 有专门使用的间接寻址方式和辅助硬件,因而处理速度很快;三是 DSP 具有高速的并行结构和指令,而单片机没有。所以 DSP 与一般通用单片机的主要差别,一是它们具有适应数字信号处理算法基本运算的指令;二是它们有适应数字信号处理数据结构的寻址结构;三是充分利用算法中的并行性;四是高速可镶嵌式的芯片。

DSP 芯片从出现至今二十多年发展迅速,已有数十家厂商推出了上百种型号的产品,除 TI 公司的 TMS320 系列外,其它具有代表性并得到较广泛应用的 DSP 系列芯片主要有 μPD77230、Motorola 公司的 DSP5600、DSP96000 等,表 2.23 列出了一些主要的 DSP 芯片。

DSP 芯片按照内部结构特点又有以下分类:

①定点与浮点 DSP 芯片

这是按照 DSP 处理器工作的数据格式来分类的。数据以定点格式工作的 DSP 芯片为定点 DSP 芯片。定点 DSP 芯片结构相比之下较简单、乘法-累加(MAC)运算速度快,但运算精度较低,动态范围小,这是其字长有限造成的。

数据以浮点格式工作的 DSP 芯片为浮点 DSP 芯片。浮点 DSP 芯片动态范围大,运算精度高,在对性能要求高的实时信号处理中有着较多的应用。

定点 DSP 芯片和浮点 DSP 芯片都有广泛的市场。定点 DSP 芯片虽然精度较低,但价格低,在市场中有较强的价格竞争优势;浮点 DSP 芯片在高性能实时处理系统中有着较多的应用。

表 2.23　单片可编程 DSP 芯片

公司	DSP 芯片	推出时间/年	MAC 周期/ns	定点位数	浮点位数
AMI	S2811	1978	300	12/16	
NEC	μPD7720	1980	250	16/32	
	PD77230	1985	150		32
TI	TMS32010	1982	390	16/32	
	TMS32020	1987	200	16/32	
	TMS320C25	1989	100	16/32	
	TMS320C30	1989	60	24/32	32/40
	TMS320C40	1990	40	32	40
	TMS320C50	1992	35	16/32	
	TMS320C6X	1998	5	32	32/40
Motorola	MC56001	1986	75	24	
	MC96002	1990	50	32/64	32/44
	MC56002	1991	50	24/48	
AT&T	DSP32C	1988	80	16 或 24	32/40
	DSP16A	1988	25	16/36	
	DSP3210	1992	60	24	32/40
AD	ADSP2101	1990	60	16	
	ADSP2102	1991	40	32	32/40

②通用 DSP 芯片和专用 DSP 芯片

这是按照 DSP 处理器的用途进行分类的。通用型 DSP 芯片适用普通的数字信号处理。TI 公司的 TMS320 系列 DSP 处理器即为通用 DSP 芯片。专用 DSP 芯片是为某些 DSP 运算专门设计的，特别适用于有某些特点的数字信号处理运算。本书从智能仪器设计出发，介绍通用 DSP 芯片。

③静态 DSP 芯片和一致性 DSP 芯片

这是按照 DSP 处理器的工作时钟和指令类型来分类的。若有多种 DSP 处理器的指令系统和相应的机器代码及引脚结构相互兼容，则为一致性 DSP 芯片，如 TI 公司的 TMS320C2X 系列。若 DSP 处理器在某时钟频率范围内的任何时钟频率上，除计算速度变化外，没有性能的下降，则为静态 DSP 芯片。

在选择 DSP 芯片时，首先考虑的因素往往是 DSP 芯片的运算速度能否满足系统大运算量的要求。一般衡量 DSP 芯片运算速度的指标主要有：

◆指令周期，为执行一条指令所需时间（ns）；

◆MIPS——每秒执行 10^6 条指令；

◆MOPS——每秒执行 10^6 次操作；

◆BOPS——每秒执行 10^9 次操作；

◆MRLOPS——每秒执行 10^6 次浮点操作；

◆MAC 时间——一次乘加运算时间。

另外，选择运算精度也十分重要。一般的定点 DSP 芯片字长为 16 位，浮点 DSP 芯片字长 32 位。浮点 DSP 芯片的精度一般优于定点 DSP 芯片。价格也是实际应用中需考虑的重要因素，一般定点 DSP 芯片的价格较便宜。在选择时，要考虑到 DSP 产品价格有可能会出现下降。在选择芯片时，还要注意软件及硬件开发工具的支持情况，为系统的开发提供便利条件，以缩短开发时间，从而降低成本，如 C 语言编程调试方便就是浮点 DSP 芯片的优点。在 DSP 芯片的选择中，还要考虑到 DSP 芯片的硬件资源、功耗、封装形式、供货情况等。

2.5.2 DSPTMS320VC5402

DSP 芯片品种很多，性能各不相同。较常用的 DSP 芯片 TMS320F240、TMS320VC5402、TMS320C32 性能对比见表 2.24。

从三者的比较中，可以看出 TMS320VC5402 具有运算速度快、存储空间大、外设丰富等优点。另外，它有可编程等待状态发生器，便于和外部器件接口。因此，在高级智能仪器中有着很好的应用前景。在此主要介绍 TMS320VC5402。

TMS320VC5402 主要特点如下：操作速率达 100 MIPS；具有先进的多总线结构（三条数据存储器总线和一条程序存储器总线）；40 位算术逻辑单元（ALU），包括一个 40 位桶形移位器和两个 40 位累加器；一个 17×17 乘法器和一个 40 位专用加法器，允许 16 位带/不带符号的乘法；整和维特比加速器，用于提高维特比编译码的速度；单周期正规化及指数译码；8 个辅助寄存器及一个软件栈，允许使用业界最先进的定点 DSP C 语言编译器；程序寻址空间 1 M×16 b，数据寻址空间 64 K×16 b，内置 4 K×16 b 的 ROM 和 16 K×16 b 双端口 RAM；内置可编程等待状态发生器、锁相环（PLL）时钟产生器、两个多通道缓冲串行口，一个 8 位并行与外部处理器通信的 HPI 口、2 个 16 位定时器以及 6 通道 DMA 控制器；低功耗，工作电源有 3 V 和 1.8 V（内核）。TMS320VC5402 以其独有的高性能、低功耗和低价格特性，使得它一上市就受到业内用户的欢迎。

表 2.24　DSP 芯片性能比较

器件名称	TMS320F240	TMS320VC5402	TMS320C32
指令周期/ns	50	10	33
片内存储器	544×16b DARAM 16K×16b FLASH EEPROM	4K×16b ROM 16K×16b DARAM	512×32b RAM 64×32b Cache
片外寻址	64K×16b 程序空间 64K×16b 数据空间 64K×16b I/O 空间	1M×16b 程序空间 64K×16b 数据空间 64K×16b I/O 空间	16M×32b
片上外设	A/D、SPI、SCI、RTI、PWM	可编程等待状态发生器、HPI、SPI、SCI、MCBSPS ×2、DMA、TIMER×2、PLL	TIMER×2、串口、DMA
乘法器	16×16b	17×17b	32b/40b 整型/浮点型
器件类型	定点	定点	浮点

1. TMS320VC5402 结构

(1) TMS320VC5402 的内部硬件框图见图 2.18。

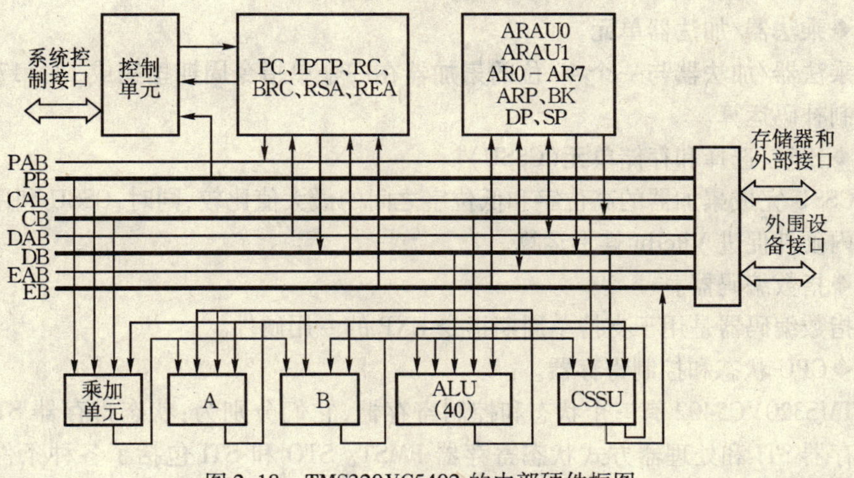

图 2.18　TMS320VC5402 的内部硬件框图

TMS320VC5402 的总线结构是围绕八组主要的 16 位总线(四组程序/数据总线，四组地址总线)建立的，这些总线分别如下：

◆程序总线(PB)传送从程序存储器来的指令和立即数。

◆三组数据总线（CB、DB 和 EB）连接各种元器件，如 CPU、数据地址产生逻辑、程序地址产生逻辑、片内外设和数据存储器。CB 和 DB 总线传送从数据存储器读出的操作数。EB 总线传送写入到存储器中的数据。

◆四组地址总线（PAB、CAB、DAB 和 EAB）传送执行指令所需要的地址。

TMS320VC5402 通过使用两个辅助寄存器算术单元（ARAU0 和 ARAU1），每周期能产生两个数据存储器地址。

TMS320VC5402 还有一组寻址片内外设的片内双向总线，通过 CPU 接口中的总线交换器与 DB 和 EB 相连接。对这组总线的访问，需要两个或更多的机器周期来进行读和写，具体所需周期数由片内外设的结构决定。

（2）中央处理单元（ CPU）TMS320VC5402 的 CPU 包括：

◆一个 40 位的算术逻辑单元（ALU）。

ALU 和两个 40 位的累加器来完成二进制补码的算术运算，同时 ALU 也能完成布尔运算，还可以起两个 16 位算术逻辑单元的作用。

◆两个 40 位的累加器（ACCA 和 ACCB）。

这两个累加器存放从 ALU 或乘法器/加法器单元输出的数据，累加器也能输出到 ALU 或乘法器/加法器中。

◆一个桶形移位器。

能把输入的数据进行 0 ~ 31 位的左移和 0 ~ 16 位的右移。这种外加的移位能力使处理器能完成数字定标、位提取、扩展算术和溢出保护等操作。

◆乘法器/加法器单元。

乘法器/加法器与一个 40 位的累加器在一个单指令周期里完成 17 × 17 位的二进制补码运算。

◆比较、选择和存储单元（CSSU）。

CSSU 完成累加器的高位字和低位字之间的最大值比较，同时，CSSU 利用优化的片内硬件促进 Viterbi 蝶形运算。

◆指数编码器。

指数编码器是用于支持单周期指令 EXP 的专用硬件。

◆CPU 状态和控制寄存器。

TMS320VC5402 有三个状态和控制寄存器，它们分别为：状态寄存器 STO、状态寄存器 STI 和处理器方式状态寄存器 PMST。STO 和 STI 包括了各种条件和方式的状态，PMST 包括了存储器配置状态和控制信息。

（3）中央存储器组织。TMS320VC5402 存储器由三个独立的可选择空间组成：程序、数据和 I/O 空间。

TMS320VC5402 器件片内提供了 4 K × 16 b 可屏蔽 ROM 和 16 K × 16 b 双端口

RAM。片外可以寻址 1 M×16 b 程序存储器、64 K×16 b 数据存储器和 64 K×16 b I/O空间。

在标准的 TMS320VC5402 片内 ROM 中有一个引导程序。在加电时,这个引导程序能自动地把用户代码从外部调入到程序存储区的任何一个地方。如果 MP/MC 引脚在复位时为低电平,CPU 从片内 ROM 的 FF80H 处开始执行。在这个单元里包含一个跳转语句转移到引导程序的开始处。

TMS320VC5402 同时也包含 16 K×16 b 双端口 RAM(DARAM),此外 DARAM 由两个 8 K×16 b 的 DARAM 组成。每一片 DARAM 能支持一个机器周期内两次读操作,或一次读操作与一次写操作。通过设置 OVLY 位可以把 DARAM 分配给数据存储区或程序存储区。图 2.19 为 TMS320VC5402 存储器分配图。

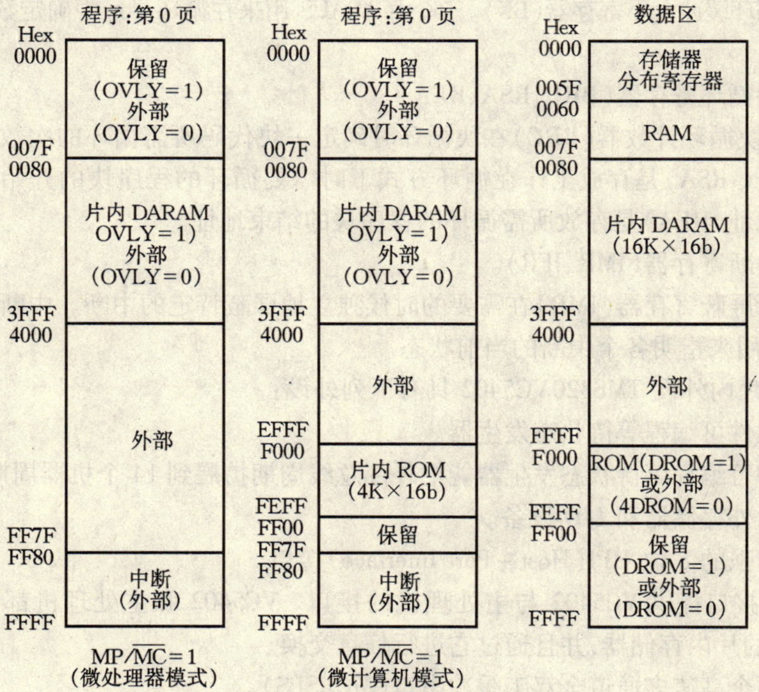

图 2.19　TMS320VC5402 存储器分配图

图中显示了 OVLY、DROM 和 MP/MC 如何影响 TMS320VC5402 程序存储区、数据存储区的分配。弄清楚这个,对程序的定位有很大的作用。

(4)存储器映射寄存器。数据存储器空间包含了 CPU 和片内外设的存储器映射寄存器。这些寄存器位于数据存储器空间的第 0 页,以简化对它们的访问。存储器映射访问为保存和恢复用于内容切换的寄存器,以及在累加器和其他寄存器之间传递消息提供了方便。主要的存储器映射寄存器如下:

◆辅助寄存器(AR0～AR7)。

辅助寄存器最主要的功能是产生16位的数据空间地址,但也能用来作为通用寄存器和计数器。

◆暂存器(TREG)。

TREG为乘法指令和乘/累加指令存放一个乘数。

◆过渡寄存器(TRN)。

TRN是一个16位的寄存器,用来为得到新的度量值存放中间结果,以完成Viterbi蝶形算法。

◆堆栈指针寄存器(SP)。

SP是存放栈顶地址的16位的寄存器,它总是指向压入堆栈的最后一个数据。

◆循环缓冲大小寄存器(BK)。BK由ARAUS用来在循环寻址中确定数据块的大小。

◆块循环寄存器(BRC、RSA、REA)。

(5)块循环计数器(BRC)在块循环时确定一块代码所需循环的次数。块循环开始地址(RSA)是存放工作在循环方式下时需要循环的程序块的开始地址。块循环尾地址(REA)是存放所需循环的程序块的结束地址。

◆中断寄存器(IMR、IFR)。

中断屏蔽寄存器(IMR)在需要的时候独立地屏蔽特定的中断。中断标志寄存器(IFR)用来指明各个中断的当前状态。

(6)片内外设 TMS320VC5402具有下列外设:

◆软件可编程等待状态发生器。

软件可编程等待状态发生器能把外部总线周期扩展到14个机器周期,以适应较慢的片外存储器和I/O设备。

◆增强的8位HPI(Host－Port Interface)接口。

HPI接口提供VC5402与主处理机的接口。VC5402和主处理机都可以访问VC5402的片内存储器,并且通过它进行信息交换。

◆两个高速多通道全双工缓冲串口(MCBSPS)。

◆两个硬件定时器。

这两个定时器可以产生定时中断。TMS320VC5402可以通过设置特定的状态位来使定时器停止、恢复运行、复位或禁止。

◆一个带锁相环电路的时钟发生器。

通过设置CLKMD[3,2,1]引脚的电平,可以使时钟源通过锁相环后,获得TMS320VC5402所需的CPU时钟。具体CLkMD[3,2,1]电平值与时钟模式的关系见表2.25。

表 2.25　CLKMD[3,2,1]与时钟模式的对应关系

CLKMD1	CLKMD2	CLKMD3	CLKMD 复位值	时钟模式
0	0	0	E007H	PLL×15
0	0	1	9007H	PLL×10
0	1	0	4007H	PLL×5
1	0	0	1007H	PLL×2
1	1	0	F007H	PLL×1
1	1	1	0000H	1/2(禁止 PLL)
1	0	1	F000H	1/4(禁止 PLL)
0	1	1	——	旁路模式

◆DMA 控制器。

(7)外部总线接口。TMS320VC5402 能对 64 K×16 b 数据存储器,1 M×16 b 程序存储器和 64 K×16 b 的 16 位并行 I/O 寻址。对外部的存储器或 I/O 的访问通过外部总线进行。独立的空间选择信号$\overline{\text{PS}}$、$\overline{\text{DS}}$、$\overline{\text{IS}}$允许进行物理上分开的空间选择。

TMS320VC5402 外部总线包括数据总线、地址总线和一组控制访问片外存储器与 I/O 端口的信号线:

A[19…0]——地址总线;

D[15…0]——数据总线;

$\overline{\text{MSTRB}}$——片外存储器访问脉冲;

$\overline{\text{PS}}$——选择程序存储空间;

$\overline{\text{DS}}$——选择数据存储空间;

$\overline{\text{IOSTRB}}$——访问 I/O 端口脉冲;

$\overline{\text{IS}}$——选择 I/O 空间;

R/$\overline{\text{W}}$——读/写信号;

READY——数据准备好信号;

$\overline{\text{HOLD}}$——申请存储器接口控制权信号;

$\overline{\text{HOLDA}}$——$\overline{\text{HOLD}}$响应信号;

$\overline{\text{MSC}}$——微状态完成信号;

$\overline{\text{LAQ}}$——指令获取信号;

$\overline{\text{IACK}}$/IACk——中断响应信号。

(8)IEEE1149.1 标准扫描逻辑。IEEE1149.1 标准扫描逻辑电路用于仿真和测试,它提供对所连的设备的边界扫描。同时,它也能用来测试引脚到引脚的连续性,以及完成 TMS320VC5402 的外围器件的操作测试。IEEE1149.1 标准扫描逻辑与能访问片内所有资源的内部扫描逻辑电路相连。因而,TMS320VC5402 能使用 IEEE1149.1 标准串行扫描引脚和专用仿真引脚实现在线仿真。图 2.20 为 IEEE1149.1 标准扫描逻辑电路接口图。

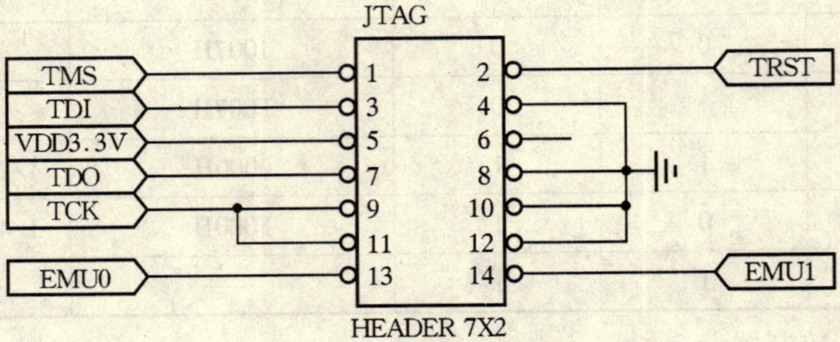

图 2.20 IEEE1149.1 标准扫描逻辑电路接口图

2. RAM 存储器

通常选用 16 位 RAM,例如 ISSI 公司的 IS61LV6416、IS61LV25616。这两种芯片在结构、功能上是一样的,差别只在容量上,前者为 64 K × 16 b,后者为 256 K × 16 b。它们有如下特点:CMOS 结构,低功耗,10ns 的存取时间,兼容 TTL 接口,三态输出,3.3 V 供电,可直接与 TMS320VC5402 相连接。全静态工作,无需时钟和刷新。IS61LV25616 逻辑功能见图 2.21。这一款 RAM 的高 8 位和低 8 位可独立工作,其控制逻辑见表 2.26。

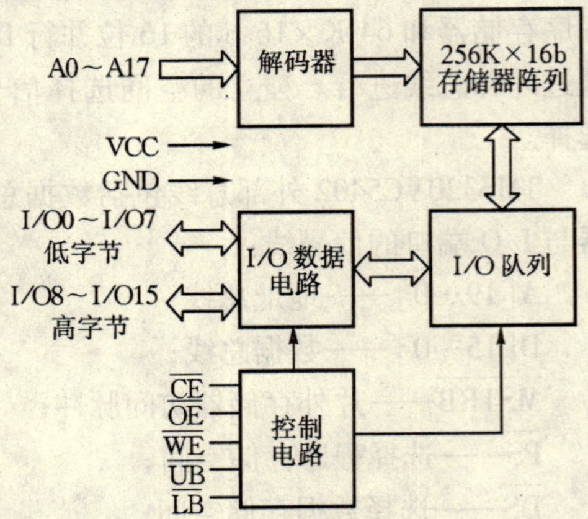

图 2.21 IS61LV25616 功能框图

其引脚功能如下:

$\overline{CE}$——片选信号,低有效。

$\overline{UB}$——高 8 位读写允许,低有效。

$\overline{WE}$——写允许,低有效。

$\overline{LB}$——低 8 位读写允许,低有效。

$\overline{OE}$——输出允许,低有效。

A0 ~ A17——地址总线。

I/O0 ~ I/O15——数据总线。

表 2.26　IS61LV6416、IS61LV25616 控制逻辑

模式	$\overline{WE}$	$\overline{CE}$	$\overline{OE}$	$\overline{LB}$	$\overline{UB}$	I/O 引脚	
						I/O0 ~ I/O7	I/O8 ~ I/O15
未选中	×	H	×	×	×	高阻	高阻
禁止输出	H	L	H	×	×	高阻	高阻
	×	L	×	H	H	高阻	高阻
读	H	L	L	L	H	允许输出	高阻
	H	L	L	H	L	高阻	允许输出
	H	L	L	L	L	允许输出	允许输出
写	L	L	×	L	H	允许输入	高阻
	L	L	×	H	L	高阻	允许输入
	L	L	×	L	L	允许输入	允许输入

3. FLASHROM 存储器

TMS320VC5402 构成的智能系统，其程序通常被装载在 FLASHROM 中。在开机后，由启动程序再装入到 RAM 中。可选用 ATMEL 公司的 AT49BV4096A，其特点为：

◆读、写在同一电压下(3.3 V)，可直接与 TMS320VC5402 相连接。

◆快速存取——70 ns。

◆内部具有编程控制逻辑，可在线编程，无需专用的编程器。

◆内部存储区采用分区结构：8 K 字的可编程屏蔽的引导区；两个 4 K 字的参数区；240 K 字的主存储阵列。

◆快速擦除，10 s 即可擦除全部存储单元。

◆可逐字或逐字节编程——典型时间 30 μs。

◆硬件数据保护。

◆低功耗。

◆可擦写 10 000 次。

A0 ~ A17：地址线；

$\overline{CE}$：片选使能端；

$\overline{OE}$：输出使能端；

$\overline{WE}$：写使能端；

$\overline{\text{RESET}}$:复位端;

I/O0 ~ I/O15:数据线;

$\overline{\text{BYTE}}$:字节或字选择端。

功能描述见图 2.22。

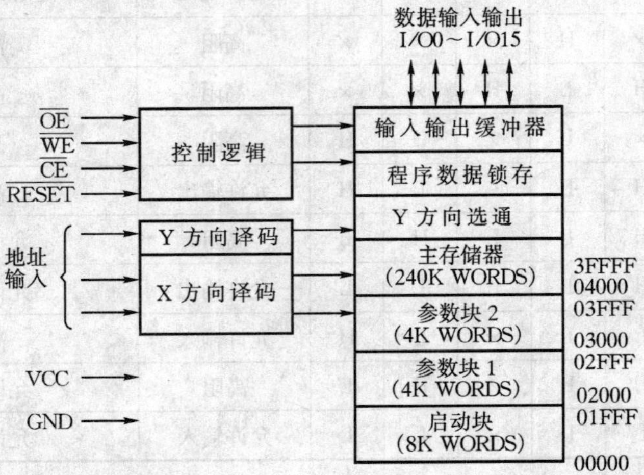

图 2.22　AT49BV4096A 功能框图

AT49BV4096A 可工作在两种状态下:8 位或 16 位存储器。这取决于引脚$\overline{\text{BYTE}}$的状态:若$\overline{\text{BYTE}}$ = 1,则工作于 16 位存储器状态,I/O0 ~ I/O15 在$\overline{\text{CE}}$、$\overline{\text{OE}}$的控制下有效;否则,I/O0 ~ I/O7 有效,I/O8 ~ I/O14 无效,I/O15 则成为地址线的最低位。

当$\overline{\text{CE}}$、$\overline{\text{OE}}$为低,$\overline{\text{WE}}$为高,则存储器被选中单元的数据出现在数据线上,此时可读;若$\overline{\text{CE}}$、$\overline{\text{OE}}$为高,则数据线变为高阻。

存储器可通过执行一系列指令来擦除,而无需外加高电压。存储器内部被分为四个部分:8 K 字的引导区、两个 4 K 字的参数区和主存储区。因此,存储器的擦除有两种方式:整体擦除和单个分区擦除,这要通过执行不同的指令来实现。在每次执行擦除指令后,要等待一段时间,才能继续操作,因为芯片内部的擦除操作需花一定的时间,在此期间一切外部指令被忽略。

AT49BV4096A 可在线编程,在编程前必须先擦除。这是因为,芯片内部的每一位的逻辑状态,只能从“0”被编程为“1”,而不能从“1”变为“0”。所以,要得到正确的编程结果,必须通过擦除把每一位的状态恢复为“0”。

通过执行特定的指令,引导区可被设为不可擦除。这一功能是可选的,一旦被设定,那么,在 5.5 V 以下的工作电压下,引导区中的数据是不可擦除和被重新编程的。在擦除或编程的过程中,给$\overline{\text{RESET}}$引脚加上12 V电压,则引导区可被擦除或编程;当12 V电压被撤除,变回5.5 V以下时,引导区就不能被擦除和编程。擦除、编程等都有自己独特的指令。

4. 电源芯片

电源芯片的线路原理图见图2.23。

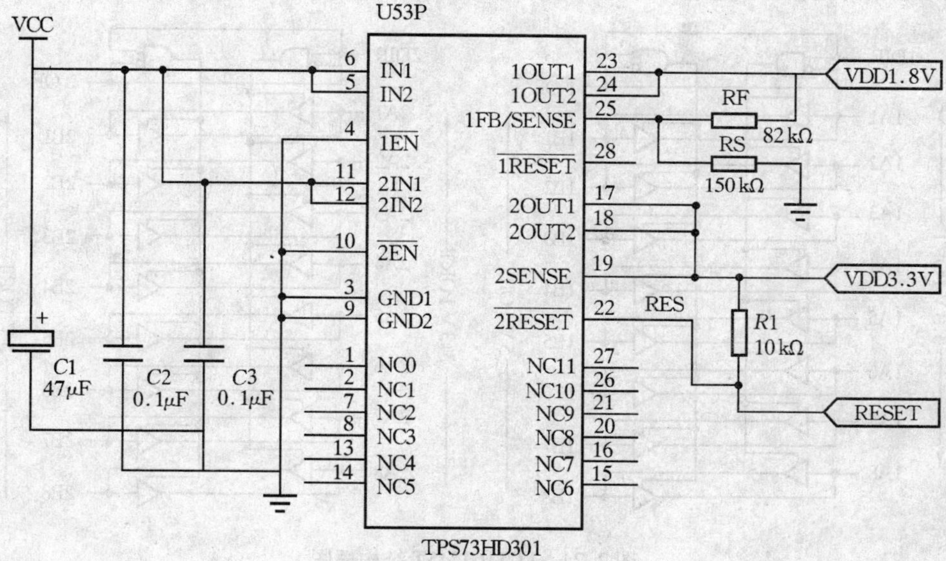

图2.23　电源接线图

由于TMS320VC5402内核使用1.8 V电源,而片内外设、I/O接口使用3.3 V电源,所以需要专用的电源芯片,可选用TPS73HD301。TPS73HD301输出电压稳定,负载能力强,每一路输出电流可从0 mA到750 mA。TPS73HD301可由一路5 V电源供电,输出两路电源信号:一路为3.3 V,另一路电压可调,取决于外接电阻的比值。输出电压VDD1.8V与外接电阻RF、RS有如下关系:VDD1.8V = 1.182 × (1 + RF/RS),其中RF = 82 kΩ,RS = 150 kΩ。若改变RF、RS的比值,输出电压就会随着改变。

TPS73HD301可输出两路200ms复位信号(RESET1、RESET2),为TMS320VC5402提供复位,省却了复位电路,简化了DSP外围电路。

5. 电平转换芯片

FCT164245工作在3.3 V和5 V的混合供电环境中,它有3.3 V和5 V接口,既可与3.3 V器件接口(PORTA),又可与5 V器件接口(PORTB)。其控制逻辑见

表2.27,其结构见图2.24。因此,通过FCT164245的转化,在系统设计中可把3.3 V器件和5 V器件联结起来。通过设定1DIR、2DIR、/1OE、/2OE控制端的状态,可使FCT164245工作在两个独立的8位转化器状态下或一个完整的16位转换器状态下。1DIR、2DIR控制数据流向,/1OE、/2OE控制芯片转化使能。当1DIR、2DIR为低电平时,数据从PORTB流向P0RTA;否则,流向相反。/1OE、/2OE为低电平时,允许转化;否则,禁止转化,此时,PORTA、PORTB处于高阻态。

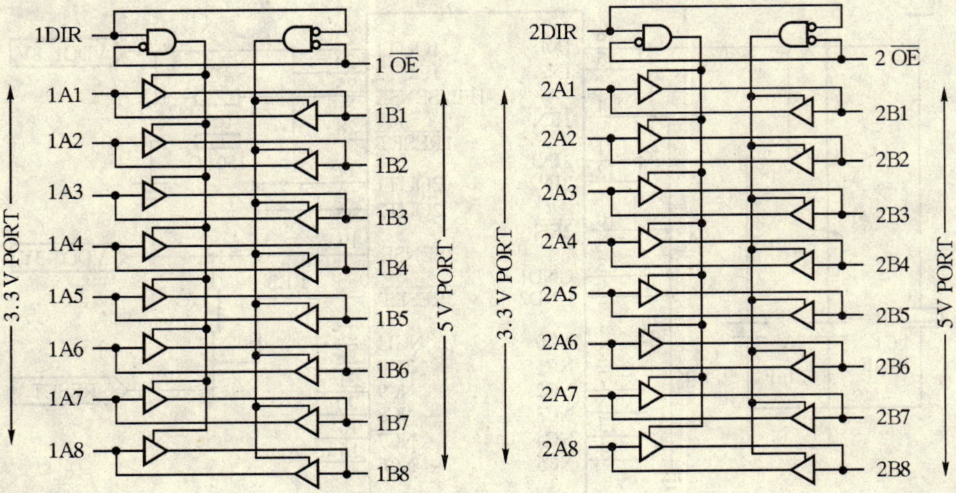

图2.24　FCT164245T结构框图

表2.27　FCT164245T控制逻辑表

输入		输出
X $\overline{OE}$	X $\overline{DIR}$	
L	L	数据由PORTB流向PORTA
L	H	数据由PORTA流向P0RTB
H	X	PORTA、PORTB都呈高阻

6. DSP系统电路及工作原理

这一部分电路是DSP系统进行运算处理、控制的核心,也是系统的关键部件。现分为两部分介绍。

(1)DSP系统电路。DSP核心部分由中央处理器TMS320VC5402、电源芯片TPS73HD301、存储器芯片AT49BV4096A、IS61LV25616、IS61LV6416和一系列逻辑器件——与门、非门组成。

AT49BV4096A、IS61LV25616 作为程序存储器,IS61LV6416 作为数据存储器。两个程序存储芯片容量都为 256K 字,通过 A18 地址线加以区分:AT49BV4096A 分配在 00000H ~ 3FFFFH 区,IS61LV25616 分配在 40000H ~ 7FFFFH 区。在调试、仿真时,程序通过 JTAG 口下载到 IS61LV25616RAM 存储器中并驻留于此。待程序调试好后,再固化到 FLASHROM AT49BV4096A 中。通过把 MP/MC 引脚接 +3.3 V,使 DSP 工作于微处理器状态;这样,当系统启动时,程序先从 FLASHROM 的 FF80H 处执行,再跳转到初始化模块执行初始化(BOOT)指令。BOOT 完成后再把应用程序从 FLASHROM 拷贝到 RAM IS61LV25616,程序接着从 RAM 中执行。这样配置的好处在于:

◆可以编制、存储较大型、较复杂的程序(程序存储在 AT49BV4096A 中);

◆可以快速地执行程序(程序在 RAM 中执行可以有很快的速度,因为 RAM 的存取速度为 10 ns),实现控制系统的实时性。

程序区由 A18、$\overline{PS}$、$\overline{MSTRB}$共同选取,数据区由$\overline{DS}$、$\overline{MSTRB}$共同选取。逻辑方程如下:

AT49BV4096A = A18#$\overline{PS}$#$\overline{MSTRB}$

IS61LV25616 = !A18#$\overline{PS}$#$\overline{MSTRB}$

IS61LV6416 = $\overline{DS}$#$\overline{MSTRB}$

DSP 系统的电路原理框图见图 2.25。

其各芯片选通真值表见表 2.28。

表 2.28　各芯片选通真值表

芯 片	A18	$\overline{PS}$	$\overline{DS}$	$\overline{MSTRB}$
AT49BV4096A	0	0	1	0
IS61LV25664	1	0	1	0
IS61LV6416	0	1	0	0

(2)外围接口。外围接口部分由电平转换芯片 FCT164245 和可编程逻辑器件 GAL20V8B 组成。

电平转换芯片是 DSP 和外设之间的桥梁,它把 3.3 V 的 DSP 接口和 5 V 的外设接口连接了起来。由于它具有自己独立的电源,并可通过控制$\overline{OE}$端就可控制它的开断,所以它还具有总线驱动、隔离的作用,可防止出现总线竞争。

DSP 外围接口电路见图 2.26。

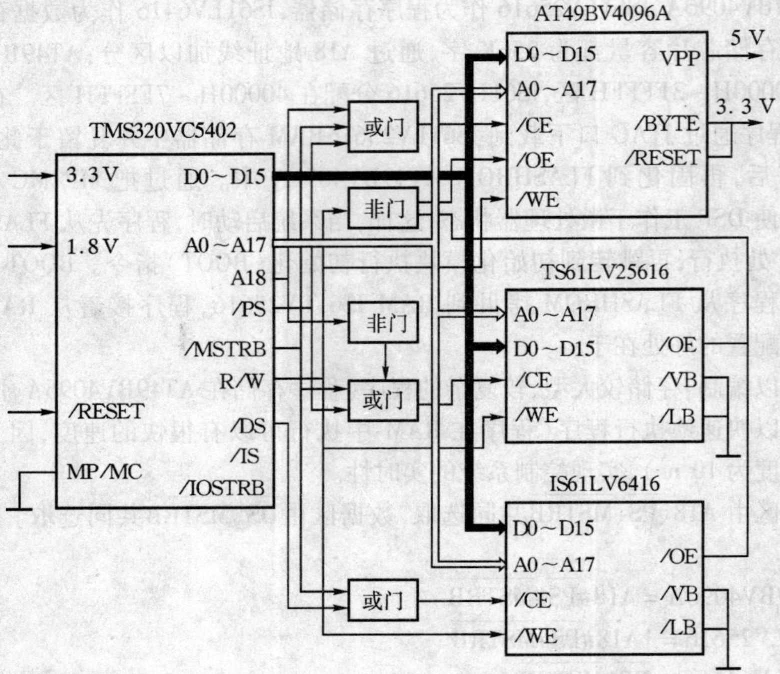

图 2.25　DSP 系统电路原理框图

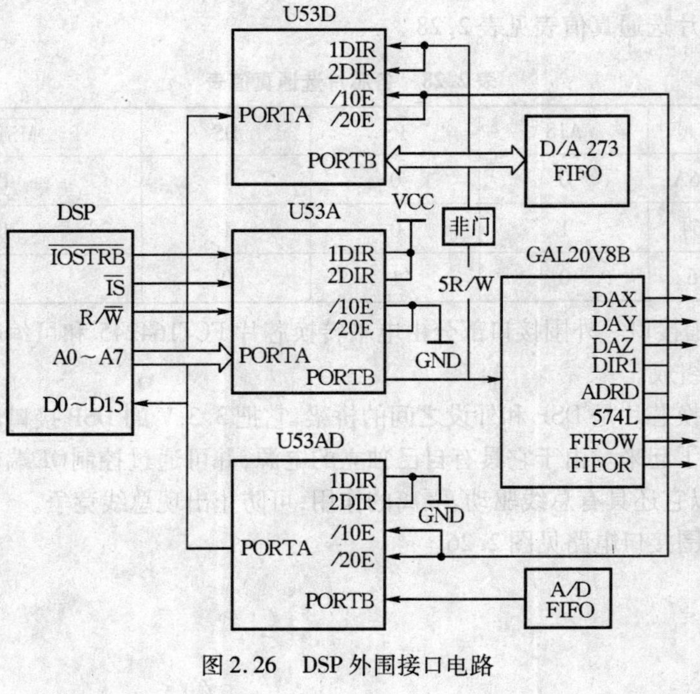

图 2.26　DSP 外围接口电路

图中用了三个电源转换芯片：U53D、U53A、U53AD，每一个芯片完成一种功能。

其中，地址线 A00 ~ A07、外设控制线$\overline{IS}$、$\overline{IOSTRB}$和读写线 R/$\overline{W}$连接到 U53A 的 3.3 V 端口 P0RTA。经转换后，从 5 V 端口 P0RTB 输出到 GAL20V8B 作逻辑运算，产生控制信号 DAX、DAY、DAZ、DIR、ADRD、574L、FIFOW、FIFOR。U53A 的$\overline{OE}$端接地，DIR 接 5 V，因此，数据从 P0RTA 流向 P0RTB，并且是常开的。

数据线 D0 ~ D15 分别连接到 U53D、U53AD 的 P0RTA。U53D 的$\overline{DIR}$端由 5R/$\overline{W}$控制，$\overline{OE}$端由 GAL 的 DIR1 控制；5R/$\overline{W}$是 3.3 V 的 R/$\overline{W}$经过电平转换后的 5 V 信号，DIR1 是经 GAL 逻辑组合后的信号，其逻辑为：

$$!DIR1 = !\overline{IOSTRB}\&!\overline{IS}\&[(ADDRESS < 3H)\#(ADDRESS > 3H)]$$

其中：ADDRESS = [A07，A06，A05，A04，A03，A02，A01，A00]。因此，只有对特定的外设操作时，才能打开此通路。此通路是双向的，当读时，数据从 FIFO 流向 DSP；当写时，数据从 DSP 流向 D/A、273、FIFO。U53AD 的DIR端接地，数据流是单向的，从 A/D、FIFO 流向 DSP。它的$\overline{OE}$端由 GAL 来的 ADRD 信号控制。当 ADRD 有效时，U53AD 被打开，DSP 可读到 A/D 转换数据和 FIFO 状态数据。其逻辑为：

$$!ADRD = !\overline{IOSTRB}\&!\overline{IS}\&R/\overline{W}\&!A07\&!A06\&!A05\&!A04\&!A03\&!A02\&A01\&A00$$

在所有外设中，A/D 芯片是比较特殊的。其它的外设在未选中时，数据线呈高阻态，所以各芯片的数据线不会同时有效，即发生总线竞争。而 A/D 芯片却不同，它在转换完成后数据输出一直有效，若把 A/D 数据输出线直接接到数据总线上，就会影响其它的外设操作。因此，A/D 数据线必须从总线隔离出来，U53AD 就起了这种作用。当对其它外设操作时，DIR 有效，U53D 被打开；同时，ADRD 无效，U53AD 断开，A/D 被从总线隔离，数据只在 DSP 和其它外设间传递。只有 A/D 被选中时，ADRD 才有效，U53AD 被打开，数据从 A/D 流向 DSP。而此时 DIR 无效，U53D 断开，其它外设被从总线隔离，这时只有 A/D 的数据线有效，防止了总线竞争。

在此系统中，可以选用 GAL20V8B 作逻辑。所有的外设控制逻辑由它完成，包括各外设的选中、电平转换芯片的通断和数据的流向。GAL20V8B 由 CMOS 工艺制造，是高速的可编程逻辑器件，传输延迟时间小于 5 ns，内部具有逻辑宏单元，可完成复杂的逻辑设计，而且可电擦除，编程方便。采用 GAL 器件，可简化电路设计，避免了硬跳线，方便了硬件调试，提高了效率。并且，各种逻辑驻留于芯片内，从外部无法得知电路逻辑，具有保密性。通过 GAL 的开发程序可完成逻辑设计，然后再通过编程器烧到芯片中，就可使用。

在 DSP 数据处理系统中,还有一个重要问题,那就是 DSP 高速处理器和较慢的外设之间的时序问题。一般而言,DSP 对外部的存储器读操作为一个机器周期,对存储器写操作、I/O 读写操作为两个机器周期。而 TMS320VC5402 最高可工作于 100 MHz,即每个机器周期为 10 ns。外部器件的存取时间各不相同:FLASHROM,读写为 70 ns;RAM 读写为 10 ns;D/A 转换时间为 25 ns;FIFO 存取时间为 25 ns。DSP 具有内部锁相环(PLL)电路和软件等待状态寄存器,可解决这一问题。

2.6 ARM 器件

20 世纪 90 年代初,半导体产业形成了设计业、制造业和封装业分离的产业分工,英国先进机器公司(Advanced RISC Machines,简称 ARM 公司)就是专门进行半导体产品设计的公司,它设计了高效的 IP 内核(此处 IP 指的是 Intelligence Property 即智能型内核),授权给各半导体公司使用,这些公司在 ARM 基础上,添加自己的设计并推出芯片产品,经过长期发展,ARM 公司已经成为业界领先的 IP 设计技术供应商。ARM 微处理器得到了众多半导体厂家和整机厂商的大力支持,使 ARM 在高性能嵌入式领域获得巨大成功。目前,已开发出 ARM7/ARM9/ARM10/ARM11 等多种芯片,几乎所有手机、移动智能仪器和设备、PDA 都是基于 ARM 核的系统芯片开发的。这里以基于 ARM9 技术的 16/32 位芯片 S3C2410A 为例进行介绍。

2.6.1 片内资源

S3C2410A 是韩国 Samsung 公司的产品,它采用了 ARM920T 内核,其片内资源如下:

◆2.0 V 内核供电,3.3 V 存储器和 I/O 接口供电。

◆分开的 16 KB 程序 Chache 和 16 KB 数据 Chache。

◆外部存储控制器(SDRAM 控制和片选逻辑)。

◆LCD 控制器,最大支持 4 K 色 STN 和 256 色 TFT,提供 1 通道 LCD 专用 DMA。

◆4 通道 DMA 并有外部请求引脚。

◆3 通道 UART,IrDA1.0,16 字节 TXFIFO,16 字节 RXFIFO,2 通道 SPI。

◆1 通道 I^2C 总线和 I^2C 总线控制器。

◆兼容 SD 主接口协议 1.0 版和 MMC 卡 2.11 版。

◆2 端口 USB1.1 主机接口和 1 端口 USB1.1 设备接口。

◆4 通道 PWM 定时器和 1 通道内部定时器,可编程占空比、频率和极性。

◆看门狗定时器。

◆117 个 I/O 口。

◆55 个中断源,包括 1 个看门狗定时器,5 个通用定时器,9 个 UARTs,24 个外部中断,4 个 DMA,2 个 RTC,2 个 ADC,1 个 I^2C,2 个 SPI,1 个 SDI,2 个 USB,1 个 LCD,1 个电池故障。

◆24 通道外部中断源,可编程的电平触发/边沿触发极性设置,支持为紧急中断请求提供快速中断服务。

◆功耗控制模式:具有普通、慢速、空闲和掉电模式。

◆8 通道 10 位 ADC 和触摸屏接口。

◆具有日历功能的 RTC。

◆具有锁相环(PLL)片上时钟发生器。

2.6.2　ARM920T 特性

(1) ARM920T 工作状态

◆ARM920T 可以工作在两种状态:ARM 状态和 THUMB 状态。

◆ARM 状态,执行 32 位字对齐的 ARM 指令。

◆THUMB 状态,执行 16 位半字对齐的 THUMB 指令。在这种状态下,PC 寄存器的第 1 位用于选择一个字中的哪个半字。

◆两种状态的切换方法:

要进入 Thumb 状态,可以通过执行 BX 指令,同时将操作数寄存器的状态位(bit0)置 1 来实现。当从异常(指中断等事件服务)返回时,只要进入异常处理前处于 Thumb 状态,则返回后还会处于 Thumb 状态。

要进入 ARM 状态,可以通过执行 BX 指令,同时将操作数寄存器的状态位(bit0)清零来实现。当从异常(指中断等事件服务)返回时,只要进入异常处理前处于 ARM 状态,则返回后还会处于 ARM 状态。

◆这两种状态的转换不影响处理模式和寄存器内容。

(2) 数据存储格式

ARM920T 将存储空间视为从 0 开始按字节排列的连续空间,字节 0 ~ 3 中保存第 1 个 32 位,字节 4 ~ 7 中保存第 2 个 32 位依此类推。ARM920T 对存储的字可按大端格式或小端格式保存,大端格式是:字数据的高位字节存放在低地址中,而其低位字节存放在高地址中。小端格式是:字数据的高位字节存放在高地址中,而其低位字节存放在低地址中。

(3) 指令格式

指令可以是 32 位(在 ARM 状态)或 16 位(在 THUMB 状态)。

(4) 数据类型

ARM920T 支持字节(8 位)、半字(16 位)、字(32 位)数据类型。字必须按照 4B 对齐,半字必须按照 2B 对齐。

(5) 操作模式

ARM920T 支持 7 种操作模式:

◆用户模式(user 模式),应用的普通模式。

◆快速中断模式(fiq 模式),用于支持数据传输或通道处理。

◆中断模式(irq 模式),用于普通中断处理。

◆超级用户模式(svc 模式),操作系统的保护模式。

◆异常中断模式(abt 模式),输入数据后预取异常中断指令。

◆系统模式(sys 模式),是操作系统使用的一个有特权的用户模式。

◆未定义模式(und 模式),执行了未定义指令时进入该模式。

外部中断、异常操作或软件控制都可以改变操作模式。大多数应用程序都是在用户模式下运行。进入特权模式是为了处理中断或异常请求或保护操作资源。

(6) ARM920T 寄存器

ARM920T 共有 37 个 32 位的寄存器,其中 31 个是通用寄存器,6 个是状态寄存器。但在同一时间,对程序员来说,并不是所有的寄存器都是可见的。在某一时刻某一寄存器是否可见(可被访问),是由处理器当前的工作状态和工作模式决定的。

在 ARM 状态下,任何时候都可以看到 16 个通用寄存器,1 到 2 个状态寄存器。在特权模式(非用户模式)下,会切换到具体模式下的寄存器组。其中包括模式专用的私有(banked)寄存器。ARM 状态寄存器系列中含有 16 个直接操作寄存器:R0 到 R15。除了 R15 外,其他都是通用寄存器,可用来存放地址或数据值。除此之外,实际上有 17 个寄存器用来存放状态信息。具体如下。

R14 专门存放返回点的地址,在系统执行一条"跳转并链接"指令的时候,R14 将收到一个来自 R15 的拷贝。其他时候,它可以被用作一个通用寄存器。在非用户模式下,不同的工作模式使用不同的专用私有 R14 寄存器,分别为 R14_svc、R14_irq、R14_fiq、R14_abt 和 R14_und。它们都同样用来保存在中断或异常发生时,或在中断或异常中执行了 BL 指令时,R15 的返回值。

R15 是程序计数器 PC,在 ARM 状态下,R15 的 bit1 ~ bit0 都为 0,其 bit31 ~ bit2 保存了 PC 的值。在 THUMB 状态,其 bit0 为 0,其 bit31 ~ bit1 保存了 PC 的值。

快速中断(fiq)模式拥有 7 个私有寄存器 R8 ~ R14。分别为 R8_fiq ~ R14_fiq。在 ARM 状态下,多数 FIQ 都不需要保存任何寄存器。用户、中断、异常中止、超级用户和未定义模式都拥有两个私有寄存器 R13 和 R14。允许这些模式都可拥有一个私有堆栈指针和链接(link)寄存器。

R16 是 CPSR(当前程序状态寄存器),用来保存当前代码标志和当前处理器模式位。另外还有 5 个保存程序状态寄存器 SPSRS,用于异常中断处理,这些寄存器的功能有:

◆保留最近完成的 ALU 操作信息。

◆控制中断的使能和禁止。

◆设置处理器的操作模式。

CPSR 的低 8 位 bit7 ~ bit0 为控制位,其依次为 I、F、T 和 M4 ~ M0。

I、F 为中断禁止位,当它们被置 1 时就相应的禁止了 irq 和 frq 中断。

T 为标志位,反映处理器在什么状态运行,该位被设置为 1 时,处理器运行在 THUMB 状态,否则运行在 ARM 状态。这些由外部信号 TBIT 反映出来。注意软件决不能改变 TBIT 的数值,否则处理器会进入一种不可预知的状态。

M4 ~ M0 为运行模式位,它们决定了处理器的操作模式,如表 2.29 所示。并不是所有的组合都决定一个有效的处理器模式,只有那些明确定义的值才能起作用。用户要明白,任何一种非法的值写入模式位,处理器都会进入到一种混乱状态,要回到正常工作状态,必须要复位。

表 2.29　ARM 模式位的值和对应的模式

M4 ~ M0	模式	可视的 THUNM 状态寄存器	可视的 ARM 状态寄存器
10000	用户模式	R7 ~ R0, LR, SP, PC, CPSR	R14 ~ R0, PC, CPSR
10001	Fiq 模式	R7 ~ R0, LR_fiq, SP_fiq, PC, CPSR, SPSR_fiq	R7 ~ R0, R14_fiq ~ R8_fiq, PC, CPSR, SPSR_fiq
10010	Irq 模式	R7 ~ R0, LR_irq, SP_irq, PC, CPSR, SPSR_irq	R12 ~ R0, R14_irq, R13_irq, PC, CPSR, SPSR_irq
10011	超级用户模式	R7 ~ R0, LR_svc, SP_svc, PC, CPSR, SPSR_svc	R12 ~ R0, R14_svc, R13_svc, PC, CPSR, SPSR_svc
10111	中止	R7 ~ R0, LR_abt, SP_abt, PC, CPSR, SPSR_abt	R12 ~ R0, R14_abt, R13_abt, PC, CPSR, SPSR_abt
11011	未定义模式	R7 ~ R0, LR_und, SP_und, PC, CPSR, SPSR_und	R12 ~ R0, R14_und, R13_und, PC, CPSR
11111	系统模式	R7 ~ R0, LR, SP, PC, CPSR	R14 ~ R0, PC, CPSR

(7)进入异常和离开异常时的处理

正常的程序运行被临时中断,转而执行其他程序或操作称为异常,就计算机的一般概念,实际上就是执行中断服务程序。有可能同时有几个中断请求,如果出现这种情况,ARM 就会按其优先级的高低和同一优先级下规定的次序进行处理。

在进入异常时,ARM920T 将执行以下操作:

①将下一条指令的地址存放到相应的 Link 寄存器中,不管异常是从 ARM 状态还是 THUMB 状态进入的,下一条指令的地址(根据异常的类型,数值为当前 PC +4或当前 PC +8,具体见表 2.29)都会被复制到 Link 寄存器中。这表示异常处理程序并不关心是从什么状态进入异常的。无论来自什么状态,处理程序只要执行 MOVS PC,R14_svc 语句,总可以返回到原来程序的下一条语句。

②将 CPSR 的内容复制到 SPSR 中。

③根据异常类型强制改变 CPSR 模式位中的值。

④令 PC 的值指向异常处理向量所指的下一条指令。

这时也可以设置中断禁止标志,以防止其他中断。

在退出异常时,ARM920T 将执行以下操作:

①将 Link 寄存器减去相应的偏移量,赋给 PC(偏移量的值由异常的类型决定)。

②将 SPSR 的内容复制到 CPSR 中。

③如果在进入异常时设置了禁止中断标志,就要清除它。

思考题与习题

1. 如何简捷地判断 8051 是否在运行工作?

2. 试述 8051 程序存储器和数据存储器的空间分布情况,其内部和外部程序存储器如何使用?

3. 开机复位后,8051 使用的是哪组工作寄存器? 它们的地址是什么?

4. 8051 是如何确定和改变当前工作寄存器组的?

5. 在程序设计时,有时为什么要对堆栈指针 SP 重新赋值? 如果 8051CPU 在操作中要使用 3 组工作寄存器,SP 的初值应为多大?

6. 8051 的时钟周期、机器周期、指令周期是如何分配的? 当振荡频率为 12 MHz时,一个机器周期为多少 μs?

7. 当一台 8051 单片机运行出错或程序进入死循环,如何重新启动?

8. 有几种方法使单片机复位? 复位后各寄存器、RAM 中的状态如何?

9. 当单片机在关机后又立刻开机,有时就不能正常启动,试分析原因,并提出解决办法。

10. 试述51单片机的PC寄存器在执行中断服务程序前后整个时间段的内容变化情况。

11. 8051端口P0～P3作通用I/O口时，在输入引脚数据时应注意什么？

12. 在8051扩展系统中，片外程序存储器和片外数据存储器使用相同的地址编址，是否会在数据总线上出现总线冲突？为什么？

13. 8051端口P0作通用I/O口时，外部器件连接应注意什么？为什么？

14. 8051的$\overline{EA}$端有何功用？应如何处理？为什么？

15. 目前所用的C8051F和STC12CXX单片机最高指令执行速度是8051单片机的多少倍？其速度快的主要原因是什么？

16. C8051F的端口是怎么配置的？

17. C8051F的使用环境温度是多少？其中的A/D转换器的转换速度是多少？

18. TMS320VC5402指令周期是多少？片内存储器有什么类型？容量多大？片外寻址的程序和数据空间各是多少？对外设的寻址范围多大？

19. TMS320VC5402通过那些总线和信号访问外部的程序存储器、数据存储器和I/O设备？

20. 简述存储器IS61LV25616的特性，并画出其与TMS320VC5402的接线图。

21. 简述ATMEL公司的FLASH存储器AT49BV4096A的特性，并画出其与TMS320VC5402的接线图。为什么在对该芯片编程前必须先对其进行擦除操作？

22. 电平转换芯片FCT164245是怎样工作的？在以TMS320VC5402为核心的电路中起什么作用？怎样连线？

23. 电源芯片TPS73HD301是怎样工作的？在以TMS320VC5402为核心的电路中起什么作用？怎样连线？

24. 试述ARM920T的数据存储格式、指令格式、数据类型、操作模式。

25. 试述ARM920T的寄存器分布及其功能。

第 3 章 智能仪器常用通信技术

数字通信是计算机的重要功能，也是智能仪器的重要功能。计算机与其它设备的通信主要是为了进行数据交换，有些是为了将下位机所采集到的数据传给具有大型数据库管理能力的上位计算机，有些是为了进行分布式测量与控制。现在计算机通信已经进入到人类生产与生活的各个领域，成为人们进行信息交流最常用的工具，尤其是网络技术的发展和普及，使计算机通信更加迅速和便捷。人们坐在计算机前，就可以和整个世界进行交流，获得所需的各种信息，或者将自己的信息和文件快速的传递给远方。

在智能仪器和分布式计算机控制系统中，广泛使用计算机通信来进行数据传送。使用最多的是通过计算机串行接口进行通信，通过将 PC 机上串行接口的 RS－232C电平转换为 RS－485 电平组网进行多机通信（1200 m 以内），或者将其转换为 CAN 总线电平组网，可以实现较远距离多机通信。另外在近距离内，计算机与许多外设的通信也采用串行总线 USB 进行通信。有些设备与计算机还通过并行接口进行通信。这里介绍最常用的 USB 总线、RS－232C、RS－485 总线、CAN 总线的通信技术和多机通信的组网技术及并行通信等技术。

3.1 USB 接口

3.1.1 USB 概述

USB（universal serial bus）通用串行总线，是微机与外设连接的快速输入输出标准。为了解决日益增加的 PC 外设与有限的主板插槽和端口之间的矛盾，1994 年由 Microsoft 、Intel 等 PC 大厂商专门制定了这种串行通信的标准。自 1995 年在 Comdex 上亮相以来至今已广泛地为各 PC 厂家所支持。1999 年初提出了 USB2.0 规范，它向下兼容 USB1.0/1.1。现在生产的 PC 机几乎都配备了 USB 接口，Microsoft 的 Windows98、WindowsNT、Windows2000、WindowsXP 以及 Mac OS、Linux、FreeBSD 等流行操作系统都增加了对 USB 的支持。Microsoft、HP、Compaq、Intel、

Agere、NEC 和 Philips 是 USB 成员中致力于制定 USB2.0 标准的7个主要组织。经历了不断的发展,现在 USB2.0 版本已经被广泛使用。

现在,带 USB 接口的设备越来越多,如 USB 存储器、鼠标、键盘、数码相机、调制解调器、扫描仪、摄像机、电视、音箱等,许多智能仪器也配有 USB 通信接口。

USB 之所以能得到广泛支持和快速普及,是因为它具备下列特点。

①使用方便

使用 USB 接口可以连接多个不同的设备,支持热插拔,在软件方面,为 USB 设计的驱动程序和应用软件可以自动启动,无需用户干预。USB 设备也不涉及 IRQ 冲突等问题,它单独使用自己的保留中断,不会同其它设备争用 PC 机有限的资源,为用户省去了硬件配置的烦恼。USB 设备能真正做到"即插即用"。为外围设备提供了低成本的标准数据传输形式。无论是键盘、鼠标、游戏摇杆之类的简单输入设备,还是打印机、扫描仪、存储设备、MODEM、摄像头之类的高级外部设备,都可以采用 USB 接口。所有使用 PS/2、串行、并行传统接口的外围设备均可采用 USB 接口形式。

②传输模式多,速度快

USB 共有4种传输模式:控制传输(control)、同步传输(synchronization)、中断传输(interrupt)、批量传输(bulk),以适应不同设备的需要。快速性能是 USB 技术的突出特点之一。USB1.1 接口的最高传输率是 12 Mb/s,比串口快了整整 100 倍,比并口快了十多倍。USB2.0 接口的传输率可达 120 ~ 480 Mb/s。

③扩展性强,连接灵活

USB 接口具有强大的可扩展性支持多个不同设备的串列连接,一个 USB 接口理论上可以连接 127 个 USB 设备。连接的方式也十分灵活,既可以使用串行连接,也可以使用中枢转接头(Hub),把多个设备连接在一起,再同 PC 机的 USB 口相接。在 USB 方式下,所有的外设都在机箱外连接,不必打开机箱;允许外设热插拔,而不必关闭主机电源。USB 采用"级联"方式,即每个 USB 设备用一个 USB 插头连接到一个外设的 USB 插座上,而其本身又提供一个 USB 插座供下一个 USB 外设连接用。通过这种类似菊花链式的连接,一个 USB 控制器可以连接多达 127 个外设。标准 USB 电缆长度为 3 m(低速 5 m)。通过 Hub 或中继器可以使外设距离达到 30 m。

④独立供电

使用串口、并口的设备都需要单独的供电系统,而 USB 设备则不需要,因为 USB 接口提供了内置电源,能够采用总线供电。USB 总线提供最大达 5 V、500 mA 电流。因此新的功率较小的设备就不需要专门的交流电源了,从而降低了这些设备的成本并提高了性价比。

USB 使用一个 4 芯的标准接口,2 芯是数据线,另 2 芯分别是 +5 V 电源线和地线。接头有两种,扁平的 A 型和梯形的 B 型。通常 B 型供集线器设备使用。图 3.1 所示为 A 型。

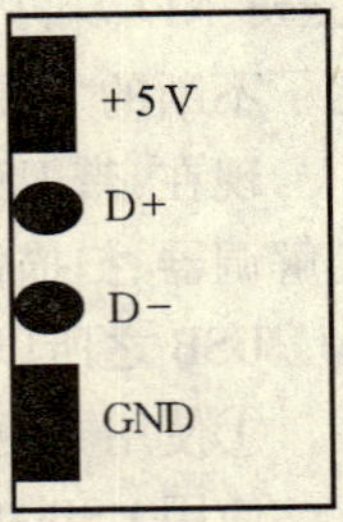

图 3.1　USB 接口引脚

3.1.2　USB 系统

USB 是一种电缆总线,支持在主机和各式各样的即插即用的外设之间进行数据传输。由主机预定的标准协议使各种设备分享 USB 带宽,当其它设备和主机在运行时,总线允许添加、设置、使用以及拆除外设。

1. USB 系统组成

一般 USB 系统被分成 USB 的连接、USB 的设备和 USB 的主机。USB 的连接是指设备和主机之间进行连接的交互动作。USB 的物理连接是有层次性的星型布局,每个集线器在星型的中心,每条线段是点对点连接的。任何 USB 系统中,只有一个主机。USB 设备和 USB 主机的接口称为主机控制器(host controller),它是硬件和软件综合实现的。根集线器是综合于主机系统内部的,用以提供 USB 的连接点。USB 的设备包括集线器和功能器件(function)。集线器为 USB 提供更多的连接点,一个 USB 系统最多可连接 127 个设备,功能部件是指键盘、打印机、数码相机等为系统提供具体功能的设备。

2. USB 的电气特性

在 USB 总线上的两个端点之间传送数据时,总是采用平衡发送差分接收的方式工作,这样可以极大地提高传输速率,并能减少噪声。驱动器和接收器采用差分电路可抵消噪声的干扰。USB 传送信号和电源是通过一种四线的电缆,图 3.2 中的两根双绞线是信号线 D+ 和 D-,用于传输信号。USB 为适应不同的设备需要,具有不同的数据传输率。可在用同一 USB 总线传输的情况下自动地动态切换。因为过多的使用低速模式,将降低总线的利用率,所以该模式只支持有限的个别低带宽的设备(如鼠标)。

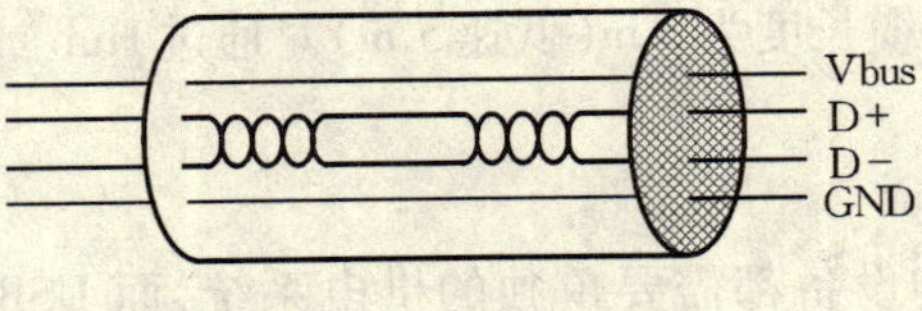

图 3.2　USB 电缆结构

电缆中还包括 Vbus 和 GND 两条线,为设备提供电源,Vbus 的电压为 5 V。

USB 设备可从总线和上行集线器上获得电压,也可以自行供电,设备获取的电量也可进行设置。USB 具有省电模式,即进入挂起状态,USB 支持两种类型的挂起方式:全部挂起和选择挂起,全部挂起是所有的 USB 设备进入挂起状态;选择挂起是仅被选择的设备进入挂起状态。当 3 ms 内没有检测到总线行为,设备将会进入挂起状态,当设备进入挂起状态时,它消耗的电流不超过 500 μA。当设备被唤醒时(远程唤醒或由唤醒信号唤醒),必须限制从总线上获取的电流,设备必须有足够大的分流电容,以保证当设备处在恢复过程时,从集线器获取的电流不超过端口的最大电流允许值。

3. 数据编码和解码

数据通过 USB 传输时,采用 NRZI(none return zero invert,即翻转非零码)编码方式。在该编码方案中,“1”表示电平不变,“0”表示电平翻转。图 3.3 列出了一个数据流及其 NRZI 编码。

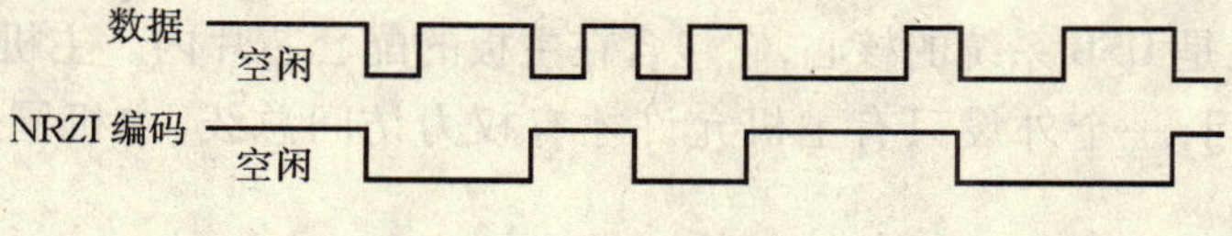

图 3.3 NRZI 编码

一长串 1 和连续的 1 将会导致无电平跳变,从而引起接收器最终丢失同步信号,解决办法就是使用位填充法。位填充法规定,在连续传输 6 个“1”的情况下,强制在 NRZI 编码的数据流中加入跳变。这就确保接收器至少可以在每 7 个位的时间间隔内,会从数据流中检测到一次跳变,从而使接收器和传送的数据保持同步。

位填充操作从同步数据段开始,如图 3.4 所示,贯穿于整个传送过程,在同步数据段的数据“1”作为真正数据流的第一位。位填充操作毫无例外由传送端强制执行。接收端必须能对 NRZI 数据进行解码,识别插入位并去掉它们。如果接收端发现数据包中任一处有 7 个连续的“1”,则将会产生一个位插入错误,该数据包将被忽略。

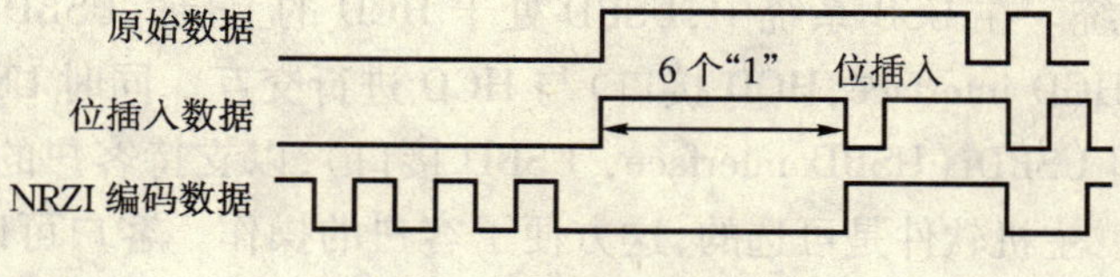

图 3.4 位填充操作

4. USB 的容错性能

USB 提供了多种机制，如使用差分驱动、接收和防护，以保证信号完整性。使用循环冗余码，以进行外设装卸的检测和系统资源的设置，对丢失和损坏的数据包暂停传输，利用协议自我恢复，以建立数据和控制信道，从而使功能部件避免了相互影响的负作用。这些机制的建立，极大地保证了数据的可靠传输。

在错误检测方面，协议中对每个包中的控制位和数据位都提供了循环冗余码校验，并提供了一系列的硬件和软件设施来保证数据正确性，提供的循环冗余码可对一位或两位的错误进行 100% 的恢复。在错误处理方面，协议在硬件和软件上均有措施。硬件的错误处理包括汇报错误和重新进行一次传输，传输中若还遇到错误，由 USB 的主机控制，按照协议重新进行传输，最多可再进行三次，若错误依然存在，则对客户端软件报告错误，使之按特定方式处理。

5. USB 主机

USB 主机是 USB 系统的核心，它包含在主板的配套芯片内。主机控制着所有对 USB 的访问，一个外设只有主机允许才有权力访问总线，主机同时也监测着 USB 的结构。

USB 主机包括客户层、USB 系统层和主机控制器层，分别与设备相应的三层进行通信。见图 3.5。

客户层在 USB 主机的最高层，它是设备驱动程序的集合。客户与功能部件之间进行逻辑的信息交流。

USB 系统层是主机的系统软件的一部分，是整个 USB 的管理中枢。在主机的三个层次中，USB 系统层处于承上启下的地位。向上，它提供向客户的接口；向下，它控制着主机控制器，使之完成 USB 所要求的工作。USB 系统层可进一步分为三个主要的组成部分：HCD（host controler driver，主机控制器驱动器）、USBD（USB-Driver，USB 驱动器）、主机软件。HCD 将不同的具体的主机控制器映像到 USB 系统，使客户不必关心设备所连接的具体的主机控制器，而能实现与设备之间的通信。USB 系统可能有多个主机控制器，不同的主机控制器通过各自的 HCD 将自身映像进 USB 系统。在 USB 系统中，USBD 处于 HCD 的上层。USBD 通过 HCD 所提供的 HCDI（HCD interface，HCD 接口）与 HCD 进行交互。同时 USBD 提供面向客户的接口，即 USBDI（USBD interface，USBD 接口），以支持客户的数据传送、设备配置等请求。主机软件是可选的，这方便了客户的操作。客户可以向主机软件发出命令，由主机软件将命令转换成 USBDI 所要求的标准格式，进而交由 USBD 执行，这样就进一步简化了 USBDI 的细节，客户操作起来更加方便。

主机控制器即主机上的总线接口。USB 主机与设备之间的通信最终都将通过

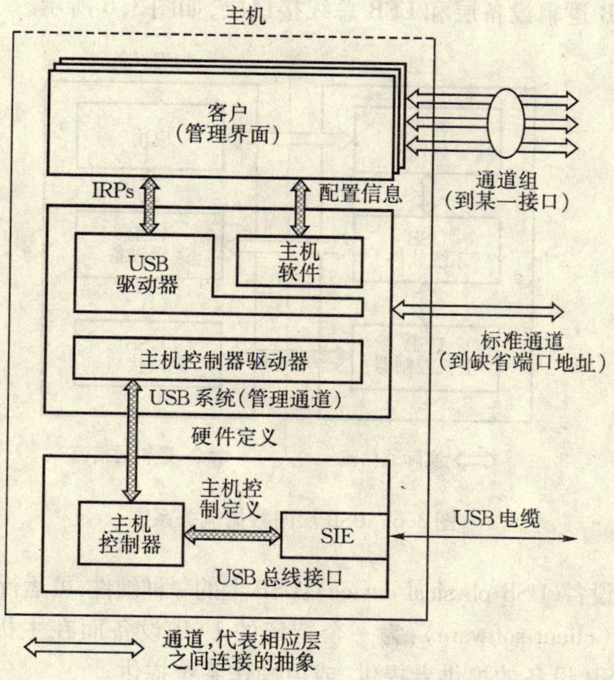

图 3.5　USB 主机层次图

USB 电缆进行，即通过 USB 主机的总线接口和 USB 设备的总线接口之间相连的电缆进行。任何一个输出请求都由主机控制器组织成包的形式发往总线。

一个 IRP（I/O request packet，输入输出请求包）请求的执行过程：首先，客户以 IRP 的标准形式向 USBD 请求数据传送。IRP 请求包在主机的不同层之间传送，不同层往 IRP 中的不同部分填上相应的内容。客户提出请求的时候，在 IRP 中填入信道句柄、客户的通知标志、数据缓冲区的首地址与长度后交给 USB 系统层。USB 系统层收到 IRP 后，根据信道标志和用户的标志决定工作缓冲区的大小，往 IRP 中填上工作缓冲区的首址及长度，进而交给下层的主机控制器。主机控制器根据请求的特点、当前的工作情况，决定 IRP 请求的处理方式。在执行过程中，IRP 被分解为多个传送，每个传送又分为多个事务。在每个事务结束后，主机控制器往 IRP 中的请求结束状态中添置相应的信息，以标志请求是否顺利结束。在 IRP 结束后，主机控制器往 IRP 中加入 IRP 结束状态。主机控制器处理完 IRP 后，根据 IRP 中的客户标志通知客户。

6. USB 数据流

USB 上的数据流就是主机与设备之间的通信，这种数据流其实可分为三个层次：应用层、USB 逻辑设备层和 USB 总线接口层，如图 3.6 所示。

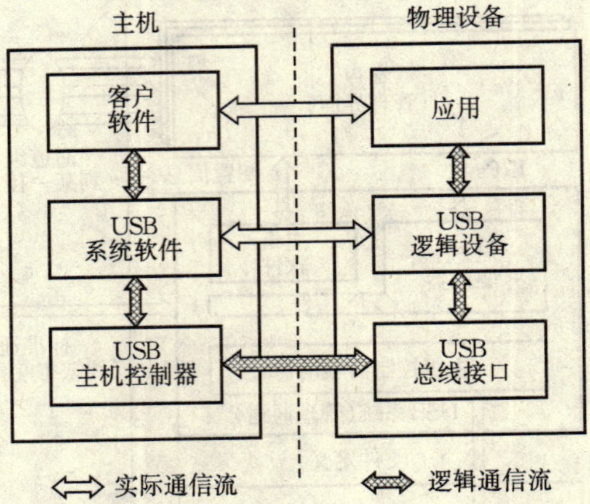

图 3.6　USB 层间数据流关系图

USB 物理设备（USB physical device）：USB 上的一种硬件，可运行一些用户程序。

客户软件（client software）：为一个特定的 USB 设备而在主机上运行的软件。这种软件由 USB 设备的提供者提供，或由操作系统提供。

USB 系统软件（USB system software）：此软件用于在特定的操作系统中支持 USB，它由操作系统提供。与具体的 USB 设备无关，也独立于客户软件。

USB 主机控制器（USB host controller）：总线在主机方面的接口，是软件和硬件的总和。用于支持 USB 设备通过 USB 连到主机上。

为了支持主机与客户之间的坚固可靠的通信，这四个 USB 系统的组成部分在功能上存在相互重叠的部分。

USB 总线接口层提供了在主机和设备之间的物理连接、发送连接、数据包连接。USB 设备层对 USB 系统软件是可见的，系统软件基于它所见的设备层来完成对设备的一般的 USB 操作。应用层可以通过与之相配合的客户软件向主机提供一些额外的功能。USB 设备层和应用层的通信是逻辑上的。对应于这些逻辑通信的实际物理通信由 USB 总线接口层来完成。

3.1.3　总线拓朴

总线拓朴（bus topology）是指 USB 的基本物理组成、基本逻辑组成，以及各组成部分之间的相互关系。它包括主机和设备、物理拓朴结构、逻辑拓朴结构和客户软件层与应用层等四个重要的组成部分，如图 3.7 所示。

USB 主机在 USB 系统中是一个起协调作用的实体，它不仅占有特殊的物理位

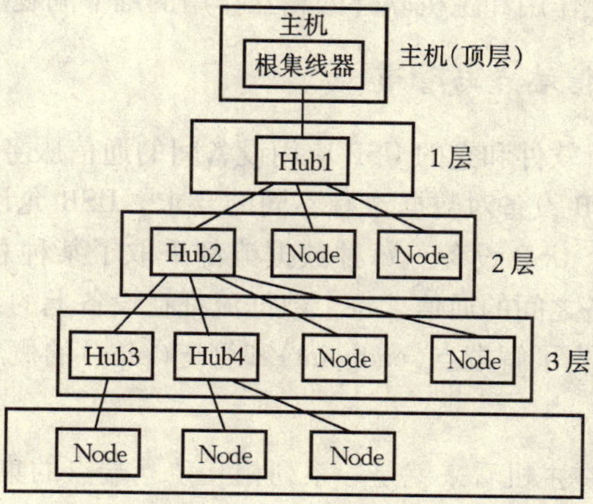

图 3.7　USB 总线的拓扑结构

置,而且对于 USB 以及连到 USB 上的设备来说,还负有特殊责任,主机控制所有的对 USB 的访问。一个 USB 设备想要访问总线必须由主机给予它使用权。主机还负责监督 USB 的拓朴结构。

USB 设备用于向主机提供一些额外的功能。USB 设备提供的功能是多种多样的,但面向主机的接口却是一致的。所以,对于所有这些设备,主机可以用同样的方式来管理它们与 USB 有关的部分。为了帮助主机辨认及确定 USB 设备,这些设备本身需要提供用于确认的信息。在某一些方面的信息,所有设备都是一样的;而另一些方面的信息,由这些设备具体的功能决定。信息的具体格式是不定的,由设备所处的设备级别决定。

总线的物理拓朴结构是描述 USB 系统中的各组成部分在物理上是如何连接起来的,USB 系统中的设备与主机的连接方式采用的是星形连接。

总线逻辑拓朴结构主要描述 USB 系统中各种组成部分的地位和作用,以及描述从主机和设备的角度观察到的 USB 系统。在物理结构上,设备通过 Hub 连到主机上。但在逻辑上,主机是直接与各个逻辑设备通信的,就好像它们是直接被连到主机上一样。

客户软件层与应用层的关系:描述从客户软件层看到的应用层的情况,以及从应用层看到的客户软件层的情况。USB 系统的物理上、逻辑上的拓朴结构反映了总线的共享性。操纵 USB 应用设备的客户软件只关心设备上与它相关的接口,客户软件必须通过 USB 软件编程接口来操纵应用设备。这与另一些总线如 PCL、ELSA、PCMUA 等不同,这些总线是直接访问内存或 I/O 的。在运行中,客户软件必须独立于 USB 上的其它设备。这样,设备和客户软件的设计者就可以只关心该设备与主机硬件的相互作用和主机软件的相互作用的细节问题。

3.1.4 USB 通信端点与管道

USB 接口是为主机软件和它的 USB 应用设备间的通信服务的，对客户与应用层之间不同的交互，USB 设备对数据流有不同的要求。USB 允许各种不同的数据流相互独立地进入一个 USB 设备。每种数据流都采取了某种总线访问方法来完成主机上的软件与设备之间的通信。每个数据流都在设备上的某个端点结束。

为方便理解，必须先了解端点(endpoint)和管道(pipe)的概念。

1. 端点

每一个 USB 设备在主机看来就是一系列相互独立端点的集合，主机只能通过端点与设备进行通讯，以使用设备的功能。每个端点实际上就是一个一定大小的数据缓冲区，它是主机与设备间数据流的一个结束点。每个设备只有一个唯一的地址，这个地址是在设备连上主机时，由主机分配的，而设备中的每个端点在设备内部也都有唯一的端点号。这个端点号是在设备设计时被给定的。每个端点都是一个简单的连接点，或者支持数据流进设备，或者支持其流出设备，而两者不能同时进行。在 USB 系统中，端点必须在设备配置后才能生效(端点 0 除外)。端点 0 通常为控制端点，用于设备初始化参数等，端点 1，2 等一般用作数据端点，存放主机与设备间往来的数据。

2. 管道

一个 USB 管道是驱动程序的一个数据缓冲区与一个外设端点的连接，它代表了一种在两者之间移动数据的能力。一旦设备被配置，管道就存在了。管道有两种类型，数据流管道(其中的数据没有 USB 定义的结构)与消息管道(其中的数据必须有 USB 定义的结构)。管道只是一个逻辑上的概念。

所有的设备必须支持端点 0 以作为设备的控制管道。通过控制管道可以获取完全描述 USB 设备的信息，包括：设备类型、电源管理、配置、端点描述等等。只要设备连接到 USB 上并且上电，端点 0 就可以被访问，与之对应的控制管道就存在了。图 3.8 是图 3.6 的扩充，它更详尽地描述了 USB 系统，支持了逻辑设备层和应用层间的通信。

为了进一步说明 USB 传输，我们引出帧(frame)的概念。USB 总线将 1 ms 时间定义为一帧，每帧以一个 SOF 包为起始，在这 1 ms 里，USB 进行一系列的总线操作。引入帧的概念主要是为了支持与时间有关的总线操作。

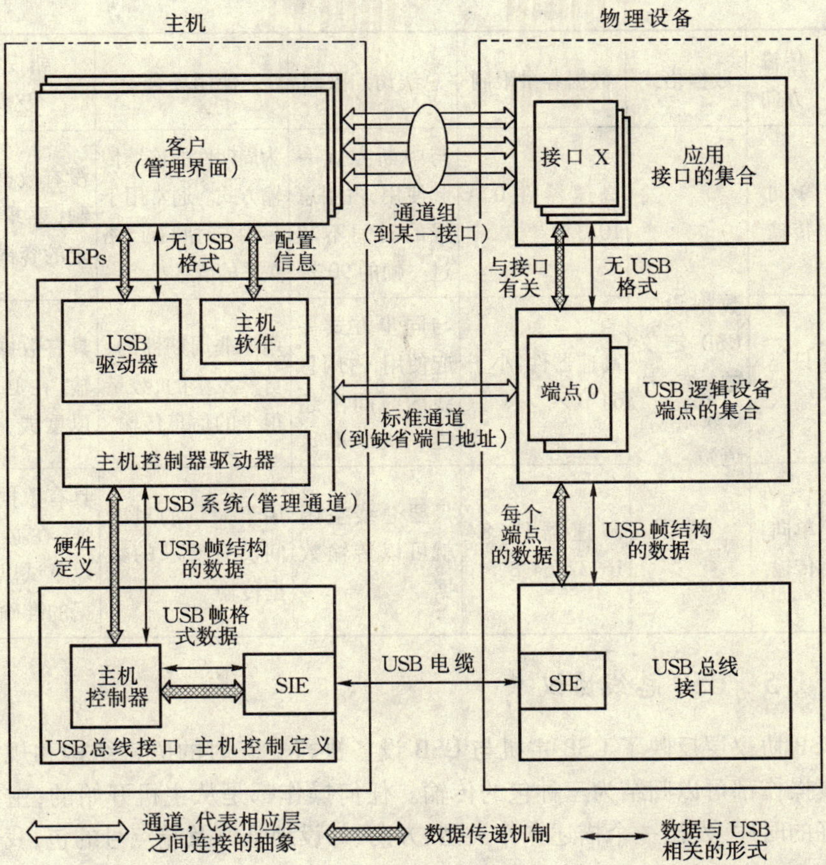

图 3.8　USB 主机/设备细节图

为了满足不同外设和用户的要求,USB 提供了四种传输方式:控制传输、同步传输、中断传输、批传输。它们在数据格式、传输方向、数据包容量限制、总线访问限制等方面有着各自不同的特征,见表 3.1。

表 3.1　USB 传输方式简表

传输方式	传输方向	数据格式	数据容量限制	总线访问限制	使用场合	错误检查及恢复
控制传输	双向传输	数据具有 USB 定义的结构(消息管道)	对高速器件:8/16/32/64 B;对低速器件:8 B	端点不能指定总线访问的频率和占用总线的时间	用于配置命令、状态等情况	具有数据传输保证,必要时可以重试

续表 3.1

传输方式	传输方向	数据格式	数据容量限制	总线访问限制	使用场合	错误检查及恢复
同步传输	单向传输	数据没有USB定义的结构(数据管道)	高速器件0~1023 B	与中断方式一起使用,占用总线的时间不超过一帧的90%	为周期性的连续传输方式。通常用于传输与时间有严格关系的信息	没有数据重发机制,要求具有一定的容错能力
中断传输	只能输入		高速器件:小于64 B	与同步方式一起使用,占用总线的时间不超过一帧的90%	用于非周期性的、自然发生的、数量很少的信息传输	具有数据保证传输,在必要时可以重试
批传输	单向传输		高速器件:8/16/32/64 B	只要总线空闲就可以传输数据	用于大量的对时间没有要求的数据传输	具有数据传输保证,在必要时可以重试以保证数据的准确

3.1.5 USB 总线协议

USB 协议层反映了 USB 主机与 USB 设备进行交互时的语言结构和规则。所有总线操作都可以归结为三种包的传输。任何操作都是从主机开始的,主机以预先排好的时序,发出一个描述操作类型、方向、外设地址以及端点号的包,我们称之为令牌包(token packet)。然后在令牌中指定的数据发送者发出一个数据包或者指出它没有数据可以传输。而数据的目的地一般要以一个确认包(handshake packet)作出响应以表明传输是否成功。为了更好地理解协议,首先介绍一下构成 USB 语言的区和包。

1. 区的类型

同步区(SYNC field):所有的包都起始于 SYNC 区,它被用于本地时钟与输入信号的同步,并且在长度上定义为 8 位。SYNC 的最后两位作为一个记号表明 PID 区(标识区)的开始。

标识区(packet identifier field):对于每个包,PID 都是紧跟着 SYNC 的,PID 指明了包的类型及其格式。主机和所有的外设都必须对接收到的 PID 进行解码。如果出现错误或者解码为未定义的值,那么这个包就会被接收者所忽略。如果外设接收到一个 PID,它所指明的操作类型或者方向不被支持,外设将不作出响应。

地址区(address field):外设端点都是由地址域指明的。它包括两个子区:外设地址和外设端点。外设必须解读这两个区,其中有任何一个不匹配,这个令牌就会被忽略。外设地址区(ADDR)指定了外设的存在,它根据 PID 所说明的令牌的类型,指明了外设是数据包的发送者或接收者。ADDR 共 7 位,因此最多可以有 127 个地址。一旦外设被复位或上电,外设的地址被缺省为 0,这时必须在主机检测过程中被赋予一个唯一的地址。而 0 地址只能用于缺省值,而不能分配作一般的地址。端点区(ENDP)有 4 位,它使设备可以拥有几个子通道。所有的设备必须支持一个控制端点 0(endpoint 0)。低速的设备最多支持 2 个端点:0 和一个附加端点。高速设备可以支持最多 16 个端点。

帧号区(frame number field):这是一个 11 位的区,指明了目前帧的排号,每过一帧(1ms)这个域的值加 1,到达最大值 XFF 后返回 0。这个域只存在于每帧开始时的 SOF 令牌中。SOF 令牌在下面将详细介绍。

数据区(data field):范围是 0 ~ 1023 B,而且必须是整数个字节。

CRC 校验:包括令牌校验和数据校验。

2. 包的类型

令牌包(token packet):包括 IN(输入)、OUT(输出)、SETUP(设置)和 SOF(start of frame,帧起始)四种类型。其中 IN、OUT、SETUP 的格式如图 3.9 所示。

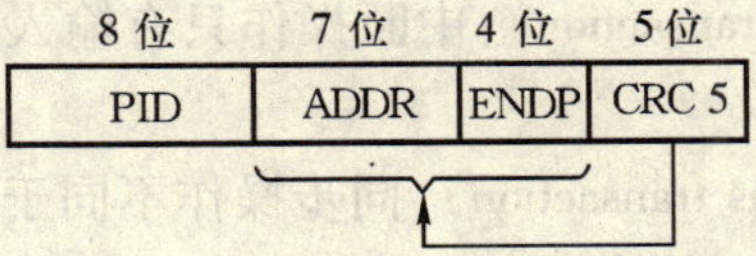

图 3.9　IN、OUT、SETUP 数据格式

对于 OUT 和 SETUP 来说,ADDR 和 ENDP 中所指明的端点将接收到主机发出的数据包,而对 IN 来说,所指定的端点将输出一个数据包。

Token 和 SOF 在 3 个字节的时间内以一个 EOP(end of packet)结束。如果一个包被解码为 Token 包,但是并没有在 3 个字节时间内以 EOP 结束,它就会被看作非法或被忽略。

对于 SOF 包,主机以一定的速率(1 ms ± 0.05 ms 一次)发送 SOF 包。SOF 不引起任何操作。

数据包(data packet):包括 Data0 和 Data1 两种类型。这两种包的定义是为了支持数据触发同步。数据包包含了 PID、DATA 和 CRC 三个区(见图 3.10)。

应答包(handshake packet):仅包含一个 PID 域(见图 3.11)。用来报告数据传输的状态。只有支持流控制的传输类型(控制、中断和批传输)才能返回应答包。

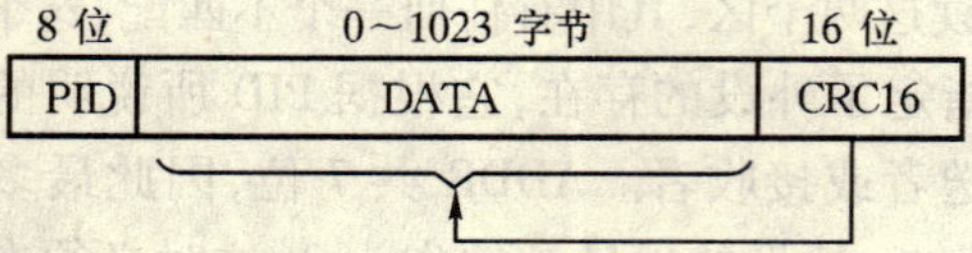

图 3.10　DATA 数据格式

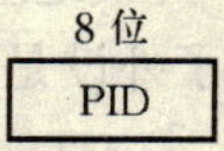

图 3.11　PID 数据格式

应答包有三种类型:①确认包 ACK:表明数据接收成功。②无效包 NAK:指出设备暂时不能传送或接收数据,但无需主机介入,可以解释成设备忙。③出错包 STALL:指出设备不能传送或接收数据,但需要主机介入才能恢复。

3. 总线操作格式

批操作:批操作包括令牌、数据、应答三个阶段。对于输入操作,如果设备不能返回数据,那么必须发出 NAK 或 STALL 包;对于输出,如果设备不能接收数据,也要返回 NAK 或 STALL。

控制操作(control transaction):控制操作主要包括两个操作阶段(transaction stage):设置和状态。如果数据没有正确接收,那么设备就会忽略它,而且不返回应答包。

中断操作(interrupt transaction):中断操作只有输入这一个方向,具体格式与批操作的输入情形类似。

同步操作(isochronous transaction):同步操作不同于其他类型,只包含两个阶段:令牌和数据。因为同步传输不支持重发的能力,所以没有应答阶段。另外它也不支持数据的触发同步与重试。

4. 数据触发同步与重试

USB 提供了保证数据序列同步的机制,这一机制确保了数据传输的准确性。这一同步过程是通过 Data0 和 Data1 的 PID 以及发送者与接收者上的数据触发序列位来实现的。接收者的序列位只有当接收到一个正确的数据包时(包括正确的 PID)才能被触发。而发送者的序列位只有当接收到确认包 ACK 时才能被触发。在总线传输的开始,发送者与接收者的序列位必须一致,这是由控制命令来实现的。同步传输方式不支持数据触发同步。

每次总线操作,接收者将发送者的序列位(被译码成数据包 PID 的一位,即 Data0 或 Data1)与本身的相比较。如果数据不能接收,则必须发送 NAK。如果数据可以被接收,并且两者的序列位匹配,则该数据被接收并且发送 ACK,同时,接收者的序列位被触发。如果数据可以被接收,但两者的序列位不匹配,则接收者只发出 ACK 而不进行其它操作。对于发送者来说,在接收到 NAK 时或在规定时间内没有接收到 ACK，则将上一次的数据重发。

5. 低速操作

Hub 具有禁止高速信号进入低速设备的能力，这既防止了电磁干扰的发生，又保护了低速设备。

所有下行的低速传输的包，必须先发送一个 PRE 包。Hub 必须解释 PRE 包，而所有其它的 USB 设备必须忽略这个包。主机在发送完 PRE 包后，必须等待至少 4 位的时间，而在这个期间，Hub 完成必要的设置，使之能接收低速的信号。在接收到 EOP 信号之后，Hub 关闭低速设备的端口。上行的操作则没有上述的行为，低速与高速是一样的。

低速操作还有其它的限制：①数据包最大限制为 8 个字节；②只支持中断和控制传输方式。

3.1.6 USB 接口器件介绍

USB 控制器有两种类型：一种是纯粹的 USB 接口芯片，仅处理 USB 通信，如 PHILIPS 的 PDIUSBD11（I^2C 接口）、PDIUSBD12（并行接口）、national semiconductor 的 USBN9604 等。另一种是将 MCU 也集成在芯片里面，如 Intel 的 8X930AX、CYPRESS 的 EZ－USB、SIEMENS 的 C541U 等产品。前一种类型是一个芯片与 MCU 接口实现 USB 通信功能，因此成本较低，可靠性高。后一种由于开发时需要单独的开发系统，开发成本较高。

现在许多带有 USB 接口的单片机也被开发出来，并得到了广泛的应用。例如美国 Silicon Lab 公司的 C8051F32X、C8051F34X 系列单片机，被大量地用于各种 USB 接口设备。

1. USBN9604 特性

USBN9604 是一款性能优良的 USB 控制器，它和 MCU 相结合，构成一个 USB 接口。MCU 的选择范围很广，允许使用现存的体系结构并使投资减到最小。USBN9604 符合 USB1.1 规范，能适应大多数设备规范设计的要求，其特性如下：

◆符合 USB 1.1 协议规范；

◆集成了 SIE 串行接口引擎、FIFO 存储器、USB 收发器和电压调整器；

◆与微处理器有 8 位并行接口，可工作在两种模式：非多路模式和多路模式（Intel 兼容）；

◆允许使用微程序模式；

◆3 种 DMA 操作模式，方便块传输和同步传输；

◆集成了 64 B 的多配置 FIFO 存储器；

◆很低的待机电流，低的 EMI 性能；

◆可通过软件控制 USB 总线连接；

◆支持 24 MHz 晶振，内部可支持到 48 MHz 晶振；

◆时钟频率输出可编程；

◆具有内部上电复位和低电压复位电路；

◆双电压工作：3.3 V 或 5 V 电压范围。

USBN9604 由下面几个部分组成：

①收发器：通过终端电阻与 USB 电缆接口，完成信号的输入输出。

②串行接口引擎：SIE 实现 USB 协议层。它由 4 个硬件模块构成：MAC、PHY、位时钟恢复和 USB 事件检测模块。这些模块完成以下功能：同步模式识别、位填充/不填充、CRC 产生和校验、位时钟恢复、PID 检测、地址识别以及握手鉴定等。

③PLL 锁相环：片上集成 2 个 6～48 MHz 的倍频 PLL（锁相环）。

④电压调整器：1 个 3.3 V 电压调整器为模拟收发器供电，也提供连接到外部 1.5 kΩ 上拉电阻的输出电压。

⑤端口控制缓冲（EPC）FIFOS：负责数据包的接收和发送处理以及与 DMA 和 MCU 的接口（并口或串口）。并行接口容易使用、速度快，把 USBN9604 看成是一个有 8 位数据总线和 1 位地址线的存储设备后，就能直接与 MCU 接口。USBN9604 支持多路复用和非多路复用的地址和数据总线；与 DMA 接口有标准模式、自动模式和自动数据传送模式。

USBN9604 的内部框图如图 3.12 所示。

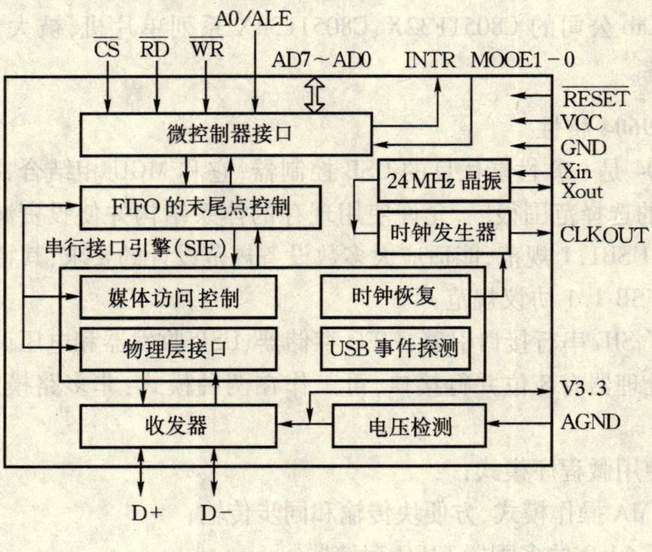

图 3.12　USB 接口框图

2. ISP1581

ISP1581是一种费用低功能强的通用串行总线接口器件,完全遵从通用串行总线规范2.0版本(universal serial bus (USB) Rev2.0)。它给基于微控制器或微处理器的系统提供高速的USB通信能力。ISP1581经过一个高速通用平行接口与微控制器或微处理器系统沟通。

ISP1581支持USB2.0系统的自动探测行为。它也可以向下兼容USB1.1规范,以较低的速度保持操作。它被设计为一个通用的总线接口器件,以便它能适用于现有的各类设备,诸如图像类设备、USB移动硬盘和其他存储设备、通信设备、打印机和人机接口设备。

内部的通用DMA块允许方便的数据流应用。另外DMA块的不同配置可以被剪裁用于大块数据存储。

实现一个设备的USB接口的标准方法,允许设计者在广泛的、具多样性的系统微控制器中选择最合适的。可重新使用现有结构和固件投资,缩短开发时间,排除风险而且减少费用,获得快速有效的、开发成本效益最好的USB外围设备解决方案。

ISP1581可以完美地适用于许多类型的外围设备,诸如打印机、扫描仪、磁光设备(MO)、CD光驱(激光唱碟)、数字化视频光驱(DVD)、数码相机、USB总线到以太网的联接、电缆和数传调制解调器等。在挂起时的低功耗模式允许方便地设计适用于ACPI™、OnNow™的设备和对USB电源管理的需求。

ISP1581也合并特征,诸如软连接(soft connect)、减少晶振频率和整合的终端电阻。这些特征对于在系统设计中节省费用和方便的实现先进的USB功能,进入个人计算机外围设备有重要意义。

ISP1581特点如下:

◆完全遵从USB2.0规范;

◆遵从大多数的设备规范;

◆是一个高性能的USB接口设备,带有完整的串行接口引擎(SIE)、FIFO存储器、数据收发器和3.3 V电压调整器;

◆支持自动的USB2.0模式检测和USB1.1向下兼容模式;

◆支持高速直接存储器存取接口DMA;

◆完全自治的和多种配置的DMA操作;

◆高达14个可编程的USB终端和2个固定的IN/OUT控制器;

◆完整的8 KB多结构FIFO存储器;

◆终端双缓冲可方便地增强实时数据的传输;

◆带有大多数的微控制器/微处理器的独立总线接口(16 MB/s或16 Mwords/s);

◆带有低功耗和挂起时低电流的电源管理能力;

◆使用 12MHz 晶振,带有完整的锁相环(PLL)以减少电磁干扰(EMI);

◆软件控制和 USB 总线的连接(soft connect);

◆适用于 ACPI、OnNow 和 USB 总线的电源管理需求;

◆内置电源开启和低电压复位电路,也支持软件复位;

◆允许超过扩展的 USB 总线电压范围(4.0 ~ 5.5 V)标准 5 V 范围的 I/O 耐受能力;

◆工作温度范围, -40 ~ +85 ℃;

◆在人易于接近的引线像 D+ 和 D- 上有 12 kV 在线的 ESD 保护;

◆带有高故障覆盖的全扫描设计,故障覆盖率大于 99%;

◆可用封装为 LQFP64。

3. IEEE1394 介绍

还有一种快速的串行通信接口标准 IEEE1394,类似于 USB2.0,是一种高性能的外部串行总线标准,标准的 1394 接口可以同时传送数字视频信号以及数字音频信号,相对于模拟视频接口,1394 技术在采集和回录过程中没有任何信号的损失,十分适合视频影像的传输,被广泛用于数字视频设备 DVD,DVD 不使用 USB 的一个原因在于 1394 是集成了网络接口协议的一种网络传输方式,每一个 1394 的客户端都可以直接通讯(是作为 PC 定义的),而 USB 只是为了简单的数据传输准备的,所以需要单独的芯片才可以网络化,所以 DVD 一般使用 1394 作为流媒体的传输载体。IEEE1394 的主要性能特点如下:

◆采用级联方式连接各个外部设备。该接口在一个端口上最多可以连接 63 个设备,设备间采用树形或菊花链结构。设备间电缆的最大长度是 4.5 m。采用树形结构时可达 16 层,从主机到最末端外设总长可达 72 m。

◆能够向被连接的设备提供电源。IEEE1394 的连接电缆(cable)中共有 6 条芯线,其中两条为电源线,可向被连接的设备提供电源,其他四条线被包装成两对双绞线,用来传输信号。电源电压范围直流 8 ~ 40 V,最大电流 1.5 A。像数码相机之类的低功耗设备可以直接由总线供电,不必再由外部供电。

◆采用基于内存的地址编码,具有高速传输能力。总线采用 64 位的地址宽度(16 位网络 ID,6 位节点 ID,48 位内存地址),将资源看作寄存器和内存单元,可以按照 CPU 与内存间的传输速率进行读写操作,因此传输速率很高,IEEE1394A 的传输速度最高可达 400 Mb/s,IEEE1394B 的传输速度最高可达 800 Mb/s。因此适用于各种高速设备。

◆采用点对点结构。任何两个支持 IEEE1394 的设备可以直接连接,不需要通过电脑控制。

◆安装方便且容易使用。允许热插拔,不必关机即可随时动态配置外部设备,增加或拆除外部设备后,会自动调整结构,重设整个外设网络状态。

IEEE1394 可以同时提供同步(synchronous)和异步(asynchronous)数据传输方式,同步方式用于实时性的任务,异步方式用于将数据传送到特定的地址。这一标准的协议称为等时同步(isosynchronous)。使用该协议的设备可以从 1394 连接中获得必要的带宽。其余的带宽,可以用于异步数据传输,异步数据传输过程并不保留同步传输所需的带宽。这种处理方式使得两种传输方式各得其所,可以在同一传输介质上可靠的传输音频、视频和计算机数据。

IEEE1394 和 USB 在功能和设计思想上有许多相似的地方,但是由于 USB 接口相对要简单得多,因此 USB 接口被迅速地推广到几乎所有需要快速数据传输的设备上。

3.2 RS-232C 接口

通信接口 RS-232C 标准的全称是 EIA-RS-232C 标准(electronic industrial associate-recommended standard-232C)是美国 EIA(电子工业联合会)与 BELL 等公司一起开发的于 1969 年公布的通信协议。它是一种用来连接计算机数据终端设备 DTE(data terminal equipment)和数据通信设备 DCE(data communication equipment)的外部总线标准。DCE 的任务是数据信号的变换和控制,在发送端,把信号转换为模拟信号(调制);在接收端,把模拟信号转换为数字信号(解调)。这个标准对串行通信接口的有关问题,如信号线功能、电气特性都作了明确规定。由于通信设备厂商都生产与 RS-232C 制式兼容的通信设备,因此,它作为一种标准,在微机串行通信接口中广泛采用。在加装了调制解调器(MODEM)的情况下,这种通信可以通过电话线传输数据,并且可以传送很远的距离(数千公里,即理论上电话线能到达的任何地方)。但是如果没有 MODEM,就只能传递十几米远。这种通信方式在远距离大于等于 1000 m,使用 MODEM 和近距离通信小于等于 15 m,不用 MODEM 中被广泛使用。在需要近距离或远距离通信的智能仪器中,这种通信方式是较常采用的方式之一。关于 MODEM 通信技术,详见其他专业书籍。

在讨论 RS-232C 接口标准的内容之前,先说明两点。

首先,RS-232C 标准最初是为远程通信连接数据终端设备 DTE 与数据通信设备 DCE 而制定的。因此这个标准的制订,并未考虑到计算机系统的要求。但后来它又广泛地被用于计算机(更准确地说,是计算机接口)与终端外设之间的近端连接标准。很显然,这个标准的有些规定及定义和计算机系统是不一致的,甚至是矛盾的。有了这种背景的了解,我们对 RS-232C 标准与计算机不兼容的地方就不难理解了。

其次,RS-232C 标准中所提到的“发送”和“接收”,都是站在 DTE 的立场上,而不是站在 DCE 的立场来定义。由于在计算机系统中,往往是 CPU 和 I/O 设备之间传送信息,两者都是 DTE,因此双方都能发送和接收。

3.2.1　RS－232C 传递信息的格式标准

RS－232C 按串行方式传送数据,其数据格式见图 3.13。该标准对所传递的信息规定如下:信息的开始为起始位;信息的结尾为停止位,它可以是一位、一位半或两位。信息的本身是 8 位再加一位奇偶校验位。如果两个信息间无信息,则应写"1",表示空。

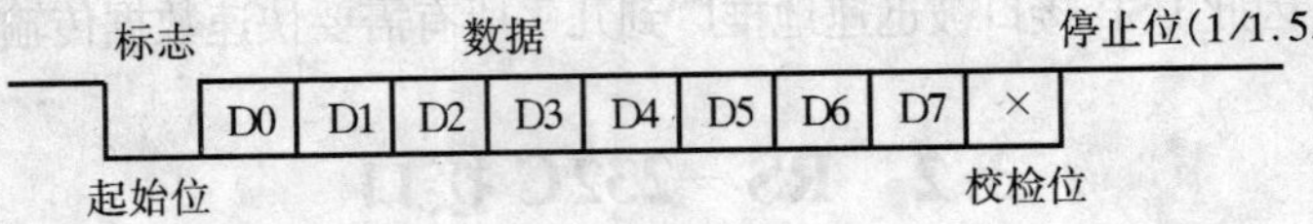

图 3.13　EIA－RS－232C 串行数据格式

RS－232C 传送的波特率(b/s)规定为 115 200,1M,57 600,38 400,19 200,9 600,4 800,2 400,1 200,600,300,150,75,50。RS－232C 的传送距离一般都不超过 15 m。

3.2.2　RS－232C 标准的信号线定义

EIA－RS－232C 标准规定了在串行通信中,数据终端设备 DTE 和数据通信设备 DCE 之间的接口信号。表 3.2 给出了 RS－232C 信号的名称、引脚号及功能。表中的数据终端为计算机,数据通信设备为 MODEM。

由表中可以看出,RS－232C 标准为主信道和辅信道共分配了 25 根线,其中辅信道的信号线,几乎没有使用,而主信道的信号线有 9 根(表中打 * 号者),它们才是远距离串行通信接口标准中的基本信号线。

表 3.2　RS－232C 接口信号线

引脚号	信号名	缩写名	方向与功能说明
1	保护地	PG	无方向设备地
2	发送数据 *	TxD	计算机→MODEM 计算机给 MODEM 发送串行数据
3	接收数据 *	RxD	计算机←MODEM 计算机接收 MODEM 传来的串行数据
4	请求发送 *	RTS	计算机→MODEM 计算机请求通信设备切换到发送方向,高电平有效

续表 3.2

引脚号	信号名	缩写名	方向与功能说明
5	清除发送 *	CTS	计算机←MODEM MODEM 给计算机的允许发送信号，高电平有效
6	数传机就绪 *	DSR	计算机←MODEM MODEM 准备就绪，给计算机发出的设备可用信号，高电平有效
7	信号地 *	SG	无方向信号地，所有信号公共地
8	数据载波检出	DCD	计算机←MODEM 通信链路的载波信号已经建立，可以发送数据，高电平有效，在通信线接好期间一直有效
	（接收信号检出）*	（RLSD）	
9	未定义		
10	未定义		
11	未定义		
12	辅信道接收线信号检测		
13	辅信道的清除发送		
14	辅信道的发送数据		
15	发送器定时时钟（DCE 源）		
16	辅信道的接收数据		
17	接收器定时时钟		
18	未定义		
19	辅信道的请求发送		
20	数据终端就绪 *	DTR	DTE→DCE 终端设备就绪，设备可用
21	信号质量测定器		
22	振铃指示器 *	RI	DTE←DCE 通信设备通知终端，通信链路有振铃
23	数据信号速率选择器 DTE 源/DCE 源		
24	发送器定时时钟（DTE 源）		
25	未定义		

2 号线，发送数据（transmitted data——TxD），通过 TxD 线将串行数据发送到 MODEM。

3 号线，接收数据（received data——RxD），通过 RxD 线接收从 MODEM 发来的串行数据。

4 号线，请求发送（request to send——RTS），高电平有效，用来表示 DTE 请求 DCE 发送数据，即当终端要发送数据时，使该信号有效，向 MODEM 请求发送。它用来控制 MODEM 是否要进入发送状态。

5 号线，清除发送（clear to send——CTS），高电平有效，用来表示 DCE 准备好接收 DTE 发来的数据，是对请求发送信号 RTS 的响应信号。当 MODEM 已准备好接收终端传来的数据，并准备向外发送时，使该信号有效，通知终端开始沿发送数据线 TxD 发送数据。

RTS/CTS 请求应答联络信号是用于半双工采用 MODEM 的系统中作发送方式和接收方式之间的切换。在全双工系统中，因配置双向通道，故不需 RTS/CTS 联络信号。

6 号线，数传机就绪（data set ready——DSR），高电平有效，表明 MODEM 处于可以使用的状态。

7 号线，信号地线（signal croud——SG），无方向。

8 号线，数据载体检出（data carrier detection——DCD），高电平有效，用来表示 DCE 已接通通信链路，告知 DTE 准备接收数据。当本地的 MODEM 收到由通信链路另一端（远地）的 MODEM 送来的载波信号时，使 DCD 信号有效，通知终端准备接收，并且由 MODEM 将接收下来的载波信号解调成数字量数据后，沿接收数据线 RxD 送到终端。

20 号线，数据终端就绪（data terminal ready——DTR），高电平有效，表明数据终端可以使用。

DTR 和 DSR 这两个信号有时连到电源上，一上电就立即有效。目前有些 RS-232C 接口甚至省去了用以指示设备是否准备好的这类信号，认为设备是始终都准备好的。可见这两个设备状态信号有效，只表示设备本身可用，并不说明通信链路可以开始进行通信了。

22 号线，振铃指示（ringing. indicator——RI），高电平有效，当 MODEM 收到交换台送来的振铃呼叫信号时，使该信号有效，通知终端，已被呼叫。

上述控制信号线何时有效，何时无效的顺序表示了接口信号的传送过程。例如，只有当 DSR 和 DTR 都处于有效（ON）状态时，才能在 DTE 和 DCE 之间进行传送操作。若 DTE 要发送数据，则预先将 RTS 线置成有效状态，等 CTS 线上收到有效状态的回答后，才能在 TxD 线上发送串行数据。这种顺序的规定对半双工的通信线路特别有用,因为半双工的通信线路进行双向传送时,有一个换向问题,只有当收到 DCE 的 CTS 线为有效状态后,才能确定 DCE 已由接收方向改为发送方向了,这时线路才能开始发送。远距离与近距离通信时,所使用的信号线是不同的。所谓近距离是指传输距离少于 15 m 的通信,在 15 m 以上的远距离通信时,一般要加调制解调器 MODEM,故所使用的信号线较多。

3.2.3　信号线的连接和使用

(1)远距离通信时,与近距离通信时所使用的信号线是不同的。所谓近距离是指传输距离小于 15 m 的通信。在 15 m 以上一般要加调制解调器 MODEM,故所使用的信号线较多。此时,若在通信双方的 MODEM 之间采用专用电话线进行通信,则只要使用 2 ~8 号信号线进行联络与控制,如图 3.14 所示。若在双方 MODEM 之间采用普通电话线进行通信,则还要增加 RI(22 号线)和 DTR(20 号线)两个信号线进行联络,如图 3.15 所示。

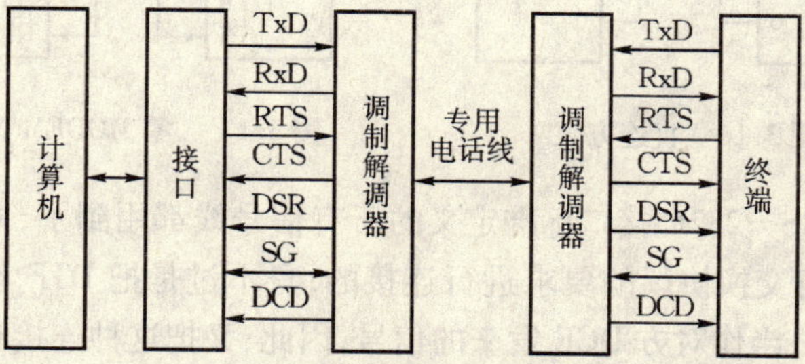

图 3.14　采用 MOMDEM 和专用线通信时信号线的连接

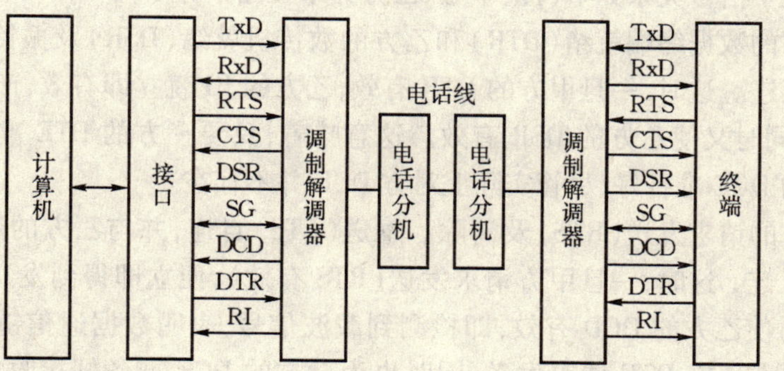

图 3.15　采用 MODEM 和电话网通信时信号线的连接

(2)近距离通信时,不采用调制解调器 MODEM(称为零 MODEM 方式),通信双方可以直接连接。这种情况下只需使用少数几根信号线。最简单的情况,在通信中根本不要 RS－232C 的控制联络信号，只需使用 3 根线（发送线 TxD、接收线 RxD、信号地线 SG）便可实现全双工异步通信，如图 3.16 所示。图中 2 号线和 3 号线交叉连接是因为在直连方式时，把通信双方都看作数据终端，双方都可发送也可接收。在这种方式下，通信双方的任何一方，只要请求发送 RTS 有效和数据终端准备好，DTR 有效就能开始发送和接收。如果想在直连时，而又考虑 RS－232 的联络控制信号，则采用零 MODEM 方式的标准连接方法，其通信双方信号线的安排如图 3.17 所示。

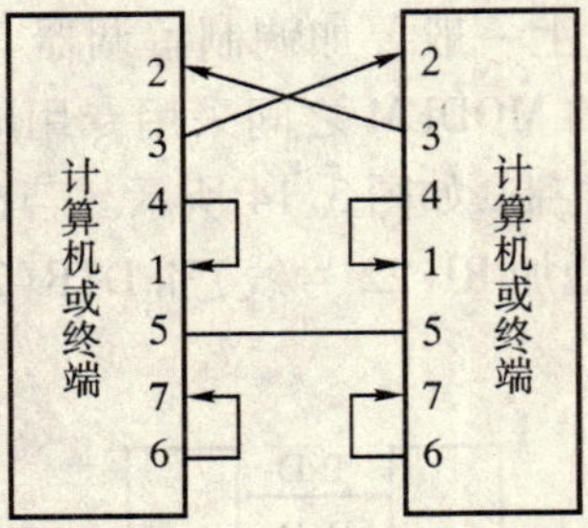

图 3.16　直连方式

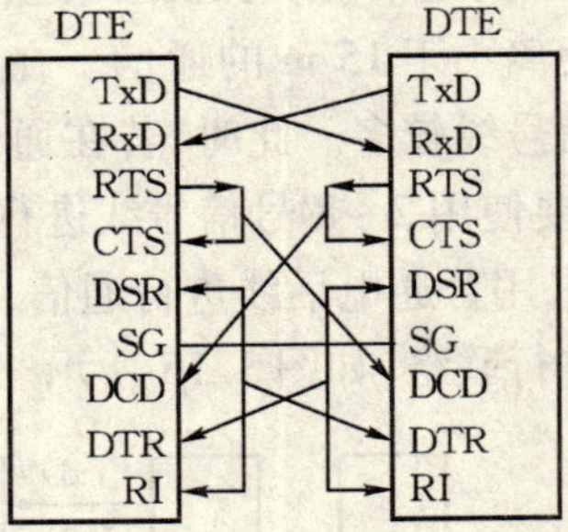

图 3.17　零 MODEM 方式

可以看出，RS－232C 接口标准定义的所有信号线都用到了，并且是按照 DTE 和 DCE 之间信息交换协议的要求进行连接的，只不过是把 DTE 本身的信号线回送过来进行自连，当作对方 DCE 发来的信号，因此，又把这种连接称为双交叉回环接口。

双方握手信号关系如下（注：甲方、乙方并未在图中标出）：

◆甲方的数据终端就绪（DTR）和乙方的数传机就绪（DSR）及振铃信号（R1）两个信号互连。这时，一旦甲方的 DTR 有效，乙方的 RI 就立即有效，产生呼叫，并应答响应，同时又使乙方的 DSR 有效。这意味着，只要一方的 DTE 准备好，便同时为对方的 DCE 准备好，尽管实际上对方 DCE 并不存在。

◆甲方的请求发送（RTS）及清除。发送（CTS）自连，并与乙方的数据载波检出（DCD）互连，这时，一旦甲方请求发送（RTS 有效），便立即得到发送允许（RTS 有效），同时使乙方的 DCD 有效，即检测到载波信号，表明数据通信链路已接通。这意味着只在一方 DTE 请求发送，同时也为对方的 DCE 准备好接收（即允许发送），尽管实际上对方 DCE 并不存在。

◆双方的发送数据（TxD）和接收数据（RxD）互连，这意味着双方都是数据终端设备（DTE），只要上述的握手关系一经建立，双方即可进行全双工传输或半双工传输。

3.2.4　RS－232C 电气特性

RS－232C 对电气特性、逻辑电平都作了规定。

(1)在 TxD 和 RxD 数据线上：

逻辑 1(MARK) = －3 ~ －15 V；逻辑 0(SPACE) = +3 ~ +15 V

(2)在 RTS、CTS、DSR、DTR、DCD 等控制线上：

信号有效(接通,ON 状态,正电压) = +3 ~ +15 V

信号无效(断开,OFF 状态,负电压) = －3 ~ －15 V

以上规定说明了 RS－232C 标准对逻辑电平的定义。对于数据(信息码):逻辑“1”(传号)的电平低于－3 V,逻辑“0”(空号)的电平高于+3 V;对于控制信号:接通状态(ON)即信号有效的电平高于+3 V,断开状态(OFF)即信号无效的电平低于－3 V,也就是当传输电平的绝对值大于3 V时,电路可以有效地检查出来,介于－3 V和+3 V之间的电压无意义,因此,实际工作时,应保证电平在±(3~15) V之间。

(3)EIA－RS－232C 与 TTL 的电平转换

很明显,EIA－RS－232C 是用正负电压来表示逻辑状态,与 TTL 以高低电平表示逻辑状态的规定不同。因此,为了能够同计算机接口或终端的 TTL 器件连接,必须在 EIA－RS－232C 与 TTL 电路之间进行电平和逻辑关系的变换。实现这种变换的方法可用分立元件,也可用集成电路芯片。现在计算机中有些已经将这些电路集成到电路板的芯片组中了。在以前制造的计算机主板中,广泛地使用集成电路转换器件,如 MC1488、SN75150 等芯片,完成 TTL 电平到 EIA 电平的转换,而 MC1489、SN75154 芯片可实现 EIA 电平到 TTL 电平的转换。有些主板上使用 ICL232、MAX232 等芯片,可完成 TTL←→EIA 双向电平转换,图 3.18 给出了 MCl488 和 MCl489 的内部结构和引脚。

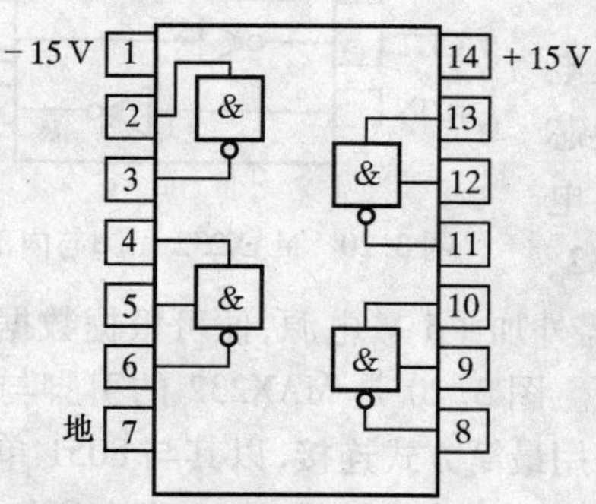

(a) MC1488

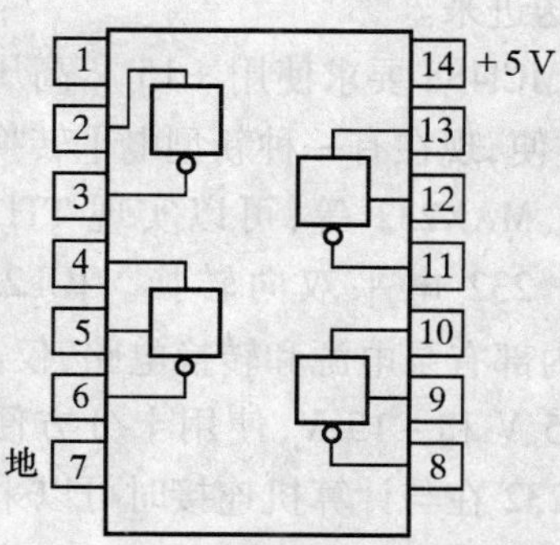

(b) MC1489

图 3.18　MC1488 与 MC1489 结构与引脚图

MCl488 的引脚 2,4,5,9,10,12,13 脚接 TTL 输入。引脚 3,6,8,11 为输出端,接 EIA－RS－232C。MCl489 的 1,4,10,13 脚接 EIA 输入,而 3,6,8,11 脚为输出端,接 TTL 电路。具体连接方法如图 3.19 所示。

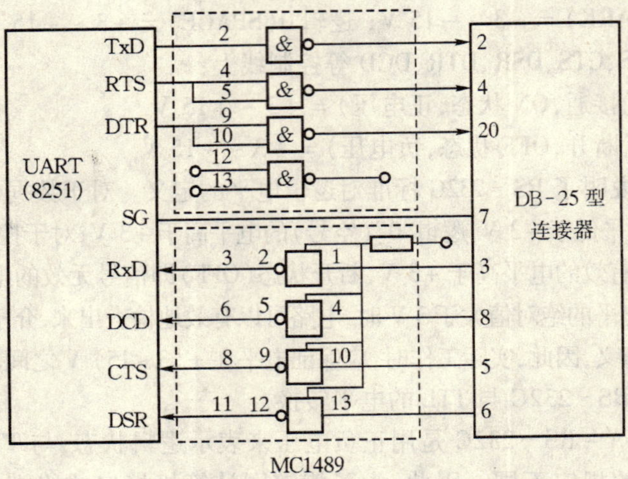

图 3.19　EIA－RS－232C 电平转换器连接图

图 3.19 中左边是微机串行接口电路中的主芯片 UART,它是 TTL 器件,右边是 EIA－RS－232C 连接器,要求 EIA 电压。因此,RS－232C 所有的输出、输入信号线都要分别经过 MCl488 和 MCl489 转换器,进行电平转换后才能送到连接器上去或从连接器上送进来。

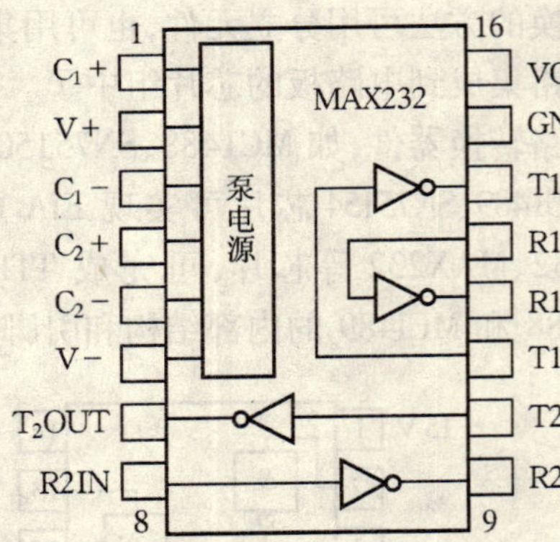

图 3.20　MAX232 引脚与内部结构

由于 MCl488 要求使用 ±15 V 高压电源,不太方便,现在有一种新型电平转换芯片 ICL232、MAX232 等,可以实现 TTL 电平与 RS－232 电平双向转换。ICL232、MAX232 内部有泵电源和转换电路,仅需外加 +5 V 电源,便可根据数据为 0 还是 1 输出 +15 V 和 −15 V,使用十分方便。图 3.20 是 MAX232 的引脚与内部结构图。MAX232 在与计算机连接时可以采用最简方式连接,以其与 8051 单片机的接口电路为例,见图 3.21。图中 232 芯片的口线名称比图 3.20 中有所简化,232 的 T1I 与 8051 的串行输出口线 TX 相连,R1O 与 8051 的 RX 相连,MAX232 的 T1O、R1I 分别与另一系统的 RX、TX 相连,两个系统的地线直接相连。MAX232 泵电源引脚必须接 0.1 μf 电容,如图 3.21 中 C1、C2、C3、C4(104 即 0.1 μf)。

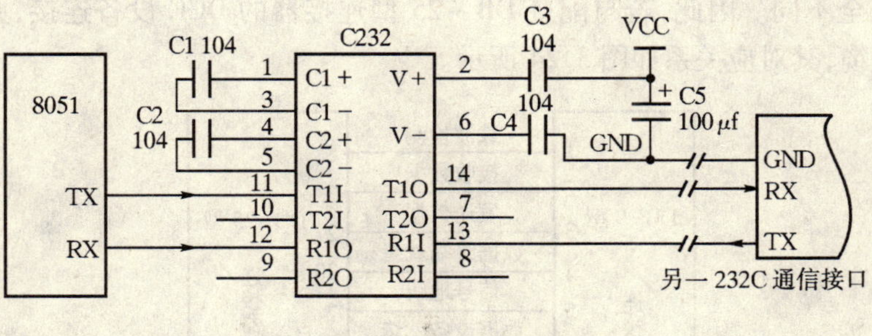

图 3.21　MAX232 芯片与 8051 的连接

3.2.5　机械特性

(1)连接器

由于 RS－232 并未定义连接器的物理特性,因此,转换器出现了 DB－25 和 DB－9型两种类型的连接器,其引脚的定义也各不相同,使用时要注意。下面介绍两种连接器。

①DB－25 型连接器。虽然 RS－232 标准定义了 25 根信号,但实际进行异步通信时,只需 9 个信号:2 个数据信号、6 个控制信号、1 个信号地线。

由于早期 PC 微机除了支持 EIA 电压接口外还支持 20mA 电流环接口,另需 4 个电流信号,故它们采用 DB－25 型连接器,作为 DTE 与 DCE 之间通信电缆连接。DB－25 型连接器的外型及信号分配如图 3.22 所示。

②DB－9 型连接器。由于 286 以上微机串行口取消了电流环接口,故采用 DB－9型连接器,作为多功能 I/O 卡或主板上 COM1 和 COM2 两个串行口的连接器,其引脚及信号分配如图 3.23 所示。

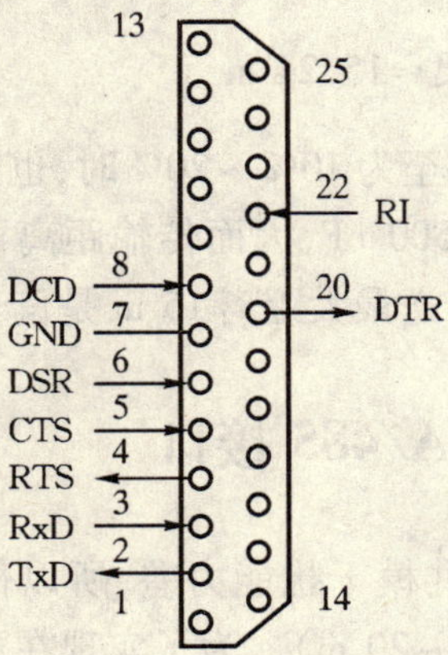

图 3.22　DB－25 型连接器

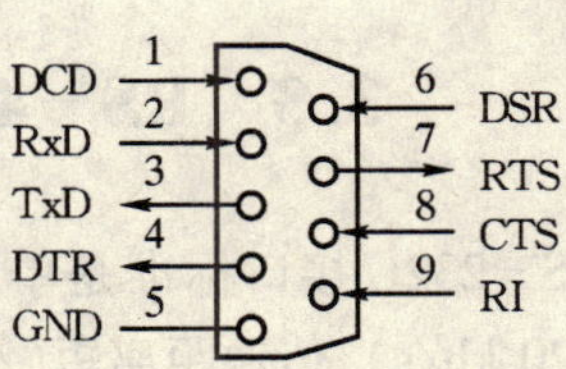

图 3.23　DB－9 型连接器

从图 3.22 和图 3.23 可知，DB－9 型连接器的引脚信号分配与 DB－25 型引脚信号完全不同。因此，若与配接 DB－25 型连接器的 DCE 设备连接，必须使用专门的电缆，其对应关系如图 3.24 所示。

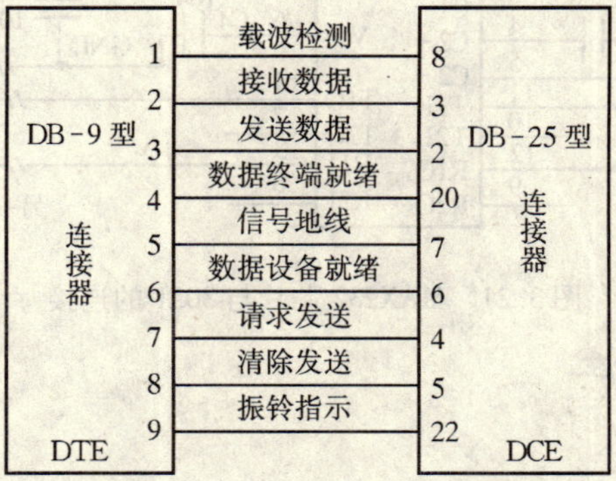

图 3.24 DB－9 型(DTE)与 DB－25 型(DCE)之间的连接

(2)电缆长度

在通信速率低于 20 kb/s 时，RS－232C 所能直接连接的最大物理距离为 15 m(50 英尺)。

(3)最大直接传输距离的说明

RS－232C 标准规定，若不使用 MODEM，在码元畸变小于 4% 的情况下，DTE 和 DCE 之间最大传输距离 15 m(50 英尺)。可见这个最大的距离是在码元畸变小于 4% 的前提下给出的。为了保证码元畸变小于 4% 的要求，接口标准在电气特性中规定，驱动器的负载电容应小于 2 500 pF。例如，采用每 0.3 m(约 1 英尺)的电容值为 40～50 pF 的普通非屏蔽多芯电缆作传输线，则传输电缆的长度，即传输距离为：

$$L=\frac{2\ 500\ \text{pF}}{50\ \text{pF/英尺}}=50\ \text{英尺}\approx 15.24\ \text{m}$$

然而，在实际应用中，码元畸变超过 4%，甚至为 10%～20% 时，也能正常传递信息，这意味着驱动器的负载电容可以超过 2 500 pF，因而传输距离可大大超过 15 m，这说明了 RS－232C 标准所规定的直接传送最大距离 15 m 是偏于保守的。

3.3 RS－423A/422A/485 接口

由于 RS－232C 接口标准是单端收发，抗共模干扰能力差，所以传输速率低(小于等于 20 kb/s)，传输距离短(小于等于 15～20 m)。为了实现在更远的距离和更高的速率上直接传输，EIA 在 RS－232C 的基础上，制定了更高性能的接口标准如 RS－423、RS－422、RS－485 接口标准。

3.3.1　RS－423A 接口

RS－423 标准总的目标是：

◆与 RS－232C 兼容，即为了执行新标准，无需改变原来采用的 RS－232C 标准的设备。

◆支持更高的传输速率。

◆支持更远的传送距离。

◆增加信号引脚数目。

◆改善接口的电气特性。

为了克服 RS－232C 的缺点，提高传送速率，增加通信距离，又考虑到与 RS－232C的兼容性，EIA（美国电子工业协会）在 1987 年提出了 RS－423A 总线标准。RS－423A 标准是“非平衡电压数字接口电路的电器标准”。该标准是一个单端的双极性电源电路标准，与 RS－232C 兼容，但对上述共地传输做了改进，采用差分接收器，该差分接收器的反相端接信号线，同相端与发送端的信号地线相连，其连接电路如图 3.25 所示。

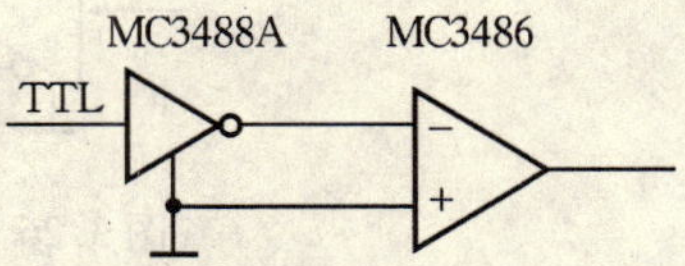

图 3.25　RS－423A 接口电路

在有电磁干扰的场合，干扰信号将同时混入两条通信线路中，产生共模干扰，而差分输入对共模干扰信号有较高的抑制作用，这样就提高了通信的可靠性。RS－423A 输出 －6 V 表示逻辑“1”，输出 +6 V 表示逻辑“0”，RS－423A 的接收器仅对差动信号敏感，当信号线与信号地线之间的电压低于 －0.2 V 时表示“1”，高于 +0.2V 时表示“0”。接收芯片可以承受 ±25 V的电压，而 RS－232C 的发送电压是小于等于 －15 V 或大于等于 +15 V，接收电压范围是小于等于 －3 V或大于等于 +3 V，因此 RS－423A 接口器件可以直接与 RS－232C 器件相接。根据使用经验，采用普通双绞线，RS－423A 线路可以在 130 m 用 100 kb/s 的波特率可靠通信。在1 200 m内，可用1 200 b/s 的波特率进行通信。后来越来越多的计算机采用了 RS－423A 标准以获得比 RS－232C 更佳的通信效果。

3.3.2　RS－422A 接口

RS－422A 是“平衡电压数字接口电路的电气特性”。RS－422A 标准是一种平衡方式传输。所谓平衡方式，是指双端发送和双端接收，传送信号要用两条线 AA′和 BB′，发送端和接收端分别采用平衡发送器（驱动器）和差分接收器如图 3.26所示。这个标准的电气特性对逻辑电平的定义是根据两条传输线之间的电位差值来决定,对接收方而言,当 AA′线的电平比 BB′线的电平高 200 mV 时表示逻辑“1”;当 AA′线的电平比 BB′线的电平低 200 mV 时表示逻辑“0”。RS-422A 接口标准的电路由发送器、平衡连接电缆、电缆终端负载和接收器组成。它通过平衡发送器把逻辑电平变换成电位差,完成始端的信息传送;通过差动接收器,把电位差变成逻辑电平,实现终端的信息接收。RS-422A 规定了双端电器接口形式,其标准是双端传送信号。发送器有两根输出线,当一条线向高电平跳变的同时,另一条输出线向低电平跳变,线之间的电压极性因此翻转过来。在 RS-422A 线路中,发送信号要用两条线,接收信号也要两条线,对于双工通信,至少要有 4 根线。由于 RS-422A 线路是完全平衡的,它比 RS-423A 有更高的可靠性,传送更快更远。一般情况下,RS-422A 线路不使用公共地线,这使得通信双方由于地电位不同而对通信线路产生的干扰减至最小。双方地电位不同产生的信号成为共模干扰会被差分接收器滤波掉,而这种干扰却能使 RS-232C 的线路产生错误。但是必须注意,由于接收器所允许的共模干扰范围是有限的,要求小于 ±25 V。因此,若双方地电位的差超过这一数值,也会使信号传送错误,或导致芯片损坏。

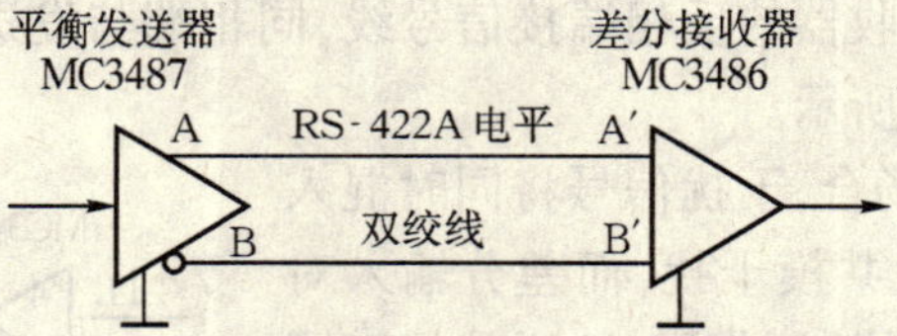

图 3.26　RS-422A 平衡输出差分输入图

当采用通信用双绞线时,RS-422A 可在 1 200 m 范围以 38 400 b/s 的波特率进行通信。在短距离(小于等于 200 m),RS-422A 的线路可以轻易地达到 200 kb/s以上的波特率,因此这种接口电路被广泛地用在计算机本地网络上。RS-422A 的输出信号线间的电压为 ±2 V,接收器的识别电压为 ±0.2 V。共模范围 ±25 V。在高速传送信号时,应该考虑到通信线路的阻抗匹配,否则会产生强烈的反射,使传送的信息发生畸变,导致通信错误。一般在接收端加终端电阻以吸收掉反射波。电阻网络也应该是平衡的,如图 3.27 所示。

为了实现 RS-422A 标准的连接,许多公司推出了平衡驱动器/接收器集成芯片,如 MC3487/3486、MAX488 ~ MAX491、SN75176 等。

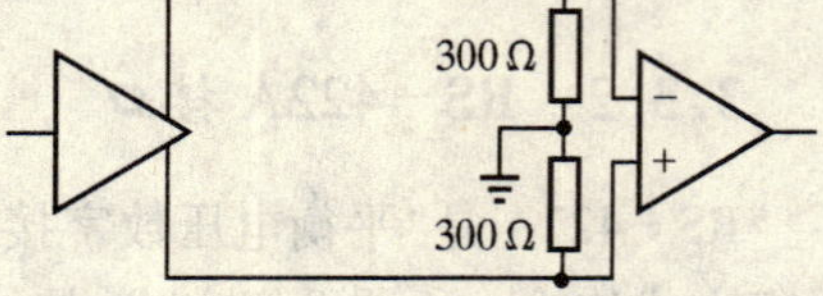

图 3.27　在接收端加终端电阻

例如,在一个远距离水位自动监测仪器中,采用 MC3487 和 MC3486 分别作为平衡发送器和差分接收器,传输线采用普通的双绞线,在零 MODE 方式下传输速率为 9 600 b/s 时,传送距离达到了 1.5 km。MC3486 和 MC3487 的连接,如图 3.28 所示。

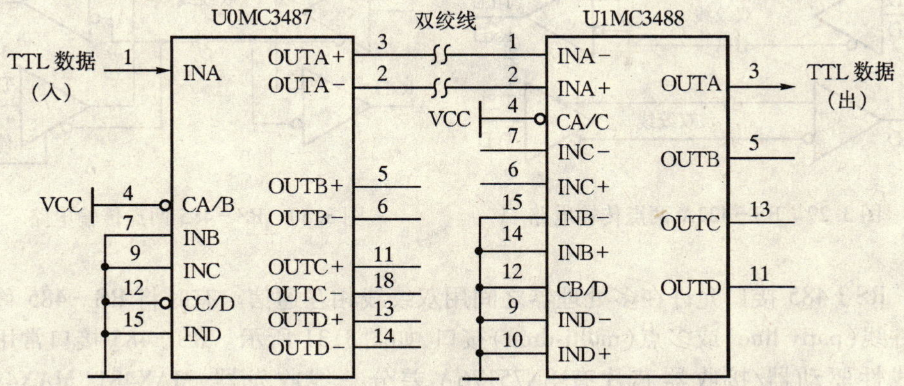

图 3.28　RS－422 平衡式接口电路

3.3.3　RS－485 接口

RS－485 接口标准与 RS－422A 标准一样,也是一种平衡传输差分接收方式的串行接口标准,它和 RS－422A 兼容,并且扩展了 RS－422A 的功能。两者主要差别是,RS－422A 标准总线上只有两个终端,而 RS－485 标准允许在电路中可有多个终端。

RS－485 是一种多发送器的电路标准,它扩展了 RS－422A 的性能,允许双绞线上一个发送器驱动 32 个负载设备。负载设备可以是被动发送器、接收器或收发器(发送器和接收器的组合)。RS－485 电路允许共用电话线通信。电路结构是在平衡连接的电缆两端有终端电阻,在平衡电缆上挂发送器、接收器或组合收发器。RS－485 没有规定在何时控制发送器发送或接收器接收数据的规则。RS－485 由两条信号电缆组成。每条连接电路必须有接大地参考点,电缆能支持 32 个发送/接收器对。为了避免地电流,每个设备一定要接地。电缆应包括连至每个设备电缆地的第三信号参考线。若用屏蔽电路,屏蔽应接到电缆设备的机壳。

RS－485 和 RS－422A 一样采用平衡差分电路进行信息传输,区别在于 RS－485 采用半双工方式,因而可采用一对平衡差分信号线来连接。在某一时刻,一个发送另一个接收,当用于多站互连时,可节省信号线,便于远距离传送。采用 RS－422A 实现两点之间远程通信时,需要两对平衡差分电路形成全双工传输电路,其连接方式如图 3.29 所示。采用 RS－485 进行两点之间远程通信时,由于任何时候只能有一点处于发送状态,因此发送电路必须由使能信号加以控制,其连接电路如图 3.30 所示。

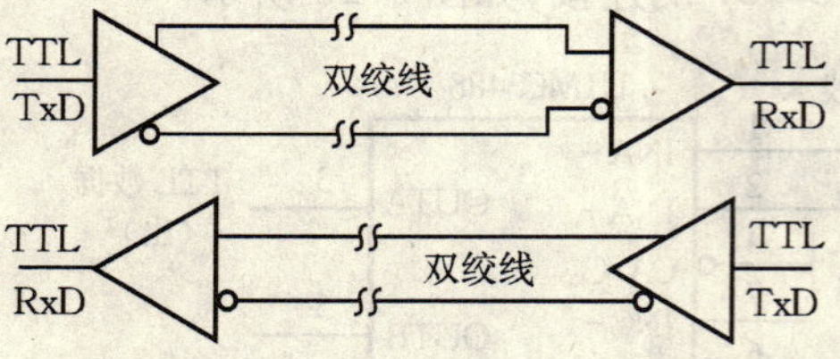

图 3.29　RS－422A 两点传输电路

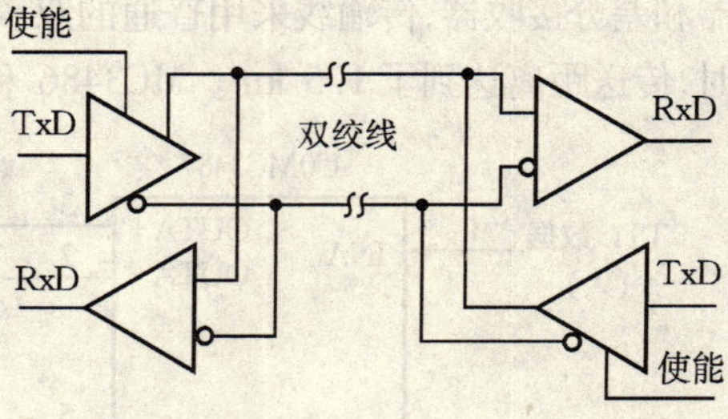

图 3.30　RS－485 两点传输电路

RS－485 接口允许在多处理器之间用双绞线相互通信。有时将 RS－485 称做部件线(party line)或多点(multi-drop)接口,如图 3.31 所示。RS－485 接口常用差分线性驱动器/接收器芯片有 SN75176A 差分总线收发器、MAX481、MAX483、MAX485、MAX487 等,其通信采用半双工通信模式,只需要一根双绞线。在 RS－485总线上的每个通信元件称为一个结点,它的通信方式一般遵循主/从协议(但不一定必须如此)。一个结点称为“主设备”,而其他结点称为“从设备”。在主/从布置中,所有的通信都在主设备与从设备之间进行,从设备之间不产生通信。RS－485 中的每一个结点都有一个唯一的结点 ID 编号,结点 0 通常分配给主设备,主设备在任意指定时刻与其中一个从设备通信。为防止线路终端反射干扰通信,须按图 3.31 中所示,给双绞线两端部接 120 Ω 电阻 R。双绞线上最多可以挂接 32 个 485 通信设备,这些设备必须顺次挂接。双绞线两端不能相接形成回环。

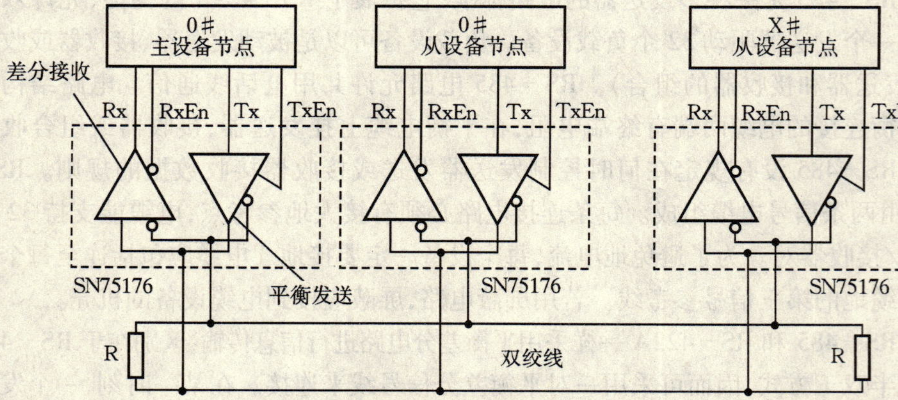

图 3.31　485 接口电路

标准的RS-485接收器的输入阻抗为12 kΩ,其总线上最多可接32个收发器,这类收发器主要有SN75176、MAX481、MAX483、MAX485等。MAXIM公司现在生产一种新的485接口芯片MAX487,输入阻抗更高,为48 kΩ,其总线上最多可挂接128个MAX487收发器。

这种连接实际上就组成了一个完整的局域网,这条双绞线在通信波特率为9 600 b/s时,能够可靠通信的长度可达1 200 m。降低波特率,还可更长。如果距离比较近,波特率可以提高很多,在近距离的局域网上使用该协议通信,其抗干扰能力、数据传输速度可以满足各种测控系统的要求。并且该通信方式的硬件成本很低,是目前中等距离(小于等于1 200 m)通信方式中造价最低的一种。因此这种通信方式广泛使用于各种中距离通信。也是智能仪器中距离通信的首选方式。

RS-485接口有以下特征:

◆不受噪声影响。

◆电缆的最大长度可达1 200 m。

◆数据信号传输率可达到10 Mb/s。

◆支持高达32个节点。MAX487芯片,可支持128个节点。

◆为单主总线,但通过软件设置可以支持多主设备。

3.3.4 RS-423A/422A/485接口性能比较

表3.3列出了RS-232C、RS-423A、RS-422A和RS-485几种接口的工作方式、直接传输的最大距离、最大数据传输速率、信号电平以及传输线上允许的驱动器和接收器的数目等特性参数。

表3.3　常用几种通信标准的比较

特性参数	RS-232C	RS-423A	RS-422A	RS-485
工作模式	单端发单端收	单端发双端收	双端发双端收	双端发双端收
传输线上允许的驱动器和接收器数目	1个驱动器 1个接收器	1个驱动器 10个接收器	1个驱动器 10个接收器	32个驱动器 32个接收器 MAX487为128个节点
最大电缆长度	15 m	1 200 m(1 b/s)	1 200 m(9.6 kb/s)	1 200 m(100 kb/s)
最大数据传输速率	20 kb/s	100 kb/s(12 m)	10 Mb/s(12 m)	10 Mb/s(15 m)
驱动器输出(最大电压值)	±25 V	±6 V	±6 V	-7~+12 V

续表 3.3

特性参数	RS－232C	RS－423A	RS－422A	RS－485
驱动器输出（信号电平）	±5 V（带负载） ±15 V（未带负载）	±3.6 V（带负载） ±6 V（未带负载）	±2 V（带负载） ±6 V（未带负载）	±1.5 V（带负载） ±5 V（未带负载）
驱动器负载阻抗	3～7 kΩ	450 Ω	100 Ω	54 Ω
驱动器电源开路电流（高阻抗态）	V/300 Ω（开路）	±100 μA（开路）	±100 μA（开路）	±100 μA（开路）
接收器输入电压范围	±15 V	±10 V	±12 V	−7～+12 V
接收器输入灵敏度	±3 V	±200 mV	±200 mV	±200 mV
接收器输入阻抗	2～7 kΩ	4 kΩ（最小值）	4 kΩ（最小值）	12 kΩ（最小值）

3.4 CAN 总线接口

随着监测和控制功能的广泛应用，必然要求系统连接或分布更多的传感器和控制信号。简化物理布线有许多方案，CAN 总线是其中一种，其英文全称为 Controller Area Network。CAN 总线基于串行通信 ISO11898 标准，其初始协议是为车载数据传输而定义的。如今，CAN 总线已经广泛应用于移动设备、工业自动化以及汽车领域。CAN 总线标准包括物理层、数据链路层，其中链路层定义了不同的信息类型、总线访问的仲裁规则及故障检测与故障处理的方式。CAN 总线与 USB 总线相比，其最大优点是其总线是多主机结构，而 USB 总线上只能有一个主机。另外 CAN 总线比 USB 总线的传输距离大的多。

3.4.1 CAN 总线特点

CAN 是一种共享的广播总线（即所有的节点都能够接收传输信息），支持数据速率高达 1 Mb/s。由于所有的节点接收全部发送信息，在 CAN 总线的硬件部分提供了本地地址过滤，允许各个节点仅对所关心的信息进行相应的处理。CAN 总线传输数据长度可变（0～8 字节）的信息（帧），每帧都有一个唯一的标识（总线上任何节点发送的信息帧，都具有不同的标识）。CAN 总线和 CPU 之间的接口电路通常包括 CAN 控制器和收发器。由此构成的 CAN 网络具有以下特性：

◆2 线差分传输；

◆多主机；

◆单工或半双工；

◆速率可达1 Mb/s；

◆120 Ω终端匹配电阻；

◆标准化的硬件协议。

在1 Mb/s速率下，CAN总线距离接近30 m，而在10 kb/s时，距离可达6 km。由于所有的错误检测、纠错、传输和接收等都是通过CAN控制器的硬件完成的，所以用户组建这样的2线网络，需要较少的软件开销。

3.4.2　标准CAN总线和扩展CAN总线

目前有两种CAN总线协议：CAN1.0和CAN2.0，其中CAN2.0有两种形式A和B。CAN1.0和CAN2.0A规定了11位标识，CAN2.0B除了支持11位标识外，还能够接受扩展的18位标识。为了符合CAN2.0B，CAN控制器必须支持被动2.0B或主动2.0B。被动2.0B控制器忽略扩展的18位标识信息（CAN2.0A控制器在接收扩展的18位标识时，将产生帧错误），主动CAN2.0B控制器能够接收和发送扩展信息帧。

发送和接收两类标识的兼容性准则归纳如表3.4所示。主动CAN2.0B控制器能够收发标准和扩展的信息帧；CAN2.0B被动控制器能够收发标准帧，而忽略扩展帧，不引起帧格式错误；CAN1.0和CAN2.0A在接收扩展帧时，将产生错误信息。

表3.4　CAN协议对两类标识的兼容性规定

CAN信息格式	CAN器件		
	2.0A	被动2.0B	主动2.0B
11位标识	OK	OK	OK
29位标识	出错	容错	OK

CAN2.0A允许多达2032个标识，而CAN2.0B允许超过5.32亿个标识。由于需要传输29位标识，因而这种方式降低了有效的数据传输速度。扩展标识由已有的11位标识（基本ID）和18位扩展部分（标识扩展）组成。这样，CAN协议允许两种信息格式，如图3.32所示：标准CAN（2.0A）和扩展CAN（2.0B）。

由于两种格式必须能够共存于同一条总线上，协议规定，当出现相同的基本标识，但格式不同的信息所引起的总线接入冲突时，标准格式信息总是优先于扩展格式信息（支持扩展格式信息的CAN控制器也能够收发标准格式的信息）。如图3.33所示。

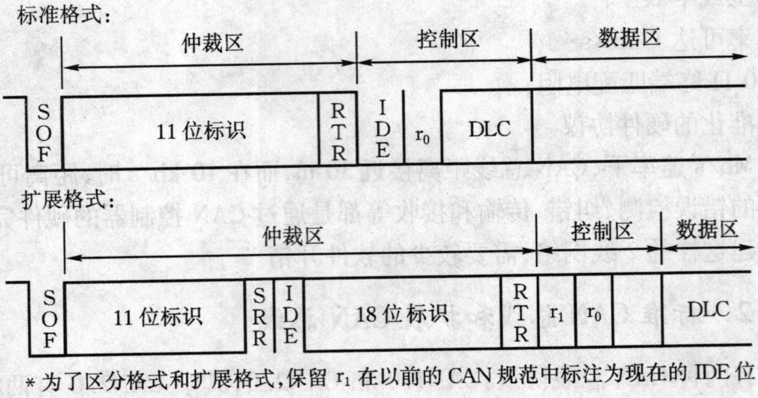

图 3.32　标准 CAN(2.0A)和扩展 CAN(2.0B)

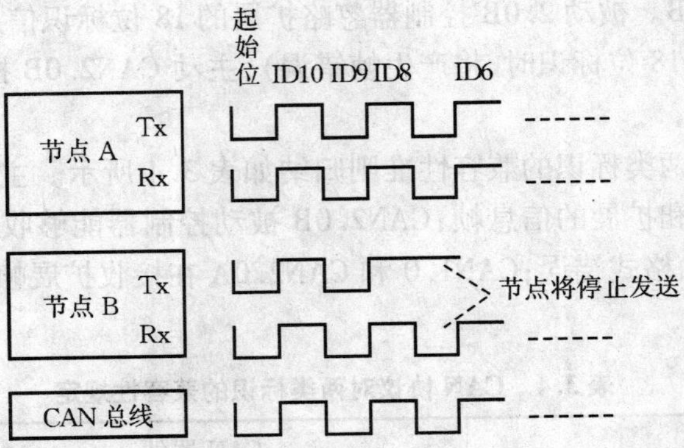

图 3.33　总线对标准与扩展信息的处理

3.4.3　总线仲裁

CAN 总线采用非归零(NRZ)编码,所有节点以“线与”方式连接至总线。如果存在一个节点向总线传输逻辑 0,则总线呈现逻辑 0 状态,而不管有多少个节点在发送逻辑 1。CAN 网络的所有节点可能试图同时发送,但其简单的仲裁规则确保仅有一个节点控制总线、并发送信息。收发器如同一个漏极开路结构,能够监听自身的输出。逻辑高状态由上拉电阻驱动,因而低有效输出状态(0)起决定性作用。

为了近似于实时处理,必须快速传输数据,这种要求不仅需要高达 1Mb/s 的数据传输物理通道,而且需要快速的总线分配能力,以满足多个节点试图同时传输信息的情况。

通过网络交换信息而采取实时处理的紧急状况是有差别的:快速变化的变量,

如引擎负载,与那些变化相对缓慢的变量,如引擎温度相比要求频繁、快速地发送数据。信息标识可以规定优先级,更为紧急的信息可以优先传输。在系统设计期间,设定信息的优先级以二进制数表示,但不允许动态更改。二进制数较小的标识具有较高的优先级,使信息近似于实时传输。

解决总线访问冲突是通过仲裁每个标识位,即每个节点都逐位监测总线电平。按照"线与"机制,即显性状态(逻辑0)能够改写隐性状态(逻辑1),当某个节点失去总线分配竞争时,则表现为隐性发送和显性观测状态。所有退出竞争的节点成为那些最高优先级信息的接收器,并且不再试图发送自己的信息,直至总线再次空闲。

CAN总线采用带屏蔽层的双绞2线差分结构,提供了一个抗EMI干扰的可靠系统。辐射干扰可以通过NRZ编码和限斜率输出总线信号来降低。当然,限斜率输出也降低了数据传输速率,通常标准速率限制在125 kb/s以内。

3.4.4 出错处理

CAN控制器内置TX和RX出错计数器,根据出错是本地的还是全局的,计数器以此决定加1还是加8。每当收到信息,出错计数器就会增加或减少。如果每次收到的信息是正确的,则计数器减1;如果信息出现本地错误,则计数器加8;如果信息出现整个网络错误,则计数器加1。这样,通过查询出错计数器值,就可以知道通信网络质量。

这种计数器方式确保了单个故障节点不会阻塞整个CAN网络。如果某个节点出现本地错误,其计数值将很快达到96,127或255。当计数器达到96时,它将向节点微控制器发出中断,提示当前通信质量较差。当计数值达到127时,该节点假定其处于"被动出错状态",即继续接收信息,且停止要求对方重发信息。当计数达到255时,该节点脱离总线,不再工作,且只有在硬件复位后,才能恢复工作状态。

3.4.5 CAN控制器与收发器

CAN总线规范采用了ISO-OSI的三层网络结构,就有三种不同的器件与之相对应,对应物理层的是收发器,对应数据链路层的是CAN控制器,在应用层上主要是用户的通信程序,对应的器件是微控制器。CAN芯片有系列化的产品,主要可分为:

①内部集成CAN控制器的微处理器:Philips的80C591/592/598、XAC37;Motorola的Pow2、PC555;Intel的196CA/CB;Silicon Labs的C8051F040~047等。

②独立的CAN控制器:Philips的SJA1000、82C200、8XC592、8XCE598;Intel的

82526、82527 等。

③CAN 总线收发器:PCA82C250/251/252;TJA1040/1041 等。

在设计中,可以采用微处理器加 CAN 控制器的两片组合方案,也可以采用单片 IC,如 DS80C590,它是一款双路 CAN 总线的高速微处理器,能够管理更多设备,并允许它们透明地相互传输信息。由于内部集成了两个 CAN 控制器,DS80C590 能够很好地满足嵌入式系统对通信日益增长的许多要求,如简化布线,可靠的数据传输等。

CAN 信息的增强过滤措施(两个独立的 8 位介质屏蔽和介质仲裁区)允许 DS80C590 实现设备之间更高效率的数据通信,无须增加微处理器的负担。除了支持标准的 11 位标志外,它还支持扩展的 18 位 CAN 协议,如 DeviceNet 和 SDS。因此,它能够高效地处理更多的 CAN 节点之间的高速数据通信。DS80C590 采用通用的 8051 内核,具备 4 MB 的寻址能力。较大的地址空间允许采用高级语言开发程序代码(支持更大、更复杂的数据结构,具有更多的编程方式),以便网络能够管理更多的设备。

该处理器内核提供更高的效率,并且去掉了无用的时钟周期,达到了三倍于标准 8051 的处理能力。在最大 40 MHz 的晶体振荡器频率下,其执行速度(120 MHz)将产生 10 倍于原始架构的性能。处理器内置可选的倍频器,允许在较低晶体频率下达到全速工作,且电磁噪声更低。DS80C590 还包括一个 40 位累加器的算术协处理器,通过专门的硬件完成 16 位和 32 位运算——包括乘法、除法、移位、归一化以及累加功能。

高集成度减少了元件的数目,降低了系统成本。除了具有标准 8052 的资源(3 个定时器/计数器,串行口和 4 个 8 位 I/O 口)以外,DS80C590 还集成了一个 8 位 I/O 口,第二个串行口,7 个附加的中断,一个可编程“看门狗”定时器,一个电源跌落监测器/中断,电源失效复位,一个可编程 IrDA 时钟以及内部 4 KB 的 SRAM。DS80C590 应用包括众多的嵌入式控制网络,如汽车制造、农业设备、专用医疗设备、工厂过程控制、工业设备等。

3.5 并行接口

并行接口曾经是计算机与外围设备连接的重要接口,但由于串行接口技术的发展,其传送速度的大幅度提高,加上其连线少,接口简单,使并行接口目前已经面临淘汰,新一代的 PC 机已经取消了并行接口,根据世界计算机协会的新标准,现在生产计算机外围设备的厂家已经停止了并行接口外围设备的生产。所有与计算机连接的设备,都按照串行总线 USB 接口进行设计和生产。因此在计算机和仪器设计中，传统意义上的并行接口实际上已经消亡了。不过由于此前生产的计算机和仪器，许多使用的都是并行接口，这些产品还在服役使用，有些还会长期使用，从产品维修的需要出发，本书对并行接口还要作一些介绍，主要介绍以前使用最广泛的PC兼容并行打印机接口。

PC机与打印机的连接是由一根25芯到36芯转换电缆完成的，如图3.34所示。

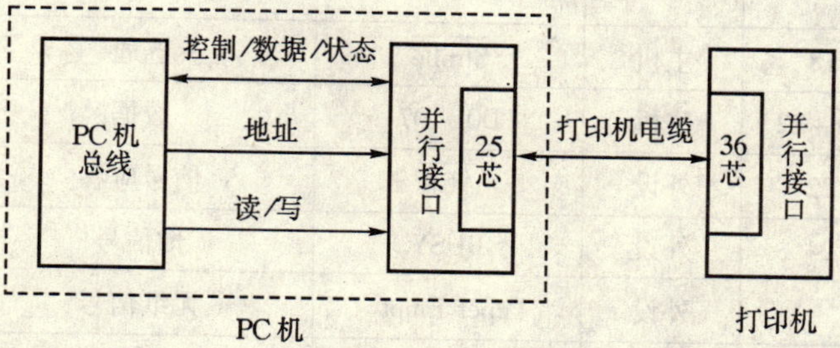

图3.34　PC机并行接口与打印机的连接

由于历史的原因，并行接口中信号的名称符号一直没有完全统一，但它们表达的含义都是一致的。本书中采用IEEEl284定义的符号。

1. 接口线的定义

图3.35给出了PC机并行接口DB-25的信号定义。

表3.35列出了PC机并行接口25脚的定义以及与打印机36脚接口的连接关系。各信号定义如下：

（1）$\overline{\mathrm{Strobe}}$控制信号：低电平有效，用于主机对打印机的数据选通，把主机数据线上的数据传输到打印机，脉冲最小宽度为0.5 s。

（2）数据信号D0～D7：主机发送给打印机的数据信息。它们的状态必须在$\overline{\mathrm{Strobe}}$信号的上升沿之前已经建立至少0.5 μs，信号保持时间最少为0.5 μs，在$\overline{\mathrm{Strobe}}$信号的下降沿后保持至少0.5 s。

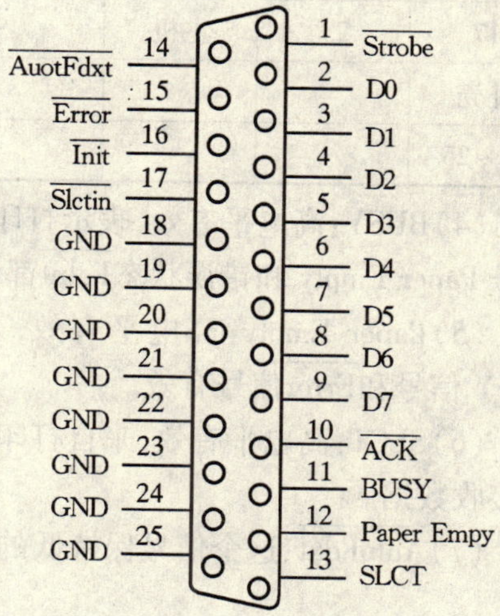

图3.35　并行接口DB-25的信号定义

（3）应答信号$\overline{\mathrm{ACK}}$：低电平有效，用来确认数据传输完成或通知主机某个功能已经完成（如回车、走纸、删除、响铃等）。主机在向打印机发送出一个数据后，必须接收到打印机发出的$\overline{\mathrm{ACK}}$信号才能传输下一个字节（除非另外指定），否则就可能会丢失数据。此信号的脉冲宽度至少为 1 μs。打印机接收到所有的字节都必须应答，即使这个字节不被打印机支持。

表 3.5　并行接口的引脚定义

DB－25	相应地线	信号源	信号定义	描　述	打印机 36 芯并行接口
1	18	主机	$\overline{\text{Strobe}}$	选通	1
2～9	18～22	主机	D0～D7	数据	2～9
10	22	外设	$\overline{\text{ACK}}$	信号应答	10
11	24	外设	BUSY	忙信号	11
12		外设	Paper Empty	无纸信号	12
13		外设	SLCT(ON－LINE)	联机信号	13
14		主机	$\overline{\text{AutoFdxt}}$	自动走纸	14
15		外设	$\overline{\text{Error}}$	错误信号	32
16	25	主机	$\overline{\text{Init}}$(Reset)	初始化(复位)	31
17	23	主机	$\overline{\text{Slctin}}$	选择数据输出到打印机	36
外壳					17
18～25				地(GND)	19～29

(4) BUSY：高电平有效，表示打印机处于忙状态，不能接收数据。打印机无纸信号 Paper Empty 和错误状态$\overline{\text{Falut}}$都会使 BUSY 信号变高。

(5) Paper Empty：高电平有效，表示打印机缺纸。这个信号有效时也会使 BUSY 信号和$\overline{\text{Error}}$信号有效。

(6) SLCT：高电平有效，来自打印机的状态信号，表明打印机处于联机状态，可以接收数据。

(7) $\overline{\text{AutoFdxt}}$：这个信号保持低的情况下，打印机接收到回车符时自动进纸一行。

(8) $\overline{\text{Error}}$低电平有效，表示打印机出错，包括无纸、脱机以及错误状态。

(9) $\overline{\text{Init}}$主机发出此信号用于初始化或复位打印机。IBM/Epson 要求此信号脉冲宽度至少为 50 μs。比如，常见的 EPSON LQ－1600K 打印机，发出这个信号会复位打印机；再次发出这个信号，打印机会联机(On－Line)。

(10) $\overline{\text{Slctin}}$低电平有效，使打印机能接收数据。如果打印机支持这个信号，实际的实现细节也未必相同。在有些情况下，这个信号只是作为一个简单的使能信号。比如常见的 EPSONLQ-1600K 打印机就不支持这个信号。

2. 基本操作和时序

典型的操作过程是，主机把数据放在数据线上，然后由软件产生$\overline{\text{Strobe}}$选通信号。在选通脉冲变为逻辑零之前至少 0.5 μs 时间内数据必须是有效的，并且在选通脉冲变为低电平后，数据必须至少保持 0.5 μs 是有效的。选通脉冲为低电平的时间大约为 0.5 ~ 500 μs。打印机在一段延迟后响应$\overline{\text{Strobe}}$信号，使 BUSY 信号有效，进行打印和其它主机要求的工作，然后使 BUSY 信号变低，打印机在 BUSY 有效期间产生应答信号$\overline{\text{ACK}}$。$\overline{\text{ACK}}$和 BUSY 信号同时结束。这个时序如图 3.36 所示。

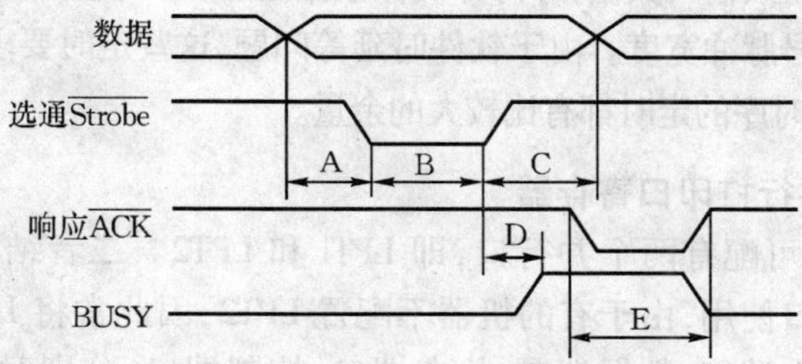

图 3.36　PC 并行口正常握手信号

如果打印机发现有错误，并处于检查状态，打印机就启动$\overline{\text{Error}}$线。当打印机的打印缓冲器中有打印命令(回车)时，或者当走纸、换行、删除、报警、选择或不选择字符送到打印机时，打印机就处于忙状态。当打印机收到这些控制某种机械操作的特殊字符时，它需要用几微秒以上的时间进行操作，这时信号交互的时序变成 BUSY 状态来对此做出反应。打印机可能有 0 ~ 300 μs 忙持续时间。

由于 PC 兼容的并行端口没有规定$\overline{\text{Strobe}}$信号和$\overline{\text{ACK}}$信号的哪一个沿是有效沿，所以不同的外设就存在不同的$\overline{\text{Strobe}}$对 BUSY 的关系和不同$\overline{\text{ACK}}$的对 BUSY 的关系。比如说，$\overline{\text{ACK}}$的下降沿和上升沿可以在 BUSY 之中，可以在 BUSY 的下降沿之后，或者是在 BUSY 为高的情况下，而$\overline{\text{ACK}}$的上升沿发生在 BUSY 已经变低的情况下。

但是，不仅是数据传输过程会使 BUSY 信号有效，有很多其它情况也会使 BUSY 信号有效。依赖应答信号$\overline{\text{ACK}}$来确定成功完成数据传输的主机在接着发送下一个字节前，必须检查 BUSY 的状态，确保打印机已经把 BUSY 复位。在前面所讲的$\overline{\text{ACK}}$对 BUSY 的关系中的第一种和最后一种情况更要注意这个问题，因为在这两种情况下，即使打印机已经初始应答信号$\overline{\text{ACK}}$，BUSY 信号仍可以被无限延长。图中各点耗时要求见表 3.6。

表 3.6　图 3.36 中各点耗时

符号	时间间隔	最小/μs	最大/μs
A	数据建立时间	0.5	
B	选通脉冲宽度	0.5	
C	数据保持时间	0.5	500
D	BUSY 延迟	0	
E	响应脉冲宽度	2.5	

在 PC 发展的早期，由于缺乏相应的硬件，并行接口的每个信号都由软件直接控制，软件指令负责写入输入数据，等待并确保数据建立，显式地设置Strobe信号为低，等待足够的Strobe信号脉冲宽度。由于软件时延等问题，这些定时要求很难保证。因此，早期的 PC 并行口时序的定时都有比较大的余量。

3. PC 兼容并行打印口寄存器

PC 系列微机可配有两个并行口，即 LPTl 和 LPT2。二者结构是相同的，都可以作为打印机接口使用，由于有的机器不配置 LPT2，因此常将 LPTl 作为打印机接口。并行口有三个端口：数据端口、状态端口、控制端口，分别对应数据寄存器、状态寄存器、控制寄存器，表 3.7 为 2 个并行口的端口地址。

表 3.7　并行口的端口地址

并行口	数据端口	状态端口	控制端口
LPT1	378H	379H	37AH
LPT2	278H	279H	27AH

CPU 向打印机传送打印数据或控制命令时，分别通过数据端口和控制端口，对数据寄存器和控制寄存器进行写操作，而 CPU 要获得打印机状态时，则通过状态端口，对状态寄存器进行读操作。标准 PC 兼容并行端口和双向 PC 并行端口的控制寄存器及状态寄存器各位的含义分别见图 3.37 和图 3.38。

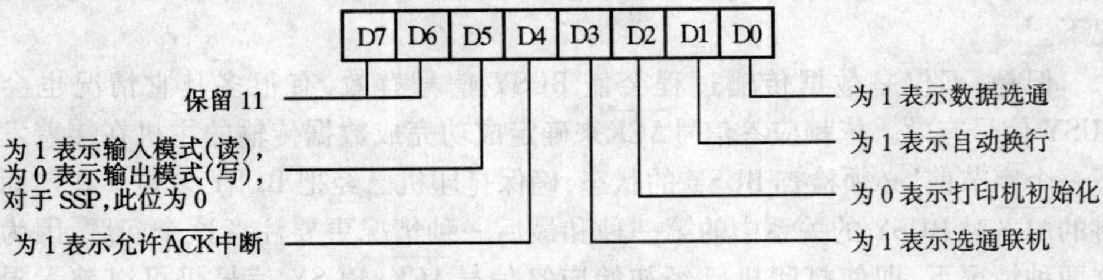

图 3.37　控制寄存器定义

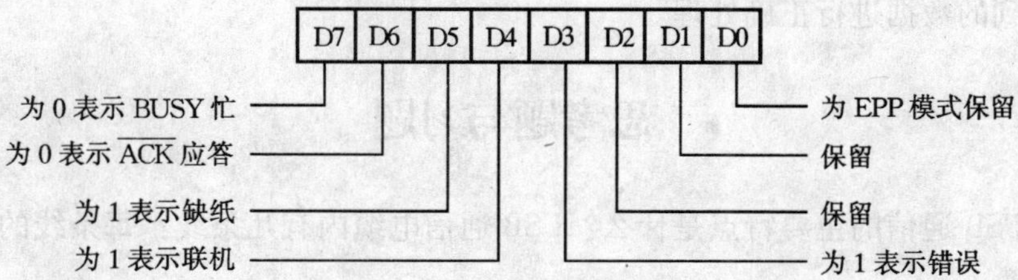

图3.38　状态寄存器位含义

图3.37中D0、D1、D3分别对应$\overline{\text{Strobe}}$、$\overline{\text{AutoFdxt}}$和$\overline{\text{Slctin}}$的反相信号。

图3.37和图3.38中信号的定时要求见图3.36。状态寄存器的D7表示BUSY状态，这一位和并行端口的实际BUSY信号是反相的。

至于从双向并行端口读入数据是比较简单的，只要首先设置双向并行端口控制寄存器的D5为1，然后直接从并行端口的数据寄存器读入数据就可以了。

还有一种计算机并行接口总线叫作IEEE488总线，这个接口总线标准也曾经得到广泛的应用，它规定了把插头、插座组合在一起的标准连接器，任何两个设备只要带上标准连接器，就可以用标准总线直接连起来，作为外总线使用，所以又称之为“通用接口总线”(general purpose interface bus)，简称为GP-IB。

3.6　计算机通信小结

以上介绍了多种通信方式，在串行通信中，除了RS232以外，所介绍的RS485、USB、CAN接口等全部采用的是平衡发送、差分接收的方法，这可以大大提高通信的速率。

在设计通信硬件和软件的过程中，只要抓住以下几方面就行了。

(1)连接在同一通信总线上的设备的通信接口的电气规范必须相同，例如挂在同一总线上的设备，不能有些采用RS232接口，有些采用RS485接口，而必须采用同一种接口。如果接口标准不同，就要安装转换器转换为同一标准。

(2)两个互相通信的设备的通信波特率和其他数据传输规约必须相同。

(3)发送器和接收器对所发送和接收的字节的位(bit)的先后次序必须相同，即发送一个字节按从D0到D7的次序，则接收器中对收到的数据也必须按同一次序处理。

(4)数据传输协议必须约定好：①是直接数据传输还是用ASCII码传输，即所传输的字节是一个0~255的数字还是一个ASCII码，双方要确认一致；②数据内容要约定好，在所传输的数组中，那些数据代表什么物理量，通信双方要清楚，才能对接收到的数据进行正确处理。

思考题与习题

1. USB 通信的主要特点是什么？USB 通信电缆内有几条线？每条线的功能各是什么？

2. 简述构成 USB 语言的区和包的定义，有几个区？各有什么作用？有几个包？各有什么作用？

3. 简述 CAN 总线通信的主要特点，说明 CAN 通信 2.0B 和 CAN1.0 的主要区别在哪里？

4. 简述 UART 的主要功能。

5. 异步串行通信和同步串行通信的主要区别是什么？

6. 试述 UART 在异步串行通信方式下接收数据的字符同步过程。

7. 简述 8051 串行口的外部特征及内部主要组成。

8. 试用查询方式编写一段 8051 单片机的数据块发送程序。数据块首址为外部 RAM 的 0030H 单元，其长度为 20 个字节，设串行口工作于方式 1，传送的波特率为 9 600 b/s（主频为 11.059 2 MHz），不进行奇偶校验处理。

9. 试用查询方式编写一段 8051 的程序：从串行口接收 16 个字符，放入以2000 H 为首址的外部 RAM 区，串行口工作于方式 l，波特率设定为 2 400 b/s（不采用子程序调用方式编写此程序）。

10. 试用中断方式编写一段 8051 的数据接收程序：接收区首址为外部 RAM 的 1080H 单元，接收的数据为 ASCII 码，串行口工作于方式 l，波特率设定为 9 600 b/s。

11. TTL 电平和 RS－232C 所用的电平是如何转换的？

12. RS－232C 和 RS－423A 的传输特性的主要差别是什么？

13. 简述 RS－485 平衡发送、差分接收的原理及其总线特点。

14. 简述 CAN 总线通信原理。CAN2.0B 和 CAN2.0A 各怎样处理扩展的 18 位标识？

15. 互相通信的两个计算机，必须满足哪些条件才能通信？

第 4 章

数据采集技术

数据采集是智能仪器的重要功能，尤其是测控仪器，要对被控或被测对象的位置、速度、压力、温度、声音、图像、质量、流量、振动、应力、应变等物理量进行准确测量，就涉及到数据采集的所有技术。现在全世界智能测量系统或高级测量仪器，全部是以计算机为核心组成的。在各种自动控制系统中，对控制对象的准确测量是可靠控制的前提。对闭环控制系统，尤其是高速运动系统的控制，对控制对象的快速准确测量更为重要。而对物理量进行测量，首先要通过传感器将物理量转换为电信号，再对这些电信号进行阻抗变换、滤波、放大、分压等处理，将反映物理量特征的信号分离出来，这一过程称为信号调理。然后对这些信号进行采样。所谓采样，就是按特定的频率获取信号在不同时间点上的量值，并将这些量值（通常为模拟量）转换为数字量。将模拟量转换为数字量的过程称为模数转换。然后将转换所得到的数据进行数字滤波后，用来进行计算分析。对于单纯的测量系统或仪器，将计算分析的结果存入数据库中。对于控制系统，要根据计算分析结果，确定控制输出的方式和控制量的大小。

数据采集的主要技术包括信号调理与采样技术、A/D 转换技术等，本章将就此展开讨论。并在介绍 A/D 转换技术之前，对 A/D 转换原理中要用到的 D/A 转换原理及其技术也专门列出一节进行介绍。

4.1 集成运算放大器与信号调理

通常传感器送出的信号是微弱的电压信号（mV 级信号）或微弱的电流信号（mA 级、μA 级或 nA 级信号），这些信号通常存在以下问题：

◆抗干扰问题：由于信号微弱，很容易受外界电磁波的干扰，再加上从传感器到数据采集器往往还有一些距离，在信号传输中也会受到干扰。因此必须进行模拟信号的滤波处理，有些数据采集器与传感器合在一起，直接输出数字量，这种情况干扰较小。在模数转换后还要进行数字滤波。

◆信号幅度问题：由于信号幅度很小，一般也不能满足模数转换器的输入要求。因此必须对信号进行放大、滤波、分压等处理。以便进行满刻度处理。

◆驱动能力问题：由于信号微弱，驱动能力差，必须经过放大或阻抗变换才能保证信号的正确传输。

通常信号的放大和滤波处理都是利用各种运算放大器来进行的，其原因是运算放大器输入阻抗高，线性好，温度稳定性好，还可以做成各种有源滤波器，包括高通、低通、带通滤波器，兼有滤波与放大的双重功能，因此运算放大器成为信号处理最理想的器件。要了解并熟悉运算放大器的性能和使用方法，才能设计出高质量的电路，解决信号问题。工作现场情况比较复杂，放大器的工作环境各有不同，因而需要各种各样性能的放大器。

以下所讨论的运算放大器，指的都是集成运算放大器。与分立元件的运算放大器相比，集成运算放大器体积小巧，性能稳定，价格低廉。现在现场使用的运算放大器都是集成运算放大器。运算放大器品种繁多，全世界有几十家公司生产各种类型的运算放大器。目前常用的运算放大器就有数百种。运算放大器也因为接法的不同和外部元件的配置不同而有各种不同的功能。

1. 运算放大器主要参数

运算放大器的性能可以用一些参数来表示。要合理选用和正确使用运算放大器，必须了解各主要参数的意义。

(1)输入失调电压 V_{IO}(或称输入补偿电压)

理想的运算放大器，当输入为零时(指同相和反相输入端同时接地，即 $V_{IN+}=V_{IN-}=0$)，输出电压应为零，即 $V_O=0$。由于制作中元件参数的不对称，造成了实际的运算放大器，当两个输入端电压为零时，输出电压 V_O 不等于0。为了反映这种不对称程度，通常用输入失调电压这一指标表示。如果要使 $V_O=0$，必须在输入端加上很小的补偿电压，这个补偿电压就是输入失调电压。一般在几个毫伏，显然它愈小愈好。

(2)输入失调电流 I_{IO}(或称输入补偿电流)

输入失调电流是指输入信号为零时，两个输入端静态基极电流之差。失调电流也是由于差动放大电路(输入级)的特性不一致等原因引起的，同样希望愈小愈好，一般在几十个 nA(纳安)，1 nA $=10^{-3}$ μA。

(3)输入偏置电流 I_{IB}

输入偏置电流是指输入信号为零时，两个输入端静态电流的平均值。希望偏置电流愈小愈好，因为偏置电流愈小，由信号源内阻变化所引起的信号源输出电压的变化也愈小，所以它也是一项重要的技术指标，一般在几十个 nA。

(4)开环电压放大倍数 A_{VO}

开环电压放大倍数是指运算放大器在没有外接反馈电阻时所测得的差模电压

放大倍数。A_{VO}越高，所构成的运算电路越稳定，运算精度也越高。A_{VO}一般为 $10^4 \sim 10^7$，或 80 ~ 140 dB（放大倍数也可用对数形式表示，单位为分贝（dB），即 $20\lg\dfrac{V_O}{V_I}$(dB)）。

（5）最大输出电压 V_{OPP}（又称为输出峰-峰电压）

最大输出电压是指输出电压和输入电压在保持不失真的前提下的最大输出电压。

（6）最大共模输入电压 V_{ICM}

一般情况下，差动式运算放大器是允许加入共模输入电压的，由于差动放大器对共模信号有很强的抑制能力，因此，共模信号基本上不影响输出。但是这只在一定的共模电压范围内如此，如超出此电压范围，运算放大器将处于不正常的工作状态，共模抑制性能显著下降，甚至造成器件损坏。最常用的普通运算放大器 CF741 的最大共模输入电压 V_{ICM}约为 ±12 V。

以上是集成运算放大器的几个主要技术参数的意义，其它参数如差模输入电阻、输出电阻、温度漂移、共模抑制比、静态功耗等请看其他书籍。

2. 虚地概念

图 4.1 是一个反相端输入的线性放大电路。对于运算放大器来说，其输入电流 I_{B1}、I_{B2}通常很小，为 10^{-9}A 级（nA 级），在讨论运算放大器时，通常可假设 I_{B1}、I_{B2}为 0，即所谓理想运算放大器，亦即在线性范围内正常工作的运算放大器，可以认为其 $I_{B1} = I_{B2} = 0$。共模抑制比 $K_{CMB} = \infty$，差模输入电阻 $R_{ID} = \infty$，输出电阻 $R_{OD} = 0$，差模增益 $A_{VD} = \infty$。因为 $V_O = A_{VD}(V_{B2} - V_{B1})$，$V_O$ 为有限值，$A_{VD} = \infty$，所以 $V_{B2} - V_{B1} = 0$。也就是说，在具有负反馈的放大器中，一个处于正常工作状态（未饱和）的理想运算放大器，其两个输入端同电位，如果运算放大器的同相输入端是地电位（$V_{B2} = 0$），那么其反相端也是地电位（$V_{B1} = 0$）。但是反相输入端不是真正接地，只是其电位与地电位相等，因此称为虚地。这种虚地概念，在推导由运算放大器组成的各种线路的近似计算公式时非常有用。

利用虚地概念推导出图 4.1 的近似计算公式如下：

$$V_O = -\frac{R2}{R1}V_I$$

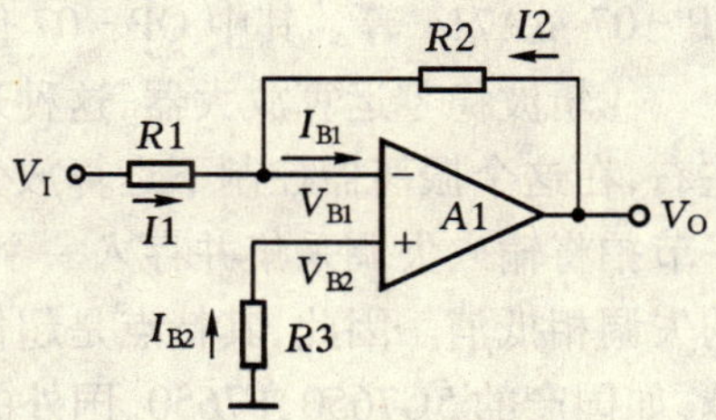

图 4.1　反相输入放大器

虚地是以集成运算放大器工作于线性范围为前提，如果运算放大器进入饱和区或阻塞，虚地就不存在。另外，如果差模输入电压或共模输入电压过大，也会使放大器脱离线性区，虚地也就不存在，有些运算放大器还会由此而永久性损坏。因此,在应用中往往在输入端加保护电路,例如用保护二极管保护,当然有些运算放大器内部已经制作了保护电路,外部就不必再增加保护电路了。对于允许最大差模输入电压较小的运算放大器,必须加输入保护,如 OP-27 等。

运算放大器电路有多种接法,既可接成不同应用方式的放大器,也可接成微分、积分、有源滤波器,具体内容参阅模拟电路书籍。

3. 常用集成运算放大器的种类

集成运算放大器按级别分为三级,其中 3XX 的是商业级产品,使用温度一般为 0 ~ 70 ℃,价格最低。2XX 的是工业级产品,使用温度一般为 -40 ~ 85 ℃,价格较高。1XX 的是军品级产品,使用温度一般为 -55 ~ 125 ℃,价格昂贵,是商业级产品价格的 5 ~ 10 倍。同类型不同级别的运算放大器,除了适应环境温度不同外,其它性能指标也有少许差异,一般级别高的运算放大器,其它指标也要稍高一些。为了叙述简便,在表 4.1 中将同一类型不同级别的运算放大器放在一起,其指标是商业级产品指标,其工业级与军品级产品指标还要稍高一些。

集成运算放大器按性能分大致有以下几类:

①通用运算放大器,这一类运算放大器性能适中,价格低廉。对于一般工程设计已足够用。是用量最大的运算放大器。其中的双电源单运算放大器如国产的 CF741、F007 和国外的 LM741,单电源双运算放大器如国产的 CF158/CF258/CF358 和国外的 LM158/LM258/LM358,单电源四运算放大器如国产的 CF124/CF224/CF324 和国外的 LM124/LM224/LM324 等性能相当好,应用最为广泛。国产运算放大器性能与国外同类运算放大器性能相同。

②高输入阻抗运算放大器,其输入阻抗很高,用于特别微弱信号的放大,价格较高。其中应用比较多的是国产的 CF355/CF356/CF357 和国外的 LF355/LF356/LF357 等。若环境温度变化大,最低温度在 -40 ~ 0 ℃,须选用工业级产品如 CF255/CF256/CF257 或国外的 LF255/LF256/LF257。产品使用温度有低于 -40 ℃情况时,须选用军品级产品如 LF155/LF156/LF157。

③低失调低漂移运算放大器,其输入失调电压小,温度稳定性好,精度高,如 OP-07、μA714 等。其中 OP-07 使用更多一些。

④斩波稳零运算放大器,这种运算放大器内部有一个振荡器,振荡频率 200Hz 左右,在这个振荡器控制下运算放大器分节拍工作,每个振荡周期分两个节拍,第一节拍将输入失调采集并存入一个电容器中,第二节拍采样和放大信号,并将此刻的失调相抵消。因此,其特点是超低失调、超低漂移、高增益、高输入阻抗、性能优越,如国产的 5G7650,F7650、国外的 ICL7650 等。其价格高,但性价比也很高。用于极微弱信号的放大电路中。

4. 常用集成运算放大器参数

常用集成运算放大器参数见表 4.1。

表 4.1 集成运算放大器参数

参数名称	符号	单位	CF741 μA741	CF124/ 224/324	LM158/ 258/358	CF355/ 356/357	OP－07	OP－15/ 16/17	OP－27	5G7650 ICL7650
双电源电压	V_+, V_-	V	±(9～18)			±18	±22	±22	±(4～22)	±(3～8)
单电源电压	VCC	V		5～30	5～30					
输入失调电压	V_{IOS}	mV	1	±2	1	3	0.8	0.7	0.8	0.7
失调电压温漂	αV_{IOS}	mV/℃	15				0.7	4	0.2	0.01
输入失调电流	I_{IOS}	nA	20	3.0	2	3 pA	0.8	0.15	12	0.5 pA
输入偏置电流	I_{IB}	nA	80	45	20	30 pA	2	±0.25	15	1.5 pA
差模电压增益	A_{VD}	dB	106	100	100	106	104	91	125	120
共模抑制比	*KCMR*	dB	84	70～85	85	100	110	94	118	130
差模输入电阻	R_{ID}	MΩ	1	2	2	1	31	1	4	1
电源电流	I_S	mA	1.7	0.7		2～5		2.7～4.8		2
差模输入电压范围 V_{IDM}	V	±30	±32	±30	±30	±30	±30	±0.7	±7	
共模输入电压范围	V_{ICM}	V	±15	±15	±15	±16	±22	±16	±22	$V_+ +0.32$ $V_- -0.32$
备注：1. 以上运算放大器的输出电阻范围在 60～75 Ω。 2. 一般都有内部温度补偿电路。										

5. 测量放大器

在自动控制和测量仪器中，常用测量放大器将变化缓慢、信号极微弱（一般只有几毫伏到几十毫伏）的输入量加以放大，然后输入到系统或通过仪表显示。测量放大器又称数据放大器、仪表放大器、桥路放大器，它的输入阻抗高，输入失调电压和输入失调电流小，输入偏置电流小，漂移小，共模抑制比大，稳定性好，适于在大的共模电压背景下对微小信号的放大，是一种高性能的放大器。测量放大器由三个运算放大器构成，一般都是高性能运算放大器如 OP－07。其原理电路见图 4.2。

运算放大器 *A*1 和 *A*2 组成第一级放大器，它们都是同相输入方式，电路结构又对称，因此输入阻抗很高，抑制零点漂移的能力很强。第二级是由 *A*3 组成的差动放大电路。为便于讨论，假设图中的三个运算放大器都是理想运算放大器。则有

$V_{I+} = V_{B1}, V_{I-} = V_{B2}, V_{AD} = V_{A1} - V_{A2}, V_{IN} = V_{I+} - V_{I-} = V_{B1} - V_{B2}$

因为 Rg、$R1$、$R2$ 构成分压电路，所以

$$V_{IN} = \frac{Rg}{Rg + R1 + R2} \text{即} V_{I+} - V_{I-} = \frac{Rg}{Rg + R1 + R2}(V_{A1} - V_{A2})$$

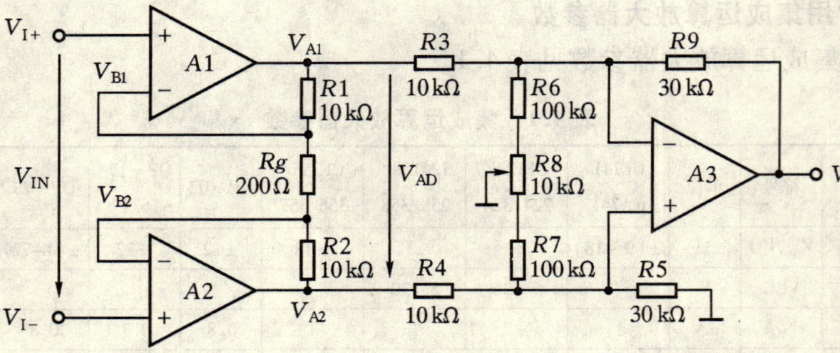

图 4.2 测量放大器原理图

因此第一级放大倍数 $K1=\dfrac{V_{A1}-V_{A2}}{V_{I+}-V_{I-}}=\dfrac{V_{AD}}{V_{IN}}=\dfrac{Rg+R1+R2}{Rg}=1+\dfrac{R1+R2}{Rg}$

设可调电阻 $R8$ 活动触头以上的电阻值为 $R8'$,则

第二级放大器的放大倍数为 $K2=-\dfrac{V_O}{V_{AD}}=-\dfrac{R9}{R6+R8'}$

总放大倍数为 $K=K1K2=-\dfrac{R9}{R6+R8'}\left(1+\dfrac{R1+R2}{Rg}\right)$

$R8$ 是调零电位器,Rg 是调节放大倍数的。

测量放大器在精密仪器仪表中有广泛应用,因此,有些公司就将测量放大器集成在一片电路内,成为单片测量放大器,由于制造工艺的一致性,其性能更加稳定。如美国 AD 公司的 AD521、AD522、AD620、AD612、AD623 都是单片测量放大器。在设计中应优先选用。

6. 运算放大器输出信号幅度校正

经过运算放大器处理的信号幅度和驱动能力大大增加,能适应一般采样保持器或者模数转换器的输入要求。但是否完全适应幅度要求则要靠合理的配置电路参数,仔细校正才能实现。以线性电路为例,校正的原则是,先弄清楚采样保持器或模数转换器要求的输入信号变化范围是多大,例如其要求的满刻度输入信号幅值为V_{IMAX},则在配置运算放大器的电源电压时,就要保证该运算放大器输出的线性区的最大值必须略大于 V_{IMAX},再确认信号源(传感器)输出的信号幅度是多大,例如其输出信号的最大值为 V_{OMAX},则必须保证 $V_{IMAX}=K\,V_{OMAX}$(K 为运算放大器的放大倍数,若是多级运算放大器或组合运算放大器,为总的放大倍数)。这样才能保证模数转换过程中获得最大的分辨率。为了便于校正,通常在电路中加有可调电阻,如图 4.3 所示。在通过仔细计算后选择一个合适的可调电阻,可容易地调节到所需的数值。

实用中一级放大往往不能达到所需的信号要求,因此常常采用多级放大或组合放大,图 4.4 就是两级放大的例子,信号经过反相放大器 $A1$ 放大后被反相,再经过反相放大器 $A2$ 放大后又反相一次,最后的输出信号 $V_O = K1K2V_I$,且 V_O 与 V_I 同相。$K1$、$K2$ 分别为两级放大器的放大倍数。

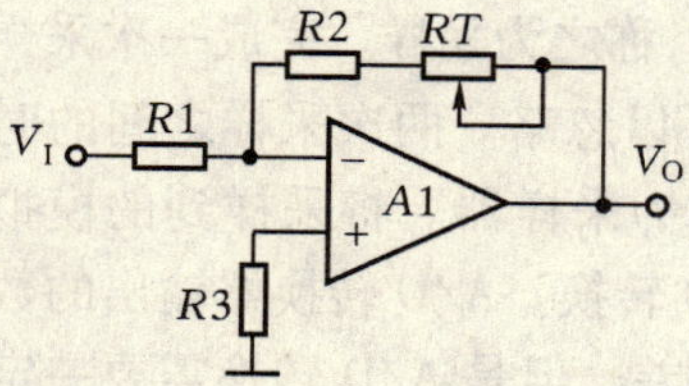

图 4.3　可调节的放大器

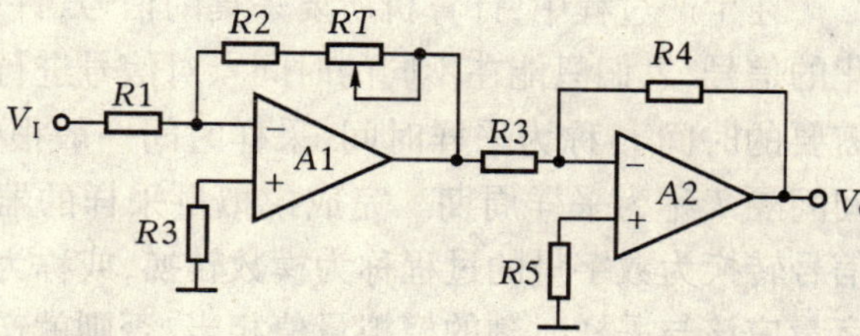

图 4.4　两级放大电路

7. 增益可编程放大器

由于电路品种和功能的快速发展,数字电位器技术日益成熟,可以通过软件设置调节电阻值。将这一技术应用于运算放大器,将决定放大倍数的输入电阻和反馈电阻制作为数字电位器,再将其与运算放大器集成在一起,通过编程可以改变其电阻值,从而改变运算放大器的放大倍数,这样就产生了增益可编程放大器。由于数字电位器目前还不能做到阻值连续调节,因此,增益可编程运算放大器的放大倍数也不能通过程序连续改变,但是其增益可以是 0.5,1,1.5,2,5,10,20 等各种等级,其对信号的幅度要求也比较简单,输入信号只需要进行简单的调节即可,有些甚至于不需要调节,就靠编程确定增益即可满足要求。

8. 可编程滤波器

信号调理是数据采集中最重要也是难度最大的设计工作,尤其是在采集交流信号时,信号通常由多种频率组成,互相叠加。有些信号有一个主频率,此外还叠加有其它高频谐波。为了对采集信号进行分析,必须按不同的频率进行滤波后再采样,这样就需要对滤波频率进行多次选择,要用手工拨动开关逐一拨动选择,就很麻烦,现在 MAXIM 公司开发的可编程滤波器件,可以由计算机控制,通过软件编程很方便地选择滤波频率,从而让不同频率的信号通过滤波器进入模数转换器,就可以很快的确定出输入信号的主要特征。

运算放大器还有其它许多应用,例如作为峰值检波器、限幅器、施密特触发器、振荡器,电压跟随器等等。还有组合型放大器,例如测量放大器、变压器耦合隔离放大器、V/F 变换器、采样保持器等等。有些运算放大器专用于作为电压比较器,带通或带阻滤波器等等。新的高精度高性能的运算放大器还在不断的研制出来。总之运算放大器在电路设计中有着极其重要而广泛的应用,必须很好地掌握有关运算放大器的知识。

4.2　采样保持电路

在生产过程中，计算机所要采集的信号，许多是连续变化的信号，对于连续变化的信号，人们只能在不同的时间点对信号进行采集，称之为采样。完成一次采样需要的时间 t_s 称为采样时间，采样时间一般很短，可以忽略。两次采样之间的时间间隔 T 称为采样周期。完成模拟量采样的器件称为采样器。将采样到的模拟信号转换为数字量的过程称为模数转换，或称为 A/D 转换。A/D 转换器输出的数字量应该与采样时刻的模拟量值相当，否则就产生误差。但是 A/D 转换需要一定的时间，由于模拟量在变化，A/D 转换结束时的模拟量值已不等于采样时刻的模拟量值，A/D 转换所得的数字量也就不等于采样时刻的模拟量之值，为了解决这一问题，人们设计了采样保持器，使得在 A/D 转换期间采样所得到的模拟信号（即输入给 A/D 转换器的信号）保持不变，一直为采样时刻之值。完成采样保持功能的器件称为采样保持器。采样保持器的工作原理如图 4.5 所示。

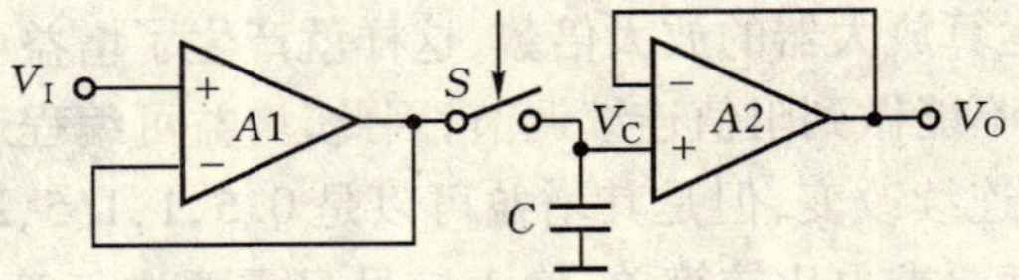

图 4.5　采样保持器原理图

图中 S 是电子开关，由控制信号控制其开关状态，当 S 闭合时，电路处于采样阶段，S 闭合的时间也称为采样时间或捕捉时间。输入信号 V_I 经电压跟随器 $A1$（电压跟随器的输入阻抗高，输出阻抗小，在电路中主要用于阻抗变换）对存储电容 C 充电，电容 C 上的电压 V_C 又经过电压跟随器 $A2$ 输出，因此输出电压 $V_O = V_C = V_I$，输出电压跟着输入电压而变化。当 S 断开时，电路处于保持期，因为电容 C 没有放电回路，所以 V_C 保持不变，又因为 $A2$ 按射极跟随器接法连接，所以 $V_O = V_C$。电路将输入电压完好的保持下来，供给 A/D 转换器进行转换。实际上，市售的采样保持器中运算放大器输入端的偏置电流非常小，几乎为零，因此保持电容 C 上的电压 V_C 可以很好地保持，在 A/D 转换的时间段内几乎不变，可以使 A/D 转换获得准确的数值。当然，保持电容的质量也很重要，要选用漏电流小的电容如聚苯乙烯电容（环境温度 85 ℃以下），云母电容、聚四氟乙烯电容（各种温度下）等，其容量可根据采样速度高低，分别选用小至 100 pF，大至 1 μF 的电容。

采样保持器主要性能参数如下：

◆捕捉时间 t_{AC}（acguistion time），又称为采集时间，是指采样保持器内电子开

关 S 接通外部输入信号的时间。

◆输出电压变化率 dV_0/dt，输出电压变化率是采样保持器工作于保持方式时输出电压 V_0 的变化速度，$|dV_0/dt|$ 越小性能越好。

◆下降电流 I，指与保持电容相连的运算放大器的输入端的输入电流和保持电容的漏电流之和，但因保持电容的漏电流与运算放大器的输入电流相比非常小，可忽略不计，因此下降电流 I 实际上指与保持电容相连的运算放大器的输入端的输入电流，该电流是导致保持电容上电压下降的主要原因。该电流很小，为 nA 级。

现在市售的采样保持器，有多种型号可供选用，其性能见表4.2。

表4.2　采样保持器芯片（组件）性能简表

参数名称	AD公司的 AD582通用芯片	AD公司的 AD583通用芯片	NSC公司的LF198/ 298/398通用芯片	AD公司的SHA-2A 高速组件
输入电压范围	单端30 V，差动 V_s	±30 V	±5～±18 V	
输入电流	3 μA	0.2 μA		
输入电阻	30 MΩ	10^{10} Ω	10^{10} Ω	10^{11} Ω，7pF
输出电压			±5～±18 V	±10 V
输出电流	±5 mA	±10 mA		±20 mA
输出阻抗	12 Ω	5 Ω		容性负载200
电源电压 V_s	±5～±18 V	±5～±18 V		±15 V
采集（捕捉）时间	C=100 pF，6 μs，±0.1%； C=100 pF，25 μs，±0.01%	C=100 pF，4 μs， ±0.1%		C=100 pF，300 ns，0.1% C=100 pF，500 ns，0.01%
下降电流 I	1 nA		1 nA	
保持电压下降速率 dV_0/dt				100 μV/μs
线性度	±0.01%		±0.01%	
使用温度范围	-25～+85 ℃	0～+70 ℃		

对直流信号进行采样或将交流信号转换为直流信号后进行采样称为直流采样。直流采样主要用于变化比较缓慢的信号的采样，如工件的尺寸、温度、液面高度、蓄电池电压等的采样。这种采样除过温度漂移引起的信号偏差以外，数值比较准确。直流采样所用的模数转换器速度要求不高，一般也不需要采样保持电路，软件编制也比较简单。直流采样还有一种应用，就是将交流信号经过整流滤波变化为直流信号，然后再对该信号进行采样。但这种采样滞后较大，不能用于快速加工、电力速断保护等场合。只能用于实时性要求不高的场合。对交流信号直接进行采样称为交流采样。这种采样的实时性好，要求所用模数转换器的速度快。交流采

样电路都要配置采样保持电路，其软件也比直流采样的软件复杂，涉及对信号的频率、幅值等特性的分析，计算工作量也大。交流采样适用于快速加工中的数据采集、机械振动信号采集、语音采集、视频信号采集、继电保护中交流电的电压采集等。

4.3　采样偏差的校正技术

在实际采样过程中，由于系统是实际系统，不是理想系统，各个环节都存在着不同程度的偏差，有些偏差很大，这就使得采样所得的结果大大偏离实际值，就会极大地影响控制的精度。为了使采样结果与实际值能够吻合，必须进行校正，有些通过硬件校正即可，有些还需要通过软件校正。校正的主要内容有两方面，一是线性度校正，二是零点校正。

1. 线性度校正

给采样系统输入一个线性信号，如图 4.6 所示，图中的信号 $f(t)$ 是理想采样系统对线性输入信号处理的结果，该电压模拟了一个理想化的采样系统处理过的某个传感器的输出电压。$f^*(t)$ 是实际采样系统对信号不同点进行采样所得到的离散点，这些点的回归线与 $f(t)$ 之间有偏差，这些偏差中的一种偏差是回归线 $f^*(t)$ 的斜率 β 与 $f(t)$ 的斜率 α 有偏差，这个偏差就是该采样系统的线性误差。调节线性误差的方法很简单，就是调节采样系统中放大器的放大倍数。具体方法是，以被测量的物理量为例，例如测量热处理炉的温升曲线，在加热过程中用标准电测温度计进行测量，在每个时间点上同时也用研制的采样系统采集数据，最后可以获得标准温升曲线和采样器采集的温升曲线，如果在温度上升的线性区间，采样器采集的温升曲线的斜率 β 与标准温升曲线的斜率 α 不相等，如图 4.7 所示，就要调节放大倍数。其原因是采样温升曲线的斜率与采样器的放大倍数成正比。如图中所示，$\beta<\alpha$，说明采样器的放大倍数偏小，根据 β 与 α 的比值 $\xi=\beta/\alpha$ 的大小，可以准确地计算出采样器放大倍数的调节量，从而将线性偏差调到最小。如果 $\beta>\alpha$，说明采样器的放大倍数偏大，经过计算后将其调小即可。

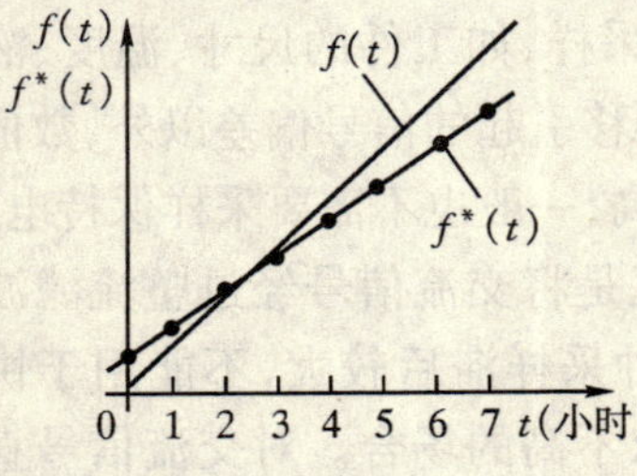

图 4.6　采样的线性偏差

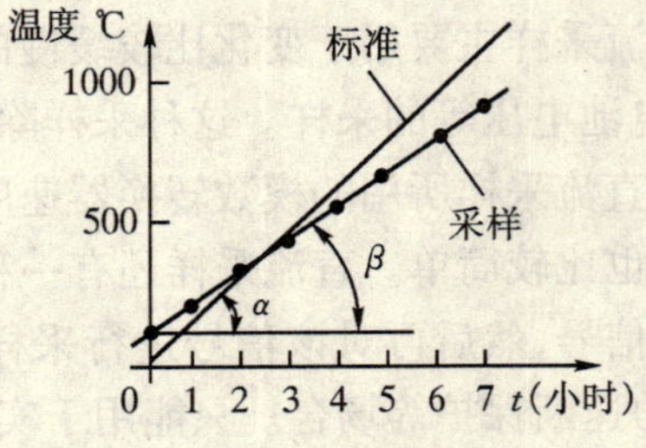

图 4.7　热处理炉温度采样的线性偏差

2. 采样器零点校正

有些物理量的变化是一个从负(－)到正(＋)连续的函数,这些连续函数的零点通常都是人为设定的。有些物理量则有确定的零点,例如电压为零的情况,车床在由正转切换到反转转速为零的情况等。在设定的物理量的零点上,采样器的输出往往不是零,这一般有以下原因。

(1)传感器误差

该误差是传感器制造出厂时就存在的,例如工程上常用的 ±600 A/5 V 的一种霍尔电流传感器,其指标为:输出电压误差为 1%。则在每一点上其允许的偏差为 ±50 mV。在电流为零时,其输出信号也在 ±50 mV 以内,往往并不为零。在工程中应用的这种传感器,大多数零点偏差在 ±10 ~ ±20 mV 之间。在某电厂的直流监测系统中,用到的两只 ±600 A/5 V 的霍尔电流传感器,其零点偏差 1 号为 +15 mV,2 号为 −14 mV。可以算出其对应的电流偏差为

$$\Delta I_1 = (15\ \mathrm{mV}/5\ \mathrm{V}) \cdot 600\ \mathrm{A} = 600\ \mathrm{A}(15\ \mathrm{mV}/5000\ \mathrm{mV}) = 1.8\ \mathrm{A}$$

$$\Delta I_2 = (-14\ \mathrm{mV}/5\ \mathrm{V}) \cdot 600\ \mathrm{A} = -600\ \mathrm{A}(14\ \mathrm{mV}/5\,000\ \mathrm{mV}) = -1.68\ \mathrm{A}$$

也就是说,1 号电流传感器在电流为零时,其输出信号相当于有正向 1.8 A 电流,2 号电流传感器在电流为零时,其输出信号相当于有反向 1.68 A 电流。

(2)采样器中的放大器的零点漂移和零点偏移

放大器的零点漂移主要由器件本身特性和温度变化所引起。一般指在放大器调零调好后,在其输入端输入电压为零的情况下,其输出电压在零点附近缓慢地漂移,而不是完全地输出为零的情况。而且环境温度越高,这种漂移越大。

解决这种漂移的办法是在放大电路中加温度补偿元件,而且现在市售的运算放大器,许多内部已经加有补偿电路,温度稳定性已经大为提高,这种由温度引起的输出漂移已经得到很强的抑制,零点漂移已经很小。

运算放大器都有一个输入失调电压,指的是要保持运算放大器的输出为零,在其输入端要加一个微小的电压即所谓输入失调电压。那么,在不加输入失调电压即输入为零的时候,其输出就有一个电压值,称之为放大器的零点偏移,其偏移电压既与输入失调电压有关,也与放大电路的放大倍数有关,这种输出偏移电压 ΔV 正比于输入失调电压 V_{IO} 和放大倍数 K。设放大器的输入失调电压 $V_{IO} = 0.2\mathrm{mV}$,放大倍数 $K = 100$(采样器多级放大的综合放大倍数),则该采样器在输入信号电压为零时的输出偏移电压为

$$\Delta V = V_{IO}K = 0.2\ \mathrm{mV} \times 100 = 20\ \mathrm{mV}$$

如果该采样器是对一个从 0 ~ 2 m 高程的液位进行监测,采样器的最大线性输出电压为 10 V,在输出 10 V 时对应的液面高度为 2 m,则采样器的零点偏移所对应的液面高度 h 为

$$h = (20\ \text{mV}/10\ \text{V})2\ \text{m} = (0.02\ \text{V}/10\ \text{V})2\ \text{m} = 0.004\ \text{m}$$

也就是说，在液面高度为零时，采样器的输出值为 0.004 m。

采样器误差是普遍存在的，是由多方面的原因决定的。通过在电路设计上进行补偿和校正以外，通过软件进行校正是一个重要的方法。根据经验，软件校正比硬件校正效果更好。尤其是在现场进行硬件校正，有时候因条件限制，很难校正。而用软件校正则很方便。软件校正又称为软调节。软调节的方法如下。

以热处理炉温度控制中的温度采样检测为例，在软件设计时，设置一个校正变量 A_{DJ}，可以通过键盘方便地改变 A_{DJ} 的数值。设每次采样完成后 A/D 转换所得的温度值为 T_d，通过标准温度表测得的温度值为 T_c，则输出显示与存入数据库的温度值 T_{dat} 必须等于 T_c，在软件中规定：

$$T_{dat} = T_c = T_d + A_{DJ} \tag{4.1}$$

由于传感器和采样器的零点偏移造成的综合偏移，在没有调节之前，当热处理炉初始处于室温（例如 20 ℃）时，采样器所得到的温度值 T_d 不一定是 20 ℃，在初始设置时先将 A_{DJ} 设置为零，再看屏幕上 T_d 的数值是多少，例如若此时的 T_d = 21 ℃，而实际炉温为 20 ℃，说明采样器初始偏差为 1 ℃。这就是该系统总的初始偏移或零点偏移。纠正这个偏移的方法很简单，就是通过键盘将 A_{DJ} 设置为 −1 ℃，这样设置后，程序按式 4.1 计算后，得到的系统总输出值 T_{dat} 就必然为 20 ℃。从而与实际值相吻合。

由于在现场参数整定的时候，系统已经在线运行，实际的温度值不可能为室温，此时校正的方法是，先将校正变量 A_{DJ} 设置为零，用标准温度表测定实际的温度值 T_c，并记下该数值，同时记下同一时刻采样器输出的温度值 T_d（由于此时 A_{DJ} = 0，因此该 T_d 值就是屏幕上显示的 T_{dat}），例如测定的几个点的对应温度值见表 4.3。

表 4.3　实际温度与测得数值及其偏差

T_c ℃	850	1 200	1 220	1 360	1 540	1 600
$T_{dat}(T_d)$ ℃	980	1 330	1 350	1 480	1 660	1 720
$T_c - T_{dat}$ ℃	−120	−130	−130	−120	−120	−120

现场一般认为 T_c 值就是实际温度值，要求输出显示与存入数据库的数值 T_{dat} 要等于 T_c 值。变量 A_{DJ} 与 T_d 和 T_c 的关系仍然是式 4.1。

当 A_{DJ} 等于 T_d 和 T_c 的偏差平均值时，可保证 $T_{dat} = T_c$，A_{DJ} 应按下式计算

$$A_{DJ} = \frac{1}{N}\sum_{n=1}^{N}(T_c - T_{dat})_n \tag{4.2}$$

对上表中的数值按式（4.2）计算后得到

$$A_{DJ} \approx -124$$

根据计算结果,将变量 A_{DJ} 设置为 -124,就可以消除系统的偏差。使最终输出值 T_{dat} 与实际值 T_c 相符。这样再用 T_{dat} 数值进行后续的计算分析和对加热控制器的输出控制就准确的多了。

4.4　信号隔离与选通技术

当计算机数据采集系统有多路模拟信号输入时,通常要将这些信号互相隔离,再对这些信号有选择的选通,或者逐一选通后进入 A/D 转换器进行模数转换。有些系统有多路数字量信号输入,也要进行隔离与选通。信号隔离与选通的器件很多,要根据信号特征选用。

在还没有电子开关以前,所有信号都是用继电器进行隔离或接通的。但是继电器存在重要缺陷,一是其要求的驱动电流大,损耗大;二是因为靠弹簧片工作,在一定的工作次数后会疲劳损坏,即寿命有限;三是其触点接触电阻不稳定,触点新鲜干净且弹簧片没有疲劳,能够压紧的情况下,其导通电阻很小,导通良好,但触点上有油污或触点氧化或弹簧压紧无力,其接触电阻就比较大,对微弱信号影响很大。

后来电子开关的问世,大大提高了信号的传输质量。尤其是集成电路电子开关的导通电阻相当稳定,在一个芯片内每一路的导通电阻数值几乎相同。同类型的芯片其性能也几乎相同。给信号的隔离与选通带来了极大的好处。电子开关有数字型(数据选择器)和模拟型(模拟开关)两大类。在制造工艺上有晶体管式和场效应管式两种。由于晶体管在导通时有残留电压,而且在饱和时集电极与发射极之间是一个非线性电阻,传输过程有失真,对模拟开关来说,这样大的误差是不允许的。因此晶体管式开关都作为多路数据选择器,不用作多路模拟开关。数据选择器的选通速度快,模拟开关的选通速度要慢一些。数据选择器只能用于数字量信号的隔离与选通。模拟开关既可用于模拟量信号的隔离与选通,也可用于数字量信号的隔离与选通,模拟开关在用于数字量信号的隔离与选通时,要注意开关的速度能否适应要求。

对数字量信号,可根据信号是 TTL 电平还是 CMOS 电平选用相应的多路数据选择器。多路数据选择器用于对多路数字信号进行选择。每一路数字信号相当于二进制的一位,只有高电平和低电平两个状态。每次选择多路中的一路进行传输。在传输过程中只要求所传送信息的状态(高电平或低电平)不变即可,允许电压幅度有一定变化。例如若定义 3.5 V 以上为 1(高电平),只要传输最后保证 3.5 V 以上即可,比方说 4 V 甚至 5 V 仍然是 1,没有改变信息。这种数据选择器能将对应输入端口上的数字电平信号选通到输出端口,使其数字量的 0 或者 1 保持原值即可。这种选择器品种比较多,有双 4 选 1 数据选择器,如 74LS153、74HC153。有 8 选 1 数据选择器,如 74LS152、74HC152。有 16 选 1 数据选择器,如 74LS150、74HC150 等。其中 74LS15X 为低功耗 TTL 器件,输入输出为 TTL 电平。74HC15X 为高速 CMOS 器件,输入输出为 CMOS 电平。根据输出数码值与输入数码值的关系,有原码值输出的器件,也有反码值输出的器件,74XX153 为原码值输出,74XX152 和 74XX150 为反码值输出,74XX151 为 8 选 1 既有原码输出引脚,又有反码输出引脚的器件。也有具有电平转换功能的数据选择器,可以在选通信号的同时进行电平转换,将输入端的 TTL 电平信号,转换为 CMOS 电平输出,如 74AC(T)153。CMOS 多路数据选择器国产的有 4 与或选择器 CC4019,8 对 1 数据选择器 CC4512,4 线 - 16 线译码器/数据选择器 CC4514、CC4515 等。总的来说,数据选择器内部结构纯粹是数字电路的输入输出结构,电路比较简单,只要将所选中端口的逻辑电平送到输出端即可。几种常用的多路数据选择器见图 4.8。

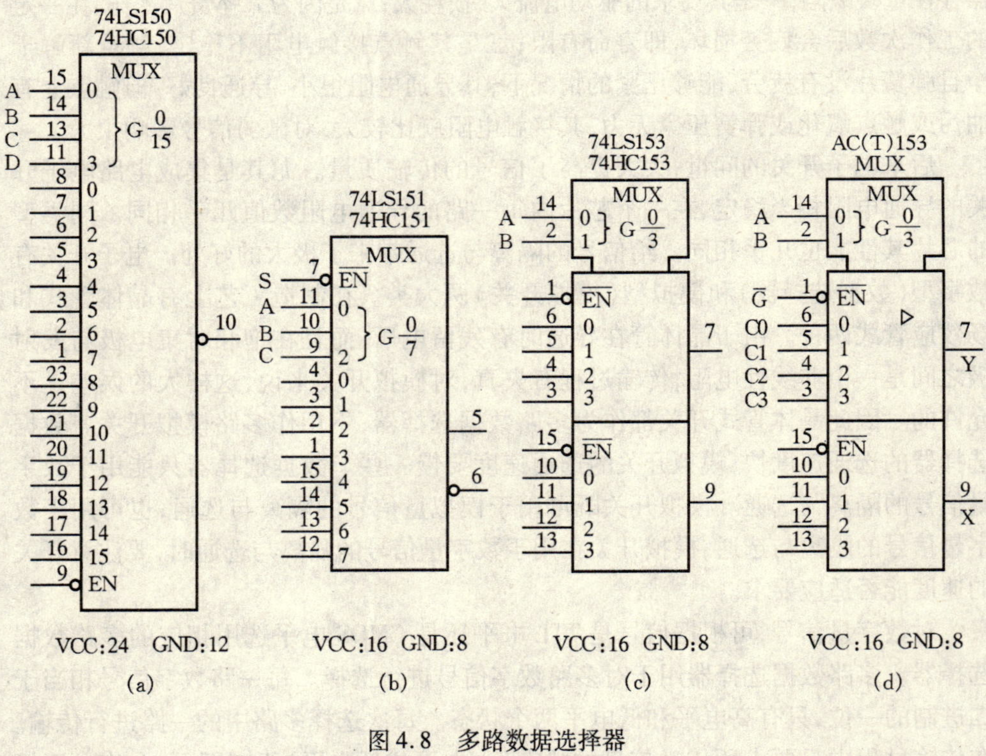

图 4.8　多路数据选择器

图中给出了几种多路数据选择器的引脚与功能关系。其中图 4.8(a)为 16 选 1 反码输出器件 150。4.8(b)为 8 选 1 既有反码输出也有原码输出的器件 151。图 4.8(c)为双 4 选 1 原码输出的器件 153。图 4.8(d)为双 4 选 1 原码输出具有电平转换功能的器件 AC(T)153,该器件输入为 TTL 电平,输出为 CMOS 电平。以上各器件通道的选通由选通编码输入引脚 A、B、C、D 的码值决定。每种芯片都有允许控制端$\overline{EN}$。当$\overline{EN}$为低电平时才允许将所选通的输入端的数码输出到输出端,否则,输出端呈现高阻态,以便于和与其相连的总线隔离。

模拟信号的隔离与选通电路(多路模拟开关)比较复杂,要求开关接通时,开关两端电阻很小,而断开时此电阻很大,并希望对所传输的信号有良好的等值性和线性度,以减小传输失真,要求工作稳定性好,开关速度快,寿命长。

多路模拟开关是 CMOS 电路,它比晶体管式的导通电阻小且为线性电阻,传输非线性失真小,精度高,功耗低,但速度比晶体管式的慢。CMOS 多路模拟开关电路无残留电压,有的只能单向传输,有的可双向传输,有很小的导通电阻,很高的断开电阻,可以传输与输入信号幅度一致的全幅度信号。

CMOS 模拟开关品种繁多,广泛应用于计算机控制系统的信号的隔离与选通。由于篇幅所限,这里只介绍多路模拟开关。图 4.9 为几种多路模拟开关的引脚与功能图。

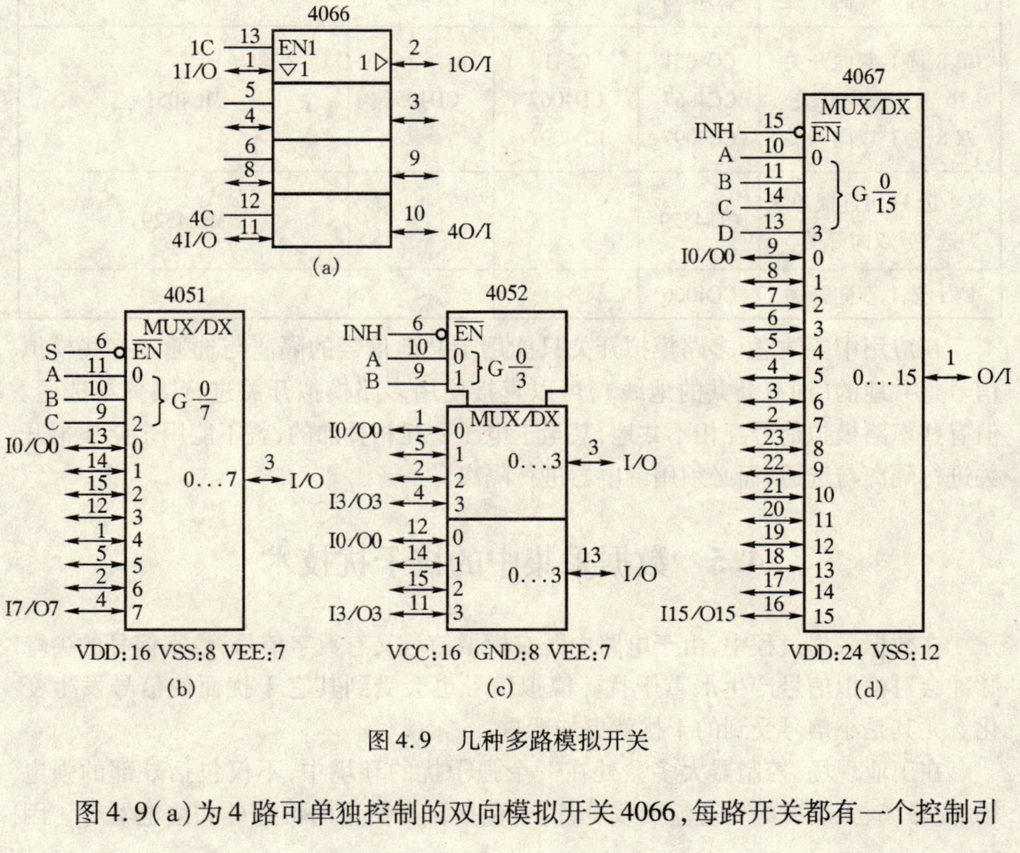

图 4.9　几种多路模拟开关

图 4.9(a)为 4 路可单独控制的双向模拟开关 4066,每路开关都有一个控制引

脚 ENX，当给该引脚加上高电平时，该路开关开通，给控制引脚加上低电平时，该路开关断开。图 4.9(b)为 8 选 1 双向模拟开关 4051。图 4.9(c)为双 4 选 1 双向模拟开关 4052。图 4.9(d)为 16 选 1 双向模拟开关 4067。以上各器件通道的选通由选通编码输入引脚 A、B、C、D 的码值决定。每种芯片都有允许控制端$\overline{EN}$。当$\overline{EN}$为低电平时才允许将所选通的输入端的数码输出到输出端，否则，输出端呈现高阻态，以便于和与其相连的总线隔离。

表 4.4 列出了可以互相代用的各种型号的多路模拟开关。

表中同一行中各型号的功能和管脚排列均相同，技术指标相近，可以互相代用。

表 4.4　可以互相代用的各种型号的多路模拟开关

名　称	国内型号	可代用的国产型号	RCA 公司型　号	MOTOROLA 公司型号
双 4 选 1 单向开关	CC4052	C542	CD4052	MC4052
三 2 选 1 单向开关	CC4053	C543	CD4053	MC4053
单 8 选 1 双向开关	CC4051	C541		
16 选 1 双向开关	CC4067	CD4067	CD4051	MC4051
双 8 选 1 双向开关	CC4097	CD4097		
双 4 选 1(可连成单 8 选 1) 双向开关	CCl4529			MCl4529
四 1 选 1 双向开关	CC4066	C544		

在应用中要注意，多路模拟开关只能用于共地信号的隔离与选通。有些模拟信号是共地的(即有公共的地线)，可以直接使用多路模拟开关进行隔离与选通。但有些多路模拟信号互相不共地，甚至于电压是互相叠加的，就不能用多路模拟开关进行隔离与选通，而必须用继电器进行隔离。

4.5　数据采集中的抗干扰技术

在数据采集过程中，由于电路中既有模拟信号又有数字信号，数字信号的尖峰脉冲会对模拟信号产生严重干扰。模拟信号也会受到其它干扰而使信号发生变化。尤其是小信号受到的干扰就更加严重。

在工业现场，控制器大多数处在一个强干扰的环境中，不仅包括外部的强电场、强磁场、大功率的交直流负载设备，还包括自身使用的可控硅和继电器等。因此在系统电路设计中，为了增强系统的可靠性、少走弯路和节省时间，应充分考虑并满足抗干扰性能的要求。

4.5.1　干扰因素与抗干扰基本方法

1. 干扰要素

干扰因素很多，但主要有以下三种，称之为干扰要素。

(1)干扰源

包括产生干扰的元件、设备或信号，用数学语言描述如下：du/dt、di/dt 大的地方干扰就大。如：继电器、电机、可控硅、高频时钟等都可能成为干扰源。自然因素，如雷电和宇宙射线等也是重要的干扰源。

(2)传播路径

指干扰从干扰源传播到敏感器件的通路或媒介。典型的干扰传播路径是通过导线的传导和空间的辐射。

(3)敏感器件

指容易被干扰的对象。如：A/D 转换器、D/A 转换器、单片机、数字 IC、弱信号放大器等。

因此抗干扰设计的基本原则是：抑制干扰源，切断干扰传播路径，提高敏感器件的抗干扰性能。

2. 抗干扰基本方法

在长期研究和实践过程中，人们设计了多种抗干扰方法，主要有硬件抗干扰、软件抗干扰、特殊抗干扰等技术和方法。抗干扰技术主要是针对干扰源的特点进行的。

(1)硬件抗干扰措施

①抑制干扰源。抑制干扰源就要尽可能地减小干扰源的 du/dt 或 di/dt。这是抗干扰设计中最优先考虑和最重要的原则，该问题的解决常常会起到事半功倍的效果。减小干扰源的 du/dt 主要是通过在干扰源两端并联电容来实现。减小干扰源的 di/dt 则是在干扰源回路串联电感或电阻以及增加续流二极管来实现。抑制干扰源的措施如下：

◆继电器线圈增加续流二极管，消除断开线圈时产生的反电动势干扰。如果仅增加续流二极管会使继电器的断开时间滞后，增加稳压二极管后继电器在单位时间内可动作更多的次数。同时在继电器接点两端并接火花抑制电路，减小电火花影响。

◆原则上每个集成电路芯片都配置一个 0.01 ~0.1 μF 的瓷片电容或聚乙烯

电容,它可以吸收高频干扰。电容引线不能太长,高频旁路电容不能带引线。

◆布线时避免90度折线,以减少高频噪声的发生。

◆可控硅两端并接RC抑制电路,减小可控硅产生的噪声。

◆电源进线端跨接100 uF以上的电解电容以吸收电源进线引入的脉冲干扰。

②切断干扰传播路径。按干扰传播路径可分为传导干扰和辐射干扰两类。所谓传导干扰是指通过导线传播到敏感器件的干扰。高频干扰噪声和有用信号的频带不同,可以通过在导线上增加隔离光耦或带阻滤波器来解决。所谓辐射干扰是指通过空间辐射传播到敏感器件的干扰,即指电磁场在线路和壳体上的辐射。由于现场计算机所处的环境干扰强烈,因此所有的信号线、控制线和通信线等均须采用屏蔽接地的措施。切断干扰传播路径的常用措施如下:

◆充分考虑电源对单片机的影响,电源做得好,整个电路的抗干扰就解决了一大半。许多单片机对电源噪声很敏感,要给单片机电源加滤波电路或稳压器,以减小电源噪声对单片机的干扰。

◆晶振的管脚与单片机的引脚尽量靠近,用地线把时钟区域隔离起来,晶振外壳接地并固定。

◆电路板合理分区,弱信号电路与强信号电路分开甚至隔离,交流部分与直流部分分开,高频部分与低频部分分开。

◆用地线把数字区与模拟区隔离,数字地与模拟地要分离,最后接于电源地。

◆单片机和大功率器件的地线要单独接地,以减小相互干扰。大功率器件尽可能放在电路板边缘,且在其近旁放置大容量电容滤波。

◆尽量缩短元器件相互之间的布线距离。尽量缩短高频信号的布线距离和区域,高频信号的输入、输出尽量靠近。尽量缩短与产生电磁干扰信号相关的布线距离。

◆模拟地线应尽量加粗,对于输入输出的模拟信号与单片机电路之间最好通过光耦进行隔离。

◆高速信号、微小信号的输入输出线采用屏蔽线,屏蔽层接地。用双股线减少低频波的耦合。

③提高敏感器件的抗干扰性能。是指从敏感器件这边考虑尽量减少对干扰噪声的拾取,以及从不正常状态尽快恢复的方法。提高敏感器件抗干扰性能的措施如下:

◆对于PSD和单片机闲置的I/O口,不要浮置,要通过电阻接地或接电源。其它IC的闲置端在不改变系统逻辑的情况下接地或接电源。

◆在速度能满足要求的前提下,尽量降低单片机的晶振和选用低速数字电路。

◆IC器件尽量直接焊在电路板上,少用IC座。

◆对于功率大和发热严重的器件,除保证散热条件外,还要注意放置在适当的位置。以免这些器件产生的温度场对其它脆弱的电路产生不利的影响。

(2)软件抗干扰措施

大量的干扰源虽不会直接造成硬件的损坏,但常常使系统不能正常工作。硬件方面的抗干扰措施并不能完全地避免干扰,例如在遇到输入状态判断有误、控制状态失灵以及程序跑飞时,更有效的是增加软件抗干扰措施。主要包括数字滤波、软件冗余、特殊中断保护、开关量输入输出的软件抗干扰、软件看门狗等。

①数字滤波。工业现场中各种各样的干扰信号会直接导致采样数据的失真,而采样结果的真实特性往往只能从统计的意义上来描述。在实际应用中必须根据不同信号的变化规律选择相应的滤波数字模型和算法。

②软件冗余。实际上系统的强干扰往往来源于系统本身,如被控负载的通断、状态变化等,这时开关量信号多是毛刺状,且作用时间很短。但是这种干扰是可预知的,为避免误判控制状态,在系统要接通或断开大功率负载时,暂停一切数据采集,键盘扫描等工作,待状态正常后再去进行后续操作。

③特殊中断保护。有些处理器有特殊中断保护功能,例如如果 CPU 执行一个非法操作码,引起 80C196KC 在 2010H 中断的发生。该中断矢量中含有处理错误代码的服务程序,以防止软件的崩溃。当程序跑飞时,有可能进入非程序区。针对这种情况,可在该区域设置软件陷阱,以拦截跑飞的程序,其方法是在非程序区全部写入 RST 指令,使程序重新进入初始入口。另外,在软件编程时,对于用不完的内存空间,可以用空操作指令填满,并设置一些跳转指令转到错误处理程序,帮助程序由软件错误中迅速地恢复。

④程序运行监视系统。即常说的“看门狗”。看门狗实际上是一个 16 位的计数器,当它启动后,每个状态周期其计数加 1,若在 64 K 个状态周期(12 MHz 晶振时约为 10.67 ms)内,没有通过指令清除它,则计数器溢出,使系统复位,重新初始化。单片机必须在 64 K 个状态周期内清零监视定时器,否则监视定时器将复位单片机,使它从头执行程序。

4.5.2　若干特殊滤波技术

1. 工频周期滤波技术

在工业现场,信号受工频交流电干扰比较大,这种工频干扰一部分来自电源,一部分来自电磁波,尤其是微弱信号所受的干扰更大。要采用工频周期滤波技术才能滤除这些干扰。该方法如下:

设一个采样器的 A/D 转换器是 12 位转换器 AD774,其转换时间是 8 μs,启动、转换、读取结果和保存结果等过程花费的时间约为 10 μs,再给 10 μs 的延时,则每点采样的总时间为 20 μs。一个工频(50 Hz)周期为 20 ms(20 000 μs),因此在一个工频周期内对一个选通的信号可采样点数为 20 000 μs /20 μs ＝1000。这样连续采样 1000 次的结果值,包括了一个完整工频周期内,由工频干扰产生的信号波动(扰动)。然后对这 1000 个数据进行算术平均。设 y 为平均值,X_i 为第 i 次采样值,则

$$y = \frac{1}{1000} \sum_{i=1}^{1000} X_i$$

虽然直流信号的变化很缓慢,但不排除偶然因素造成的一些脉冲,或超出正常幅度的特异信号,在现场用示波器观察信号波形,获得信号波形如图 4.10 所示。由图可见,在 20 ms 内,其信号为正常电平上叠加着一个工频信号,波动的范围为 ±0.5 mV,放大 1000 倍采样,波动的幅度为 ±0.5 V。对这种信号按算术平均值法能准确的反映有效信号的数值。但在实际中,有可能某些情况下有偶然因素使信号发生畸变而产生扰动。对 AD774 按 10 V 输入为满幅值,转换后 12 位数据输出时,其对应关系为4 096/10,则每 0.5V 对应值约为 205,这个数值就是特异点的偏差阈值,考虑到信号的波动性,计算中使用的阈值 $\triangle Ym$ 略大于 205 即可。本例中 $\triangle Ym$ 的初始取值为 220。因此在求得采样数据均值 y 值后,将 y 与每次采样值 X_i 再比较一次。求其绝对差 $\triangle Y = |Y - X_i|$,当 $\triangle Y > \triangle Ym$ 时,认为该点为特异点。

从累计数 $S = \sum_{i=1}^{1000} X_i$ 中减去该特异点值 X_i 得新的累加值 S_{new},再对 S_{new} 求均值 $Y_{new} = \frac{S_{new}}{999}$。有几个特异点,需从 S 中减去几个数值,再对剩余的有效数求均值即可。

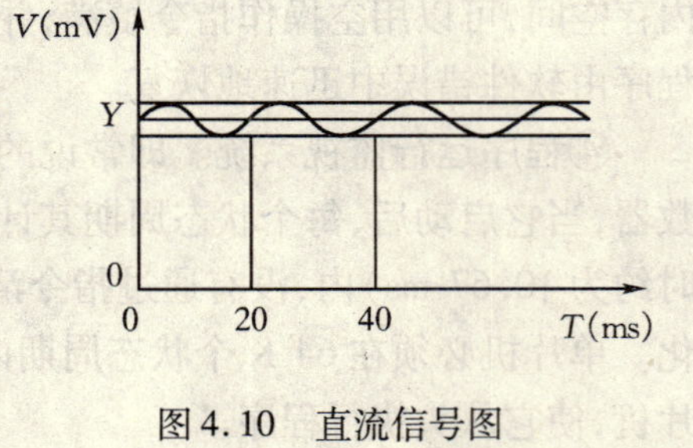

图 4.10　直流信号图

其计算步骤为:

$$S = \sum_{i=1}^{1000} X_i, Y = \frac{S}{1000}$$

$$\triangle Y_i = |Y - X_i|$$

当 $\triangle Y_i$ 大于规定的数值就认为是特异点,特异点通常是由强大的电磁干扰造成的,特异点的数值 X_i 不能参与平均,要从数据累加和中减去。若共减去 n 个 X_i,则最终均值为:

$$Y = \frac{S_{new}}{1000 - n}$$

式中 S_{new} 是从累加值 S 中减去所有特异点值的结果。

现场实测表明,一次采样的 1000 个点中,特异点只有很少几个。如果得到的

特异点很多,就要检查附近有没有高频噪声源,如果经信号仪测试,没有足以影响采样的高频噪声源,且示波器显示的信号噪点很少,就要根据实际情况修改计算用的特异点信号阈值。如果附近有高频噪声源,信号噪点很多,就要根据噪点的偏差特点采取另外的滤波算法。

上边介绍的工频周期采样平均值再加上特异点滤除的滤波方法既考虑了信号的基本特征(用平均值法实现),又去除了大于工频干扰的其它脉冲干扰或激励干扰(用消去法实现)使得数据能准确反映工作参数。经多处现场运行,效果良好。

2. 信号馈送过程中的抗干扰技术

传感器或者一次仪表的输出信号要么是毫伏(mV)级电压信号,要么是mA级电流信号。对输出mA级电流信号的采样,其信号馈送有两种方式,以发电厂水分析一次仪表为例,见图4.11。

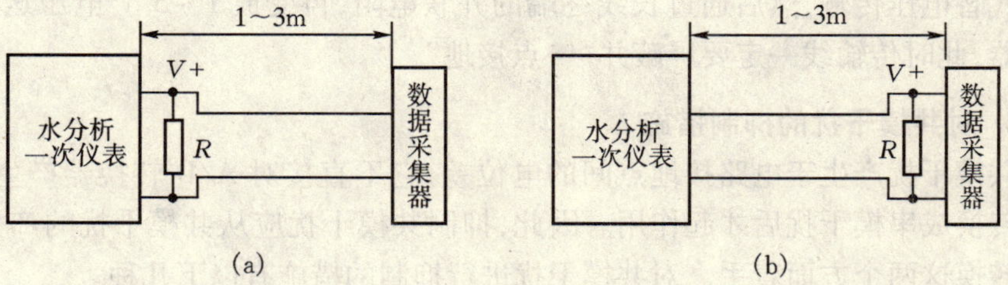

图4.11　信号馈送

①在每只仪表信号输出端上加上一只取样电阻 R,使其输出电流直接从 R 上泄放,而从 R 两端取得信号电压,再馈送到数据采集器,如图4.11(a)所示。其特征是信号传输电流极小(几微安)。

②用绝缘信号电缆将输出信号直接连接到数据采集器输入端。在信号采集器内部加上取样电阻,进行取样,如图4.11(b)所示。其特征是:信号传输时带有较大的电流(毫安级)。

③分析和试验表明:第2种方式的抗干扰能力明显优于第1种。信号采集结果显示,其数据比较稳定,特异点明显减少。其原因是水分析仪表所处环境电磁干扰非常大。尽管采用绝缘电缆进行信号传输,但信号线上还是不可避免地产生了较大的感应电势,从而产生了干扰电流。对电流极小的信号传输来说,这个干扰电流的影响就比较大,信噪比太小。而对有较大电流的信号传输,其影响就明显减小,其信噪比就大得多,从而有较好的信号质量。因此应该选取第2种信号馈送方式。

4.5.3　A/D 转换过程中的抗干扰技术

A/D 转换器在将各物理量转换成数字量时,会遇到被测信号小而干扰噪声强的情况，干扰来自设备预热、温度变化、接触电阻、引线电感、接地，也来自前级或电源。进入 A/D 转换器的干扰从形态上可分为串模干扰噪声和共模干扰噪声。

1. 对串模干扰的抑制措施

串模噪声是和被测信号叠加在一起的噪声，可能来源于电源和引线的感应耦合，其所处的地址和被测信号相同。抑制串模干扰的方法有以下几种。

①采用积分式或双积分式的 A/D 转换器。其转换原理是平均值转换，瞬间干扰和高频噪声对转换结果的影响很小。

②同步采样低通滤波法可滤除低频干扰，例如 50 Hz 工频干扰。做法是先测出干扰频率，然后选取与此频率成整数倍的采样频率进行采样，并使两者同步。

③将转换器做小，直接附在传感器上，以减小线路干扰。

④用电流传输代替电压传输。传感器与 A/D 相距甚远时易引入干扰，用电流传输代替电压传输，然后通过长线终端的并联电阻，再变成 1 ~ 5 V 电压送给A/D 转换器，此时传输线一定要屏蔽并"一点接地"。

2. 对共模干扰的抑制措施

共模干扰产生于电路接地点间的电位差，它不直接对 A/D 转换器产生影响，而是转换成串模干扰后才起作用。因此，抑制共模干扰应从共模干扰的产生和向串模转换这两个方面着手。对共模干扰进行抑制的措施有以下几种。

①浮地技术降低共模电流。采用差动平衡的办法能减少共模干扰，但是难以做到完全抵消，浮地技术的实质是用隔离器切断了地电流，此时设备对地的绝缘电阻可做到 103 ~ 105 MΩ，如图 4.12 所示。

②采用屏蔽法改善高频共模干扰。当干扰信号的频率较高时，往往因为两条传送线的分布电容不平衡，导致共模干扰抑制差。采用屏蔽防护后，线与屏蔽体的分布电容上不再有共模电压。这里需要注意的是屏蔽体不能接地，也不能与其它屏蔽网相接。

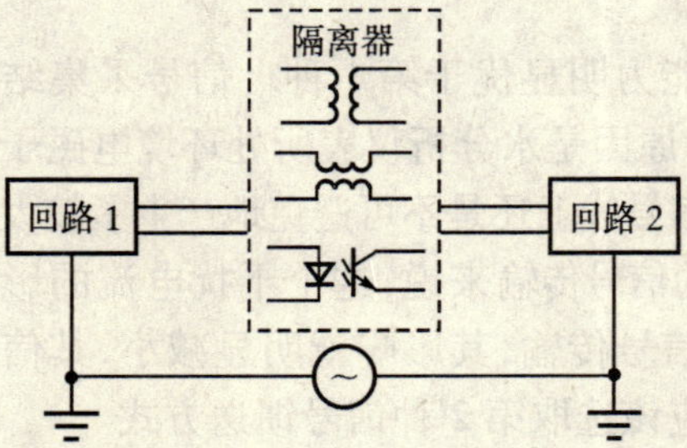

图 4.12 隔离(浮地)抵制共模干扰

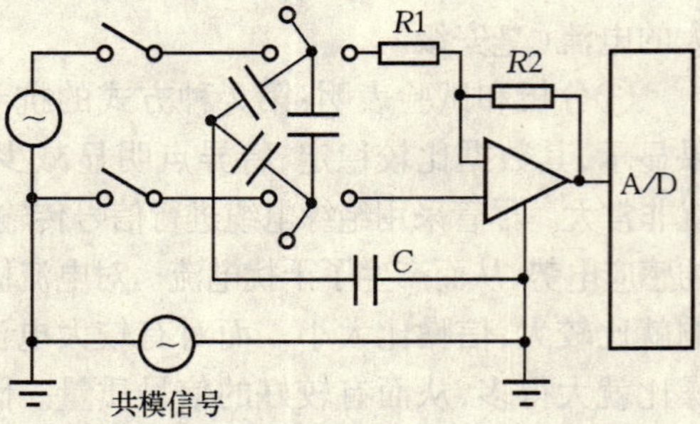

图 4.13 电容记忆法

③电容记忆法改善共模干扰。A/D 转换器的工作在脱开信号连线的情况下

进行,A/D 所测的是存储在电容器上的电压,只要电路对称,就不受共模干扰的影响,如图 4.13 所示。

3. 采用光耦合器解决 A/D、D/A 转换器配置引入的多种干扰

在工业现场计算机控制系统中,主机和被控系统相距较远,A/D 转换器如何配置是一个大问题,若将 A/D 转换器和主机放在一起,虽然便于计算机管理,但模拟量传输线太长,造成传输距离过长,引起分布参数和干扰影响增加,对有用信号的衰减比较大。若将 A/D 转换器和控制对象放在一起,则存在因数字量传送线过长而对管理 A/D 转换器命令的数字量传送不利的问题。这两种情况都是因为传送线的匹配和公共地造成了共模干扰的原因。若将 A/D 转换器放于现场,经过两次光电变换将采集的信号经 I/O 接口送到主机,主机的命令由 I/O 再经两次光电变换送到 A/D 转换器,两次光电变换分别在数字量传送的两侧。这时整个系统有三个地:主机和 I/O 转换器共微机地,A/D 转换器和被控对象共现场地,传送数字信号的传输线单独使用一个浮地。光耦合器切断了两边的联系,减小了共模干扰,而且由于其单向性,夹杂在数字信号中的其它非地电流干扰因其幅度和宽度的限制,不能有效地进行电—光转换,因而得到有效的抑制。这种方法还有效地解决了长线的驱动和阻抗匹配问题,保证了可靠性,即使在现场发生短路故障,光耦合器也能隔离 500V 的电压,从而保护了计算机。由于浮置,还可用普通的扁平线代替昂贵的电缆。

4.6　D/A 转换技术与应用电路

由于在学习模数转换器 A/D 工作原理时要用到数模转换器 D/A 的知识,因此本书将 D/A 转换器安排在 A/D 转换器之前进行介绍。D/A 转换器就是将二进制数字量转换成与其数值成正比的电流信号或电压信号的器件。在许多情况下,控制系统中的受控设备要求输入的控制信号是电压信号或电流信号(模拟量),而计算机输出的是数字量,因此必须将这些数字量转化为模拟量,才能实现对设备的有效控制。要对模拟设备(要求输入模拟量的设备)进行控制,例如自动机床,汽车、飞机、舰艇上的自动控制仪器,其输出的驱动信号中有些是开关量,有些必须是模拟量如电压或电流,用于驱动执行机构。这些控制器就必须有 D/A 转换器,以便把智能单元所确定的某一数字量输出转换为模拟量输出。D/A 转换器又简称为 DAC(digit analogue converter)。DAC 的种类很多,按输入至 DAC 的数字量的位数分,有 8 位、10 位、12 位、14 位、16 位等;按输送至 DAC 的数码形式分,有二进制码和 BCD 码输入等 DAC;按传输数字量的方式分,有并行的和串行的 DAC 两类;按转换器速度,有低速和高速之分;按输出极性划分,有单极性输出和双极性输出两种;按工作原理,可分为权电阻型和 R－2R 电阻网络型;从 DAC 与计算机接口的角度出发,DAC 又可分为有输入锁存器和没有锁存器两类。

下面介绍 DAC 的工作原理、性能、指标,常用 DAC 芯片及其与计算机的接口技术。

D/A 转换的基本原理是按二进制数各位代码的数值,将每一位数字量转换成相应的模拟量,然后将各模拟量迭加,其总和就是与数字量成正比的模拟量。其基本电路由 4 部分组成:参考电源、电阻网络、电子转换开关和运算放大器。根据电路结构的不同,DAC 分为两种类型,一类是 T 形电阻网络的 DAC, 另一类是权电阻型的 DAC。同样位数的 DAC,权电阻型的 DAC 的转换速度约为 T 形电阻网络 DAC 的 5～10 倍,二者精度相同。

4.6.1　*R*－2*R*T 形电阻网络型 DAC 的工作原理

R－2*R* 电阻网络型 DAC 也称为 T 形电阻 DAC。是因为其电原理图中的电阻配置看起来像一个 T 字,其两肩上各有一个电阻,立柱上也有一个电阻,形如 T 字。这是一种电流输出型 DAC。图 4.14 是这种四位 DAC 的电原理图。由于在正常工作范围,运算放大器 *A* 总是处于线性区,因此图中 *M* 点和 *N* 点的电位相同,都等于地电位,即其电压都是 0V。这样不管数字开关($K_3 \cdots K_0$)与哪一边接通,从 V_{ref}经过电阻流到地的电流在同一个开关处都是一样大的(当然不同开关处的电流是不一样大的)。这种 T 形电阻网络的 DAC 的最大特点是,从 A_3、A_2、A_1、A_0 四个点无论哪个点向地看,其对地的电阻值都是 *R* 那么大。从而导致了其电流的分配完全与加载在数字开关 K_X 上的数位的权重成正比。

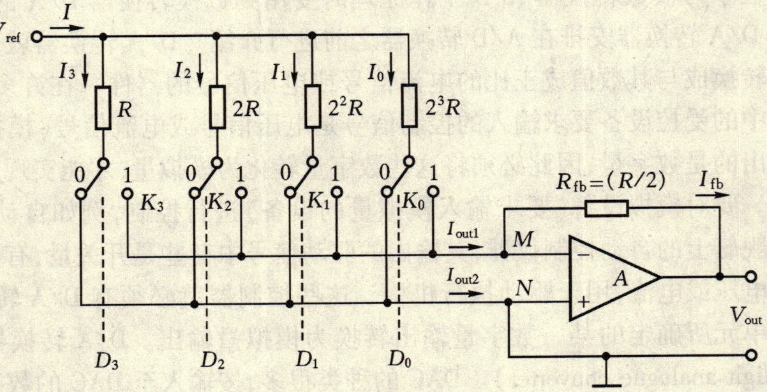

图 4.14　*R*－2*R*T 形电阻网络 DAC 电原理图

图 4.14 中各部分意义如下：

参考电压 V_{ref}：提供把数字量转换成相应模拟量的参考电压，也可称之为基准电压。

电阻网络：又称解码网络，是 DAC 的关键部件。（有多种形式的电阻网络：$R-2R$T形电阻网络，加权电阻网络，树形开关电阻网络等）。图 4.16 为 $R-2R$T 形电阻网络，具有 4 位数字量输入。它由相同的环节组成，从 A_3、A_2、A_1、A_0 的每个节点向右看，都是两个 $2R$ 电阻相并联，所以每个 $2R$ 电阻上的电流从左向右以 1/2 的系数递减。由于这种电阻网络结构简单，易于集成，所以为大多数 DAC 所采用。

从图可知，$I_4=I_0+I_g$，I_0 和 I_g 都是经过同样阻值的电阻 $2R$ 流到地，从 A_1 点向右看，A_1 点对地的电阻为 $R+\dfrac{2R\cdot 2R}{2R+2R}=R+R=2R$，从 A_1 点向下看，A_1 点到地的电阻也是 $2R$，所以可知，由 A_1 点向右的电流 I_4 等于由 A_1 点向下的电流 I_1。同理可得，$I_6=I_3$，$I_5=I_2$。

电子转换开关 $K_3\sim K_0$ 是受输入数字量控制的，它控制解码网络每个支路电流的流向。当某位输入数字量为 1 时，转换开关与 1 接通，该支路电流流向 M 端；该位输入数字量为 0 时，转换开关与 0 接通，该支路电流流向 N 端（地）。由于该电阻网络从参考电压 V_{ref}点向右看，其对地的等效电阻为 R，因此从 V_{ref}流入电阻网络的总电流 I 及各节点的分支电流分别为

$$I=V_{ref}/R$$

$$I_3=I/2=V_{ref}/2R=2^3(V_{ref}/2^4R)$$

$$I_2=I_6/2=I_3/2=2^3(V_{ref}/2^4R)/2=2^2(V_{ref}/2^4R)$$

$$I_1=I_5/2=I_2/2=2^2(V_{ref}/2^4R)/2=2^1(V_{ref}/2^4R)$$

$$I_0=I_4/2=I_1/2=2^1(V_{ref}/2^4R)/2=2^0(V_{ref}/2^4R)$$

流向 M 的总电流为 I_{out1}

$$I_{out1}=(D_3\cdot 2^3+D_2\cdot 2^2+D_1\cdot 2^1+D_0\cdot 2^0)(V_{ref}/2^4R)$$

$$=D(V_{ref}/2^4R)\text{，此处 } D=D_3\cdot 2^3+D_2\cdot 2^2+D_1\cdot 2^1+D_0\cdot 2^0$$

对于具有 n 位数字量输入的网络，其转换公式为

$$I_{out1}=D(V_{ref}/2^nR)\ (D=D_{n-1}\cdot 2^{n-1}+\cdots+D_1\cdot 2^1+D_0\cdot 2^0)$$

由此可见，输出电流 I_{out1}与参考电压 V_{ref}成正比。也可以看出，$I_{out1}+I_{out2}=I$。

运算放大器 A 和基准电压 V_{ref}是外接的。设运算放大器 A 为理想运算放大器（开环增益为无限大，输入阻抗无限大），那么可以认为 M 点与地同电位，即 M 点是虚地。

如果认为运算放大器 A 为理想运算放大器，可以忽略其输入电流，则流过反馈电阻 R_{fb}的电流 I_{fb}就等于 I_{out1}。在该集成电路制作过程中，使反馈电阻 R_{fb}等于 T 形电阻网络的等效电阻 R（也就是电阻网络中的一个电阻 R，对 DAC0832 和

AD7524, $R=10\text{k}\Omega$)。根据运算放大器的特点,可知输出电压为

$$V_{out}=-I_{fb}R_{fb}=-I_{out1}R_{fb}=-D(V_{ref}/2^nR)R_{fb}$$
$$=-V_{ref}D/2^n \tag{4.3}$$

式中 $D=D_{n-1}\cdot 2^{n-1}+\cdots+D_1\cdot 2^1+D_0\cdot 2^0$。

由式(4.3)可知,模拟量输出 V_{out} 与基准电压 V_{ref} 成正比,与 V_{ref} 的极性相反,当 V_{ref} 改变符号(极性)时,V_{out} 也改变极性。

$K_{n-1},\cdots,K_2,K_1,K_0$ 的导通电阻是阻值很小的欧姆电阻(符合欧姆定律),而断开时电阻很大。基准电压 V_{ref} 直接影响 DAC 的精度。因此要求 V_{ref} 波纹小于 1%,在靠近 DAC 的基准电源引脚处有高频滤波电容对 V_{ref} 滤波,电容值一般为 0.01μf 左右。

属于这类 DAC 的有 8 位 DAC083X 系列(DAC0830, DAC0831 和 DAC0832),12 位 DACl208、DACl230 等。

由式(4.3)可知,图 4.16 的 DAC 的输出 V_{out} 的绝对值 $|V_{out}|$ 等于 V_{ref} 与 $D/2^n$ 的乘积。并且 V_{ref} 可正可负也可为零。因此,图中的 T 型电阻 DAC 也称为乘法 DAC。

4.6.2 权电阻型 DAC 的工作原理

图 4.15 是权电阻型 DAC 的电原理图,设图中 A 为理想运算放大器,则其同相输入端与反相输入端同电位(为地电位)。图中的电流 I 是由 V_{ref} 通过所有电阻(图中的 R、$2R$、2^2R、2^3R)流入地的电流之和,由于所有这些电阻的等效电阻为定值,所以在 V_{ref} 为定值时,I 也是定值。$I=I_{out1}+I_{out2}$。

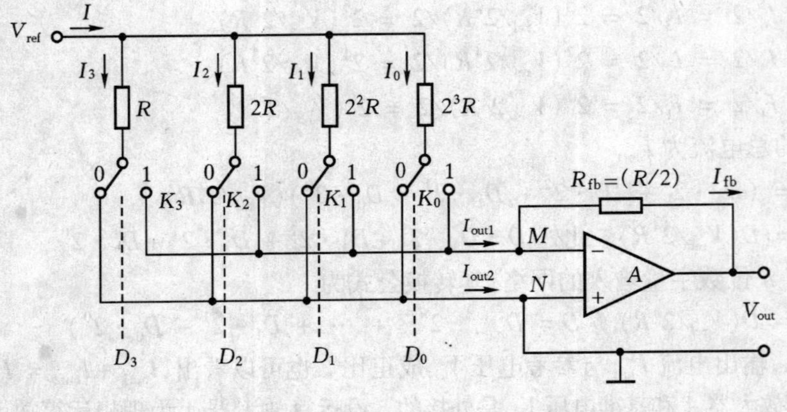

图 4.15　权电阻型 DAC 的电原理图

因为各支路上的电阻值与对应的数据位的权重成正比,因此称其为权电阻型 DAC。图中各支路中的电流如下:

$$I_0 = V_{ref}/2^3R$$
$$I_1 = V_{ref}/2^2R$$
$$I_2 = V_{ref}/2R$$
$$I_3 = V_{ref}/R$$

从上边公式可见,从 I_0 到 I_3,各支路上的电流呈几何级数增大,和与其对应的数据 D_0 到 D_3 的权重一致。

从 I_0 到 I_3 的电流归于 I_{out1} 还是 I_{out2} 取决于电子开关 K_3 到 K_0 与 M 点接通还是与 N 点接通,电子开关 $K_3 \sim K_0$ 是受输入数字量 $D_3 \sim D_0$ 控制的,它控制每个支路电流的去向。当某位输入数字量为 1 时,转换开关与 M 接通,该支路的电流归于 I_{out1},该位输入数字量为 0 时,转换开关与 N 接通,该支路的电流归于 I_{out2}。

其它分析与 $R-2R$ 电阻网络 DAC 的分析相同,不再赘述。

4.6.3　DAC 的性能指标

DAC 主要有以下性能指标:

◆满量程。如果是电流输出,满量程用 IFS 表示,如果是电压输出,用 VFS 表示。满量程是输入数字量全为 1 时的模拟量输出。它是个理论值,可以趋近,但永远达不到。从公式 4.3、4.4 和 4.5 中可见,当数字量 $D_n \sim D_0$ 全为 1 时,

$$D = D_{n-1}2^{n-1} + D_{n-2}2^{n-2} + \cdots + D_1 2^1 + D_0 2^0$$
$$= 2^{n-1} + 2^{n-2} + \cdots + 2^1 + 2^0 = 2^n - 1$$

与公式 4.3 中分母上的 2^n 相比,$(2^n-1)/2^n = 1-1/2^n$,二者相比,总有 $1/2^n$ 的误差。

◆分辨率。分辨率是 DAC 输入数字量变化 1 个 LSB,DAC 输出模拟量的变化量。它取决于转换器的位数和转换器满刻度值 VFS。分辨率等于满量程 VFS 的 $1/2^n$。

有时也用 DAC 的位数表示分辨率。8 位、10 位、12 位 DAC 的分辨率分别为 $VFS/2^8$、$VFS/2^{10}$、$VFS/2^{12}$,这里 VFS 为满量程,称它们的分辨率分别为 8 位、10 位、12 位。分辨率也可以用满量程的百分数表示。表 4.5 给出了 8 位、12 位 DAC 的分辨率的表示方法及一个 LSB 所对应的模拟量的变化量。

表 4.5　输入数字量变化 1 个 LSB 所对应的模拟量变化

位数	全量程的分数	全量程的百分数	5V 量程	10V 量程
8	1/256	0.391%	19.5 mV	39.1 mV
12	1/4 096	0.024 4%	1.22 mV	2.44 mV

◆非线性(线性度)。非线性也称为线性度或非线性误差,用它来说明 D/A 转

换器的直线性的好坏。它是在 D/A 转换器的零点调整好(使 $D=00H$ 时,模拟量输出为零)和增益调整好后,实际的模拟量输出电压(V)与理论值之差,如图 4.16 所示。非线性可以用百分数或位数表示。例如,±1% 是指实际输出值与理论值之偏差在满刻度的 ±1% 以内。

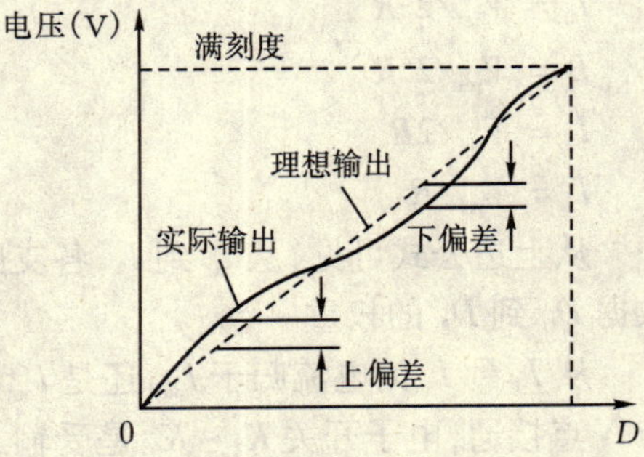

图 4.16　D/A 转换器的非线性误差

◆相对精度。相对精度是指在满刻度已校准的情况下,在整个刻度范围内,对应于任一输入数码的模拟量输出与它的理论值之差。有两种表示相对精度的方法,一种用数字量的最低有效值 LSB 表示,另一种用该偏差相对满刻度的百分比表示。

◆绝对精度(简称精度)。绝对精度指对应于满刻度的数字量,DAC 的实际输出与理论值之间的误差。绝对精度是由 DAC 的增益误差、零点误差(数字量输入为全 0 时 DAC 的输出)、非线性误差和噪声引起的。绝对精度应小于 $1/2^n$,即 1LSB(1LSB 即最低有效位)。

◆建立时间。建立时间是指先前输入的数字量为满刻度(例如 FFH + 01H)并已转换完成,输出为满刻度,从此时起,再输入一个新的数字量,直到输出达到该数字量所对应的模拟量所需的时间,建立时间即 D/A 转换时间。电流输出型 DAC 建立时间短,电压输出型 DAC 的建立时间主要决定于运算放大器的过渡过程。

◆温度系数。温度系数是指在规定的温度范围内,温度每变化 1 ℃时 DAC 的增益、线性度、零点等参数的变化量。它们分别称为增益温度系数、线性度温度系数等。

4.6.4　DAC0832 及其与计算机的接口

DAC0832 是一款常用的有代表性的 8 位 D/A 转换器,属于典型的 $R-2R$T 形电阻网络结构。

1. DAC0832 的主要性能

◆输入的数字量为 8 位,能直接与 8 位微处理器或外总线设置为 8 位的 16 位微处理器相连。

◆采用 CMOS 工艺,所有引脚的逻辑电平与 TTL 兼容。

◆数字量输入可以采用双缓冲、单缓冲或直通工作方式。

◆电流稳定时间:1 μs。

◆非线性误差:0.2% FSR(满量程)。

◆单一电源,5~15 V,功耗20 mW 。

◆参考电压:-10~+10 V。

2. DAC0832的结构特点

图4.17是集成D/A转换芯片DAC0832(及DAC0830和DAC0831)的内部结构图,图4.18是其引脚图。其内部由一个8位输入寄存器、一个8位DAC寄存器、一个8位D/A变换器和有关控制逻辑电路组成,其中的8位D/A变换器是$R-2R$T形电阻网络式的。这种D/A变换器在改变基准电压V_{ref}的极性后输出极性也改变。所有输入均与TTL电平兼容。

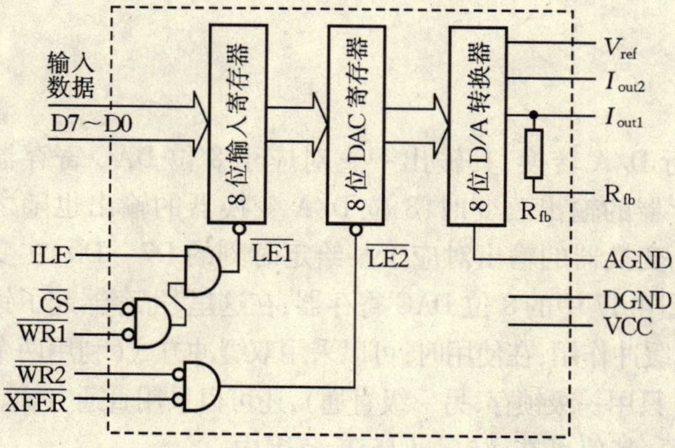

图4.17　DAC0832内部结构图

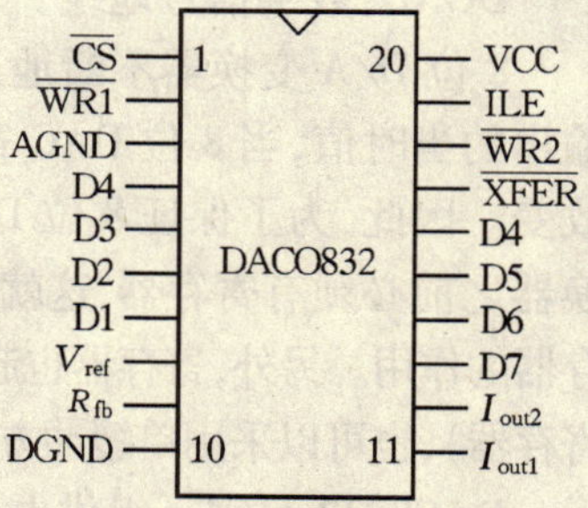

图4.18　DAC0832引脚图

图4.17和图4.18中,I_{out1}和I_{out2}是电流输出脚。$\overline{LE1}$和$\overline{LE2}$分别为两个寄存器的锁存端。当$\overline{LE1}$或$\overline{LE2}$等于1时,数据进入8位输入寄存器并从其输出端输出,当$\overline{LE1}$或$\overline{LE2}$下跳等于0时,输出给D/A转换器的数据被锁存。

DAC0832采用20个引脚的双列直插式封装。各引脚功能如下:

D7~D0:8位数据量输入引脚,TTL电平。

ILE:数据输入允许,高电平有效。

$\overline{CS}$:片选信号,低电平有效。

$\overline{WR1}$:输入寄存器写信号。当ILE、$\overline{CS}$、$\overline{WR1}$同时有效(ILE=1,$\overline{CS}=\overline{WR1}=0$)时,内部控制信号$\overline{LE1}$有效($\overline{LE1}=1$),允许数据D进入输入寄存器并从其输出端输出Q,Q=D。当ILE=0或$\overline{CS}$和$\overline{WR1}$之一为1(或两者均为1)时,$\overline{LE1}$下跳为0,则数据被锁存于输入寄存器,其输出端输出Q值为下跳前的输入数字量D。实现输入数据的第一级缓冲。

$\overline{\mathrm{WR2}}$:DAC 寄存器写信号。当$\overline{\mathrm{WR2}}$和$\overline{\mathrm{XFER}}$均有效($\overline{\mathrm{WR2}}=\overline{\mathrm{XFER}}=0$)时,LE2有效($\overline{\mathrm{LE2}}=1$),输入寄存器的数据进入 DAC 寄存器,当$\overline{\mathrm{WR2}}$与$\overline{\mathrm{XFER}}$中有一个或两者均为 1 时,$\overline{\mathrm{LE2}}$下跳为 0,则数据被锁存于 DAC 寄存器,实现输入数据的第二级缓冲,并开始 D/A 转换。经过 1 μs 后在输出端建立稳定的电流输出,一般还须外接运算放大器才能进一步利用。

$\overline{\mathrm{XFER}}$:数据传送控制信号。控制从输入寄存器到 DAC 寄存器的内部数据传送。

V_{ref}:参考电压输入端。V_{ref}可为正也可为负,其电压范围为 -10 ~ +10 V。

VCC:供电电压正极。其值为 +5 ~ +15 V,典型值是 +15 V。

R_{fb}:反馈电阻引出端,DAC0832 内部已经集成有反馈电阻,所以 R_{fb} 可直接接到外部运算放大器的输出端,这样就相当于一个反馈电阻接在运算放大器的输入端和输出端。

AGND:模拟信号地线。

DGND:数字信号地线。

8 位 D/A 变换器不断地进行 D/A 转换,其输出一直对应于 8 位 DAC 寄存器输出的当时值,当 8 位 DAC 寄存器的输出改变时,8 位 D/A 变换器的输出也随之改变。因此,为了保证 8 位 D/A 变换器的输出对应于某给定时刻的 D7 ~ D0,在变换器之前必须有寄存器,这就是图 4.17 中的 8 位 DAC 寄存器,在这里,寄存器起了锁存器的作用。另外,寄存器也起了缓冲作用,在使用时,可以采用双缓冲方式(利用两个寄存器),也可以采用单缓冲方式(只用一级锁存,另一级直通),还可以采用直通方式。

DAC0832 只需一组供电电源,其值可在 +5 ~ +15 V 范围内。

DAC0832 的参考电压 $V_{ref}=-10\sim+10$ V,因而可以通过改变 V_{ref}的符号来改变输出极性。欲使输出为正,V_{ref}须接负电压,反之接正电压。但 AD1408 等转换器的模拟输出电压只能是一个方向,因为其参考电压极性不能改变。

3. DAC0832 与微机的接口电路

图 4.19 是 DAC0832 在微机控制下实现模拟量输出的电路,图中的数据输入为单缓冲。图中的$\overline{\mathrm{WR2}}$和$\overline{\mathrm{XFER}}$引脚接地,这样 DAC 寄存器处于常通状态。就只有输入寄存器这一级缓冲,因此按此接法为单缓冲方式。如果需要数据直通方式,必须将本图中 DAC0832 的$\overline{\mathrm{WR1}}$直接接地,这样输入数据 D7 ~ D0 就直接通过 DAC0832 中的前两个寄存器进入第三个寄存器(D/A 转换寄存器)进行转换。如果需要双缓冲方式,必须将本图中 DAC0832 的$\overline{\mathrm{XFER}}$接至微机输出的一根地址线上,而将$\overline{\mathrm{WR2}}$与微机的$\overline{\mathrm{WR}}$相连,这样输入数据 D7 ~ D0 就必须经过地址不同的两级缓冲寄存器,才能进入第三个寄存器(D/A 转换寄存器)进行转换。

对于图 4.19 的电路,计算机数据口每送出 8 位数字量,在运算放大器的输出端将得到一个与参考电压(负电压)极性相反的电压输出(正电压输出)。

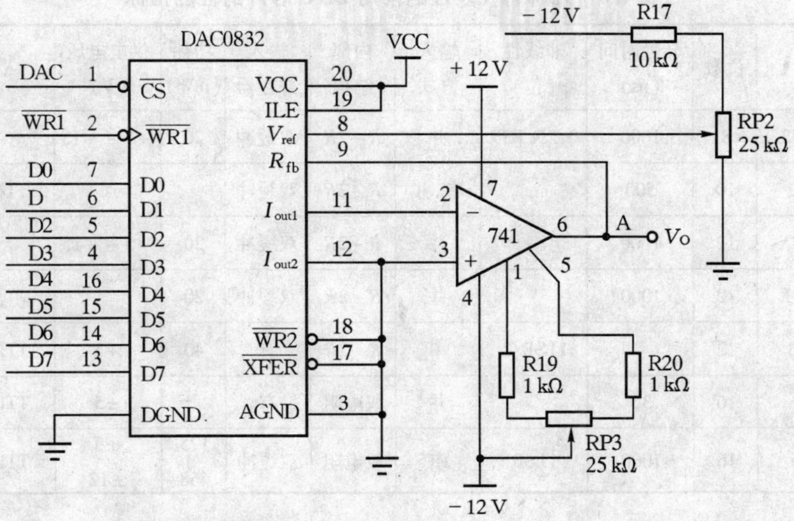

图 4.19　DAC0832 的接口电路

DAC0832 对执行时序也有一定的要求，首先$\overline{WR}$选通脉冲应有一定的宽度，一般要求大于等于 500 ns。当取 VCC = +15 V 典型值时，$\overline{WR}$宽度只要大于等于 100 ns 就可以了，此时器件处于最佳工作状态，再就是数据输入保持时间应不小于 90 ns。在满足这两个条件时，转换电流建立时间为 1 μs。当 VCC 偏离典型值时，要注意满足转换时序要求，否则不能保证正确转换。

在图 4.19 中，因为引脚 V_{ref} 接负电源，则 V_O 便为正电压。在 DAC0832 的供电引脚 VCC =5 V 的情况下，如果要使输出电压 V_O 范围为 0 ~ 10 V，则在不改变其他接线电压的情况下，将 V_{ref} 接 −10V 即可。由于 DAC0832 为 8 位 D/A 转换器，很适合与数据线为 8 位的单片机接口，在实用中也大多用于单片机控制的系统中。

4.6.5　8 位以上 DAC 及其与微机的连接

当要求分辨率更高，精度更高时，8 位 DAC 已不能满足要求，须用 10 位、12 位甚至 16 位 DAC。这类器件的品种很多，它们的性能、价格相差很大，各有特点。表 4.6 列出了几种有代表性的常用 DAC 芯片的性能指标。DAC120X 系列是美国国家半导体公司的产品，它包括 DAC1208、DAC1209 和 DAC1210 这三个型号。这三个型号的内部结构、工作原理、引脚功能排列和用法完全相同，它们的差别仅在于精度不同。与 DAC120X 类似，DAC123X 包括 DAC1230、DAC1231 和 DAC1232 三个型号，120X 和 123X 各型号的精度见表 4.7。

表 4.6 几种有代表性的常用 DAC 芯片的性能指标

型号	位数	转换时间 (ns)	非线性 (位)	输入方式	内部结构	输入寄存器	功耗 (mW)	供电电压 (V)	输入电平
DAC0832	8	1000	0.2% FSR	并	$R-2R$	双缓冲	20	+5 ~ +15	TTL
AD7522	10	500		串,并	$R-2R$	双缓冲			TTL,CMOS
DAC120X	12	1000		并	$R-2R$	双缓冲	20	+5 ~ +15	
DAC123X	12	1000		并	$R-2R$	双缓冲	20		TTL
AD7543	12		1LSB/2	串	$R-2R$	有	40	+5	TTL,CMOS
AD768	16	35		并	权电阻	有		±5	TTL,CMOS
PCM56	16	1000	1LSB	串	权电阻	双缓冲	175 468	±5 ±12	TTL,CMOS

表 4.7 DAC12XX 各型号精度

精 度	型 号	
0.012%	DACl208	DACl230
0.024%	DACl209	DACl231
0.05%	DACl210	DACl232

DACl20X 和 DACl23X 的工作原理和基本结构相同,都是 $R-2R$ 电阻网络 DAC,它们都是单一供电 +5 ~ +15 V。虽然它们都是双缓冲结构,但输入级结构不完全相同,这使 DACl20X 既可直接与 8 位总线又可直接与 16 位总线相连。而 DACl23X 只可与 8 位总线相连,DACl20X 和 DACl23X 的逻辑输入均与 TTL 电平兼容。

1. DACl20X 及其与微机的接口

DACl208(及 DACl209、DACl210)由 8 位输入锁存器、4 位输入锁存器、12 位 DAC 寄存器、12 位乘法 DAC 及控制逻辑组成。图 4.20 是它的内部结构图。图 4.21是 DACl208 (及 DACl209、DACl210)的引脚排列图。

D11 ~ D0 是 12 位数据输入线。D11 是最高位,D0 是最低位。其中 D11 ~ D4 是高 8 位,D3 ~ D0 是低 4 位。

LEX($\overline{LE1}$,$\overline{LE2}$,$\overline{LE3}$)是输入锁存端,当$\overline{LE1}=1$ 时,锁存器的输出 Q 跟随输入 D。在 LEX 下跳时输入数据 D 被锁存在输出端,在低电平(LEX = 0)期间,其输出不随 D 的变化而变化,一直保持不变,直到 LEX 再次变高。

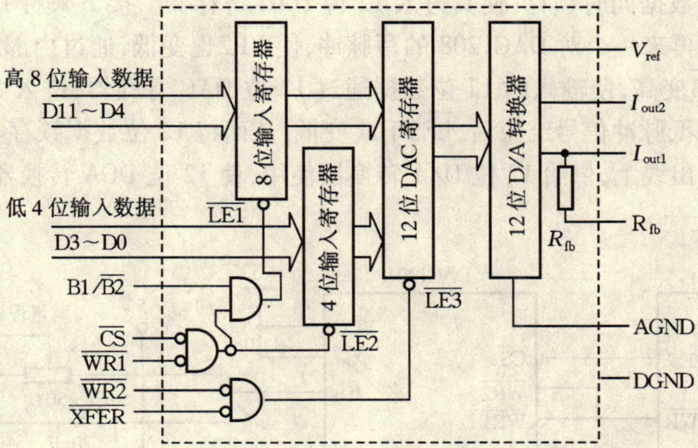

图 4.20　DAC120X 内部结构图

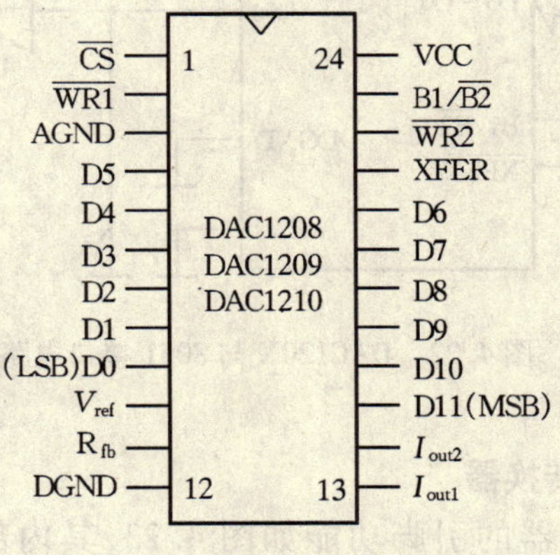

图 4.21　DAC120X 引脚图

在向 DACl208 写数据时可分两步。第一步把高 8 位写到“8 位输入寄存器”并锁存，再把低 4 位写到“4 位输入锁存器”并锁存。也就是说，$\overline{LE1}$和$\overline{LE2}$对应于同一个地址，第二步把 12 位数据送入“12 位 DAC 寄存器”。它们分别使$\overline{LE1}$、$\overline{LE2}$和$\overline{LE3}$出现数据写入与锁存的正脉冲。

图 4.22 是 DACl208 与 8051 的接口电路。图中，DAC1208 的$\overline{WR1}$和$\overline{WR2}$与 8051 的写线$\overline{WR}$相连，$\overline{CS}$线与 8051 的 P2.7 相连。从图 4.23 和图 4.24 可知，当片选信号 P2.7 变低时$\overline{CS}$有效，写线$\overline{WR}$变低时$\overline{WR1}$和$\overline{WR2}$也变低，$\overline{CS}$与$\overline{WR1}$变低，通过内部逻辑电路（或非门）使$\overline{LE2}$变高，同时令 8051 的 P2.6 线为高，则通过内部逻辑电路（或非门 + 与门）使$\overline{LE1}$、$\overline{LE2}$变高，使高 8 位数据通过 8 位输入寄存器，低 4 位数据通过 4 位输入寄存器，在$\overline{WR}$信号结束时，$\overline{WR}$变高，使$\overline{LE1}$、$\overline{LE2}$同时下跳变低，将高 8 位数

据和低 4 位数据同时锁存，使其进入 12 位 DAC 寄存器。接下来将 P2.6 变低，使 $\overline{XFER}$变低，再来一个对 DAC1208 的写脉冲，使$\overline{WR2}$也变低，通过内部逻辑电路(或非门)使$\overline{LE3}$变高，使输入的 12 位数据通过 12 位 DAC 寄存器，进入 12 位 D/A 转换器，当$\overline{WR}$低脉冲信号结束后，$\overline{LE3}$下跳变低，从而将 12 位数据锁存在 12 位 DAC 寄存器的输出线上，供给 12 位 D/A 转换器使用，使 12 位 DCA 转换器进行稳定的转换。

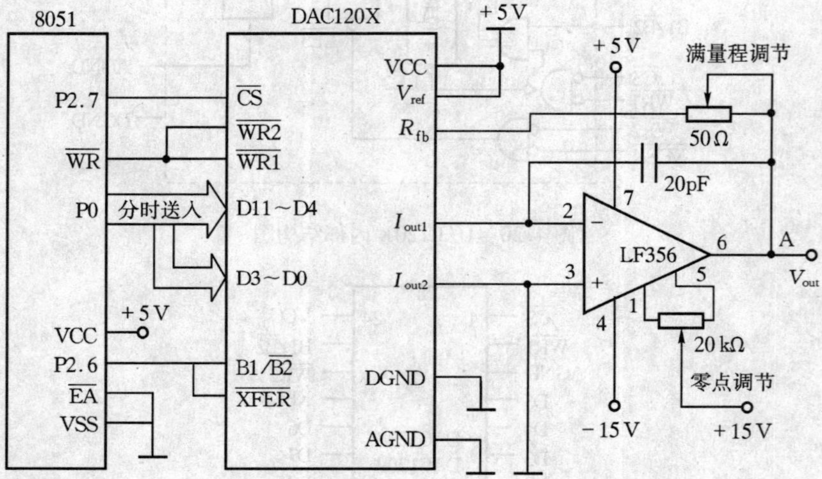

图 4.22　DAC120X 与 8051 接口电路

2. DAC123XD/A 转换器

DAC123XD/A 转换器的引脚功能如图 4.23，其内部结构如图 4.24。它与 DAC120XD/A 转换器内部电路的区别仅是数据输入部分不同，DAC123XD/A 转换器数据输入线只有 8 根，外部接线简单，最适于和单片机连接使用。12 位数据分两次输入，两次输入的地址不同，在写入高 8 位 D11 ~ D4 时，使 B1/$\overline{B2}$为高，对芯片进行一次高 8 位数据的写操作，这一动作使$\overline{LE1}$产生一次高电平数据锁存脉冲，将高 8 位数据锁存。接下来再写低 4 位数据，此时要使 B1/$\overline{B2}$为低，对芯片进行一次低 4 位数据的写操作，这一动作使$\overline{LE2}$产生一次高电平数据锁存脉冲，将低 4 位数据锁存。最后令$\overline{XFER}$为低，再执行一次写操作，使$\overline{LE3}$产生一个高脉冲，才能将数据写入 12 位 DAC 寄存器并锁存至 12 位 DAC 转换器的数据输入端，使其进行稳定转换。因此，一次转换需要三次写入。DAC123XD/A 转换器与微机的连接电路除了数据线宽度不同外，其余与 DAC120X 的基本相同，其接线图在此省略。在软件设计上，DAC120X 可以两次写入一个 12 位数据，而 DAC1230X 则需要三次才能写入一个 12 位数据。

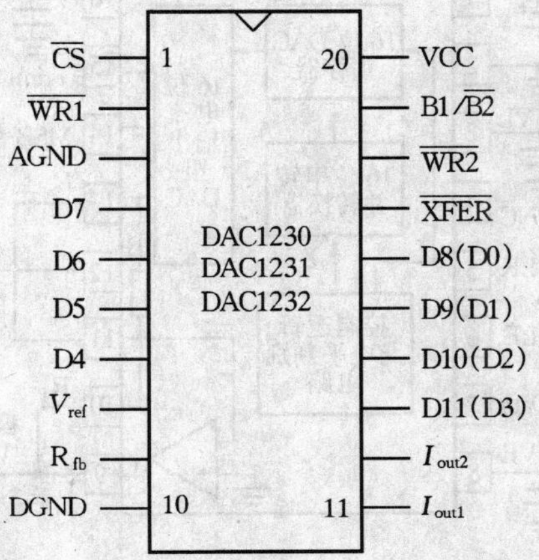

图 4.23　DAC123X 引脚图

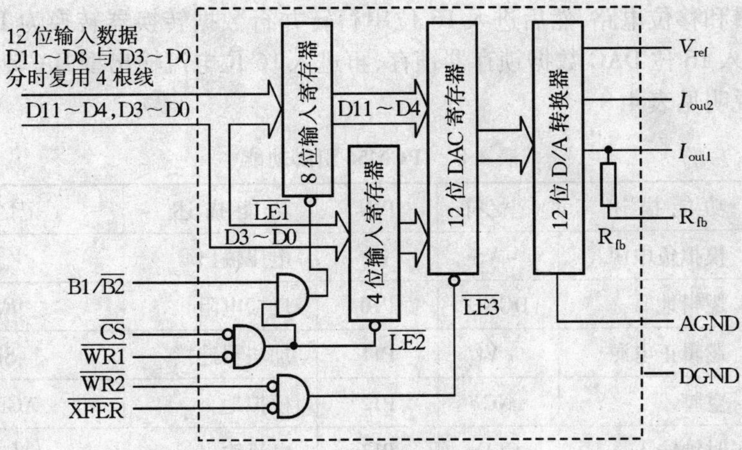

图 4.24　DAC123X 内部结构

3. 16 位串行输入 D/A 转换器 PCM56

PCM56 是美国 Burr – Brown 公司的产品，是电流输出型转换器，转换速度快，精度高，数据串行输入，因而引脚少，接线简便，芯片价格低，性价比高。原设计是为了进行音频数模转换之用，但由于该芯片的高速度高性能特点，许多公司将其用在了高精度高速度机械运动控制方面，得到很好的评价。在快速成型机运动控制卡中，控制扫描振镜沿规定的方向进行扫描，在数控机床的控制中也多有应用。

PCM56 内部结构与引脚分布见图 4.25。

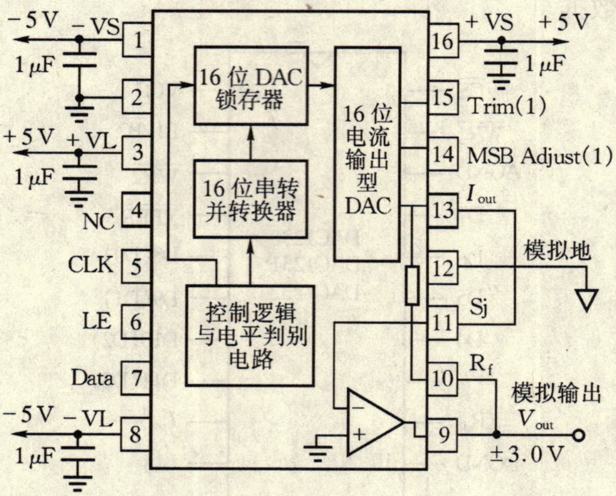

图 4.25　PCM56 内部结构与引脚图

由 CLK、LE、Data 三个引脚输入控制信号、时钟脉冲和串行数据，这些数据进入控制逻辑和移位电路，然后进入 16 位串行转并行数据转换器转换为 16 位并行数据，再进入 16 位 DAC 数据锁存器锁存，再进入 16 位电流输出型 DA 转换器。其引脚功能说明见表 4.8。

表 4.8　PCM56 引脚功能

PIN	功 能 描 述	记忆符	PIN	功 能 描 述	记忆符
P1	模拟负电源	-VS	P9	电压输出	V_{out}
P2	逻辑地	DGND	P10	反馈电阻	R_f
P3	逻辑正电源	+VL	P11	加法器连接	Sj
P4	空脚	NC	P12	模拟地	AGND
P5	时钟输入	CLK	P13	电流输出	I_{out}
P6	锁存信号输入	LE	P14	MSB 调节端	MSB DAJ
P7	串行数据输入	Data	P15	MSB 整定端	TRIM
P8	逻辑负电源	-VL	P16	模拟正电源	+VS

PCM56 与微机的接口电路，主要是通过微处理器进行连接，由微机通过各种总线（ISA、PCI、CAN 等）将数据和控制命令发送给微处理器，再由微处理器以串行方式将数据传送给 PCM56，控制 PCM56 进行转换输出，微处理器可以是 DSP 器件，也可以是单片机，具体可以根据系统功能要求确定。

(1)PCM56 技术指标

PCM56 的主要技术指标如下：

◆串行输入。

◆动态范围 96 dB。

◆不需要外部元件。

◆分辨率 16 位。

◆线性误差 0.001%。

◆转换输出时间 1.5 μs。

◆ ±3 V 或 ±1.5 mA 音频输出。

◆工作电压 ±5 V 到 ±12 V。

◆引线输出允许 I_{out} 输出选择。

◆塑料双列直插封装或贴片封装。

◆功耗：±5 V 供电时为 175 mW。±12 V 供电时为 468 mW。

◆工作温度：-25 ~ +70 ℃，储存温度 -60 ~ +100 ℃。

该芯片的温度、湿度、压力等环境适应能力强，可用于各种常规温度湿度压力环境。

(2)PCM56 应用技术

①电源连接。为了有良好的动态性能和抗噪声能力，电源输入端必须接有滤波电容，这些 1 μf 的电容，最好是钽电容或者电解电容，而且尽量靠近芯片电源输入端连接。如图 4.27 所示。

②MSB 误差调节措施(可选择)。PCM56 的 MSB 误差可以被调节，直到使微分线性误差为本质零。当输入信号很微弱时，这一点很重要。这是因为在信号为零时，噪声信号很容易造成干扰使输出不为零。

微分线性误差在双极性信号零点，可以保证准确，而不需要外部调节。但是由于采用 MSB 误差调节措施，可能会引起双极性信号零点的输出误差，因此必须采取预防措施。有两种措施可以被采用，一种是静态的，一种是动态的。应该首选动态方法，这是因为静态方法在逐步测量 16 位 LSB 时有困难。

静态调节电路参看图 4.25 和图 4.26。

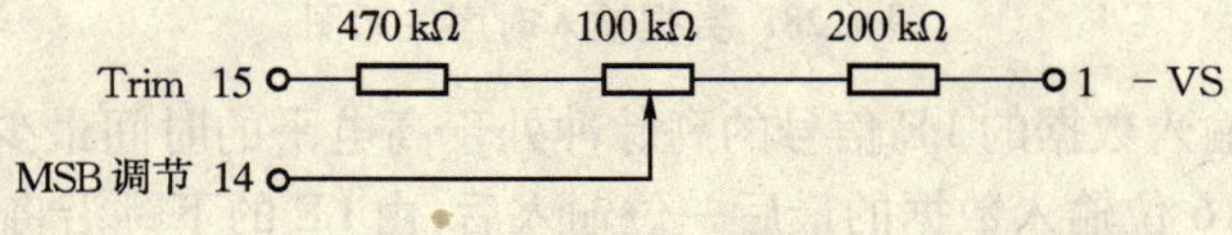

图 4.26 MSB 调节电路

为了保证准确调节,应在加电 5～10 min 后再工作,这是因为在刚加电后,芯片有一段加热时间,芯片温度会变化,会使转换不准确,5～10 min 后才会稳定。调节时首先输入 16 进制的 7FFF,再用 6 位半的数字电压表测量芯片的音频输出电压,并记录下来。再输入 16 进制的 8000,调节图 4.26 中的 100 kΩ 电位器,使得芯片音频输出为 92 μV,大于前面的测试值(1LSB 对应于 92 μV)。

③输入时序。串行数据的输入必须以二进制方式,从最高位(MSB)起逐位输入。每位数据在时钟 CLK 的上升沿被输入。16 位数据串行输入完成后,由 LE 的下降沿将其锁存到 DAC 输入寄存器,开始进行 D/A 转换。其时序图见图 4.27 和图 4.28。

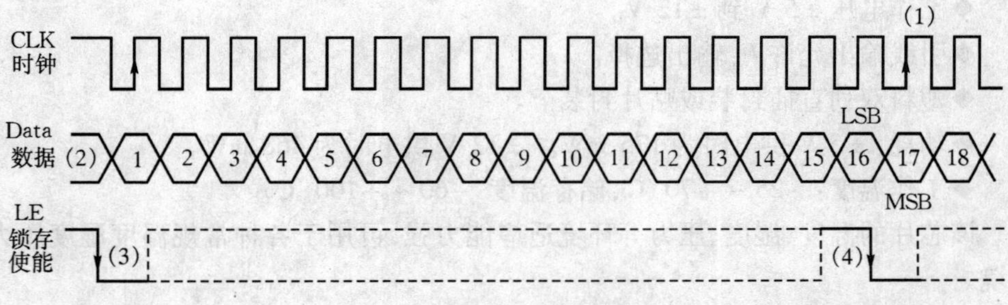

图 4.27　PCM56 数据输入时序图

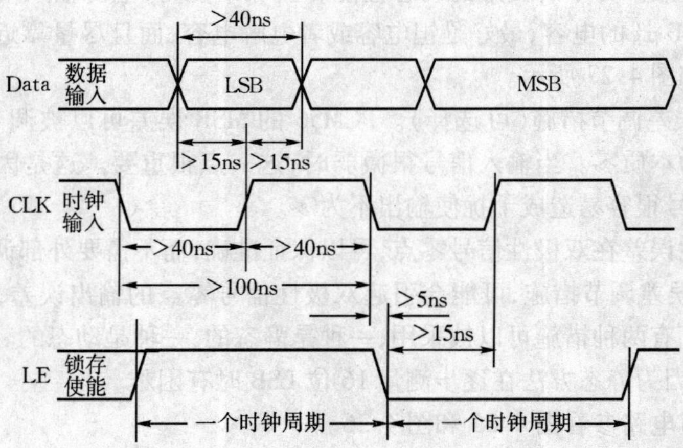

图 4.28　数据输入时序关系图

用于锁存输入数据的 LE 信号的高脉冲处于高电平的时间最少不能少于一个时钟周期。在 16 位输入数据的最后一位输入后,由 LE 的下跳沿将 16 位数据锁存进入 DAC 输入寄存器,换言之,一个 LE 下跳周期大于 16 个时钟周期。在 16 位数据的最后一位由时钟作用进入串行输入寄存器后,与第 16 个时钟下跳沿几乎同步,在 5 ns 之后,LE 也下跳从而将输入数据锁存。如果从这时起,时钟停止,则 LE 也就保持低电平,直到下一个 16 位输入数据的第一个时钟周期到来为止。

④芯片安装因素考虑。如果选择外部 MSB 误差调节电路,可变电阻必须有一个适当的确定,其温度系数不能大于 10^{-4}/℃。同样地要格外注意,第 14 脚与 AC 或 DC 不能有任何丝连渗漏。如果没有使用外部 MSB 调节电路,第 14、15 脚一定要悬空不接。芯片的信号连线要与电源线相互隔离,要避开发射线路,避开磁场,尽量降低噪声干扰。

如果作双声道转换,为了解决移相问题,应该使用两个 PCM56 转换器,每个通道一个转换器。但是在市场上已经有包含双声道的单片音频转换器,因此 PCM56 目前主要用在控制方面,是一款质量优良的控制用 D/A 转换器。

4.7 A/D 转换技术与应用电路

由传感器送出的模拟量电压信号或电流信号(须转换为电压信号)经过信号调理电路、多路开关和采样保持器后,必须转换成数字量才能送入计算机。将模拟量电压信号转换成数字量信息的器件叫作模拟/数字转换器,简称为 ADC(analogue digit converter),ADC 在工业控制、智能仪器仪表中广为应用。按工作原理分,目前产品中应用的 ADC 主要有以下几类:

◆逐位逼近式 ADC:其转换速度较快,精度高,抗干扰能力中等,价格不高,是工业控制和仪器仪表中用的最多的一种。

◆双积分式 ADC:其转换速度慢,精度高,抗干扰能力强,价格低,适用于对速度要求不高的场合,在仪器仪表中应用较多。

◆V/F 变换计数式 ADC:其电路简单,价格低,适用于远程信号转换。但其速度较慢。

◆Σ-Δ 转换器:利用过采样技术进行转换,速度较快,精度高。

随着大规模集成电路的发展,目前已经生产出各式各样的 ADC,以满足微机和单片机系统设计的需要。普通型 ADC 如 ADC080X(8 位)、AD7570(10 位)、ADCl210(12 位)等;高性能的 ADC 如 MOD-1205、AD578、ADC1131 等,还有高速 ADC 如 AD574A、AD674、AD774、AD1674 等。为了使用方便,有些 ADC 内部还带有可编程放大器,或多路模拟开关、三态输出锁存器等等,如 ADC0809,其内部有 8 路模拟开关,AD363 不但有 16 通道(或 双 8 通道)多路开关,而且还有放大器、采样保持器及 12 位 A/D 转换器。还有专门供数字显示用,直接输出 BCD 码的A/D 转换器,如 AD7555 等。这些 ADC 是计算机获取控制信息的重要器件。这里介绍应用最为普遍的三类 ADC:逐位逼近式、双积分式和 Σ-Δ 转换器的工作原理及其与计算机的接口技术。具体介绍 12 位逐位逼近式、数据并行输出的 A/D 转换器 AD574 系列器件原理与接口,再介绍 12 位逐位逼近式、数据串行输出的 A/D 转换器 MAX186。

4.7.1　逐位逼近式 ADC 的结构及工作原理

逐位逼近式 A/D 转换器是从转换器数据的最高位开始,逐位给出数据 1,再对数据进行 D/A 转换,将获得的电压与输入的模拟电压相比较,如果输入模拟电压大于 D/A 转换的电压,就将所给出的数字 1 确定为该位的数值,反之就将该位赋 0,这样逐位进行下去,直到转换完成。

图 4.29 是 8 位逐位逼近式 ADC 的结构和工作原理框图。

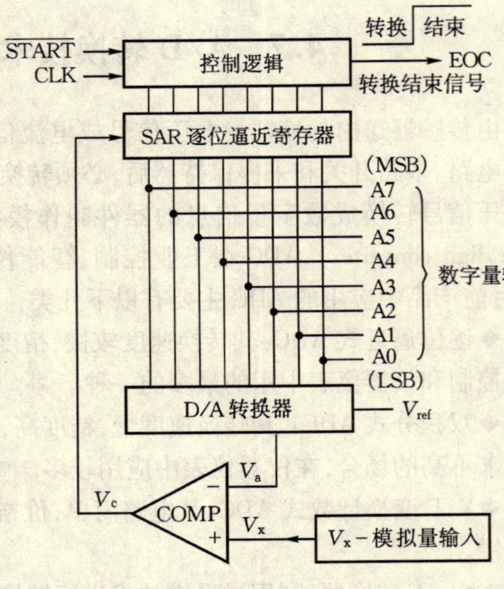

图 4.29　8 位逐位逼近 ADC 工作原则

它主要由 8 位逐位逼近寄存器 SAR、8 位 D/A 转换器、电压比较器、控制时序及逻辑电路、数字量输出等部分组成,其工作原理如下所述。

当启动信号 $\overline{\text{START}}$ 起作用(下跳)后,时钟信号在控制逻辑作用下,首先使 SAR 寄存器的最高位 A7 为“1”,其余位为“0”,SAR 寄存器的数字量一方面作为输出用,另一方面经 D/A 转换器转换成模拟量 V_a 后,送到电压比较器。在电压比较器中与被转换的模拟电压 V_x 进行比较,控制逻辑根据比较器的输出进行判断。若 $V_x > V_a$,则保留这一位为“1”;若 $V_x < V_a$,则 A7 位置“0”。A7 位比较完后,再对下一位 A6 进行比较,使 A6 = 1,与上一位 A7 位一起送入 D/A 转换器(此时,其它位仍为“0”),转换后的电压 V_a 再进入比较器,与 V_x 比较,当 $V_x > V_a$ 时,则保留该位为“1”,否则为“0”,如此一位一位地继续下去,直到最后一位 D_0 比较完毕为止。此时,EOC 发出信号(跳高)表示转换结束。这时 SAR 寄存器的状态就是转换后的数字量数据,经输出锁存器输出。整个转换过程就是采用逐位比较逼近实现的。10 位、12 位、16 位 ADC 的工作原理与 8 位的相同,只不过寄存器的位数多一些,转换过程中比较的次数多一些而已。

图 4.31 的 ADC 的转换精确度决定于比较器的分辨能力和 DAC 的精确度。由数模转换器公式：

$$V_{out} = -I_{fb}R_{fb} = -I_{out}R_{fb} = -D(V_{ref}/2^nR)R_{fb} = -V_{ref}D/2^n \tag{4.4}$$

式中　$D = D_{n-1}\cdot 2^{n-1} + \cdots + D_1\cdot 2^1 + D_0\cdot 2^0$。

可知，比较器的输出电压与参考电压 V_{ref}成正比，因此，比较器的精确度与 V_{ref}的稳定性关系极大，因此必须对 V_{ref}进行稳压和滤波以保证其稳定从而保证比较器的精确度。

对图 4.31 来说，$V_a = -V_{ref}D/2^8$

式中　$D = A_7\cdot 2^7 + \cdots + A_1\cdot 2^1 + A_0\cdot 2^0 = \sum_{i=0}^{7} A_i 2^i$

如果转换结果没有误差，当 $V_x = V_{ref}$时，D 的各位全为 1，$V_x = 0$ 时，D 的各位全为 0。设 ADC 的满量程输出为 VFS，则只有 $V_x = \text{VFS} = V_{ref}$时，$D$ 的各位才能全为 1。这里 D 既是 ADC 中的 DAC 的输入数字量，也是 ADC 向外输出的数字量。因此大多数 ADC 设计为外接的 V_{ref}与其满量程 VFS 相等。

4.7.2　双积分式 ADC 的结构及工作原理

双积分式 ADC 的结构见图 4.30，图中 V_{IN}为输入待转换的信号电压，V_{ref}为转换器的参考电压，运算放大器 A_1 为积分器，A_2 为电压比较器，K_0、K_1 为由控制逻辑控制的电子开关。$R/\overline{H}$为转换或停止转换（挂起）控制，$R/\overline{H}=1$ 时，ADC 连续不断的执行转换，$R/\overline{H}=0$ 时，ADC 完成当前的 A/D 转换后就停止转换，而保持本次转换所得的数据不变，直到再次使 $R/\overline{H}=1$，才又开始转换。ST 为积分和退积分忙标志信号，ST = 1 表示正在双积分阶段，ST 下跳为 0 时表示这次转换结束，可以读取

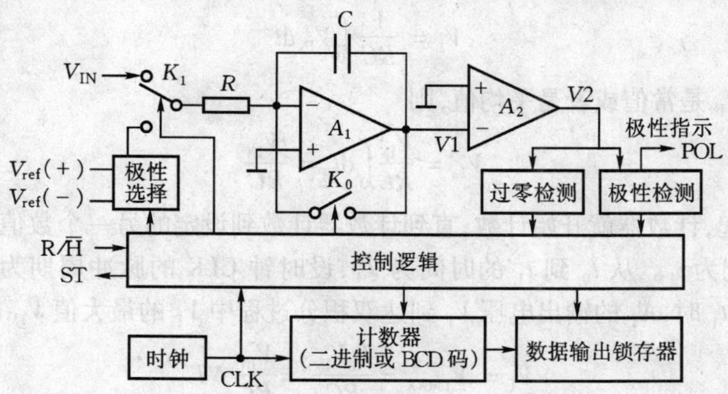

图 4.30　双积分式 ADC 的结构原理图

数据。CLK 为连续稳定的时钟脉冲信号，供计数器与控制逻辑使用。执行一次 A/D转换，要经历以下三个阶段，如图 4.31 所示。

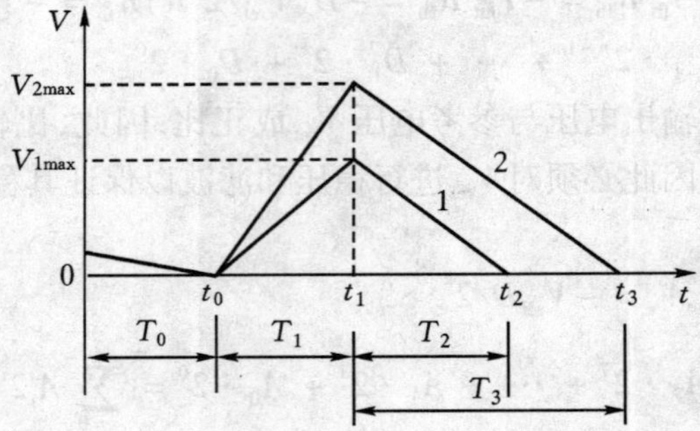

图 4.31　双积分 ADC 电压波形图

(1)系统调零阶段

设在 $t=0$ 时，使 $R/\overline{H}=1$，就启动了 A/D 转换，此时控制逻辑控制 K_0 接通，使积分电容 C 放电，控制逻辑的计数器开始对时钟脉冲计数，直到计数器计数到设定的一个数值 N0（该值在芯片制造时已经固化，是一个定值，例如 ICL7109 的 N0＝2048，CC14433 的 N0＝1000）时为止，此时的时刻为 t_0。此时积分电容 C 两端电压几乎为 0，控制逻辑断开 K_0，并将计数器清零（使其内部数据寄存器的各位都为 0）。

(2)对模拟输入信号 V_{in} 积分阶段（采样阶段）

在 $t=t_0$ 时控制逻辑使模拟开关 K_1 与 V_{IN} 接通，开始对积分电容 C 充电，则运算放大器 A_1 的输出

$$V_1 = \frac{1}{RC}\int_0^t V_{IN}\,dt$$

如果 V_{IN} 是常值或者是平均值，则

$$V_1 = \frac{V_{IN}}{RC}\int_0^t dt = \frac{tV_{IN}}{RC} \tag{4.6}$$

从 t_0 起，计数器就开始计数，直到计数器计数到设定的另一个数值 N 时为止，此时的时刻为 t_1。从 t_0 到 t_1 的时间为 T_1，设时钟 CLK 的脉冲周期为 T，则 $T_1=NT$。在 $t=t_1$ 时，A_1 的输出电压 V_1 到达双积分过程中 V_1 的最大值 V_{1MAX}，

$$V_1 = V_{1MAX} = \frac{T_1 V_{IN}}{RC} = \frac{V_{IN}}{RC}NT \tag{4.7}$$

同时，在此时刻，控制逻辑将计数器清零。

③对参考电压积分阶段（测量阶段或又称退积分阶段）

在 $t=t_1$ 时，控制逻辑使模拟开关 K_1 与 V_{ref} 接通，V_{ref} 的极性与 V_{IN} 相反，于是积分电容 C 开始放电，退积分阶段开始。从 $t=t_1$ 起，计数器又开始计数，运放的输出电压按以下规律变化：

$$\begin{aligned} V_1 &= V_{1\,MAX} - \frac{1}{RC}\int_1^t V_{ref}\,dt \\ &= V_{1\,MAX} - \frac{V_{ref}}{RC}(t - t_1) \end{aligned} \tag{4.8}$$

在该退积分过程中，V_1 持续减小，当 V_1 减小到等于 0 时，退积分结束，此时计数器的计数值为 N_x，时刻为 t_2，从 t_1 到 t_2 的时间为 T_2，则 $T_2 = N_x T$，T 为时钟周期。

此时 $0 = V_{1\,MAX} - \frac{V_{ref}}{RC}(t_2 - t_1) = V_{1\,MAX} - \frac{V_{ref}}{RC}T_2 = V_{1\,MAX} - \frac{V_{ref}}{RC}N_x T$

即 $$V_{1\,MAX} = \frac{V_{ref}}{RC}N_x T \tag{4.9}$$

由式 4.7 和式 4.9 可得

$$\frac{V_{IN}}{RC}NT = \frac{V_{ref}}{RC}N_x T$$

化简后为 $$N_x = \frac{V_{IN}}{V_{ref}}N \tag{4.10}$$

该计数值 N_x 就是模拟电压 V_{IN} 转换后的数字量数值。

对于一个较高的模拟输入电压，可得到较高的积分电压 $V_{2\,MAX}$，退积分的时间 T3 也成比例的延长，从而得到的计数值 N_x 也成比例的增长。从 4.33 中可见，无论输入的模拟电压多大，对于给定的芯片和时钟频率，从 $t_0 \sim t_1$ 的时间 T_1 大小不变。输入的模拟电压大小不同，得到的 V_{MAX} 的大小也不同。V_{MAX} 与输入的模拟电压大小成比例。

输入模拟电压与参考电压必须极性相反，才能实现积分与退积分，如果极性相同，就只能沿同一个方向积分，无法实现模数转换。但是输入模拟电压是外部进入的信号，它的极性不好改变，因此 ADC 器件内部的极性检测电路自动检测输入信号的极性，再由控制逻辑控制极性选择电路，选择与输入模拟电压极性相反的参考电压 V_{ref}，这就是这种器件需要外加正负两个参考电压 $V_{ref}(+)$ 和 $V_{ref}(-)$ 的原因。同时从 POL 引脚输出表示输入模拟电压极性的信号，当输入模拟电压为正时，POL = 1，当输入模拟电压为负时，POL = 0。

怎么知道 V_1 从大到小过程中到达零值呢？图 4.32 中的电压比较器 A_2 就是专门检测过零和检测输入电压的极性用的。在对 V_{ref} 积分过程中，V_1 从大到小直到负值，必然要过零点，在 V_1 过零点变为负值的一刻，A_2 的输出电压 V_2 的极性会发生变化，过零检测电路检测到这一变化时，就输出一个信号给控制逻辑，控制逻辑就使计数器停止计数,从而获得所需的计数值 N_x。

由式 4.10 可知,转换结果 N_x 只与输入电压 V_{IN}、参考电压 V_{ref} 和芯片内固化的一个数值 N 有关。而与时钟周期的长短无关,但从以上原理讨论可知,转换所需的总时间却与时钟周期 T 成正比。因此时钟脉冲频率高,转换速度就快。但由于电路的动作都需要一定的时间,频率过高,电路就无法工作,因此对时钟频率也有一定的限制,芯片性能说明书上都有相应的指标。关于时钟信号的进一步说明,在后面具体器件介绍中再讨论。

如果输入信号或参考电压 V_{ref} 上叠加有干扰信号,则有可能会对转换结果产生影响。但如果这些信号是对称交流信号,且时间段 T_1 是输入信号电压 V_{IN} 上的交流干扰信号的整数倍,或者 T_1 比该干扰信号的周期大得多,则这些干扰信号对转换结果没有影响。同时,如果时间段 T_2 是参考电压 V_{ref} 上的交流干扰信号的整数倍,或者 T_2 比该干扰信号的周期大得多,则这些干扰信号对转换结果也没有影响。所以说双积分 ADC 的抗干扰能力强。对于不对称的干扰信号,则会产生影响,要在信号调理电路中想办法去除。

4.7.3 Σ-Δ 模数转换器结构及工作原理

Σ-Δ 模数转换器(以下简称 Σ-ΔADC)是近年来快速发展的一种模数转换器,其分辨率高,线性度好,价格低,应用日益广泛。

Σ-ΔADC 以很低的采样分辨率(1 位)和较高的采样速率将模拟信号数字化,通过使用过采样、噪声整形和数字滤波等方法增加有效分辨率,然后对 ADC 输出进行采样抽取处理以降低有效采样速率。

Σ-ΔADC 的电路结构是由非常简单的模拟电路和十分复杂的数字信号处理电路构成的。其模拟电路部分仅由一个比较器、一个开关、一个或几个积分器及模拟求和电路组成。其数字信号处理电路则非常复杂。学习 Σ-ΔADC 的工作原理,涉及到以下一些基本概念。

1. 过采样

ADC 是一种数字输出与模拟输入成正比的电路,图 4.32 给出了理想 3 位单极性 ADC 的转换特性,横坐标是输入电压 V_{IN} 的相对值,纵坐标是经过采样量化的数字输出量,以二进制 000 ~ 111 表示。理想 ADC 第一位的变迁发生在相当于 1/2LSB处的模拟电压值上,以后每一个 LSB 都发生一次变迁,直到距离满刻度 1/2LSB处。因为 ADC 的模拟量输入可以是任意值,但数字输出是量化的,所以实际输出的数字量与输入模拟量之间存在 ±1/2LSB 的量化误差。在交流采样中这种量化误差会产生量化噪声。

如果对理想 ADC 加一恒定直流输入电压,那么多次采样得到的数字量输出值总是相同的，而且分辨率受量化误差的限制。如果在这个直流输入信号上叠加一个交流信号，并用比这个交流信号频率高得多的采样频率进行采样，此时得到的数字输出值将是变化的。用这些采样结果的平均值表示 ADC 的转换结果便能得到比用同样 ADC 高得多的采样分辨率，这种方法称作过采样(oversampling)。如果模拟输入电压本身就是交流信号，则不必另叠加交流信号，采用过采样方法也同样可提高 ADC 的分辨率。

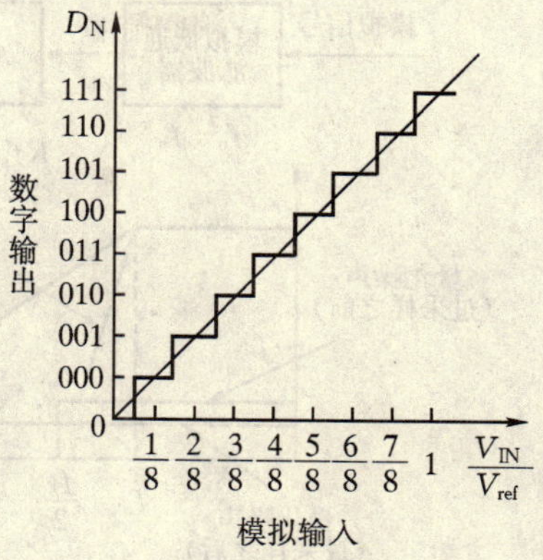

图4.32　理想3位 ADC 转换特性

由于过采样的采样速率高于输入信号最高频率的许多倍，这有利于简化抗混叠滤波器的设计，提高信噪比并改善动态范围。

可以用频域分析方法来讨论过采样问题。由于直流信号转换具有的量化误差达 1/2LSB，所以数据采样系统具有量化噪声。一个理想的常规 N 位 ADC 的采样量化噪声有效值为 $q/\sqrt{12}$，均匀分布在奈奎斯特(Nyquist)频带直流至 $f_s/2$ 范围内，如图4.33所示。其中 q 为 LSB 的权重，f_s 为采样速率。模拟低通滤波器将滤除 $f_s/2$ 以上的噪声。

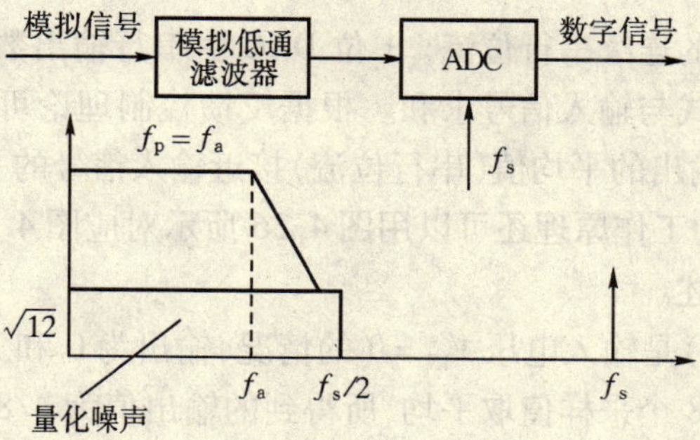

图4.33　使用模拟低通滤波器的奎斯特采样

如果用 Kf_s 的采样速率对输入信号进行采样(K 为过采样倍率)，奈奎斯特频率增至 $Kf_s/2$，整个量化噪声位于直流至 $Kf_s/2$ 之间，其有效值降为原来的 $1/\sqrt{K}$，如图4.34所示。由于模拟低通滤波器只需滤除 $Kf_s/2$ 以上的噪声，因此降低了对模拟低通滤波器的整体要求。又由于系统的通带频率仍为 f_a，所以可在 ADC 之后加一个数字低通滤波器滤除 f_a 至 $Kf_s/2$ 之间的无用信号而又不影响有用信号，从而提高了信噪比，实现了用低分辨率 ADC 达到高分辨率的效果。

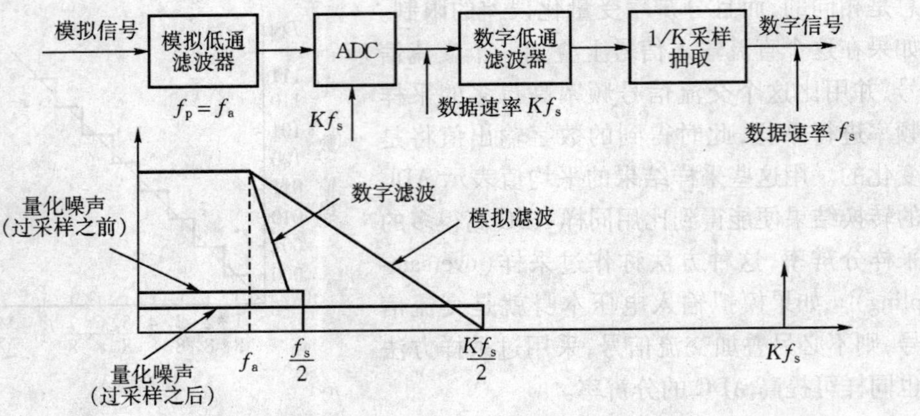

图 4.34　带模拟滤波和数字滤波的过采样

如果简单地使用过采样方法使分辨率提高 N 位，必须进行 $K=2^{2N}$ 倍过采样。为使采样速率不超过一个合理的界限，需要对量化噪声的频谱进行整形，使得大部分噪声位于 $f_s/2$ 至 $Kf_s/2$ 之间，而仅仅一小部分留在直流至 $f_s/2$ 内，这正是 $\Sigma-\Delta$ADC中 $\Sigma-\Delta$ 调制器所起的作用。噪声频谱被调制器整形后，数字滤波器可去除大部分量化噪声，使总信噪比以及动态范围大大增加。

2. $\Sigma-\Delta$ADC 的调制器和量化噪声整形

图 4.35 是一个一阶 $\Sigma-\Delta$ADC 的原理框图。它以 Kf_s 采样速率将输入信号转换为由 1 和 0 构成的连续串行位流。1 位 DAC 由串行输出数据流驱动，1 位 DAC 的输出以负反馈形式与输入信号求和。根据反馈控制理论可知，如果反馈环路的增益足够大，DAC 输出的平均值（串行位流）接近输入信号的平均值。

$\Sigma-\Delta$ 调制器的工作原理还可以用图 4.36 所示对应图 4.35 中的 A、B、C、D 各点的信号波形图描述。

其中图 4.36(a)是输入电压 $V_{IN}=0$ 的情况，输出为 0 和 1 相间的数据流。如果数字滤波器对每 8 个采样值取平均，所得到的输出值为 4/8，这个值正好是 3 位双极性输入 ADC 的零。当输入电压 $V_{IN}=+1/4V_{ref}$，则信号波形如图 4.36(b)所示。求和输出 A 点的正、负幅度不对称，引起正、反向积分斜率不等，于是调制器输出 1 的个数多于 0 的个数，如果数字滤波器仍对每 8 个采样值取平均，所得到的输出值为 5/8，这个值正是 3 位双极性输入 ADC 对应于 $+1/4V_{ref}$ 的转换值。由于积分器可以在频域内用一个幅度响应与 $1/f$ 成正比的滤波器加以表示（这里 f 是积分器输入信号频率），又由于带时钟的锁存比较器具有类似斩波器的作用，它将输入信号转换为高频交流信号，在输入信号平均值附近变化，因而低频下的量化噪声大大减少（这个积分器对量化噪声如同一个高通滤波器）。这种情况下产生噪

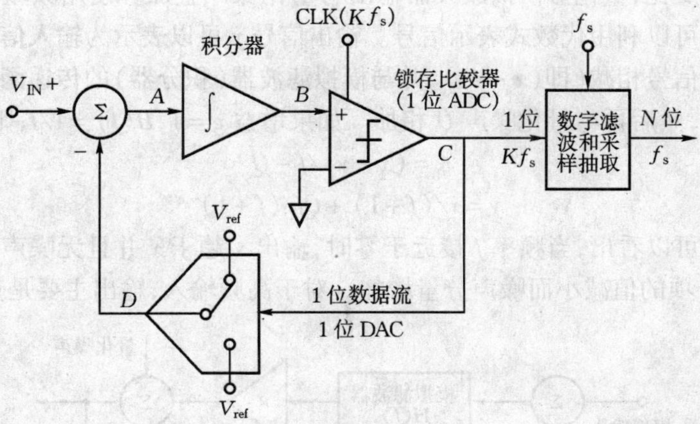

图 4.37　一阶 Σ－ΔADC 原理框图

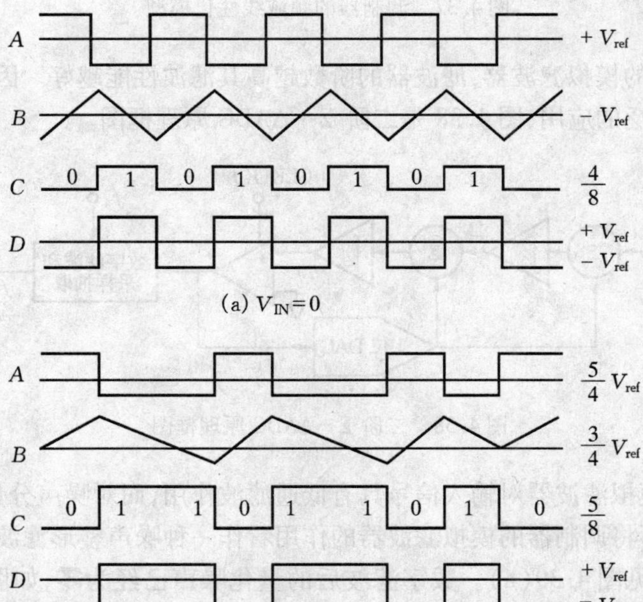

图 4.36　调制器波形图

声的频谱严格地依赖于采样速率、积分时间常数及电压反馈误差。

用图 4.37 所示频域线性化模型对 Σ－Δ 调制器可作进一步分析。其中积分器模拟一个具有给定传递函数 $H(f)$ 的模拟滤波器，$H(f)$ 表明其幅频响应特性与输入频率成反比，量化器模拟放大器输出与量化噪声叠加。使用频域分析方法的一个优点是可以利用代数式表示信号。输出信号 y 可以表示为输入信号 x 在求和点处与输出信号相减（即 $(x-y)$），并与模拟滤波器（积分器）的传递函数及放大器增益 g 相乘，然后再与量化噪声 Q 相加。如果增益 $g=1$，$H(f)=1/f$，则有

$$y=(x-y)/f+Q$$

整理得

$$y=x/(f+1)+Qf/(f+1)$$

由上式可以看出，当频率 f 接近于零时，输出 y 趋于 x 并且无噪声分量。当频率增高时，x 项的值减小而噪声分量增加。对于高频输入，输出主要是量化噪声。

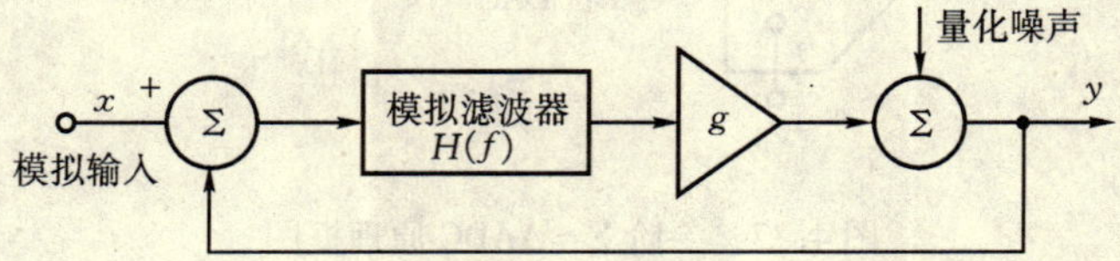

图 4.37　调制器的频域线性化模型

正如一般的模拟滤波器，滤波器的阶数越高其滤波性能越好。因此高阶 Σ－Δ 调制器得到广泛的应用，图 4.38 是二阶 Σ－ΔADC 原理框图。

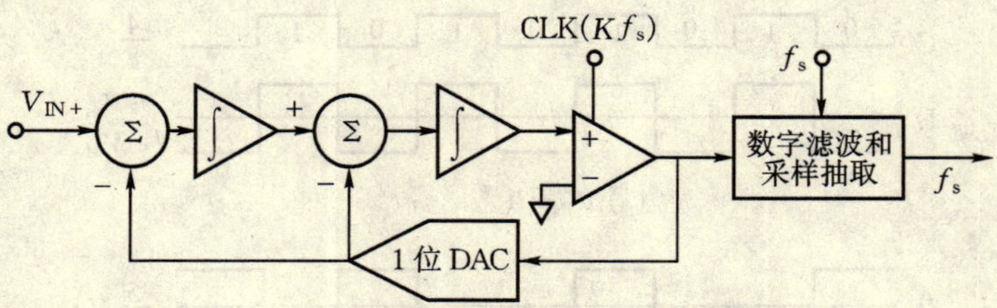

图 4.38　二阶 Σ－ΔADC 原理框图

实际上，模拟滤波器对输入信号具有低通滤波作用，而对噪声分量具有高通滤波作用，因此可将调制器的模拟滤波器的作用看作一种噪声整形滤波器，整形后的量化噪声分布见图 4.39(a)。数字滤波后的量化噪声已经为零，如图 4.39(b)所示。图 4.40 给出了 Σ－ΔADC 调制器的信噪比与阶数和过采样倍率之间的关系，其中 S_{NR} 为信噪比，K 为过采样倍率。例如，当 $K=64$，一个理想的二阶系统的信噪比大约 80 dB，分辨率大约相当于 13 位的 ADC。

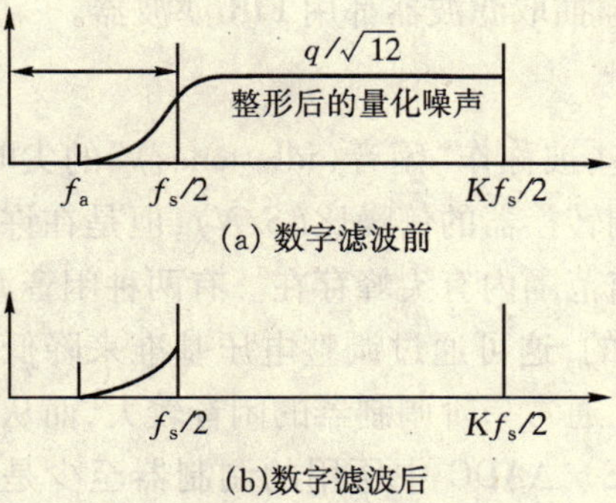

图 4.39　数字滤波对整形后的量化噪声的影响

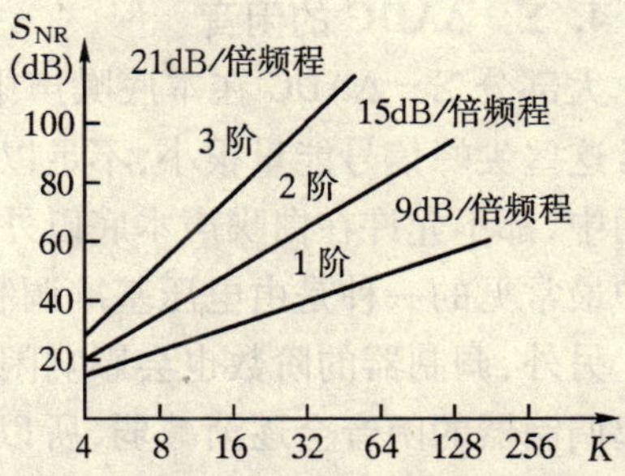

图 4.40　信噪比与阶数和过采样倍率之间的关系

3. 数字滤波和采样抽取

Σ－Δ 调制器对量化噪声整形以后，将量化噪声移动到所关心的频带以外，然后对整形的量化噪声进行数字滤波，结果如图 4.39(b)所示。数字滤波器的作用有两个：一是相对于最终采样速率 f_s 必须起到抗混叠滤波器的作用；二是它必须滤除 Σ－Δ 调制器在噪声整形过程中产生的高频噪声。

因为数字滤波器降低了带宽，所以输出数据速率要低于原始采样速率，直至满足奈奎斯特定理。降低输出数据速率的方法是通过对每输出 M 个数据抽取 1 个的数字重采样方法实现的，这种方法称作输出速率降为 $1/M$ 的采样抽取(decimation)。应当说明的是，虽然“decimation”这词的词头含意为“10”，但是这里应广义地理解，可以代表其它整数。$M=4$ 的采样抽取如图 4.41 所示，其中输入信号 $X(n)$ 的重采样率已被降到原来采样速率的 1/4。这种采样抽取方法不会使信号产生任何损失，它实际上是去除过采样过程中产生的多余信号的一种方法。

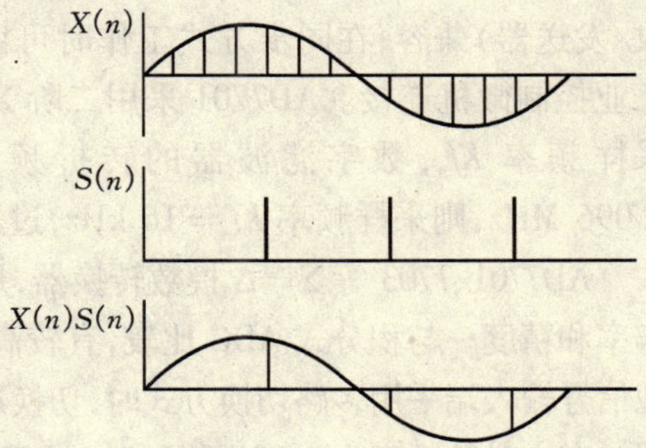

图 4.41　$M=4$ 的采样抽取

数字滤波器既可用有限脉冲响应(FIR)滤波器，也可用无限脉冲响应(IIR)滤波器，或者是两者的组合。FIR 滤波器具有容易设计，能与采样抽取过程合并计算，稳定性好，具有线性相位特性等优点，但它可能需要计算大量的系数。IIR 滤波器由于使用了反馈环路从而提高滤波效率，但 IIR 滤波器具有非线性特性，不能与采样抽取过程合并计算，而且需要考虑稳定性和溢出等问题，所以应用起来比较复杂。交流应用场合大多数Σ-ΔADC的采样抽取滤波器都用FIR滤波器。

4. Σ-ΔADC的闲音

大部分Σ-ΔADC在本底噪声中出现一些被称作“闲音(idle tones)”的尖峰，通常这些尖峰信号能量很小，不足以明显影响转换器的信噪比(S/N)，但是在许多应用中，都不允许在白噪声本底以外很宽频谱范围内有尖峰存在。有两种闲音源，其中最常见的一种是由电压基准调制所引起的，这可通过调整电压基准来降低闲音。另外，调制器的阶数也会影响闲音大小。通常一阶调制器的闲音较大，而从二阶起调制器的闲音会逐渐减弱，所以实际的Σ-ΔADC中所用的调制器至少是二阶的，以减小闲音。

以上简要介绍了Σ-ΔADC的基本原理。下面以分辨率为16位的AD7701为例来说明Σ-ΔADC在直流测量方面的应用。

5. AD7701Σ-ΔADC简介及其应用

AD7701是采用Σ-Δ结构的单片16位ADC，其主要特点是，线性误差小，片内有自校准电路，低通滤波器的转折频率(0.1～10Hz)可设置，模拟输入电压范围为0～+2.5V或±2.5V，输出数据速率为4kb/s。AD7701的数字输出以串行方式工作，片内的串行输出口工作方式灵活，在异步方式工作时与UART(通用异步接收/发送器)兼容；在同步方式工作时可由内部时钟或外部时钟同步，可方便地与工业控制微机连接。AD7701采用二阶Σ-Δ调制器和六阶高斯数字低通滤波器。采样频率Kf_s，数字滤波器的转折频率由主时钟频率决定；主时钟频率为4.096 MHz，则采样频率$Kf_s=16$ kHz，过采样倍率$K=800$。

AD7701、7703等Σ-Δ模数转换器，用于低频，小信号的测量，具有相当高的分辨率和精度。与积分式ADC比较，有较高的数据输出速率。但值得注意的是，在模拟信号输入端采用多路切换方式时，切换通道后要等待足够建立时间，再读取转换数据。在主时钟频率为4.096 MHz时，AD7701的建立时间(达到±0.5LSB)为125 ms。由此可以看出，在多路切换方式应用时，对模拟输入信号的有效采样速率大大降低了。

图4.42是AD7701与80C196单片机的接口电路。80C196的串行口采用方式0(移位寄存器方式)，TXD产生时钟脉冲，经过反相作为AD7701的外时钟。AD7701工作在外时钟同步方式。RXD与AD7701的SDATA相连，用于传送数据。80C196的P2.5编程为输出方式作为AD7701的片选，P0.4用于读取AD7701转换结果状态，HSO0用于启动AD7701的校准功能。AD7701的基准电压为2.5 V，模拟输入电压V_{IN}从V_{IN}端输入。BP/UP是双极性或单极性选择端，本电路接成单极性方式。由于AD7701具有16位分辨率，1LSB对应38 μV，因此在组装电路时要特别注意布线工艺，特别是对模拟地和数字地的处理。

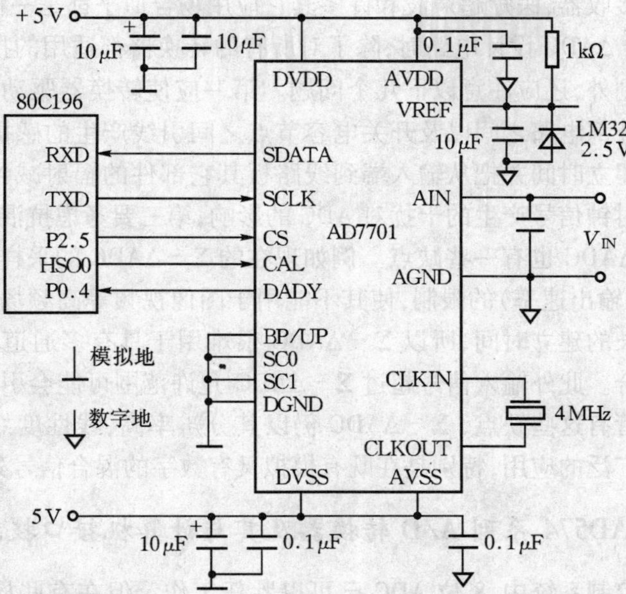

图 4.42　AD7701 与 80C196 单片机的接口电路

图 4.43 是测试程序框图。在 80C196 初始化时应使串行口设置成方式 0。由于 AD7701 是 16 位的，而 80C196 的串行口是 8 位的，因此要分成两个字节读取。应当注意的是 AD7701 输出的数据高位在前，而 80C196 串行口首先读入的是低位，所以在程序上要做一次高低位的换位变换，测量结果最后以十六进制方式显示，在实际应用时还应作十进制数转换和必要的比例转换。

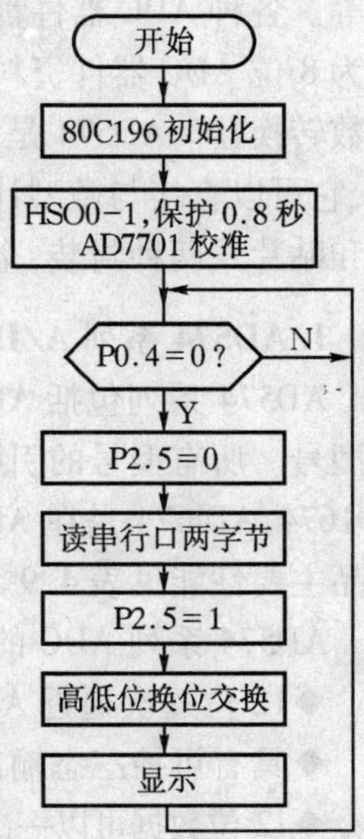

图 4.43　AD7701 测试程序流程图

6. Σ－ΔADC 分析

对于含有积分器的 Σ－Δ 调制器其通带可低到直流，因此可将其量化噪声向高频方向移动。目前，大多数 Σ－ΔADC 属于这种类型。用于音频或通信领域的某些 Σ－ΔADC 为了消除系统直流失调则包含有带通而不是低通数字滤波器。现在用于直流测量的 Σ－ΔADC 其分辨率高达 24 位（如 AD7710、AD7711、AD7712、AD7713、AD7714 等）；用于高品质数字音频场合的 Σ－ΔADC其分辨率达 18 位（AD1879）。现在处于研究初期阶段的带通 Σ－ΔADC

对于数字音频接收器，医疗超声波和许多其它应用场合似乎都是一种理想器件。

在使用 Σ－ΔADC 设计电路时，除了对所有的转换器都适用的接地、电容旁路去耦等通用规则外，还应注意以下几个问题。第一应使转换器驱动电路尽量靠近转换器以便把外部电路之间以及开关电容节点之间引线产生的感抗减到最小，从而减小输入的建立时间并把从输入端到线路板其它部件的辐射减到最小；第二个问题必须考虑时钟信号产生的干扰对 ADC 的影响；第三要考虑抗混叠问题。

当然，Σ－ΔADC 也有一些缺点。例如现在的 Σ－ΔADC 的采样速率受带宽和有效采样速率（输出速率）的限制，使其不能用于图像视频等高频场合。由于数字滤波器需要较长的建立时间，所以 Σ－ΔADC 很难用于具有多通道的多路转换器的模数转换场合。此外输入信号超过 Σ－ΔADC 允许范围可能会引起其内部调制器的饱和。尽管有这些缺点，Σ－ΔADC 仍以其分辨率高，线性度好，成本低等特点得到越来越广泛的应用，特别是在既有模拟又有数字的混合信号处理场合。

4.7.4　AD574 系列 A/D 转换器及其与计算机接口技术

在大多数控制系统中，8 位 ADC 已可以胜任工作。但在有些控制系统中，要求分辨率比较高，需要更多位数的 A/D 转换器，如 10 位、12 位、16 位 A/D 转换器等等。各种 ADC 器件都有使用说明，其中包括转换指标、引脚排列、工作时序等。因为 8 位 ADC 器件资料较多，这里仅介绍常用的 12 位 ADC 器件——AD574 系列模数转换器。AD574 是一个完整的 12 位逐位逼近型带三态缓冲器的 A/D 转换器，它可以直接与微型计算机接口。它有商业级、工业级、军品级三类，有双列直插式和贴片式两种封装，全部为 28 脚。

1. AD574 系列 A/D 转换器简介

AD574 系列包括 AD574、AD574A、AD674A、AD674B、AD774B 和 AD1674 这六个型号。所有型号的引脚排列均相同，新型号可以代替旧型号，目前应用较多的是 AD1674，ADl674 是在 AD774B 的基础上增加了采样保持器的产品。AD574 系列产品主要性能见表 4.9。

AD574 系列 ADC 的主要性能如下：

◆12 位逐次逼近 ADC，可选择工作于 12 位，也可工作于 8 位。

◆具有可控三态输出缓冲器。数字逻辑输入输出电平为 TTL 电平。

◆12 位数据可以一次读出，也可以分两次读出，便于与 8 位或 16 位微机相连。

◆具有 +10.000 V 内部电压基准源，其最大误差为 +1.2%，并可输出 1.5 mA 电流。

◆内部具有时钟产生电路，不需外部接线。

表 4.9　AD574 系列产品主要性能简表

型　号	分辨率（位）	最大转换时间（μs）	参考电压（V）	总线接口（位）	封装（说明）	工作温度范围（℃）	备　注
AD574	12	35	10，内部	8/12，μP	1	C，I，M	三态输出，完整 12 位，有内部参考电源与时钟
AD574A	12	35	10，内部	8/12，μP	1，2，4，5	C，M	三态输出，完整 12 位，有内部参考电源与时钟
AD674A	12	15	10，内部	8/12，μP	1	C，M	在 AD574A 基础上改进，提高转换速度
AD674B	12	15	10，内部	8/12，μP	1，2，6	C，I，M	在 AD674A 基础上改进，增加封装形式及工业档产品
AD774B	12	8	10，内部	8/12，μP	1，2，6	C，I，M	AD674B 的快速型产品
AD1674	12	10	10，内部	8/12，μP	1，2，6	C，I，M	AD774B 的换代产品，有内部采样保持放大器
说明	1. 封装：1－密封陶瓷或金属双列直插（DIP）封装；　2－密封塑料或环氧树脂双列（DIP）封装；4－陶瓷无引线芯片载体（CLCC）封装；　5－塑料有引线芯片载体（PLCC）封装；6－小引线集成电路封装。 2. 工作温度范围：C－商业用，0～＋70 ℃；I－工业用，－40～＋85 ℃（有些－25～85 ℃）；M－军用，－55～＋125 ℃。						

◆通过改变外部接线，可以单极性也可双极性模拟量输入。单极性时，满量程为 0～＋10 V 和 0～＋20 V，从不同引脚输入。同样，双极性输入时，满量程为 0～±5 V和 0～±10 V，从不同引脚输入。

◆输出码制：单极性输入时，输出数字量为原码。双极性输入时，输出为偏移二进制码。

2. AD574 系列的内部结构

图 4.44 是 ADl674 的原理框图和引脚排列图。由图可见，ADl674 由两部分组成，这两部分在图中用虚线隔开。虚线框内是输入和 D/A 转换部分，这部分包括电压分压器、采样保持器（SHA）、10 V 参考源、数模转换器 AD565，其中电压分压器由一个 5 kΩ 和两个 2.5 kΩ 电阻组成。它使加在 10VIN 引脚（脚 13）的 10V 电压和加在 20VIN 引脚（脚 14）的 20V 电压在采样保持器（SHA）的输入端所产生的电压相等。采样保持器在控制器的控制下对加于 10V1N 或 20VIN 引脚的电压信号采样和保持。数模转换器是一个 12 位权电阻型 D/A 转换器 AD565，数模转换器的输出电压总是负的。SHA 输出电压的正负决定于加在 10VIN 或 20VIN 的正负。SHA 的输出与数模转换器的输出叠加后送到比较器一端与地（AGND）进行比较。10 V

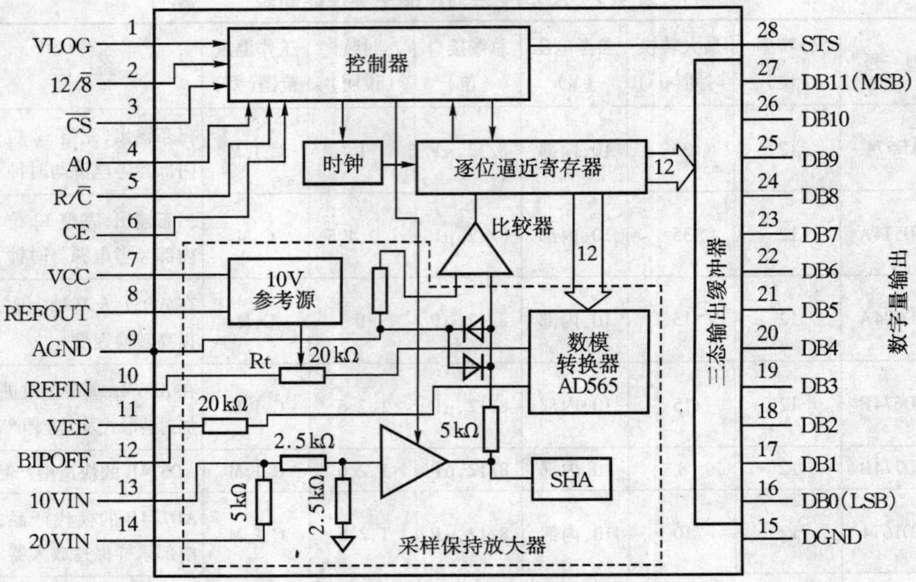

图 4.44　AD1674 原理框图及引脚排列

参考源产生 10.000 V 电压从 REFOUT 引脚输出。如果把 REFOUT 与 REFIN 相连,便给数模转换器提供了基准电压,除此之外,REFOUT 还可向其它电路提供 1.3 mA 电流。

图 4.44 的虚线框外是 ADl674 的另一部,它由时钟发生电路、逐位逼近寄存器 SAR、控制器和比较器组成。

图 4.45 是 AD574、AD574A、AD674A、AD674B、AD774B 内部结构和引脚排列图。图中的电压分配器部分与图 4.44 的分压器类似。图 4.44 中的 DAC 也是 AD565,是权电阻型 DAC。图 4.45 与图 4.44 的主要差别是图 4.45 没有采样保持器。因此在使用图 4.45 中的 ADC 时,如果被转换的输入模拟信号变化较快,例如,在 A/D 转换期间输入模拟电压变化大于 1LSB 的二分之一,就应外接采样保持器。使用 ADl674 则不需外接采样保持器。由于 AD1674 与 AD574 系列其它 ADC 的价格相近,因此设计中应优先选用之。

AD574 系列的输入电阻较小,约 5 ~ 10 kΩ。因此输入模拟信号一般应先经过阻抗变换后再接到 AD574 的输入端。

3. AD574 系列的引脚功能

AD574 系列的各型号均为 28 脚 DIP 封装,各引脚功能如下:

◆DB11 ~ DB0(脚 16 ~ 脚 27):12 位数据输出线。DB11 为最高位,DB0 为最低位,它们可由控制逻辑决定是输出数据还是对外高阻抗。

◆12/$\overline{8}$(数据模式选择):输入,当此引脚为高电平时,12 位数据并行输出;当

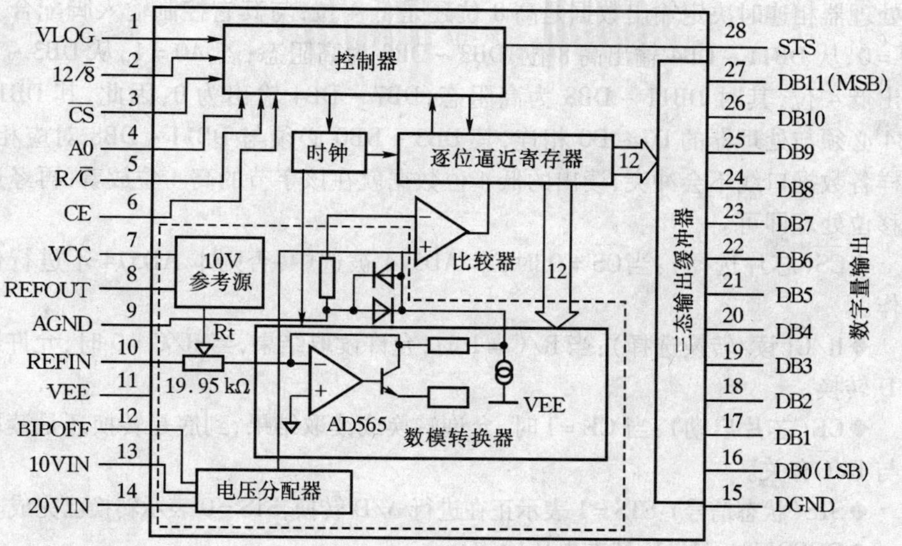

图 4.45　AD574A/AD674A/674B/774B 内部结构与引脚排列

此脚为低电平时，与引脚 A0 配合，把 12 位数据分两次输出，AD574 见表 4.10。应该注意，此脚不与 TTL 电平兼容，若要求此脚为高电平，则应接脚 1（+5 V），若要求此脚为低电平，接脚 15（DGND）。

表 4.10　AD574 系列 ADC 各控制引脚功能

CE	$\overline{CS}$	R/$\overline{C}$	12/$\overline{8}$	A0	功　能
0	×	×	×	×	不起作用
×	1	×	×	×	不起作用
1	0	0	×	0	启动 12 位转换
1	0	0	×	1	启动 8 位转换
1	0	1	接脚 1	×	12 位数据并行输出
1	0	1	接脚 15	0	高 8 位数据从 DB11 ~ DB4 输出，DB3 ~ DB0 为高阻态
1	0	1	接脚 15	1	低 4 位数据从 DB3 ~ DB0 输出，DB7 ~ DB4 输出为 0，DB11 ~ DB8 为高阻态，因此连线时必须将 DB3 ~ DB0 与 DB11 ~ DB8 分别对应相连

◆A0（启动 12 位还是 8 位转换/输出方式）：此脚有两个功能。一个功能是决定转换结果是 12 位还是 8 位数据，与其它控制输入脚配合。若 A0 = 0，结果是 12 位；若 A0 = 1，结果是 8 位。另一个功能是在 12 位转换模式下，在与 8 位外部总线

的处理器相连时决定输出数据是高 8 位还是低 4 位，与其它控制输入脚配合。若 A0 = 0，从 DB11 ~ DB4 输出高 8 位，DB3 ~ DB0 为高阻态；若 A0 = 1，从 DB3 ~ DB0 输出低 4 位，其时 DB11 ~ DB8 为高阻态，DB7 ~ DB4 输出为 0，因此，其 DB11 ~ DB4 必须与处理器的 D7 ~ D0 相连，其 DB3 ~ DB0 必须与 DB11 ~ DB8 对应相连，这样各数据口线不会冲突，读出的低 4 位数据就在该字节的高 4 位放着，再经过数据移位处理即可。

◆$\overline{CS}$（芯片选择）：当$\overline{CS}$ = 0 时，本 AD574 被选中，否则本 AD574 不进行任何操作。

◆R/$\overline{C}$（读/转换选择）：当 R/$\overline{C}$ = 1 时，允许读取结果，当 R/$\overline{C}$ = 0 时，允许进行 A/D 转换。

◆CE（芯片启动）：当 CE = l 时，允许转换或读取结果，到底是转换还是读取结果与 R/$\overline{C}$有关。

◆STS（状态信号）：STS = 1 表示正在进行 A/D 转换，STS = 0 表示转换已完成。

◆REFOUT：+10 V 基准电压输出。

◆REFIN（基准电压输入）：只有由此脚把从“REFOUT”脚输出的基准电压引入到 AD574 内部的 12DAC（AD565），才能进行正常的 A/D 转换。

◆BIPOFF（双极性补偿）：此引脚适当连接，可实现单极性或双极性输入。

◆10VIN（10 V 量程模拟信号输入端）：对单极性信号为 10 V 量程的模拟信号输入端，对双极性信号为 ±5 V 模拟信号输入脚。

◆20VIN（20 V 量程输入端）：单极性信号为 20 V 量程的模拟信号输入端，对双极性信号为 ±10 V 量程模拟信号输入脚。

◆DG（数字地）：各数字电路（译码器、门电路、触发器等）及“ +5 V”电源的地。

◆AG（模拟地）：各模拟器件（放大器、比较器、多路开关、采样保持器等）及“ +15 V”和“ −15 V”的地。

◆VLOG：逻辑电路供电输入端，+5 V。

◆VCC：正供电引脚，VCC = +12 ~ +15 V。

◆VEE：负供电引脚，VEE = −12 ~ −15 V。

4. AD574 系列电路外部连线

AD574 系列各型号，通过外部适当连线可以实现单极性输入，也可实现双极性输入，如图 4.46 所示。输入信号均以模拟地 AGND 为基准。模拟输入信号的一端必须与 AGND 相连，并且接点应尽量靠近 AGND 引脚，接线应短。片内 10 V 基准电压输出引脚 REFOUT 通过电位器 R1 与片内 DAC（AD565）的基准电压输入引脚 REFIN 相连，以供给 DAC 基准电流。电位器 R2 用于微调基准电流，从而微调增益。基准电压输出 REFOUT 也是以 AGND 为基准。通常数字地 DGND 与 AGND 连在一起。

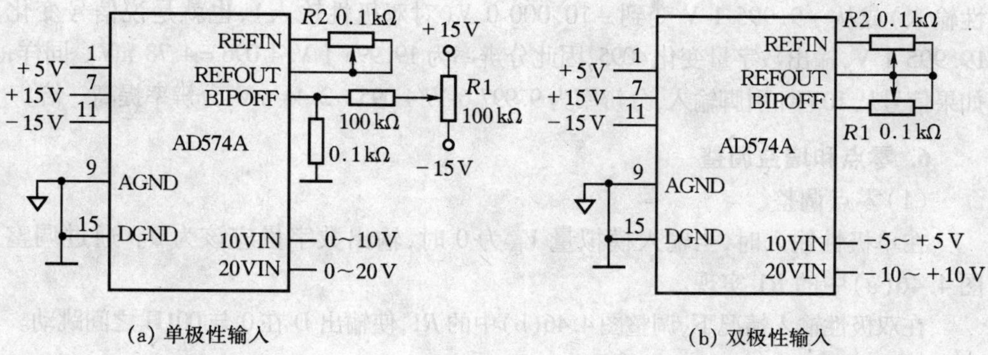

图 4.46　AD574A 不同极性输入的外部接法

(1)模拟量单极性输入电路

图 4.46(a)是 AD574 系列的模拟量单极性输入电路。当输入电压为 V_{IN} = 0 ~ +10 V 时,应从引脚"10VIN"输入,当 V_{IN} = 0 ~ +20 V 时,应从"20VIN"引脚输入。输出数字量 D 为无符号二进制码,计算公式为

$$D = 4\,096 V_{IN}/VFS \tag{4.11}$$

或

$$V_{IN} = DVFS/4\,096 \tag{4.12}$$

式中 V_{IN}为输入模拟量(V),VFS 是满量程,如果从 10VIN 引脚输入,VFS = 10 V;若信号从 20VIN 引脚输入,VFS = 20 V。例如,当信号从 20VIN 引脚输入,则 VFS = 20 V,1LSB = 20/4 096 = 49(mV)。若信号从 10VIN 引脚输入,则 VFS = 10 V,1LSB = 10/4 096 = 24(mV)。图中电位器 $R1$ 用于调零,即保证在 V_{IN} = 0 时,输出数字量 D 为全 0。

(2)模拟量双极性输入电路

模拟量双极性输入电路图如图 4.46(b)所示。图中 $R2$ 用于调整增益,其作用与图 4.46(a)中的 $R2$ 的作用相同。图中 $R1$ 用于调整双极性输入电路的零点。如果输入信号 V_{IN}在 −5 ~ +5 V之间,应从 10VIN 引脚输入;当 V_{IN}在 −10 ~ +10 V 之间,应从 20VIN 引脚输入。

双极性输入时输出数字量 D 与输入模拟电压 V_{IN}之间的关系如下:

$$D = 2\,048(1 + 2V_{IN}/VFS) \tag{4.13}$$

或

$$V_{IN} = (D/2\,048 - 1)VFS/2 \tag{4.14}$$

式中 VFS 的定义与单极性输入情况下对 VFS 的定义相同,为 10V 或 20V。

5. 分辨率

如果信号从 20VIN 引脚输入，那么信号从 +19.995 1 V 变到 0.000 0（对单极性输入）或从 +9.995 1 V 变到 −10.000 0 V（对双极性输入），也就是说信号变化 19.995 1 V，输出数字量变化 4095，因此分辨率为 19.995 1 V/4 096 = 4.78 mV。同样，如果信号从 10VIN 引脚输入，分辨率为 9.997 6 V/4 095 = 2.44 mV，分辨率提高一倍。

6. 零点和增益调整

（1）零点调整

在单极性输入时，当输入模拟量 V_{IN} 为 0 时，输出数字量应该为 0。通过调整图 4.46（a）中的 *R*1 实现。

在双极性输入情况下，调整图 4.46（b）中的 *R*1，使输出 D 在 0 与 001H 之间跳动。

（2）增益调整

增益调整在输入为最大的附近调整。通过调整图 4.46（a）、（b）中的 *R*2 实现。

（3）中点校验

调零和调增益互相影响，应反复多次才能调好。调好之后最后校验中点，对于单极性输入，应取 V_{IN} = +VFS/2，此时 D 应为 800H；对于双极性输入，取 $V_{IN}=0$，此时 *D* 应为 800H。

所有电位器（调增益和调零点用的）均应采用低温度系数电位器，例如金属膜陶瓷电位器（其温度系数为 10^{-4}/℃ ~ 2×10^{-4}/℃）。

当 V_{IN} 为 0 时，输出数字量应该为 2048，通过调整图 4.46（b）中的 *R*1 实现。

7. AD574 系列与计算机的接口电路

AD574 系列的所有型号的引脚功能和排列都相同，因而它们与计算机的接口电路也相同。只需注意一点，就是 AD1674 内部有采样保持器。其它型号，对于快速变化的输入模拟信号应外接采样保持器。

AD574 所有型号都有内部时钟电路，不需外接器件和连线。

（1）AD574 与单片机的连接（单极性输入）

单极性输入的接口电路如图 4.47 所示。按图中接法，写操作时使 $\overline{CS}$ 有效，A0 = 0 时便启动 12 位 A/D 转换。该图工作于中断方式。当 A/D 转换完毕时，STS 由高电平变为低电平，通过 $\overline{INT1}$ 向计算机请求中断。

采样保持器 LF398 用于对输入模拟信号 V_{IN} 采样和保持。LF398 的脚 8 为高电平时采样，低电平时保持。AD574 的 STS 只有在进行 A/D 转换期间为高电平，其余时间均为低电平，经过反相器给 LF398 的 8 脚，因此只要不进行 A/D 转换，LF398 便处于采样状态。一旦启动 A/D 转换，使 STS = 1，便使 LF398 的 8 脚为低电平，从而使 LF398 处于保持状态。图中电容 *C* 为保持电容。与 LF398 的 2 脚相

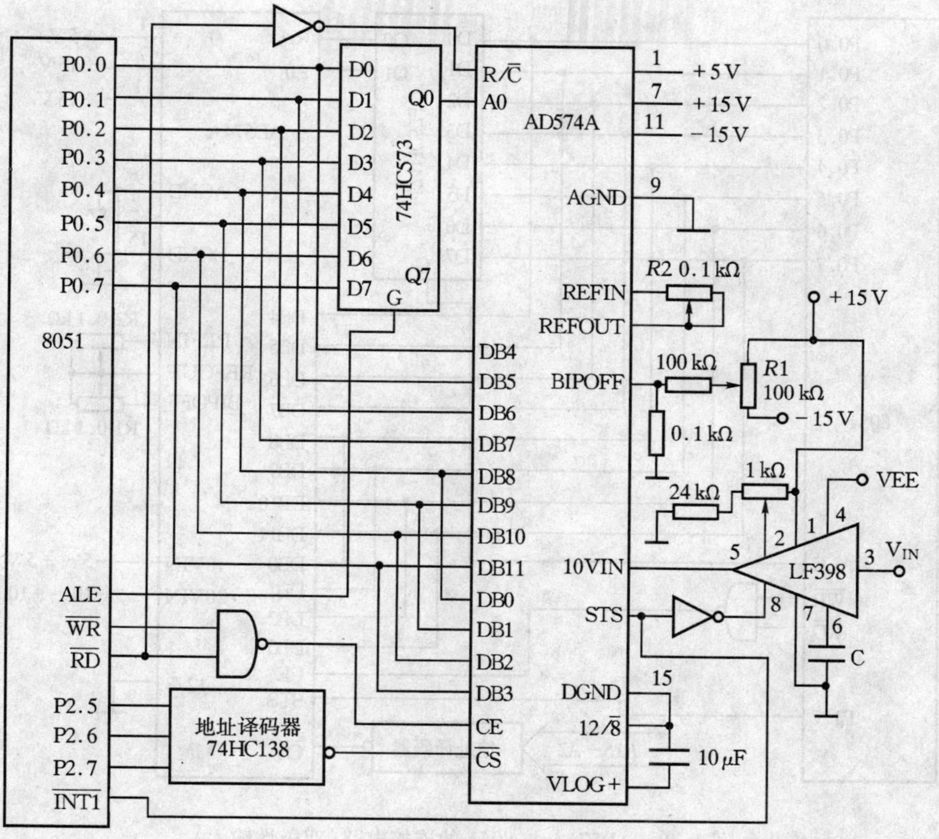

图 4.47　AD574A 与 8051 的连接电路(电极性输入)

连的 1 kΩ 电位器是调零电位器。图中电位器 *R*1 用于给 AD574 调零,*R*2 用于调增益。10 μF 电容是电源滤波电容。

图中引脚 12/$\overline{8}$接 1 脚(+5 V),数据一次读取。读操作时 A7、A8、A9 经译码后输出有效地址使$\overline{CS}$有效,A0 =0 或 A0 =1 均可。

(2)AD574 与与单片机的连接(双极性输入)

双极性输入接口电路如图 4.48 所示。AD574 的数据锁存器是三态可控的,因此可直接与计算机的数据总线相连。因为引脚 12/$\overline{8}$接地,因此,12 位数据分两次读出。令 A0 =0 即启动 A/D 转换。在转换过程中,STS =1,当转换完成后,STS 下跳为 0,经 P1.7 检测,读取数据。

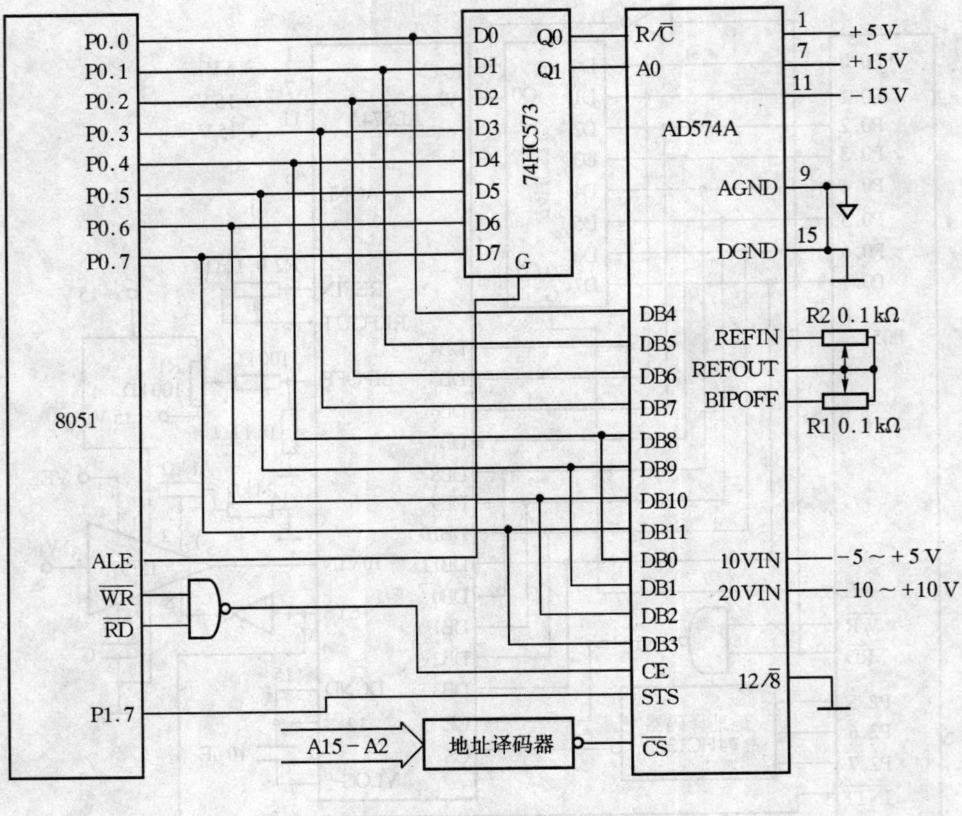

图 4.48　AD574A 与 8051 的连接电路(双极性输入)

4.7.5　12 位串行 A/D 转换器 MAX186/MAX188

MAXIM 公司生产的 MAX186/MAX188A/D 转换器，是串行输出 CMOS 芯片。其转换速度快、精度高、耗电省、接线简单。适用于各种仪器仪表和自动控制系统中的数据采集。

1. MAX186/MAX188 基本功能

◆8 通道单端或者 4 通道差分输入。

◆单一 +5 V 或者 ±5 V 电源供电。

◆低功耗。1.5 mA(运行状态)，2 μA(休眠状态)。

◆内部路径保持，133 kHz 采样速率。

◆内部 4.096 V 基准电压(MAX186)。

◆SPI、QSPI、Microwire、TMS320 兼容的 4 线串行接口。

◆软件配置单极性或双极性输入。

◆20 引脚 DIP、SO、SSOP 封装。

2. MAX186/MAX188 内部结构与工作原理

MAX186/MAX188 的引脚图见图 4.49,其内部结构见图 4.50,其引脚功能见表 4.11。

输入移位寄存器接收片选、时钟、控制字输入,模拟多路开关在控制逻辑控制下,选通指定的通道,使其模拟信号进入采样保持器,再进入 12 位逐位逼近 A/D 转换器,转换所得数据在时钟与片选信号作用下,经输出移位寄存器输出。

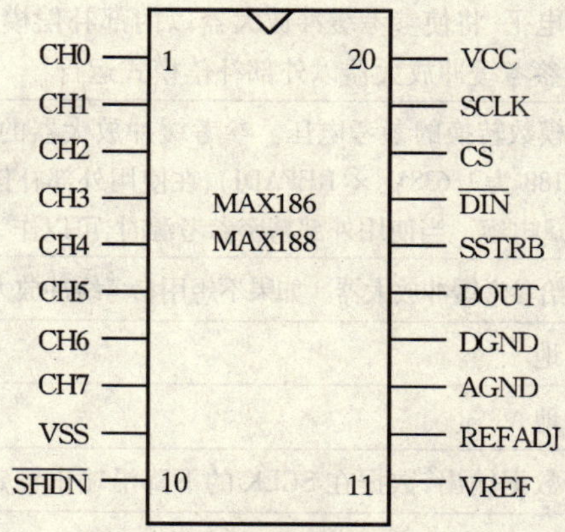

图 4.49　MAX186/188 引脚图

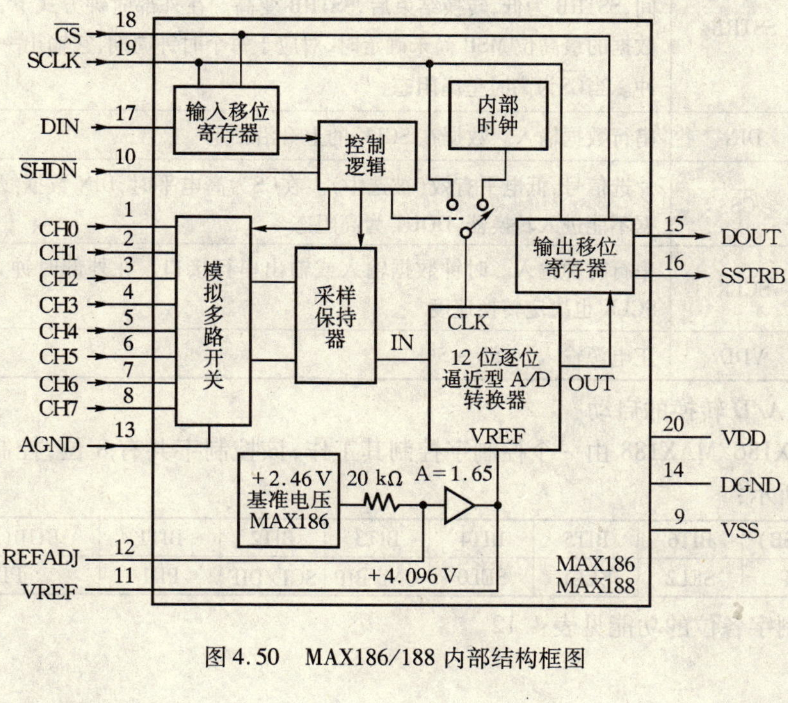

图 4.50　MAX186/188 内部结构框图

表 4.11 MAX186/MAX188 引脚功能

引脚	名称	功 能
1-8	CH0-CH7	采样模拟信号输入
9	VSS	负电源,可以接 -5V 或模拟地 AGND
10	$\overline{\text{SHDN}}$	三级停止控制,置$\overline{\text{SHDN}}$为低电平,就使 MAX186/MAX188 处于停止模式,此时耗电仅为 10 μA(最大值)。否则芯片将满负荷运行。置$\overline{\text{SHDN}}$为高电平,将使参考缓冲放大器以内部补偿模式运行,置$\overline{\text{SHDN}}$为悬浮,将使参考缓冲放大器以外部补偿模式运行
11	VREF	用于模数转换的参考电压。参考缓冲放大器的输出(MAX186 为 4.096V,MAX188 为 1.638V × REFADJ),在使用外部补偿方式时,该引脚对地要接 4.7 μf 电容。当使用外部精密参考源时,可以作为一个输入
12	REFADJ	输入给参考缓冲放大器。如果不想用参考缓冲放大器,将其接到 VDD 即可
13	AGND	模拟地
14	DGND	数字地
15	DOUT	串行数据输出,数据在 SCLK 的下降沿输出锁定。为高时呈高阻态
16	SSTRB	串行选通输出。在内部时钟方式下,MAX186/MAX188 在模数转换期间,SSTRB 为低,转换结束后,SSTRB 变高。在外部时钟方式下,在转换数据的最高位 MSB 尚未确定时,对应于每个时钟周期,它输出一个高脉冲。当$\overline{\text{CS}}$为高时呈高阻态
17	DIN	串行数据输入。数据在 SCLK 的上升沿锁定
18	$\overline{\text{CS}}$	片选信号,低电平有效(被选中)。在$\overline{\text{CS}}$为高电平时,DIN 数据线上的数据不能进入转换器,DOUT 为高阻态
19	SCLK	串行时钟输入。时钟数据输入或输出串行接口。在外部时钟方式下,SCLK 也决定转换速度
20	VDD	正电源输入,+5V ±5%

(1)A/D 转换的启动

MAX186/MAX188 由一个控制字控制其工作,该控制字共有 8 位,控制字的 8 位如下所示:

BIT7(MSB)	BIT6	BIT5	BIT4	BIT3	BIT2	BIT1	BIT0(LSB)
START	SEL2	SEL1	SEL0	UNI/$\overline{\text{BIP}}$	SGL/$\overline{\text{DIF}}$	PD1	PD0

控制字各位的功能见表 4.12。

表 4.12　控制字各位的功能

位	名　称	功　能
7(MSB)	START	在$\overline{CS}$变低后的第一个“1”。被定义为转换控制字起始位
6 5 4	SEL2 SEL1 SEL0	这三位确定 8 个模拟输入通道中,那一个通道被选通。见表 4.13
3	UNI/$\overline{BIP}$	选择信号输入的极性方式,1 表示单极性,0 表示双极性。在单极性方式,一个模拟输入信号从 0V 到 VREF 都可以被转换。在双极性方式,信号范围从 - VREF/2 到 + VREF/2
2	SGL/$\overline{DIF}$	选择单端还是差分输入方式,1 为单端方式,0 为差分方式。在单端方式,输入电压以模拟地为起点,在差分方式,一个信号占用一对(两个)输入通道。详见表 4.14
1 0(LSB)	PD1 PD0	选择时钟和节电方式 PD1　PD0　方式 0　0　全停电方式(IQ = 2 μA) 1　0　快停电方式(IQ = 30 μA) 0　1　内部时钟方式 1　1　外部时钟方式

在进行转换时,必须先将该控制字由引脚 DIN 输入,输入方法是在时钟 SCLK 作用下进行。在芯片被选通($\overline{CS}$=0)时,每一个时钟 SCLK 的上升沿锁定一位 DIN 的输入,将其送入输入移位寄存器。在$\overline{CS}$下跳后 DIN 接收到的第一个“1”,被定义为控制字的最高位 MSB(启动位),在这一位到达前,由时钟使能进入 DIN 的任一位“0”都不起作用。但要注意,$\overline{CS}$的下跳沿并不启动 A/D 转换,而是在$\overline{CS}$变低后,由 SCLK 的上升沿与控制字的首位(MSB)为 1 启动一次 A/D 转换。这个启动位被定义为:为低电平,转换器为空闲的情况下,由时钟作用进入 DIN 的第一位高电平位,或者在转换过程中,在时钟作用下,从 DOUT 输出的转换结果数据第 5 位已经有效的情况下,由时钟驱动从 DIN 输入的第一个高电平位。

MAX186/MAX188 与 SPI 设备完全兼容。要使用 SPI,则须在 SPI 控制寄存器中选择正确的时钟极性和采样边界:设置 CPOL = 0, CPHA = 0。SPI 在同一时间发送一个字节和接收一个字节。使用典型的操作电路,最简单的软件接口要求仅仅 3 个 8 位的数据传输就可以执行一次转换(一个 8 位传输用于设置 ADC,其它两个 8 位传输用于转换结果的传输)。为了 CPU 的串行接口运行于主模式,CPU 必须产生一个串行时钟信号,其频率在 100 kHz ~ 2 MHz。

信号可以单端输入,也可以差分输入。单端输入时信号通道的选通编码见表 4.13。差分输入时信号通道的选通编码见表 4.14。

表 4.13　模拟信号单端输入时通道的选通

SEL2	SEL1	SEL0	CH0	CH1	CH2	CH3	CH4	CH5	CH6	CH7	AGND
0	0	0	+								−
1	0	0		+							−
0	0	1			+						−
1	0	1				+					−
0	1	0					+				−
1	1	0						+			−
0	1	1							+		−
1	1	1								+	−

表 4.14　模拟信号差分输入时通道的选通

SEL2	SEL1	SEL0	CH0	CH1	CH2	CH3	CH4	CH5	CH6	CH7
0	0	0	+	−						
0	0	1			+	−				
0	1	0					+	−		
0	1	1							+	−
1	0	0	−	+						
1	0	1			−	+				
1	1	0					−	+		
1	1	1							−	+

◆将$\overline{CS}$连接到 CPU 的一根通用 I/O 口线上，由 CPU 将其置低。

◆传送 TB1 并同时接收一个字节 RB1。

◆传送一个全为“0”的字节，并同时接收一个字节 RB2。

◆传送一个全为“0”的字节，并同时接收一个字节 RB3。

◆将$\overline{CS}$置高。

图 4.51 显示以上过程。字节 RB2 和 RB3 包含转换结果，在转换结果之后填充为“0”，以 1 个“0”打头，后跟 3 个“0”。总的转换时间是串行时钟频率和 8 位传

输时间的函数。为保证转换时间不超过 120 μs,要消除过多的 T/H 耗时。

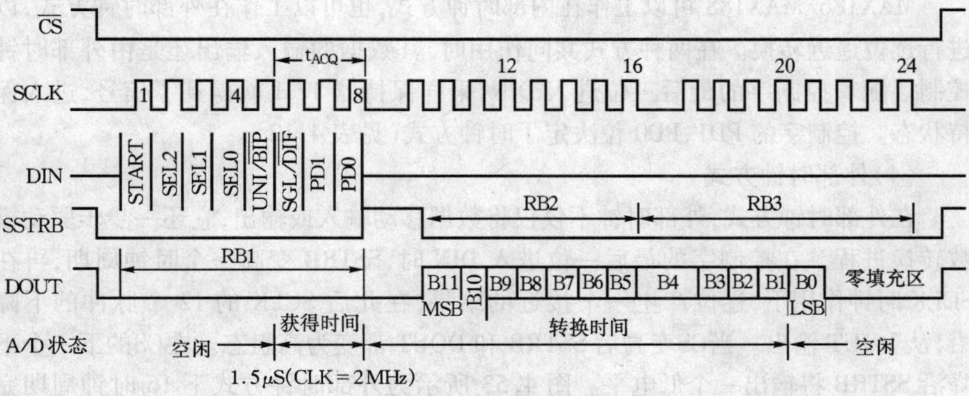

图 4.51　外部时钟方式下的转换时序(SPI,QSPI,MICOWIRE 兼容)

(2)数据输出

在单极性输入方式,输出是整齐的二进制数,输入从 0 ~ +4.096 V,输出从 0 变到 4 096。见图 4.52(a),在双极性输入时,输出是两种符号相反的数,见图 4.52(b)。输入从 -2.048 V 到 0,输出从 -2 048 变到 0(图中负数是以补码方式表达的),输入从 0 到 2.048 V,输出从 0 变到 2 048。数据随时钟 SCLK 的下降沿被锁定输出。最先输出的是数据的最高位 MSB。

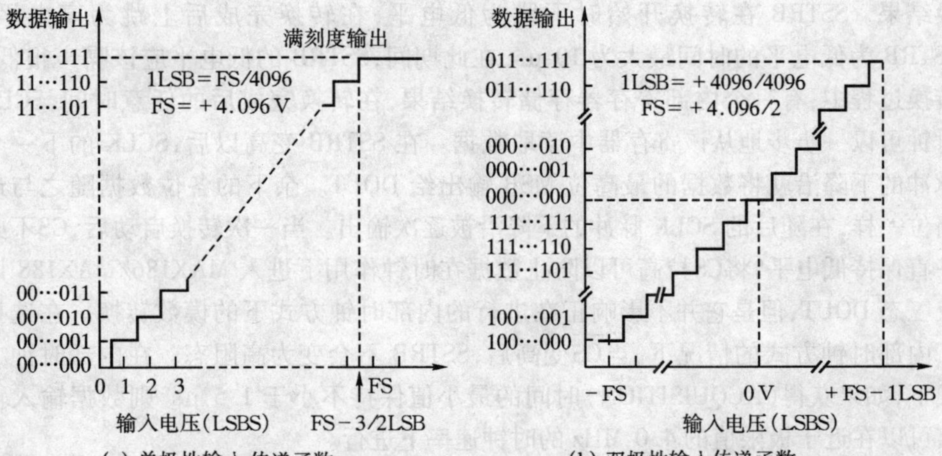

(a) 单极性输入传递函数
4.096 V=Full Scale(满刻度)

(b) 双极性输入传递函数
±4.096 V/2=Full Scale(满刻度)

图 4.52　MAX186/MAX188 不同极性输入时的传递函数

(3)时钟方式

MAX186/MAX188 可以工作在内部时钟方式,也可以工作在外部时钟方式,以进行逐位逼近转换。在两种方式共同作用时,其数据的输入输出还是由外部时钟控制。随着控制字的最后三位进入 DIN,采样保持器 T/H 就得到了信号,进入保持状态。控制字的 PD1、PD0 位决定了时钟方式(见表 4.12)。

(4)外部时钟方式

在外部时钟方式,外部时钟不仅仅将数据移动输入或输出,它还一步步驱动模数转换进程。在控制字的最后一位进入 DIN 时,SSTRB 变高一个时钟周期,再在 SCLK 时钟作用下,逐位产生一个接近的结果,在此后 SCLK 的 12 个脉冲的下降沿,从 DOUT 输出。当$\overline{CS}$变高后 SSTRB 和 DOUT 都变为高阻态。在$\overline{CS}$的下一个下降沿 SSTRB 将输出一个低电平。图 4.53 所示为外部时钟方式下 16 时钟周期完成一次转换的时序。转换必须在一个最小的时间内完成,否则采样保持器 T/H 内的保持电容上的电压会因电荷泄漏而降低,从而影响转换的精度。如果外部时钟周期超过 10 μs,或者串行时钟中断导致转换时间间隔超过 120 μs 的情况下,要使用内部时钟。

(5)内部时钟方式

内部时钟方式下的转换时序见图 4.54。在内部时钟方式,MAX186/MAX188 在内部产生自己的转换时钟,这使与芯片连接的微处理器省去了产生转换时钟的负担,允许微处理器从 0 Hz 到典型时钟频率 10 MHz 中的任何频率,方便地读取转换结果。SSTRB 在转换开始时下跳为低电平,在转换完成后上跳为高电平。SSTRB 为低电平的时间最大为 10 μs,在此期间,SSTRB 的低电平应该噪声很低。转换过程中,有一个内部寄存器存储转换结果,在转换完成后的任意时间,SCLK 时钟可以一步步地从该寄存器中读取数据。在 SSTRB 变高以后,SCLK 的下一个脉冲的下降沿就将数据的最高位 MSB 输出给 DOUT。余下的各位数据随之与最高位一样,在随后的 SCLK 脉冲的下降沿被逐次输出。当一次转换启动后,$\overline{CS}$不必一直保持低电平,将$\overline{CS}$拉高可以防止数据在时钟作用下进入 MAX186/MAX188 以及三态 DOUT,但是它并不影响正在进行的内部时钟方式下的模数转换。在选择了内部时钟方式的情况下,当$\overline{CS}$变高后,SSTRB 不会变为高阻态。在内部时钟方式下,如果获得(ACQUISITION)时间的最小值保持不小于 1.5 μs,则数据输入输出可以在近于极限值的 4.0 MHz 的时钟速率下进行。

3. MAX186/188 应用技术简介

(1)转换时钟周期数

在转换结果第 5 位有效输出之前,如果$\overline{CS}$的下降沿强制产生一个启动位,就会中断正在进行的这次转换而开始一次新的转换。如果第 5 位已经有效输出,这时起动一个新的转换，就不影响正在进行的转换。这样，15 个时钟周期就可以完成一次转换，这是 MAX186/MAX188 最快的转换速度。由于大多数微处理器希望时钟的周期数是 8 的整数倍，所以采用 16 个时钟周期完成一次转换是最佳的选择。这种在外部时钟条件下，16 个时钟周期完成一次转换的时序见图 4.53。

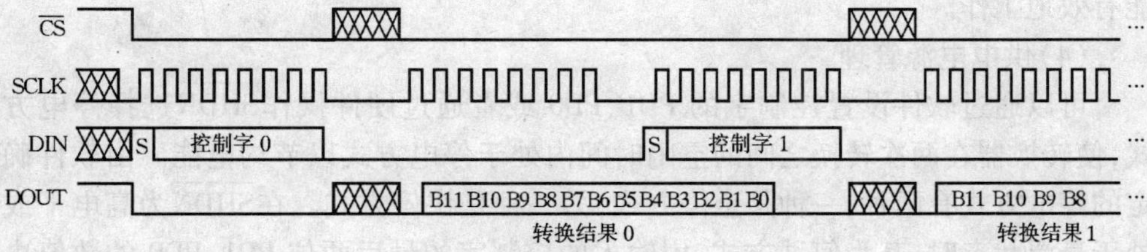

图 4.53　16 时钟周期外部时钟转换时序

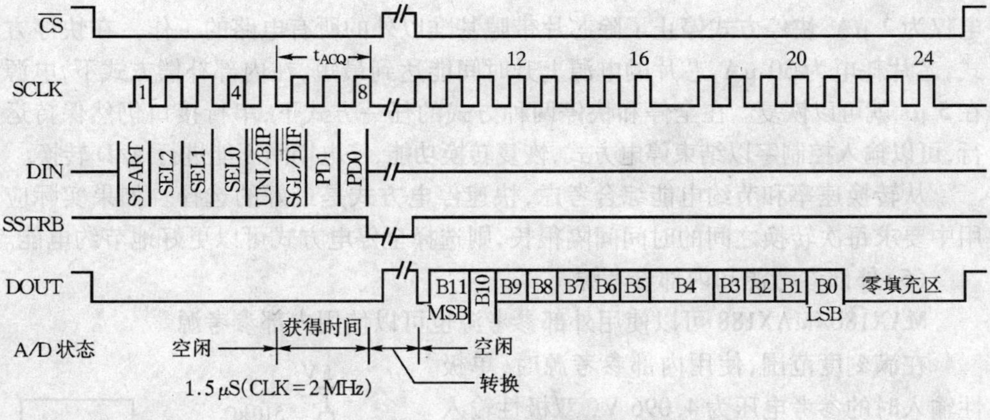

图 4.54　内部时钟方式转换时序

(2) 上电复位

在$\overline{SHDN}$没有被拉低的情况下，当电源开启时，内部上电复位电路将在内部时钟驱动下进行复位，此时 SSTRB 为高电平。在电源已经稳定后，内部复位需要 100 μs，此期间芯片不进行转换工作。在上电期间，SSTRB 为高电平，如果此期间$\overline{CS}$下降为低电平，则第一个进入 DIN 的高电平位，会被当作启动位"1"而开始一次转换，但这次转换的输出全是 0。

(3) 参考缓冲器补偿

为了增加停电功能，$\overline{SHDN}$也被用来选择内部或者外部补偿。这种补偿影响电源开启时间和最大转换速率。补偿与否，起因于最小 100 kHz 时钟速率下，采样保持电路的电压下降情况。要选择外部补偿，将$\overline{SHDN}$悬浮即可。在 VREF 引脚上对地接一只 4.7 μf 或更大一些的电容,以保证 VREF 稳定,这样可以使转换器以最大时钟频率 2 MHz 运行。外部补偿将增加电源开启的时间。

内部补偿要求 VREF 上不要接电容,并且$\overline{\text{SHDN}}$必须接高电平。内部补偿允许最短的电源上升时间,但是只有在外部时钟速率下降到最大 400 kHz 的情况下才能有效地工作。

(4)供电电源管理

可以通过软件设置控制字的 PD1、PD0 或者通过硬件操作$\overline{\text{SHDN}}$选择停电方式,使转换器在两次转换之间的空闲时间内处于停电方式以节约电能。由软件确定的停电方式有两种,一种是全停方式,另一种是快停方式。在$\overline{\text{SHDN}}$为高电平或处于悬浮状态时,其为何种方式,由输入的控制字的最后两位 PD1、PD0 的数值决定,见表 4.12。在$\overline{\text{SHDN}}$为低电平的情况下,芯片处于完全停电状态,而不管控制字最后两位为何值。由软件确定的全停电方式,停止了芯片的所有操作,使芯片耗电仅为 2 μA,快停方式停止了除芯片带隙基准以外的所有电路的工作。在快停方式,芯片耗电为 30 μA,芯片的电源上升时间能达到最短,在内部补偿方式下,电源在 5 μs 就可以恢复。在全停和快停两种方式的任一方式下,串行接口仍然保持运行,可以输入控制字以结束停电方式,恢复转换功能,停电期间不能进行 A/D 转换。

从转换速率和节约电能综合考虑,快速停电方式是最好的选择。如果实际应用中要求每次转换之间的时间间隔很长,则选择全停电方式可以更好地节约电能。

(5)外部参考源和内部参考源

MAX186/MAX188 可以使用外部参考源也可以使用内部参考源。

在满刻度范围,使用内部参考源时,单极性输入时的参考电压为 4.096 V,双极性输入时的参考电压为 2.048 V,内部参考电压可以在 ± 1.5% 范围内调节,其调节电路见图 4.55。使用外部参考源时,REFADJ 的输入阻抗的典型值为:对 MAX186,其值为 20 kΩ;对 MAX188,其值为 100 kΩ。在此,内部参考电压会被忽略。对 VREF,在直流信号输入时,其最小输入阻抗为 12 kΩ。在使用外部参考源时,该参考源必须能提供 350 μA 负载电流,并有一个 10 Ω 或者更小的输出阻抗。如果其输出阻抗较大或者是输出噪声,就要在 VREF 引脚与地之间接 4.7 μF 电容以旁路噪声信号。

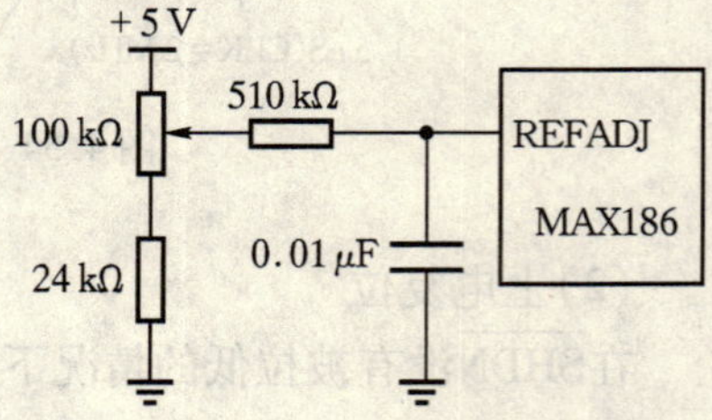

图 4.55　MAX186 参考电压调节电路

4. MAX186/188 与计算机的连接

MAX186/188 在应用中主要由微处理器直接控制,因此这里只介绍其与微处理器的连接。图 4.56 所示为这种转换器与 8051 的连接图。图中 MAX/186/188 直接与 8051 单片机相连,由 8051 直接控制,8051 通过通信总线与微机相连,根据微机的命令决定何时采集数据,采集到数据后,再传输给微机。

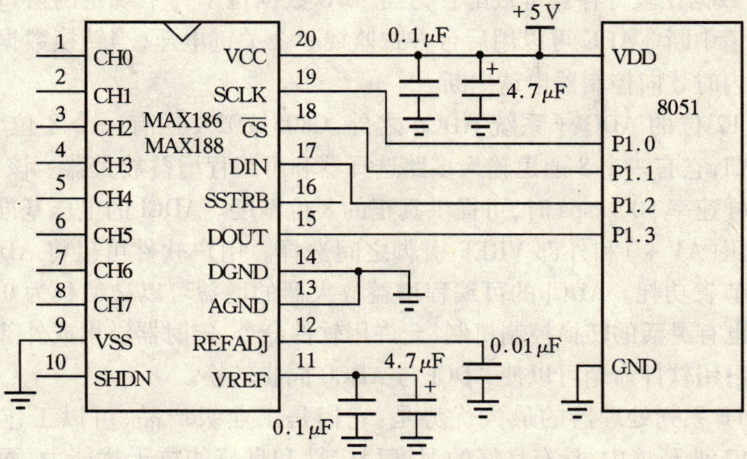

图 4.56　MAX186/MAX188 与 8051 的连接

4.7.6　使用处理器内带的 A/D 转换器

笔者在实践中常常使用处理器内带的 A/D 转换器,在选择处理器(ARM/DSP/单片机)时,就根据系统 A/D 转换的需要,选用带有合适 A/D 转换器的处理器。例如采用 Silicon 公司的 C8051F 系列单片机作为 12 位 A/D 转换器使用,除 C8051F230/1/6 外,其他 C8051FXX 器件内部都有一个 ADC 子系统,由逐位逼近型 ADC、多通道模拟输入选择器和可编程增益放大器组成。

C8051F 系列内含的 ADC 工作在最大采样速率 100 ksps 时,可提供真正的 8 位、10 位或 12 位精度。ADC 完全由 CIP－51 通过特殊功能寄存器控制,系统控制器可以关断 ADC 以节省功耗。

C8051F00X/01X/02X 还有一个 15×10^{-6}的电压基准和内部温度传感器,并且 8 个外部输入通道的每一对都可被配置为 2 个单端输入或一个差分输入。

可编程增益放大器接在模拟多路选择器之后,增益可以用软件设置,从 0.5 ~ 16 以 2 的整数次幂递增。当不同 ADC 输入通道之间,输入的电压信号范围差距较大或需要放大一个具有较大直流偏移的信号时(在差分方式,DAC 可用于提供直流偏移),这个放大环节是非常有用的。

A/D 转换可以有 4 种启动方式:软件命令、定时器 2 溢出、定时器 3 溢出或外部信号输入。这种灵活性允许用软件事件、硬件信号触发转换或进行连续转换。

一次转换完成后可以产生一个中断,或者用软件查询一个状态位来判断转换结束。在转换完成后,转换结果数据字被锁存到特殊功能寄存器中。对于 10 位或 12 位 ADC,可以用软件控制结果数据字为左对齐或右对齐格式。

ADC 数据比较寄存器可被配置为当 ADC 数据位于一个规定的窗口之内时向控制器申请中断。ADC 可以用后台方式监视一个关键电压,当转换数据位于规定的窗口之内时才向控制器申请中断。

除了 12 位的 ADC 子系统 ADC0 之外,C8051F02X 还有一个 8 位 ADC 子系统,即 ADCl,它有一个 8 通道输入多路选择器和可编程增益放大器。该 ADC 工作在最大采样速率 500 ksps 时,可提供真正的 8 位精度。ADCl 的电压基准可以在模拟电源电压(AV +)和外部 VREF 引脚之间选择。用户软件可以将 ADCl 置于关断状态以节省功耗。ADCl 的可编程增益放大器的增益可以被编程为 0.5,1,2 或 4。ADCl 也有灵活的转换控制机制,允许用软件命令、定时器溢出或外部信号启动 ADCl 转换;用软件命令可以使 ADCl 与 ADC0 同步转换。

C8051F 系列处理器的最大优势是:它们是工业级产品,可以工作在 -40 ~ +85 ℃的工业环境中,具有良好的温度稳定性和良好的抗干扰能力,而且其价格仅为其他工业级转换器的五分之一。一片带有 12 位 A/D 转换器的单片机 C8051F206,2008 年 10 月在西安的售价仅为 16 元人民币,而同期其他公司的工业级 12 位 A/D 转换器售价在 100 ~200 元不等。

思考题与习题

1. 运算放大器通常有几种用法?在信号处理中使用运算放大器主要有什么作用?

2. 有一台仪器的信号传感器的输出电压为 0 ~10 mV,仪器中的 A/D 转换器的输入电压为 0 ~10 V,画出用 LM324 作为运算放大器的多级放大电路图。

3. 仪表放大器有什么特点?说明其工作原理。

4. 说明采样保持器 LF398 的工作原理。

5. 有一信号的频率在 500 ~2 000 Hz,要对其全频段进行采样,采样器的采样频率最少是多少?为什么?对这一频率范围采样,采样器的采样频率为多少比较合适?

6. 用运算放大器设计一低通滤波器,其截至频率 f_0 = 20 kHz。

7. 画出 16 路共地信号的隔离与选通电路。

8. 为什么阶梯电压不能用模拟开关隔离与选通?应选用什么器件为好?

9. 数字滤波的基本思想是什么?在实用中如何处理信号上的异常点?

10. 说明工频周期滤波的意义和原理。工频周期滤波的起始点是否必须在交流电的过零时刻,为什么?

11. 信号馈送过程中,以电流传输信号和以电压传输信号各有什么优缺点?

12. 说明 R－2R 电阻网络型 DAC 转换器的工作原理。

13. 说明权电阻型(电流输出型)DAC 转换器的工作原理。

14. 电阻网络型和权电阻型两种转换器相比,各有什么优缺点?

15. 说明 DAC0832 的特点。DAC0832 输出的信号是电流信号还是电压信号?其输出的信号还需要怎么处理?画出其处理的电路图。

16. 说明串行输入 D/A 转换器 PCM56 的特性和工作原理。

17. 说明逐位逼近型 A/D 转换器的工作原理。

18. 说明双积分型 A/D 转换器的工作原理。

19. 说明 Σ－Δ 型 A/D 转换器的工作原理。

20. 逐位逼近型 A/D 转换器与双积分型 A/D 转换器相比,各有什么优缺点?

21. 画出单极性输入方式的 AD574 与 8051 的连接图。

22. AD574A 双极性输入时,转换输出的数据范围是多少?对应于 0 V 输入的转换结果是多少?

23. MAX186/MAX188 A/D 转换器有何特点?其功耗和速度指标是多少?

24. 画出 MAX186/MAX188 与 8051 的连接图。

25. MAX186/MAX188 有几种信号输入方式?怎么设置?

26. 对需要有 A/D 转换功能的系统,选用单片机内带 A/D 转移器有何好处?

第 5 章

仪器的人机交互部件

仪器的人机交互部件主要是键盘和显示器，微机所用的键盘和显示器此处不作介绍，这里主要介绍中小型仪器常用的键盘和显示器，人机交互除了键盘和显示器之外，还有声音。

5.1 仪器的键盘

仪器键盘形式多样，从结构上分，有如图 5.1 所示几种结构。其中按钮按键寿命长，导通电阻小，不易损坏。其原因是按钮键的接触部分是电镀的金属片，强度好，接触性好。薄膜按键由于制造工艺方面的原因，其可靠性目前还是比较差，其优点是键盘结构简单，外观比较平整。

从电路上来说，无论是薄膜按键，还是按钮按键，其电路结构都是一样的。

键盘的电路结构分为两大类，一类是单触点接地式，另一类是行列分布式，前者适用于键数较少的键盘，后者适用于键数较多的键盘。

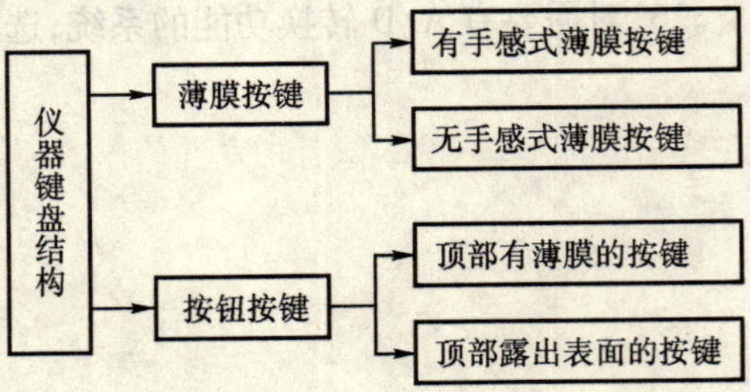

图 5.1 仪器键盘结构

从键的触发方式来说，有中断方式电路结构，有查询方式电路结构。中断方式电路结构，在程序设计时可以根据需要设计为中断方式，也可以由程序屏蔽键盘中断，而以查询方式读键。硬件设计为查询方式电路结构时，就只能以查询方式读键。

5.1.1 单触点接地式键盘电路

单触点接地式键盘广泛使用于各类功能比较单一的仪器中，其结构简单，分为中断方式电路和无中断方式电路。

1. 中断方式键盘电路

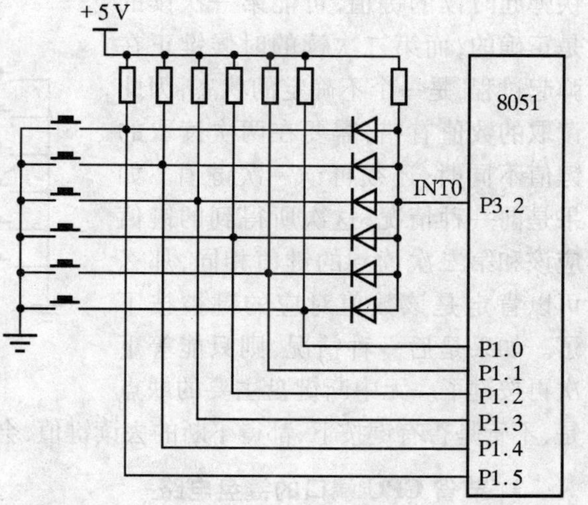

图 5.2　典型中断方式键盘电路

单触点接地式键盘中断方式电路的特点是有键按下时，会产生中断请求，CPU 响应中断后，执行键盘中断服务程序，读取键值。典型的中断键盘电路见图 5.2。

由图可见，由于上拉电阻的作用，平时每条线都被拉到 +5 V（高电平），因此 8051 的中断口 INT0 也是高电平。不产生键盘中断。

如果有键按下，则按下键的这条线被接通到地，为低电平。经过二极管的嵌位作用，将 INT0 线拉到低电平，从而触发键盘中断。其它没有按下的键对应的线还是被上拉电阻拉到高电平，由于二极管的反向隔离作用，使 P1 口线的电压只取决于键是否按下，按下键的线为低电平，其它都是高电平。键盘中断后，CPU 执行键盘中断服务程序，通过 P1 口读取键值。

通常，由于键刚按下的瞬间，还没有完全接触好的时刻，存在着似接触非接触的状态，即所谓键抖动时刻，此时刻信号是不稳定的，要延时一段时间，等待键完全接触好以后再读键值。因此在进入键盘中断服务程序后，要有一段延时，通常延时 10 ms，此时再读键值，就比较准确。

这种电路在有特殊情况，必须屏蔽键盘中断的情况下，也可以采用查询方式读取键值，也就是定时读取 P1 口的数值即可。

中断式键盘的主要优点是无键按下时，程序可以专一运行其它程序，只有在有键按下时才读取键值。程序的执行效率较高。

2. 无中断键盘电路

无中断键盘电路见图 5.3。这种键盘电路简单，键线直接与 P1 口相连，由 CPU 定时读取 P1 口的数值，通过读取的数据，判断是否有键按下。在 P1.0 ~ P1.5 不全为 1 时，就可能有键按下，延时 10 ms 再读一次，看是否确实有键按下，再判断两次读取的键值是否相同，若相同，说明确实就是该数值对应的键被按下了。如果两次数值不一样，则有两种情况：一是键刚按下，第一次读取的是键抖动过程中的不定值，可能是个错误的键值；二是键快弹起时读的键值，可能第一次读的是正确的，而第二次读的时候键正在弹起过程，是一个不确定的状态，因此读取的数值有错，需要在两次读取的键值不同时，还须再读一次键值。如果是前一种情况，这次所得到的键值应该和第二次读到的键值相同，那么可以肯定是该数值对应的键被按下了。如果是后一种情况，则只能等下次再按键了。无中断键盘主要的缺点是，不管是否有键按下，都得不断的去读键值，会影响其它程序的执行效率。

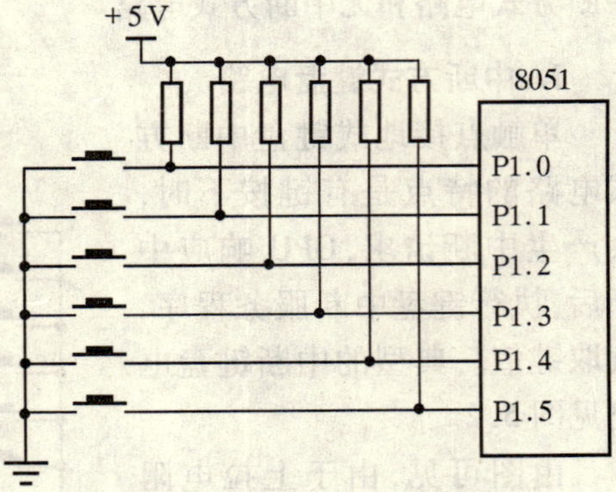

图 5.3　无中断键盘电路

3. 节省 CPU 端口的键盘电路

单片机的 I/O 端口是珍贵的资源，前边两种键盘电路，虽然电路简单，但都占用了较多的 I/O 端口。可能会使端口资源紧缺。如果单片机外部设备较多，对端口需求较多，键盘电路的设计就要考虑节省 CPU 端口。通常按总线扩展方式，将键盘作为一个外部设备，占用外部 RAM 一个单元的地址。具体接线方法是，将键盘线连接到锁存器的输入端，将锁存器的输出端连接到系统的数据总线上，通过读锁存器获取键值。这就要求该锁存器的输出端必须是三态的，在被选通时，其输出等于输入，将数据送上数据总线，供 CPU 读取。其它时间，其输出为高阻态。74HC573、74HC373、74LS373 等芯片正是具有这样功能的锁存器。这种键盘的电路见图 5.4。

由图可见，这种电路要复杂一些，但是只占用很少的通用 I/O 口，键盘地址由 3－8译码器确定。平时锁存器 74HC573 的输出端为高阻态，不影响地址数据复用总线，在有键盘中断发生时，再执行对键盘地址读数的操作，当送出的键盘地址有效时，译码器 74HC138 的输出 Y0 为低电平，在读信号低电平到来时，或门 74HC32 的输出为低电平，从而使 74HC573 的输出被允许，将数据送上数据总线，由 CPU 读取。

5.1.2　扫描式键盘电路

扫描方式键盘电路用于键数多的仪器，其电路结构如图 5.5 所示。74HC138 译码器决定了键盘的地址 KEY，向该地址写入扫描数值，是在写信号 $\overline{WR}$ 与地址 KEY 共同作用下使 74HC574 导通，将扫描码输出并锁存到行线 BN0 ~ BN3，该扫描码从 BN0 ~ BN3 逐位为 0，每输出一次扫描码，读取一次键值，如果没有键按下，则由于上拉电阻 R 的上拉作用，BN4 ~ BN7 位全是“1”。如果有键按下，则为“0”

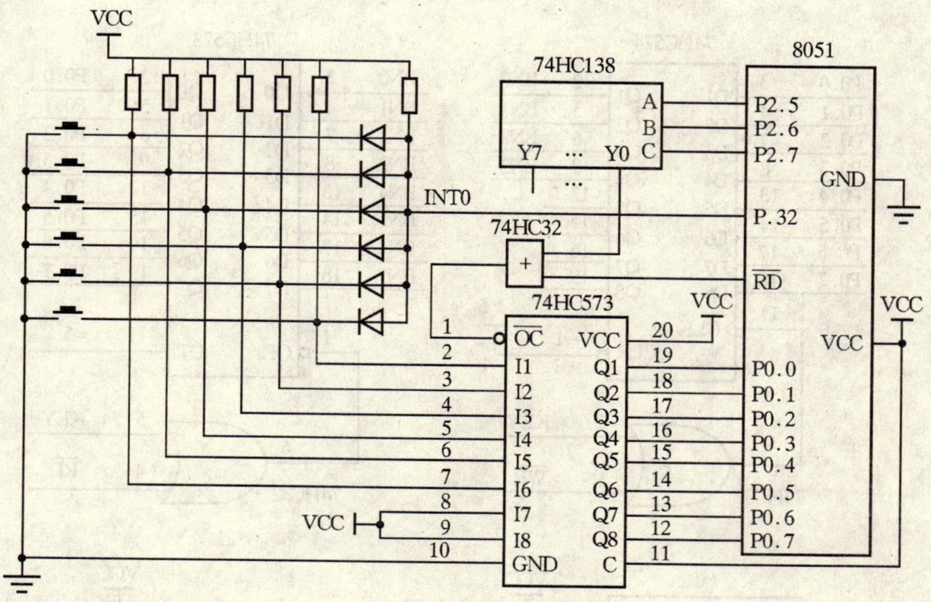

图 5.4　节省 I/O 端口的键盘电路

的那一行线经过按下的键与列线接通，使该列线变为“0”，然后 CPU 从 74HC573 读取的键值中的列线 BN4 ~ BN7 中就有一位为低电平，BN0 ~ BN3 中的“0”电平位，就是扫描输出时给“0”的行线，BN4 ~ BN7 中的“0”就是键按下的那一列线，结合行线和列线中的“0”的位置，就可以知道是哪个键被按下了。

扫描式键盘电路，也有多种连接方式，有些行线与列线数目相同，有些数目不同，键数也可多可少，非常灵活。其优点是，由于键数较多，可以直接将 0 ~ 9 数字做在键盘上，数字输入方便，总体程序好设计，像电子词典键就更多，有 26 个英文字母，0 ~ 9 十个数字键，还有其他功能键。其缺点是电路元件多，读键程序大，运行读键程序耗时多。

这种矩阵键盘电路也可以做成中断方式，但是其按钮底下的电线布局比较复杂，任一个键按下时，都要和地线接通，导致该键处的行线和列线接地，其电平变为 0。还需要给所有行线加一个多线输入与门，与门的输出直接送给计算机的中断端口，无键按下时，与门的输入全为 1，其输出为 1，不会有键盘中断。当有键按下时，该与门的输入中有一位为 0，因而与门的输出为 0，而导致中断，在中断程序中经延时后读取键值即可。键盘做成这种电路时，也就不再需要扫描电路，因此图中的 74HC574 也就不要了，读键程序也就简化了很多。

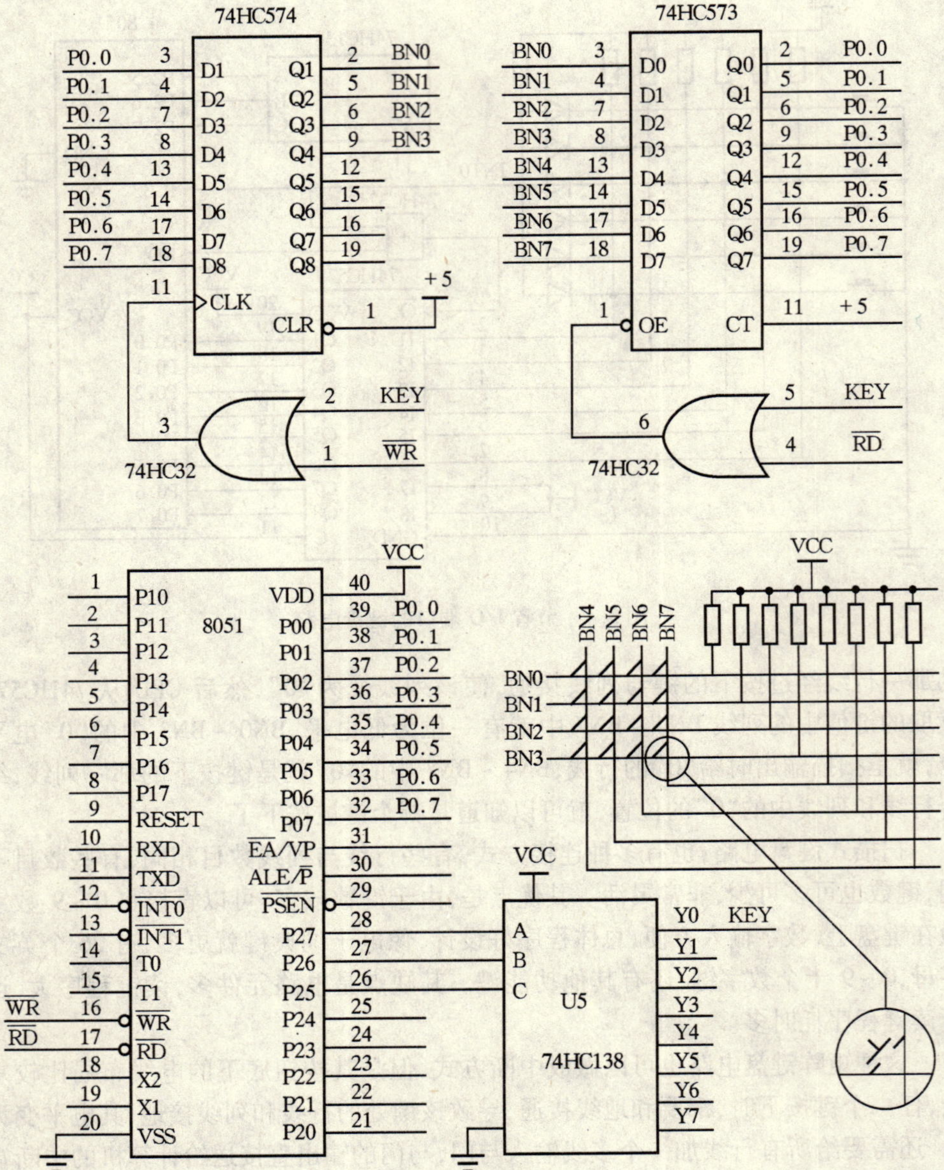

图 5.5　扫描方式键盘电路

5.2　数码管 LED 常用接口电路

在一些只需要简单显示的仪器中，常用数码管显示信息，这些数码管有些是发光二极管显示器，简称 LED(light emitting diode)；有些是液晶显示器，简称 LCD(liquid crystal display)；有些是荧光管显示器。前两种显示器都有两种显示结构，段显示(8 段，“米”字型等)和点阵显示(5×7,5×8,8×8 点阵等)。而发光二极管显示又分为固定段显示和可以拼装的大型字段显示，此外还有共阳极和共阴极之分等。

三种显示器中，以荧光管显示器亮度最高，发光二极管次之，而液晶显示器最弱。液晶显示器有带背光和不带背光之分，带背光的液晶显示器既可以在有外部光源处使用，也可以在黑暗中使用；不带背光的液晶显示器只能靠外部光源才能看清。

5.2.1　LED 显示器结构与原理

1. LED 显示器结构与性能

LED 显示器是由发光二极管显示字段组成的显示器，有 8 段和“米”字段之分。这种显示器有共阳极和共阴极两种，如图 5.6(b)、(c)所示。共阳极 LED 显示器的发光二极管的阳极连接在一起，通常此公共阳极接高电平，而阴极通过限流电阻接到驱动芯片的输出口线上，当某个驱动口线为低电平时，该发光二极管有电流通过而发光，相应的段被显示。共阴极 LED 显示器的发光二极管的阴极连接在一起，通常此公共阴极接地，而阳极通过限流电阻接到驱动芯片的输出口线上，当某个驱动口线为高电平时，该发光二极管有电流通过而发光，相应的段被显示。

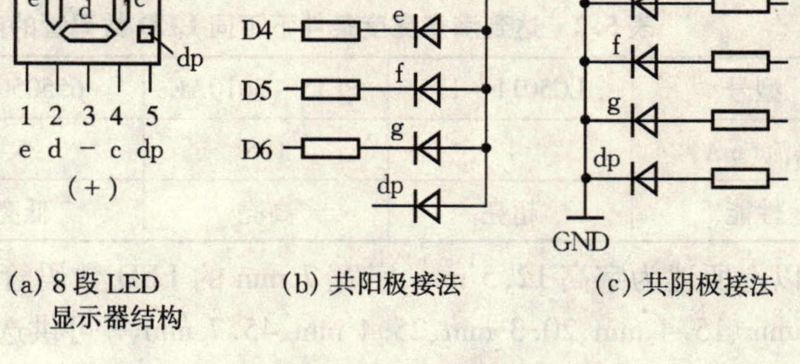

(a) 8 段 LED 显示器结构　(b) 共阳极接法　(c) 共阴极接法

图 5.6　8 段 LED 显示器结构与接法

8 段 LED 显示器

都有 dp 显示段,用于显示小数点。驱动器数据线的接法不同,字形码就不同,按照图 5.6 的接法,8 段 LED 的字型码如表 5.1 所示。一般地,发红光的 LED 每段流过 5 mA 的平均电流,亮度就可以了,7 mA 电流会更亮些,10 mA 以上也不会再亮多少,但长期运行于 10 mA 以上会缩短其寿命。最大电流平均值不得超过 30 mA,在应用中,通常设置为 5 ~ 10 mA。在动态扫描显示情况下,瞬时电流较大,但平均电流不要超过 10 mA 为好。LED 显示器允许的反向电压最大值为 5 V,此时的反向电流一般小于 10 μA。小尺寸的 LED 显示器每段只有一个发光二极管,其正向压降约为 1.5 V,一般最大不大于 2 V。大尺寸的 LED 显示器每段可能由数个发光二极管串联,每段压降也相应的要增大。有几种高亮度 LED 数码管,其电流较小,亮度比较满意的电流值见表 5.2。

表 5.1　按图 5.6 接法的 8 段 LED 的字型码

显示字符	共阴极	共阳极	显示字符	共阴极	共阳极
0	3FH	C0H	C	39H	C6H
1	06H	F9H	d	5EH	A1H
2	5BH	A4H	E	79H	86H
3	4FH	B0H	F	71H	8EH
4	66H	99H	P	73H	8CH
5	6DH	92H	U	3EH	C1H
6	7DH	82H	r	31H	CEH
7	07H	F8H	y	6EH	91H
8	7FH	80H	H	76H	89H
9	6FH	90H	L	38H	C7H
A	77H	88H	无显示	00H	FFH
b	7CH	83H			

表 5.2　达到满意亮度条件下不同 LED 数码管的电流与性能

型号	LC5011 - 11	PLT5 - 5010AE	6550501H	LQ5010AE
电流(mA)	1	1.5	5	0.6
性能	超亮	高亮	低亮	最亮

以上所述为字高 12.5 mm、字宽 7 mm 的 LED 数码管。还有字高为 7.6 mm、10.8 mm、15.4 mm、20.3 mm、25.4 mm、45.7 mm 等可供选用。

图 5.6(a)是 8 段 LED 数码显示器的外形图与引脚图。这种 LED 显示器有共阴极

302 型和共阳型 312 型两类,它们的脚 3 和 8 相连为公共引脚,对共阳型它是阳极(正极),对于共阴型它是负极。RSR302 和 RSR312 发红光,BSG302 和 BSG312 发绿光。

图 5.7 是“米”字型 LED 显示器的字段结构和引脚图。这种显示器也有共阴和共阳极两种,“COM”是公共端。对于共阴极型它是负极,对于共阳极型它是正极。

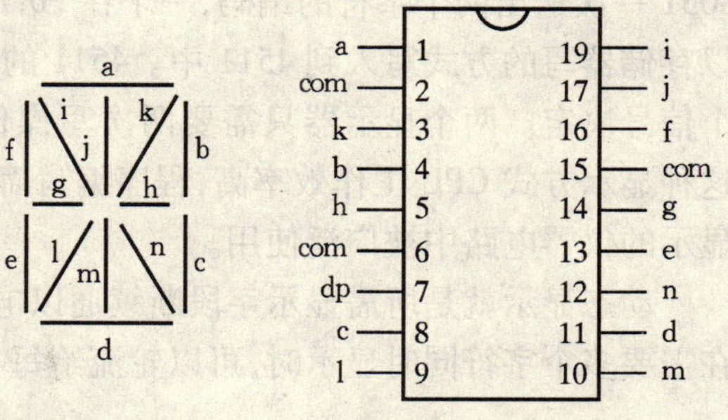

(a) 外形图　(b) 引脚图

图 5.7　“米”字型数码管结构与引脚图

图中的“米”字型 LED 显示器的字型码如表 5.3 所示。由于“米”字型 LED 显示器由 15 个 LED 字段组成,所以其字型码为两个字节。字型码与连接方式有关,只有确定了数码管的电路连接图,才能根据电路连接关系确定 CPU 输出的字形码。

表 5.3　按图 5.7 接法的“米”字型数码管字形码

字符	共阴极	共阳极	字符	共阴极	共阳极	字符	共阴极	共阳极
0	003FH	FFC0H	B	128FH	ED70H	P	00F3H	FF0CH
1	0006H	FFEDH	C	0039H	FFC6H	Q	203FH	DFC0H
2	00DBH	FFF9H	D	120FH	EDF0H	R	20F3H	DF0CH
3	00CFH	FF24H	E	0079H	FF86H	S	2109H	DEF6H
4	00E6H	FF19H	F	0071H	FF8EH	T	1201H	EDFEH
5	00EDH	FF12H	G	00BDH	FF42H	U	003EH	FFC1H
6	00FDH	FF01H	H	00F6H	FF09H	V	0C30H	F2CFH
7	0007H	FFF8H	I	1209H	FDF6H	W	2836H	D7C9H
8	00FFH	FF00H	J	0C01H	F3FEH	X	2D00H	D2FFH
9	00EFH	FF10H	K	3600H	C9FFH	Y	1500H	EAFFH

2. 静态显示与动态显示

数码管有静态显示和动态显示两种显示方式。所谓静态显示就是需要显示的字符的各字段一直通电,因而所显示的字段一直发光。这种显示方式字符稳定,占用 CPU 时间很少,只在向 LED 送显示字符码的时候操作一下,该显示码被锁存器锁存,LED 就稳定显示该数码,CPU 就不再管显示的事情。只有要改变显示内容时 CPU 才再送一下新的显示码,其典型电路见图 5.8。该图中的 U5 ~ U8 为 4 个共阴极 8 段 LED 显示器，每个显示器由一个 7 段译码驱动器 4511 驱动。4511 输出口线与 LED 输入口线之间接有限流电阻。4511 的输入端接 8051 的数据总线。8051 一次送出两个字符的编码，一个在 P0.0 ~ P0.3，另一个在 P0.4 ~ P0.7。直接以存储器写的方式写入到 4511 中。4511 的选通与数据输入锁存电路由 S1、S2 两个信号决定。两个显示器只需要两次写操作就可以完成数据传送、锁存与显示。这种显示方式 CPU 工作效率高，程序编写简单明了，编程效率高。因此，在数码管显示的仪器电路中被广泛使用。

动态显示就是所需显示字段断续通以电流，因而其发光也是不连续的。例如，在需要多个字符同时显示时，可以轮流给每一个字符通以电流，逐次把所需显示的

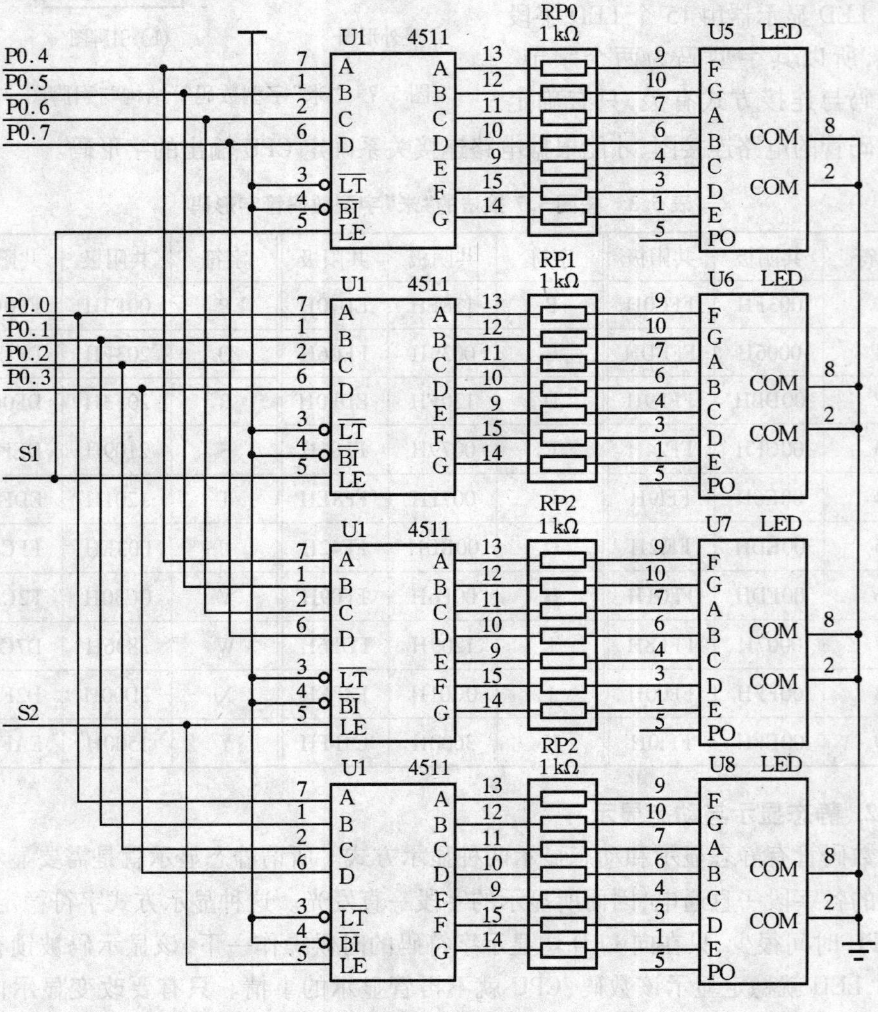

图 5.8　LED 数码管静态显示电路

字符显示出来。在每点亮一个显示器之后,必须持续通电一段时间,使之发光稳定,然后再点亮另一个显示器,如此巡回扫描所有的显示器。由于巡回显示速度较快,每秒可重复多次(为了不产生闪烁,可每秒扫描 20 次左右)。虽然在同一时刻只有一个显示器通电,但是由于人眼的视觉暂留作用和发光二极管的余辉效应,看起来每个显示器都在稳定地显示。这种巡回扫描显示器的操作要靠程序控制,CPU 始终要介入显示扫描。动态显示的亮度随电流平均值的增大而增强,其亮度大体上等同于通过同样大的稳定电流的静态显示器的亮度。动态显示的典型电路见图 5.9。图中由并行口扩展接口芯片 8155 负责接收 8051 的命令和数据,再从其 PB 口分时送出数码给显示器,由 PA 口分别选通数码管,送出哪个数码管的数据时,就选通那个数码管。不断地扫描显示,CPU 就得不断地送显示数据与选通数据。如果 CPU 停止对显示器送数,显示器的显示也就消失了。可见这种方式虽然使用器件较少,但是,CPU 效率低,编程麻烦,软件调试工作量大,使总体工作效率下降。因此,这种动态显示方式只在 CPU 工作任务简单的情况下被使用。

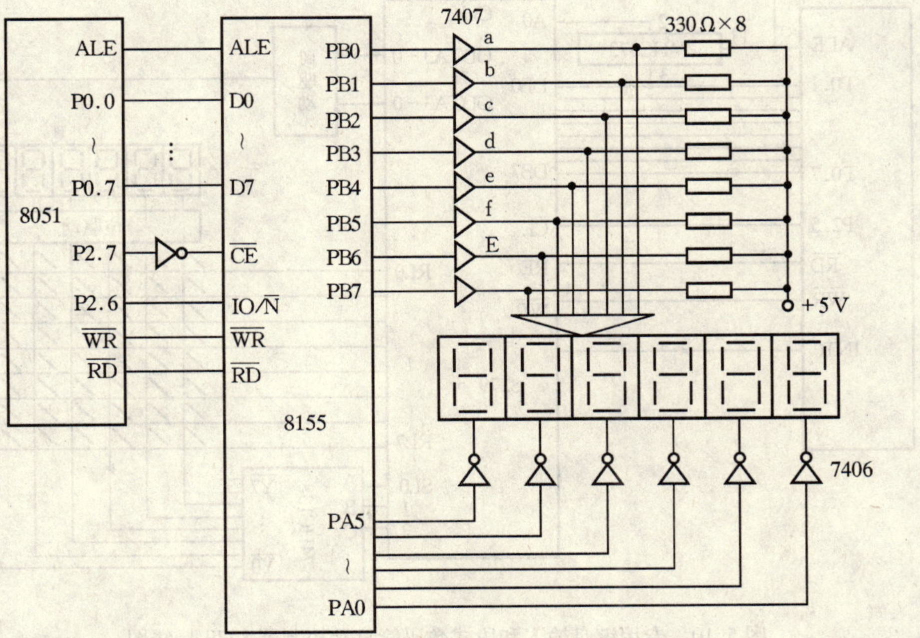

图 5.9　LED 数码管动态显示电路

5.2.2　键盘/显示器专用接口芯片 8279

在仪器电路设计中,往往将键盘和数码管显示电路综合考虑进行设计,图

5.10 就是这种设计的例子。图中采用了键盘与显示专用芯片 8279，该芯片是 Intel 公司设计制造的，专用于键盘输入和段式数码管显示控制，其引脚图见图 5.11。图 5.10 中 8279 的数据总线与 8051 的 P0 口相连，由地址锁存器 74HC373 将低位地址线 A0 锁存后输出给 8279 的 A0。8279 的读($\overline{RD}$)、写($\overline{WR}$)线分别与 8051 的读($\overline{RD}$)、写($\overline{WR}$)线相接。8279 的时钟 CLK 信号由 8051 的 ALE 提供，在主频为 12MHz 的情况下，ALE 的频率为 2MHz(在访问外部数据存储器时，ALE 会少发一个脉冲)。8051 的 P2.5 用作 8279 的片选信号，与其$\overline{CS}$端相连。8279 的中断请求线经过一个反相器接到 8051 的$\overline{INT0}$(P3.2)。8279 的扫描输出线按编码方式使用，其 SL0 ~ SL2 经过 74HC138 译码，其输出的 8 根选通线的 Y0 ~ Y5 作为键盘矩阵的列扫描线，而 8279 的 8 根返回线 RL0 ~ RL7 用作键盘的 8 根检测线。这样可以实现 6 × 8 = 48 键的键盘输入功能。在这种接口逻辑下，8279 的命令/状态口的地址为 DFFFH，其数据寄存器口地址为 DFFEH。

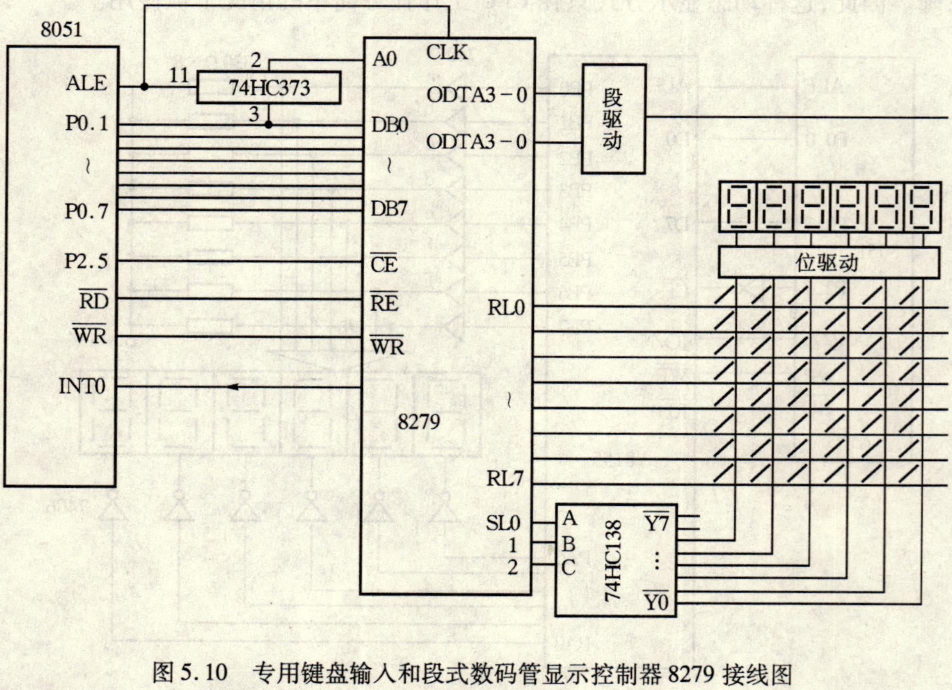

图 5.10　专用键盘输入和段式数码管显示控制器 8279 接线图

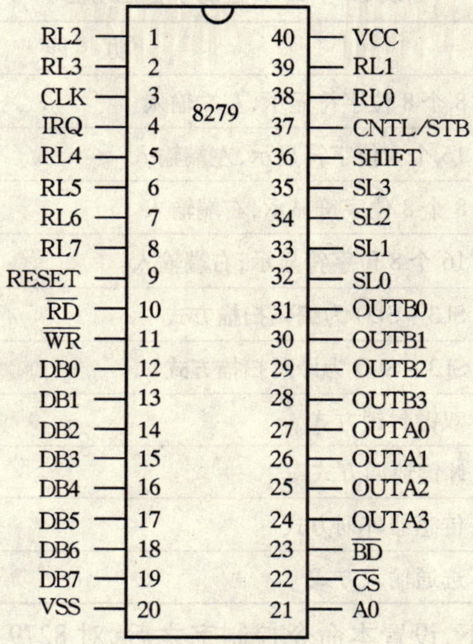

图 5.11　8279 引脚图

这里仅对 8279 有关键盘与显示的工作方式及其控制字格式，作一简要的说明。

(1)工作方式设置命令控制字

格式:000$D_1D_0K_2K_1K_0$

其中,000 为该命令控制字的标志符。D_1D_0 为显示方式控制位。$K_2K_1K_0$ 为键盘方式控制位。

各位功能见表 5.4。

(2)内部时钟设置命令控制字

格式:001 $P_4P_3P_2P_1P_0$

其中,001 为该命令控制字的标志符。$P_4P_3P_2P_1P_0$ 为 CLK 引脚输入脉冲的分频数,取值 2～31。对于不同的 CLK 输入脉冲频率,适当选择设置 $P_4P_3P_2P_1P_0$ 的值,以便得到扫描和去抖动所需的 100 kHz 的定时信号。对于上述硬件逻辑,CLK 为 2 MHz,可设置 $P_4P_3P_2P_1P_0$ = 10100B = 20D,使 8279 得到内部定时信号的频率为 100 kHz。

(3)读取键值命令控制字

格式:010 AI × A2A1A0

其中,010 为该命令控制字的标志符。AI 为自动增 1 控制,用于传感器方式。A2A1A0 为传感器缓冲器行地址。

表 5.4　8279 控制字各位功能

控制位	值	功　能
D_1D_0	0　0	8 个 8 位字符显示,左端输入
	0　1	16 个 8 位字符显示,左端输入
	1　0	8 个 8 位字符显示,右端输入
	1　1	16 个 8 位字符显示,右端输入
K_0	0	SL3 - SL0 为编码扫描方式
	1	SL3 - SL0 为译码扫描方式
K_2K_1	0　0	双键封锁方式
	0　1	N 键巡回方式
	1　0	传感器阵列方式
	1　1	选通输入方式

在键盘扫描方式下,设置本命令控制字之后,对 8279 数据口的读操作,可以得到当前的键值。

8279 芯片内部具有对键盘扫描的“去抖动”功能和识别功能,使用 100kHz 的内部定时频率时,其去抖动时间为 10.3 ms,在相距 10.3 ms 的两次扫描中均检测到的按键,被确认为有效按下的键,对有效按下的键的识别算法是:①只有一个有效按下的键,则将其相应的键值送入 FIFO 键值缓冲存储器,供 CPU 读取。②如果有两个或两个以上的有效按下的键,则按两种不同的策略来识别:两键封锁策略,只识别最先按下最后被释放的一个键,或者同时按下最后释放的一个键,将其键值送入 FIFO 键值缓冲器;*N* 键巡回策略,将 *N* 个有效按下的键的键值,按发现的顺序依次送入 FIFO 键值缓冲器。

8279 与 8051 间的联络是通过中断方式实现的。当 8 字节的 FIFO 键值缓冲器中被送入有效按键键值时,其中断请求线 IRQ 变为有效高电平,8051 读数后变为无效低电平,但是如果 FIFO 中还有有效按下的键值,则再次变为有效高电平,直至 FIFO 中的全部有效键值被读出为止。

使用 8279 专用键盘/显示芯片,8051 的键盘输入程序可以简化许多。对应于图 5.10 的程序清单如下。

8279 初始化程序:

```
MOV     DPTR,#0DFFFH   ;指向命令/状态口
MOV     A,#00H
MOVX    @DPTR,A    ;置为双键封锁编码方式
```

```
MOV     A,#14H      ;置内分频数为20(14H)
MOVX    @DPTR,A
SETB    EX0         ;允许外部中断0请求中断
SETB    EA          ;开总允许中断
```

键盘中断服务程序：

```
KBINT:
MOV     DPTR,#0DFFFH  ;指向命令口
MOV     A, #40H       ;读FIFO键值缓冲器方式
MOVX    @DPTR,A
DEC     DPL           ;指针移向数据口
MOVX    A,@DPTR       ;读键值到A
MOV     R0,SP         ;把R0指向栈顶
MOV     @R0,#hhH      ;键盘处理程序入口地址高字节
DEC     R0
MOV     @R0,#llH      ;键盘处理程序入口地址低字节
RETI
```

上述中断子程序，使用 A 寄存器返回所识别读取的键值，并返转到键盘命令处理程序的入口处，及时响应键盘命令。中断子程序中，通过把栈顶存放的中断返回断点地址，修改成键盘命令处理程序入口地址的方法，实现了这一功能。键盘命令处理程序解释键值的定义，转入相应的处理程序段。由寄存器 A 返回的键值的格式见图 5.12。

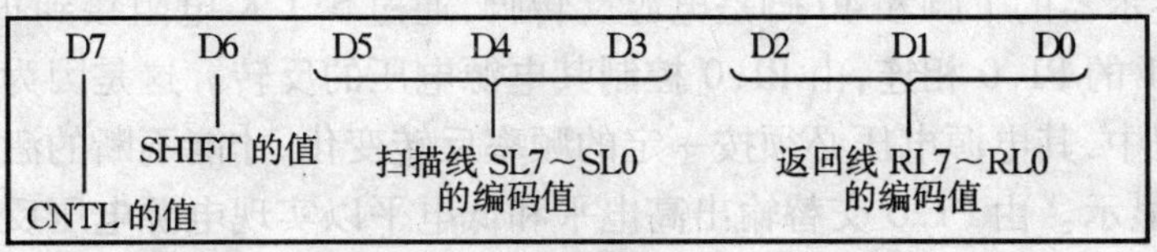

图 5.12　寄存器 A 返回的键值格式

根据键值的格式，可以由键值获得所按下之键的键位信息及 SHIFT 和 CNTL 引脚的状态。由此，可以完成对 64 键 256 种组合状态键盘的检测与识别。

当把 8279 的工作方式设置为传感器方式时，它也可以用于开关量输入的目的。这时每个键位处对应一个被检测的开关或开关性逻辑元件。在这种工作方式下，键盘去抖动及双键封锁 N 键巡回逻辑被禁止。返回线上的开关状态直接输入到 FIFO/传感器 RAM 中对应于扫描线编码值相应行的存贮单元内。使用这种方式时，写入的方式命令控制字应改为：000XX100，它表示是编码扫描传感器矩阵方

式,当然需要时也可使用其它方式。读 FIFO/传感器 RAM 命令控制字应为:010AIXA2A1A0。其中的 AI、A2A1A0 字段可根据需要而设定,如果想只读特定行的传感器/开关的状态,则可置 AI = 0,A2A1A0 置为相应行的编码值;如欲连续读取各行的状态,可以设 AI = 1,A2A1A0 = 000,使连续 8 次依次读出从 0 行到 7 行的状态,这时每读一次,行计数自动加 1,而无需每次都指定 A2A1A0 的值。

5.3 液晶显示器常用接口电路

液晶显示器 LCD 是仪器最常用的显示器件。液晶显示技术和半导体技术的结合使得液晶显示器具有高可靠性和低功耗的特点。液晶显示器有三大类:①数码液晶显示器,大量用于数字万用表、各类数字电表、VCD 面板等,品种繁多,价格低廉。②字符液晶显示器,能显示大小写英文字符和 0 ~ 9 数字,还能显示一些常用符号,大多数还能由人工根据需要编码一些字符。这类显示器品种不太多,市面上供货只有几十种。③图形液晶显示器,这类显示器显示功能强大,可显示各种复杂的图形和字符,可由人工编码任意字符和图形,有彩色的,有单色的。从小到大有多种规格和型号,大的液晶显示器主要用于作为微机的显示器,中小型的主要用于智能仪器。

5.3.1 三位半数码液晶显示器

三位半数码液晶显示器与 CPU 的连接见图 5.13。

三位半数码液晶显示器的外观结构见图中的 U7。这种显示器通常有 40 个引脚,每个段对应连接一个引脚。这种显示器品种比较多,图中 U7 为 DG - 35 型显示器。该显示器的 1 脚和 40 脚是电源反转脚,通过 5.1 K 电阻接到正电源 VCC,同时与 8051 的 P1.0 相连,由 P1.0 控制其电源电压的反转。这是因为液晶显示器在显示过程中,其电源电压必须按一定的频率反转变化,才能不断的激活液晶显示特性,维持显示。由 P1.0 交替输出高电平和低电平以实现电源电压反转。符号位和“1”字位由 8051 的 P1.1、P1.2、P1.3 控制输出数据,后边的三个“8”和小数点分别由三个触发器 74HC273 控制输出数据。三个触发器各有自己的地址,由 CPU 控制输出数据给这三个触发器。

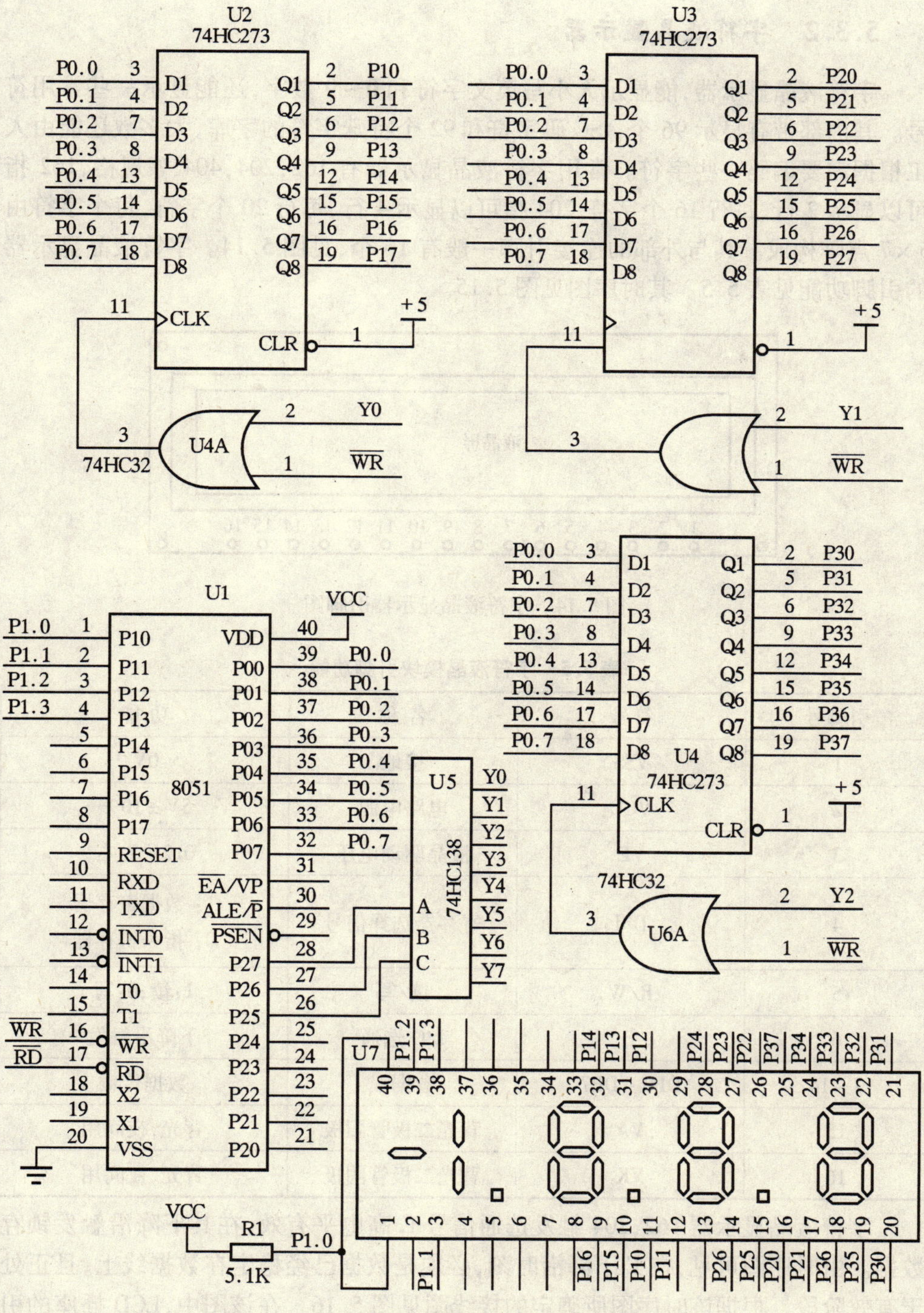

图 5.13　三位半数码液晶显示器与 CPU 的连接图

5.3.2 字符液晶显示器

字符液晶显示器,能显示大小写英文字符和0~9数字,还能显示一些常用符号。其内部带有显示96个ASC码字符和92个特殊字符的字库,大多数还能由人工根据需要编码一些字符。常用字符液晶显示器有162,204,404等规格,162指可以显示2行,每行16个字符,204指可以显示4行,每行20个字符,每个字符由5×7点阵构成。其与外部的连接引脚一般有16个,见图5.14。字符液晶显示器的引脚功能见表5.5。其时序图见图5.15。

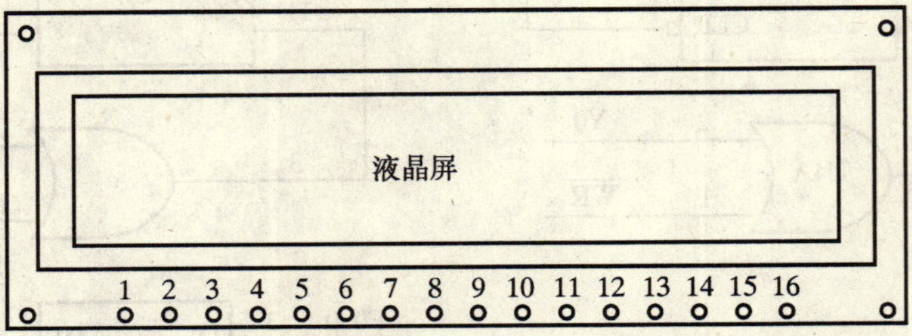

图5.14 字符液晶显示器引脚图

表5.5 字符液晶模块引脚功能

引脚号	符号	名 称	功 能
1	VSS	接地	0V
2	VCC	电路电源	5V ±10%
3	VE	液晶驱动电压	0.2V 左右
4	D/I	寄存器选择信号	1: 数据寄存器 0: 指令寄存器
5	R/W	读/写	1:读;0:写
6	E	I/O 选通	下降沿触发
7~14	DB0~DB7	数据线	数据传输
15	VA	背光二极管阳极	背光,夜间用
16	VK	背光二极管阴极	背光,夜间用

字符液晶显示器162,204触发选通信号E高电平有效,在其下降沿触发锁存数据。由时序图可见,在E下降沿时刻,必须是数据已经稳定在数据线上,且正处于有效阶段。根据该时序图所确定的接线图见图5.16。在该图中,LCD插座的引

脚编号与显示器的接线端子相对应，不能接错，LCD 的 I/O 选通信号 CE 由译码器的输出 Y6、读写信号$\overline{RD}$、$\overline{WR}$经过一片 74HC00 完成。寄存器选择与读写信号 A0、A1 由锁存器 74HC573 输出，实际上 8051 的低位地址 A0、A1 正好与其时序相同。数据线直接与 8051 的 P0.0 ~ P0.7 相连。LCD 的显示清晰度调节引脚 VE 通过一个分压电阻得到，约为 0.2 V 时，可以有满意的显示效果。

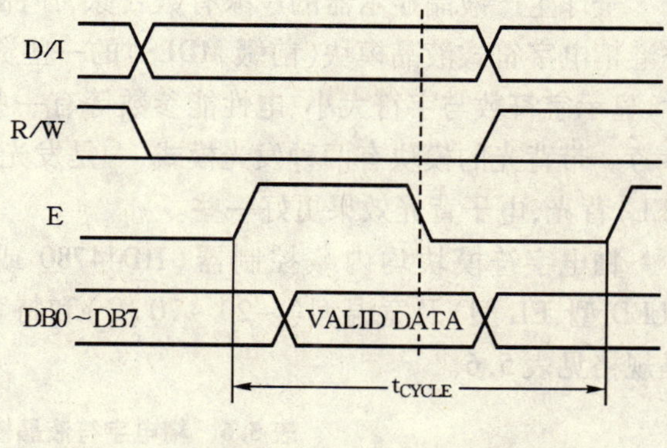

图 5.15　字符液晶 MC162、MC204 时序图

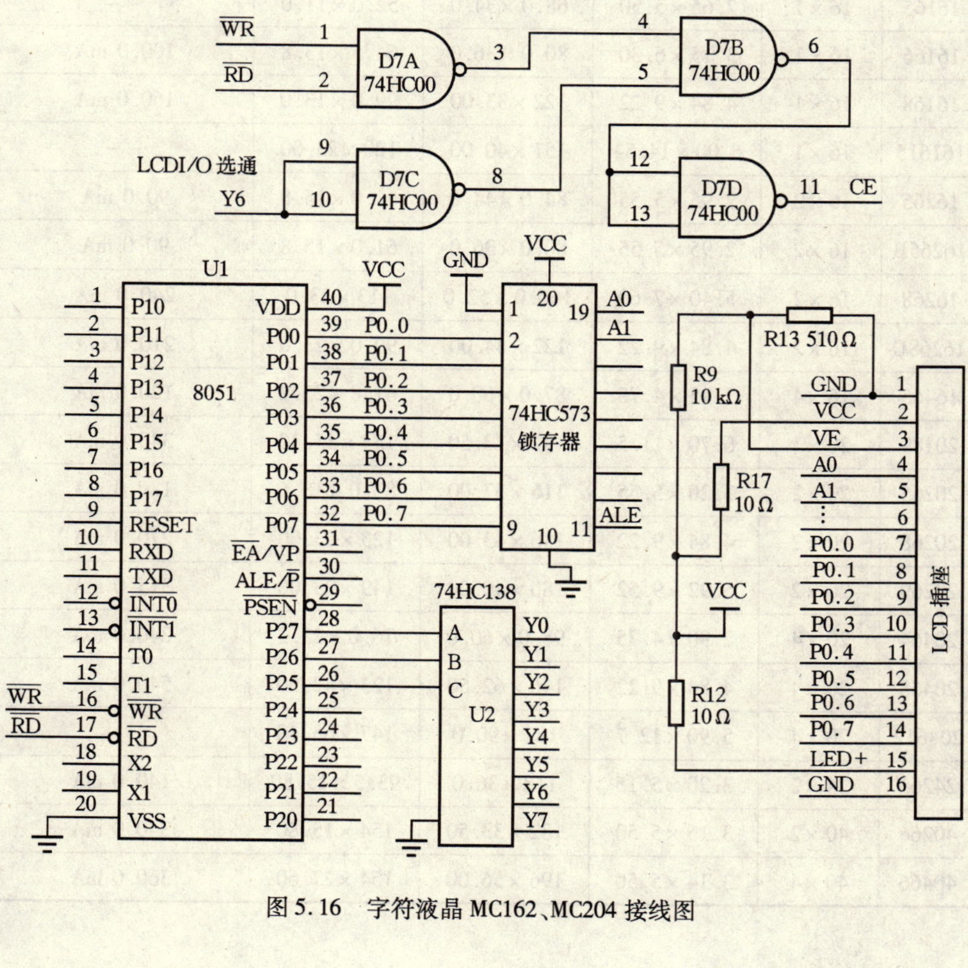

图 5.16　字符液晶 MC162、MC204 接线图

全球生产液晶显示器的厂家有数百家,产品性能与接线大同小异。这里介绍香港精电字符式液晶模块(前缀 MDLS)的一些资料,使读者对字符液晶的型号、尺寸、显示字符数与字符大小、电性能参数等有一些基本了解,供读者在选用液晶时参考。带背光的模块有两种发光模式,一是发光二极管(LED)背光,另一种是电子(EL)背光,电子背光效果更好一些。

精电字符模块均内藏控制器(HD44780 或者替代控制器),可选带背光型(LED 型、EL 型)及宽温型(-20~70 ℃)和特宽温型(-30~80 ℃)。其字符液晶规格见表 5.6。

表 5.6　精电字符液晶模块规格

型号	字符数	字符大小	模块尺寸	视屏尺寸	LED 背光电流
81809	8×1	6.45×10.75	84.0×44.0	61.0×15.8	90.0 mA
16165	16×1	2.65×5.50	68.0×34.0	52.0×11.0	--
16166	16×1	3.15×6.30	80.0×36.0	64.5×13.8	100.0 mA
16168	16×1	4.84×9.22	122×33.00	99.0×13.0	160.0 mA
161615	16×1	6.00×14.54	151×40.00	120×23.00	--
16265	16×2	2.95×5.55	84.0×44.0	61.0×15.8	90.0 mA
16265B	16×2	2.95×5.55	80.0×36.0	61.0×15.8	90.0 mA
16268	16×2	5.40×7.60	160.0×52.0	113×23.0	240.0 mA
16268C	16×2	4.84×9.22	122×44.00	99.0×23.0	210.0 mA
16465	16×4	2.95×4.75	87.0×60.0	61.8×25.2	120.0 mA
20189	20×1	6.70×11.5	182×33.50	154×15.30	340.0 mA
20265	20×2	3.20×5.55	116×37.00	83.0×18.6	180.0 mA
20268	20×2	4.84×9.22	146×43.00	123×23.00	270.0 mA
20269	20×2	5.92×9.52	180×40.00	149×23.00	315.0 mA
20464	20×4	2.90×4.75	98.0×60.0	76.0×25.2	240.0 mA
20468	20×4	4.84×9.22	146×62.50	123×42.50	540.0 mA
204612	20×4	5.90×12.7	182×90.0	147×65.40	--
24265	24×2	3.20×5.15	118×36.0	93.5×15.80	140.0 mA
40266	40×2	3.15×5.50	182×33.50	154×15.80	340.0 mA
40466	40×4	3.14×5.50	196×56.00	154×27.60	360.0 mA

5.3.3　图形液晶显示器

图形液晶显示器显示功能齐全，既可以显示字符也可以显示图形，广泛用于各类仪器。这种显示器由三部分组成：液晶显示面板，CMOS 驱动器和 CMOS 控制器。这种显示器内部有字符产生存储器和显示数据存储器。这种显示器大多数有与单片机的直接接口。所有的显示功能由控制器用指令实现，由单一的 +5 V 供电。液晶显示需要的电源反转电压由液晶显示器内部的电路提供。这种显示器有各种规格和型号，最常用的是 128×64，240×128 等型号。×号前边的数字是显示器点阵的列数，×号后边的数字是显示器点阵的行数。现在，国内外有许多厂家生产这类液晶显示器。

中小型的液晶显示模块多用内置液晶显示控制器，其控制器常被装配在图形液晶显示模块上，对外提供并行数据接口，液晶显示控制器有多种型号，如 SED1520、HD61202、T6963C、SED1330 等。其外部接线大同小异。

1. 内置 HD61202 控制器的液晶显示器

HD61202 常用于 12864 液晶模块，这些模块通常有表 5.7 所述的功能引脚。

表 5.7　HD61202 点阵式液晶模块引脚功能

符号	名 称	功 能
VSS	接地	0 V
VCC	电路电源	5 V ± 10%
Vo	液晶驱动电压	−5.5 ~ −10 V
D/I	寄存器选择信号	1：数据寄存器 0：指令寄存器
R/W	读/写	1：读；0：写
E	I/O 选通	下降沿触发
/CSA	左半屏选通	1：选通；0：不选通
/CSB	右半屏选通	1：选通；0：不选通
VA	背光二极管阳极	背光，夜间用
VK	背光二极管阴极	背光，夜间用

其时序与前面所介绍的字符液晶的时序完全相同。

下边介绍内置 HD61202 控制器的显示模块。

（1）模块特性

◆仅图形方式。

◆可直接与 68 系列微处理器接口相连，也可经过简单的时序改造与 8051 时序相连，其信号真值表见表 5.8。

表 5.8 信号真值表

D/I	R/W	E	功能
0	0	下降沿	写指令代码
0	1	高电平	读忙标志和 AC 值
1	0	下降沿	写数据
1	1	高电平	读数据

◆电特性：液晶驱动电压（测试条件：温度 20℃，电源电压 4.9 ±0.1 V）

MGLS－12864	－5.0 V	MGLS－12864－HT	－10.0 V
MGLS－19264	－5.5 V	MGLS－19264－HT	－10.0 V

(2)指令集

HD61202 的指令系统比较简单，总共只有 7 种，见表 5.9。

表 5.9 HD61202 的指令

功 能	指 令 代 码 D7 D6 D5 D4 D3 D2 D1 D0	说 明
状态检测	BUSY 0 OFF RST 0 0 0 0 /ON	状态字检测
显 示 操 作	0 0 1 1 1 1 1 1/0 1 1 显示起始行(0～63) 1 0 1 1 1 页号(0～7) 0 1 显示列地址(0～63)	显示开/关 显示起始行设置 页设置 列地址设置
存 贮 操 作	显 示 数 据 显 示 数 据	写数据 读数据

(3)电路连接方式

◆总线方式。总线方式电路连接图见图 5.17。图中的液晶模块 MGLS－12864、MGLS－19264 的数据线与 8051 单片机的数据总线直接相连。选通与控制线分别与高位地址线或者地址译码输出线相连，图 5.17 所示的是液晶的选通与控制线与 8051 单片机的高位地址线直接相连。在编制程序时根据时序要求，由 8051 的 P2.0、P2.1、P2.2、P2.3 分别输出对应的选通与控制信号，由 P0 口输出显示数据或者读出液晶显示器里的数据。

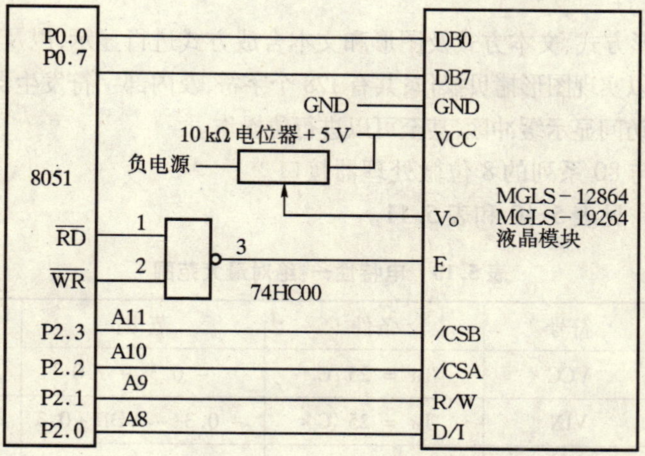

图 5.17　内置 HD16202 控制器的液晶模块的总线连接方式

◆I/O 连接方式。I/O 连接方式是指显示器的数据线没有直接与单片机的数据总线相连，而是与单片机的其它 I/O 口相连。如图 5.18 所示。图中显示器的数据线与 8051 的 P1 口相连，控制线与 8051 的 P3 口相连。在程序编制时按规定的时序要求处理各口线就可以了。

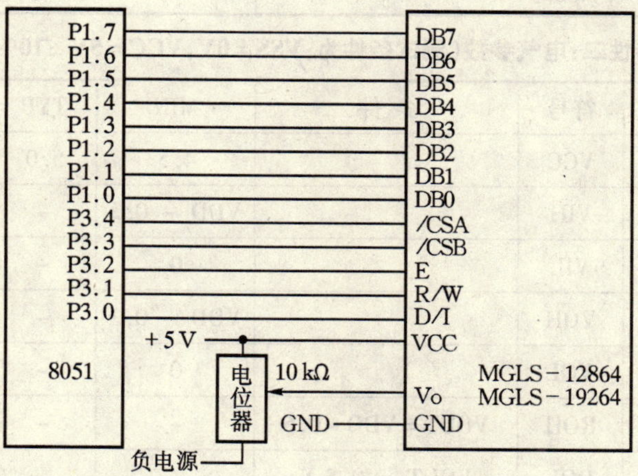

图 5.18　I/O 方式的连接

2. 内置 T6963C 控制器的液晶显示模块

这类模块有香港精电的 MGLS12864T、MGLS128128、MGLS160128、MGLS24064、MGLS240128T 和香港信利的 TRULY12864、TRULY240128 等。

(1)模块特性

◆可以图形方式、文本方式及图形和文本合成方式进行显示,以及文本方式下的特征显示,还可以实现图形拷贝操作;共有128个字符,及内部字符发生器CGRAM。并允许MPU随时访问显示缓冲区,甚至可以进行位操作。

◆能直接与80系列的8位微处理器接口。

◆电特性。见表5.10和表5.11。

表5.10 电特性一:绝对最大范围

名称	符号	条件	范 围	单位
电源电压	VCC	Ta = 25 ℃	−0.3 ~ 7.0	V
输入电压	VIN	Ta = 25 ℃	−0.3 ~ VDD+0.3	V
工作温度	常 温		0 ~ 50	℃
	工业级		−20 ~ 70	
	军品级		−40 ~ 80	
存储温度	常 温		−10 ~ 60	℃
	工业级		−30 ~ 80	
	军品级		−50 ~ 90	

表5.11 电特性二:电气参数(测试条件为:VSS=0V,VCC=5V±10%,Ta=25℃)

名 称	符号	条 件	MIN	TYP	MAX	单位
工作电压	VCC		4.5	5.0	5.5	V
"H"输入电压	VIH		VDD − 0.2	−	VDD	V
"L"输入电压	VIL		0	−	0.8	V
"H"输出电压	VOH		VDD − 0.3	−	VDD	V
"L"输出电压	VOL		0	−	0.3	V
"H"输出电阻	ROH	VOUT = VDD − 0.5	−	−	400	Ω
"L"输出电阻	ROL	VOUT = 0.5 V	−	−	400	Ω
输入上拉电阻	RPU		50	100	200	kΩ
工作频率	f_{osc}		0.4	−	5.5	MHz
工作时电流损耗	IDD(1)	VDD = 5.0 V f_{osc} = 3.0 MHz	−	3.3	6.0	mA
暂停时电流损耗	IDD(2)	VDD = 5.0 V	−	−	3.0	μA

液晶驱动电源电压如下:

(测试环境温度:20 ℃,电源工作电压:4.9 ± 0.1 V)

MGLS12864T:　V0 = −5.4 V　MGLS12864T−HT:V0 = −10.5 V

MGLS128128:　V0 = −16.0 V　MGLS24064:　V0 = −10.5 V

MGLS24064−HT:　V0 = −10.5 V　MGLS240128T:　V0 = −16.0 V

MGLS240128T−HT:V0 = −16.0 V　MGLS160128−HT:V0 = −13.0 V

(2)指令集

T6963C 的指令见表 5.12。

表 5.12　T6963C 的指令集

功能	指令代码									说明
	参数	D7	D6	D5	D4	D3	D2	D1	D0	
状态检测	无	STA7	STA6	STA5	STA4	STA3	STA2	STA1	STA0	状态字检测
显示操作	D1,D2	0	0	1	0	0	N2	N1	N0	指针设置
	D1,D2	0	1	0	0	0	0	N1	N0	显示区域设置
	无	1	0	0	0	N3	N2	N1	N0	显示方式
	无	1	0	0	1	N3	N2	N1	N0	显示开关
	无	1	0	1	0	0	N2	N1	N0	光标形状选择
存贮操作	无	1	0	1	1	0	0	N1	N0	数据自动读/写
	D1	1	1	0	0	0	N2	N1	N0	数据一次读/写
	无	1	1	1	0	0	0	0	0	屏读
	无	1	1	1	0	1	0	0	0	屏拷贝
	无	1	1	1	1	N3	N2	N1	N0	位操作

T6963C 为液晶的控制芯片,它的初始化设置一般由硬件作了设置,因此其指令系统将集中于显示功能的设置。T6963C 的指令可带一个或两个参数,或无参数。每条指令的执行都是先送入参数(如果有的话),再送入指令代码。参数使用数据地址送入,而指令则使用指令地址送入。每次操作之前最好先进行状态字检测。

T6963C 的状态字如表 5.13 所示。

表 5.13　T6963C 控制器状态字

STA7	STA6	STA5	STA4	STA3	STA2	STA1	STA0
STA0:指令读写状态　1:准备好　0:忙 STA1:数据读写状态　1:准备好　0:忙 STA2:数据自动读状态　1:准备好　0:忙 STA3:数据自动写状态　1:准备好　0:忙 STA4:保留 STA5:控制器运行检测可能性　1:可能　0:不能 STA6:屏读/拷贝出错状态　1:出错　0:正确 STA7:闪烁状态检测　1:正常显示0:关显示							

由于状态位作用不一样,因此执行不同指令必须检测不同状态位,在单片机一次读/写指令和数据时,STA0 和 STA1 要同时有效——"准备好"状态。当单片机读/写数组时,判断 STA2 或 STA3 状态。屏读、屏拷贝指令使用 STA6。STA5 和 STA7 反映 T6963C 内部运行状态。

T6963C 指令系统的说明如下。

◆指针设置指令,格式为

D1、D2	0	0	1	0	0	N2	N1	N0

D1、D2 为第一和第二参数,后一个字节为指令代码,根据 N0、N1、N2 的取值,该指令有三种含义(N0、N1、N2 不能有两个同时为 1)指针设置命令见表 5.14。

表 5.14　T6963C 指针设置命令

D1	D2	指令代码	功能
水平位置(有效位 7 位)	垂直位置(有效位 5 位)	21H	光标指针设置
地址(有效位 5 位)	00H	22H	CGRAM 偏置地址
低字符	高字节	24H	地址指针位置
注:1. 光标指针设置:D1 表示光标在实际液晶屏上离左边沿的横向距离(字符数),D2 表示离上边沿的纵向距离(字符数); 2. 地址指针设置:设置将要进行操作的显示缓冲区(RAM)的一个单元地址。			

◆显示区域设置,指令格式为

D1,D2	0	1	0	0	0	0	N1	N2

根据 N1、N0 的不同取值,该指令有四种指令功能形式,见表 5.15。

表 5.15　显示区域设置指令

D1	D2	指令代码	功能
低字节	高字节	40H	文本区首址
字节数	00H	41H	文本区宽度(字节数/行)
低字节	高字节	42H	图形区首地址
字节数	00H	43H	图形区宽度(字节数/行)

文本区和图形区首地址对应显示屏上左上角字符位或字节位，修改该地址可以产生“卷动”效果。D1、D2 分别为该地址的低位和高位字节。文本区宽度(字节数/行)设置和图形区宽度(字节数/行)设置用于调整使用的有效显示窗口宽度，表示每行可有效显示的字符数或字节数。T6963C 硬件设置的显示窗口宽度是指所允许的最大有效显示窗口宽度。需说明的是当硬件设置 6×8 字体时，图形显示区单元的低 6 位有效，对应显示屏上 6×1 显示位。

◆显示方式设置，指令格式为

无参数	1	0	0	0	N3	N2	N1	N0

N3：字符发生器选择位，N3=1 为 CGRAM，字符代码为 00H～FFH。N3=0 为 CGROM，字符代码为 00H～7FH，因此选用 80H～FFH 字符代码时，将自动选择 CGRAM。

N2、N1、N0：合成显示方式控制位，其组合功能如表 5.16。

表 5.16　显示方式设置

N2	N1	N0	合成方式
0	0	0	逻辑“或”合成
0	0	1	逻辑“异或”合成
0	1	1	逻辑“与”合成
1	0	0	文本特征

当设置文本方式和图形方式均打开时，上述合成显示方式设置才有效。其中的文本特征方式是指将图形区改为文本特征区该区大小与文本相同，每个字节作为对应的文本区的某个字符显示的特征，包括字符显示与不显示、字符闪烁及字符的“负向”显示。通过这种方式，T6369C 可以控制每个字符的文本特征，文本特征区内。字符的文本特征码由一个字节的低四位组成即：

D7	D6	D5	D4	D3	D2	D1	D0
*	*	*	*	d3	d2	d1	d0

d3:闪烁控制位,为 1 闪烁,为 0 则不闪烁;

d2 ~ d0 的组合为:000 为正向显示;101 为负向显示;011 为禁止显示(空白)。

启用文本特征方式可在原有图形区和文本区外用图形区域设置指令另开一区作为文本特征区,以保持原图形区的数据。显示缓冲区可划分如下:

<table>
<tr><td>SD1</td><td>图形显示区</td><td rowspan="4">显示缓冲区 RAM</td></tr>
<tr><td>SAT1</td><td>文本特征区</td></tr>
<tr><td>SAT2</td><td>文本显示区</td></tr>
<tr><td colspan="2">CGRAM</td></tr>
</table>

◆显示开关,指令格式为

无参数	1	0	0	1	N3	N2	N1	N0

N0:1/0,光标闪烁启用/禁止;N1:1/0,光标显示启用/禁止;

N2:1/0,文本显示启用/禁止;N3:1/0,图形显示启用/禁止。

◆光标形状选择,指令格式为

无参数	1	0	1	0	0	N2	N1	N0

光标形状为 8(点)×*N*(行),*N* 的取值为 0 ~ 7,由 N2、N1、N0 确定。

◆数据自动读/写方式设置,指令格式为

无参数	1	0	1	1	0	0	N1	N0

该指令执行后,单片机可以连续地读/写显示缓冲区 RAM 的内容,每读/写一次,地址指针自动增加 1。自动读/写结束后,必须写入自动结束命令以使 T6863C 退出自动读/写状态,开始接受其它指令。N1、N0:00 为自动写设置,01 时为自动读设置,10 时为自动读/写结束。

◆数据连续读/写方式,指令格式为:

D1	1	1	0	0	0	N2	N1	N0

N2、N1、N0 含义见表 5.17。

表 5.17　数据连续读/写指令

D1	N2	N1	N0	指令代码	功能
数据	0	0	0	C0H	数据写,地址加 1
–	0	0	1	C1H	数据读,地址加 1
数据	0	1	0	C2H	数据写,地址减 1
–	0	1	1	C3H	数据读,地址减 1
数据	1	0	0	C4H	数据写,地址不变
–	1	0	1	C5H	数据读,地址不变

◆屏读,指令格式为

无参数	1	1	1	0	0	0	0	0

该指令将当前由地址指针指向的某一位置上的显示状态(8×1 点阵)作为一个字节的数据送到 T6963C 的数据栈内,等待单片机的读取,该数据是文本数据与图形数据在该位置上的逻辑合成值。地址指针应在图形区内设置。

◆屏拷贝,指令格式为

无参数	1	1	1	0	1	0	0	0

该指令将当前地址指针(图形区内)指向的位置开始的一行显示状态拷贝到相对应的图形显示区的一组单元内,该指令不能用于文本特征方式下或双屏结构液晶显示器上的应用。

◆位操作,指令格式为

无参数	1	1	1	0	N3	N2	N1	N0

该指令可将显示缓冲区某单元的某一位清零或置 1,该单元地址由当前地址指针提供。N3 = 1 置 1,N3 = 0 清零。N2 ~ N0:操作位对应该单元的 D0 ~ D7 位。

(3)应用接口

以 T6963C 为控制器的液晶模块,引出的功能线共有 19 条,有些模块为了接线灵活方便,对有些功能线在不同位置引出两条,内部是连在一起的。19 条线的功能见表 5.18。

用 T6963C 作为控制器的液晶显示模块,可以与 8051 单片机直接连接,其时序图见图 5.19。根据这样的时序所确定的接线见图 5.20。这类显示器的选通信号与 8051 读写信号有效的时间一样长。因此在选通接线上与字符液晶完全不同。图 5.20 就是在一种仪器上使用的控制器为 T6963C 的 240128 液晶的接线图。液晶模块的 $\overline{CE}$ 直接与译码器的一个输出 Y6 相连,液晶模块的 $\overline{RD}$、$\overline{WR}$ 分别与 8051 的 $\overline{RD}$、$\overline{WR}$ 相连。

表 5.18　以 T6963C 为控制器的液晶模块引脚功能

符号	名称	功能
VSS	接地	0 V
VCC	+电源	5V ± 10%
Vo	液晶驱动电压	-5.5 ~ -10 V
$\overline{WR}$	写信号	数据写入
$\overline{RD}$	读信号	数据读出
C/D	命令/数据选择信号	1：数据 0：命令
$\overline{CE}$	模块选通	
$\overline{RESET}$	复位信号	为低复位
DB0 ~ DB7	8 位数据线	数据传输
FG	字符点阵数选择	
Vout	负电压输出	
VA	背光二极管阳极	背光，夜间用
VK	背光二极管阴极	背光，夜间用

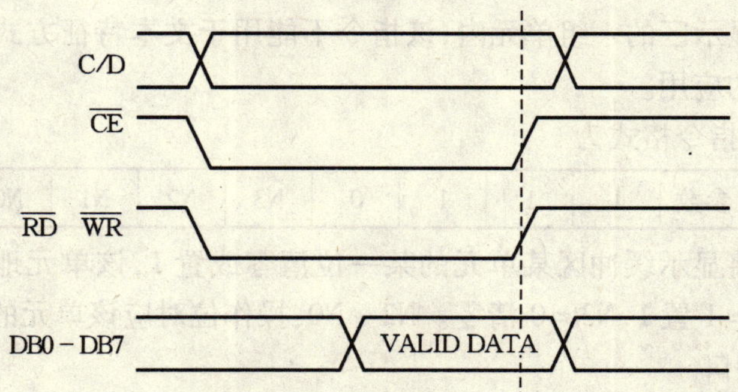

图 5.19　T6963C 控制器时序图

3. 内置 SED1330 控制器的显示模块

这类模块有香港精电的 CCSTN - 12864 - CCFL、CCSTN - 128128 - CCFL、CCSTN - 24064 - CCFL、CCSTN - 240128 - CCFL、MGLS320240A/B、MGLS320200 日本 OPTREX 的 DMF - 50081、DMF - 50174。

(1)模块特性

◆通过软件指令可以图形方式、文本方式显示。

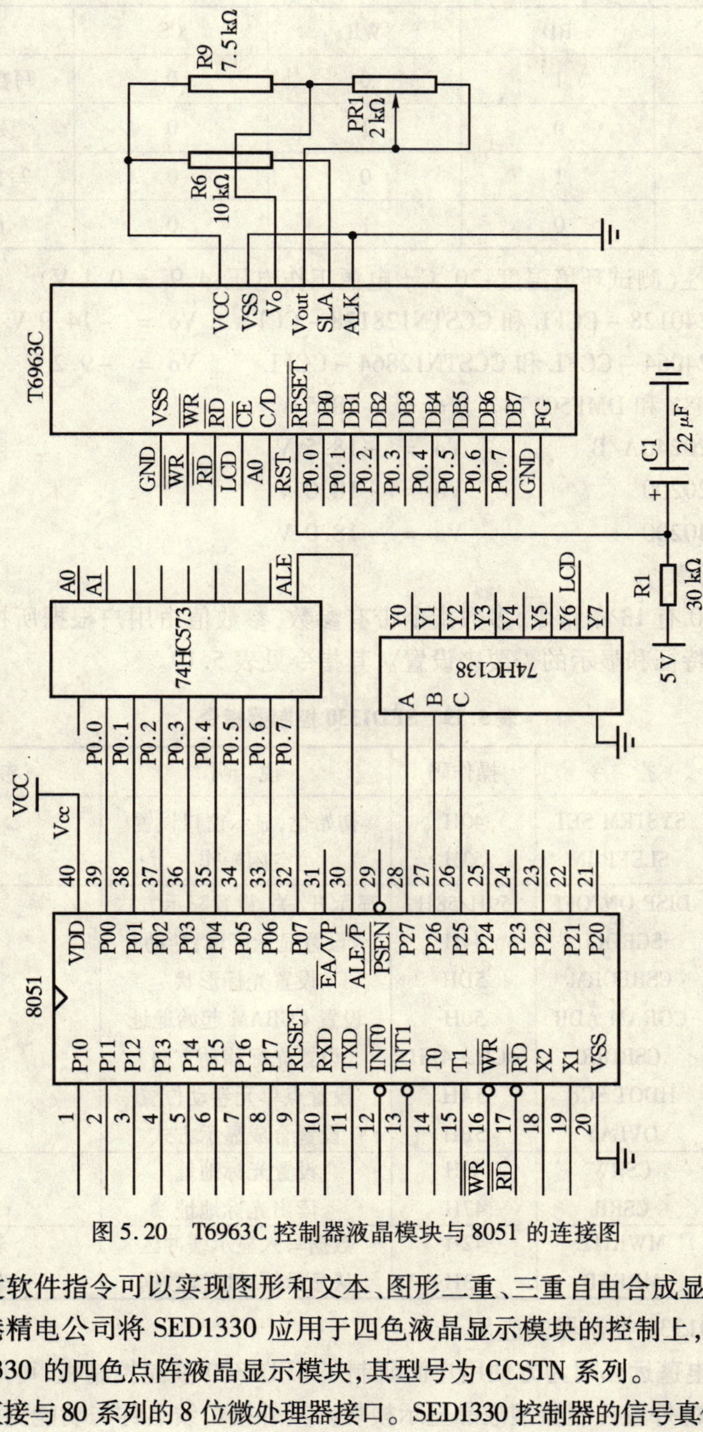

图 5.20　T6963C 控制器液晶模块与 8051 的连接图

◆通过软件指令可以实现图形和文本、图形二重、三重自由合成显示。

◆香港精电公司将 SED1330 应用于四色液晶显示模块的控制上，推出内置控制器 SED1330 的四色点阵液晶显示模块，其型号为 CCSTN 系列。

◆能直接与 80 系列的 8 位微处理器接口。SED1330 控制器的信号真值表见下表。

A0	RD	WR	CS	功能
0	1	0	0	写数据，参数
0	0	1	0	读忙标志
1	1	0	0	写指令代码
1	0	1	0	读数据

◆电特性(测试环境温度:20 ℃，电源工作电压:4.9 ± 0.1 V)

CCSTN240128 - CCFL 和 CCSTN128128 - CCFL　Vo = -14.9 V

CCSTN24064 - CCFL 和 CCSTN12864 - CCFL　Vo = -9.2 V

DMF50081 和 DMF50174　Vo = -18.5 V

MGLS320240A/B　Vo = -18.5 V

MGLS320200　Vo = -18.0 V

MGLS640200　Vo = -18.0 V

(2)指令集

SED1330 有 13 条指令，多数指令带有参数，参数值由用户根据所控制的液晶显示模块的特征和显示的需要来设置。其指令见表 5.19。

表 5.19　SED1330 控制器指令

功　能	指　令	操作码	说　明	参数量
系统控制	SYSTEM SET	40H	初始化，显示窗口设置	8
	SLEEP IN	53H	空闲操作	-
显示操作	DISP ON/OFF	59H/58H	显示开/关，设置显示方式	1
	SCROLL	44H	设置显示区域，卷动	10
	CSRFORM	5DH	设置光标形状	2
	CGRAM ADR	50H	设置 CGRAM 起始地址	2
	CSRDIR	4CH - 4FH	设置光标移动方向	-
	HDOT SCR	5AH	设置点单元卷动位置	1
	OVLAY	5BH	设置合成显示方式	1
绘制操作	CSRW	46H	设置光标地址	2
	CSRR	47H	读出光标地址	2
存贮操作	MWRITE	42H	数据写入显示缓冲区	若干
	MREAD	43H	从显示缓冲区读数据	若干

(3)SED1330 控制器的应用

北京精电蓬远公司为方便用户而研制了 SED1330 液晶控制板，可用于所有适配 SED1330 的外置控制器型液晶显示模块。其外接口线名称与功能见表 5.20。

表 5.20　SED1330 液晶控制板外接口线名称与功能

管脚	符号	有效电平	作　用
1,2	GND	0 V	电源地
3	VCC	+5 V	正电源
4	Vadj	负	显示对比度调整
5	Vee	负	负电源
6	/WR	低	写信号
7	/RD	低	读信号
8	/CE	低	片选信号
9	A0	高/低	高:写命令字或读数据 低:写数据参数或读状态
10	NC	-	无联接
11	/RST	低	复位信号
12 - 19	DB0 ~ DB7	高/低	数据线
20	NC	-	无联接

4. 更多的图形式液晶模块介绍

点阵图形式液晶模块种类繁多,这里介绍香港精电点阵图形液晶模块(前缀 MDLS)的一些资料,使读者对图形液晶的型号、尺寸、显示点数与点大小、电性能参数等有一些基本了解,供读者在选用液晶时参考。

精电点阵图形式液晶模块均内藏控制器,均可选带背光型(LED 背光或 EL 背光,有些型号可选 CCFL 背光) 及宽温型(-20 ~ +70 ℃),个别型号可达 -45 ~ +80 ℃。有单色和四色两类。

(1)单色液晶模块

见表 5.21。

(2)香港精电四色液晶模块(前缀 CCSTN)

精电公司所产四色液晶具有高亮度、低功耗的特点,有黄、绿、橙、紫四种颜色,是介于单色与彩色之间的低价位经济型模块。此类模块均内藏 SED1330 控制器,均可选带 CCFL 背光。具体型号、参数见表 5.22。

表 5.21　精电点阵图形式液晶模块(单色)参数

型号	点阵数	点大小	模块尺寸	视屏尺寸	控制器
8032B	80×32	0.43×0.43	84.0×44.0	46.0×18.0	HD61830
8464	84×64	0.50× 0.50	90.0×60.0	51.0×40.0	HD61830
10032A	100×32	0.50×0.60	75.0×54.0	60.0×26.5	SED1520
10032B	100×32	0.62×0.56	98.0×50.0	76.0×25.2	SED1520
12032A	120×32	0.60×0.425	75.0×54.0	60.0×26.5	SED1520
12032B	120×32	0.56×0.55	98.0×50.0	76.0×25.2	SED1520
12864	128×64	0.39×0.55	78.0×70.0	62.0×44.0	HD61202
12864T	128×64	0.39×0.55	78.0×70.0	62.0×44.0	T6963C
128128T	128×128	0.50×0.50	92.0×106	73.0×73.0	T6963C
16080	160×80	0.39×0.39	87.0×54.0	72.3×37.8	HD61830
160128	160×128	0.54×0.54	129×102.0	101×82.0	T6963C
19264	192×64	0.36×0.36	100×60.0	84.0×31.0	HD61202
24064	240×64	0.48×0.48	176×65.0	132×39.0	T6963C
240128	240×128	0.40×0.40	144×104.0	114×64.0	HD61830
240128T	240×128	0.40×0.40	144×104.0	114×64.0	T6963C
32064	320×64	0.36×0.36	165×45.0	137×33.60	HD61830
320200	320×200	0.27×0.27	110×75.0	98×63.0	SED1330
320240A	320×240	0.33×0.33	174×112.0	122×92.0	GD6245、QPYD 系列,M6255、SED1330
320240B	320×240	0.27×0.27	139×120.0	103×79.0	GD6245、QPYD 系列,M6255、SED1330
640200	640×200	0.24×0.30	200×87.0	181×76.0	SED1330

表 5.22　四色液晶模块参数

型 号	点阵数	点大小	视屏尺寸	模块尺寸
CCSTN12864	128×64	0.39×0.55	62×44.00	85.0×70.00
CCSTN128128	128×128	0.50×0.50	73×73.00	96.5×106.00
CCSTN24064	240×64	0.39×0.50	131×38.00	180.0×67.00
CCSTN240128	240×128	0.40×0.40	114×64.00	144.0×104.00

除了上述香港液晶模块，国外也有多家液晶模块生产厂家，这里介绍日本的一些液晶模块，其型号、参数见表 5.23。

表 5.23　日本公司点阵图形式液晶模块参数

型　号	点阵数	点大小	模块尺寸	视屏尺寸	控制器
OPTREX 5001NYL – EB	160 × 128	0.54 × 0.54	129.0 × 102.0	101.0 × 82.0	内藏 T6963C
OPTREX 5002NY – EB	128 × 112	0.50 × 0.49	110.0 × 90.6	77.0 × 66.0	内藏 T6963C
夏普 LM32019T	320 × 240	0.33 × 0.33	166.0 × 109.0	122.0 × 92.0	GD6245、QPYD 系列、M6255、SED1330
OPTREX 50081NB – FW	320 × 240	0.27 × 0.27	139 × 120.0	103 × 79.0	GD6245、QPYD 系列、M6255、SED1330
OPTREX 50174NB – FW	320 × 240	0.33 × 0.33	174 × 112.0	122 × 92.0	GD6245、QPYD 系列、M6255、SED1330
KCS057QV1AJ 京瓷 STN 彩色	320 × 240 (6.0 寸)	0.12 × RGB × 0.36	154.6 × 114.8	118.24 × 89.38	QPYD 系列、MSM6255、GD6245
夏普 LM64P11	640 × 480 (6.0 寸)	0.19 × 0.19	167.7 × 116.8	125.6 × 95.2	QPYD 系列、MSM6255、GD6245
夏普 LM64183P	640 × 480 (9.4 寸)	0.27 × 0.27	253 × 174.0	196 × 147.6	QPYD 系列、MSM6255、GD6245
夏普 LM64P89	640 × 480 (10.4 寸)	0.33 × 0.33	268 × 190	215.2 × 162.4	QPYD 系列、MSM6255、GD6245
LM10V33 夏普 STN 彩色	640 × 480 (10.4 寸)	0.09 × RGB × 0.31	264 × 193.0	220 × 167.0	QPYD 系列、GD6245
KCB6448AC 京瓷 STN 彩色	640 × 480 (5.7 寸)	0.063 × 0.189	154.5 × 106.0	122.94 × 92.70	QPYD 系列、GD6245

5.3.4　图形液晶显示器的程序编制方法

液晶显示器的程序编制方法主要有一下内容，在使用液晶前首先要对液晶进行初始化，初始化主要包括：清屏、设置图形区首地址及宽度、设置文本区首地址及宽度、设置显示方式、设置显示开关。然后就可对图形区和文本区进行读写，进行图形和文本的显示。在此以使用 T6963C 控制器的 240128 液晶模块为例，以 C 语言编程，介绍显示编程方法。

(1)地址设置

根据电路硬件对液晶的地址分配,首先对液晶数据及指令地址进行设置,以方便对数据及指令的读写。

```
#define wclcd XBYTE[0xf101]      //设置指令地址
#define wdlcd XBYTE[0xf100]      //设置数据地址
```

(2)检查液晶显示器内部忙否

在液晶进行读写前必须读状态寄存器以检查液晶是否准备好,测试子程序如下:

```
void try(void)
{
  unsigned char send;
  try:
  send = wclcd;
  if(send&0x03! =0x03) //看是否准备好,若未准备好重新进行检查
  goto try;
}
```

这主要是检测数据的读写是否准备好,若准备好就可进行下一步操作,若没有准备好,则继续检测。

(3)在显示前首先进行清屏

实质就是对液晶的显示存储区进行清零,以消除上次操作时液晶存储区的数据,为显示做好准备。以下为对 T6963C 的 64 KB 存储区全部清零的程序。

```
void clear()
{
    try();
    wdlcd = 0x00;
    try();
    wdlcd = 0x00;
    try();
    wclcd = 0x24; //首先将指针指到存储区的首地址 0000H 处
    try();
    wclcd = 0xb0;//设置为自动写方式
    send = wclcd;//检测数据自动写状态是否准备好
    while(send&0x08! =0x08);
  for(i = 0;i < 0xffff;i + +)
      {wdlcd = 0x00;}//对存储区清零(将其所有存储单元设置为 0)
```

```
    try();
    wclcd = 0xb2;//关自动写方式
}
```

(4)初始化图形区及文本区

```
void init()
{
    try();
    wdlcd = 0x00;
    try();
    wdlcd = 0x00;
    try();
    wclcd = 0x40; //设置文本区的首地址为0000H
    try();
    wdlcd = 30;
    try();
    wdlcd = 0x00;
    try();
    wclcd = 0x41; //设置文本区的宽度为30
    wdlcd = 0x00;
    try();
    wdlcd = 0x10;
    try();
    wclcd = 0x42; //设置图形显示区的首地址为1000H
    try();
    wdlcd = 30;
    try();
    wdlcd = 0x00;
    try();
    wclcd = 0x43; //设置图形显示区的宽度为30
    try();
    try();
    wclcd = 0x80; //图形显示与文本显示为逻辑或方式合成
    try();
    wclcd = 0x9c; //文本与图形同时打开显示
```

}

对于240128型液晶，其宽度为240像素点，在RAM中也就是30字节的宽度，这是液晶的物理显示宽度，宽度一般设成30，也可以设为小于30，这样在显示时只在液晶的中间部分显示。若大于30，实际显示还是30字节的宽度，但在换行等计算中就要使用所设置的宽度进行计算。

(5)文本区显示

T6963C控制器内已包含了部分常用字符的字模，所以在文本区显示只需要将各字符所用的代码，写入相应的地址就可以显示8×8的字符。常用字符代码表如表5.24所示。

表5.24　文本区显示常用字符代码表

	0	1	2	3	4	5	6	7	8	9	A	B	C	D	E	F
0		!	“	#	$	%	&	‘	(	)	*	+	,	-	.	/
1	0	1	2	3	4	5	6	7	8	9	:	;	<	=	>	?
2	@	A	B	C	D	E	F	G	H	I	J	K	L	M	N	O
3	P	Q	R	S	T	U	V	W	X	Y	Z	[	\	]	^	_
4	`	a	b	c	d	e	f	g	h	i	j	k	l	m	n	o
5	p	q	r	s	t	u	v	w	x	y	z	{	|	}	~	

若要显示“！”号只需在指定地址内写入代码01H就可以显示出8×8点阵的感叹号。

```
Void text()
{
    try();
    wdlcd=00h; //所要显示位置的低8位地址
    try();
    wdlcd=00h; //所要显示位置的高8位地址
    try();
    wclcd=0x24; //将地址指针指向该位置
    try();
    wdlcd=01H; //将感叹号的代码写入该地址
    try();
    wclcd=0xc0; //写入数据
}
```

在这里要注意存储器绝对地址与显示位置的关系。存储器的绝对地址为文本区首地址加上所要显示的位置所在行乘以行宽(初始化时设置为30)加上显示位置所在的列得到。在显示前要计算好存储器的地址,然后再向相应地址 RAM 写入数据。

(6)图形方式显示汉字

因为文本方式只能显示控制器已提供的 8×8 点阵的字符,不能显示汉字,所以只能以图形方式来显示汉字。汉字显示前必须建立字模,也就是要向存储器内写入的数据。以 16×16 点阵方式显示汉字为例,一行要使用两个字节,共 16 行才能显示出这个汉字。如"铁"字的字模为"0×00、0×00、0×00、0×20、0×08、0×20、0×18、0×20、0×10、0×20、0×3C、0×B8、0×21、0×60、0×79、0×20、0×88、0×78、0×1C、0×E0、0×70、0×50、0×10、0×90、0×14、0×88、0×19、0×06、0×16、0×00、0×00、0×00,显示时先将地址指针指向所要显示的位置(RAM 的绝对地址算法与文本区显示的地址算法类似),写入第一行的两个字节,然后连续进行空写操作,使地址连续增加(行宽 -2 个字节,相当于换行),再写入第二行的两个字节,再换行,这样反复写入 16 次就将一个 16×16 点阵的汉字完全显示出来。

X 为所要显示位置的横坐标,Y 为所要显示位置的纵坐标,*s 为存放汉字字模数组的首地址;*n* 为所要显示汉字的字数;gotoadd(unsigned char addl,unsigned char addh)为将指针指向相应地址的子函数。

程序如下

```
void tuhz(unsigned char x,unsigned char y,unsigned char *s,unsigned char n)
{   unsigned int address;
    unsigned char addh,addl;
    for(i=0;i<n;i++)
    {
        address=x*30+(i*2+y)+0x1000; //算出液晶 RAM 的绝对地址
        addl=address&0x00ff;
        addh=(address&0xff00)/0x0100;     //分出高地址字节和低地址字节
        gotoadd(addl,addh); //指向当前地址
        for(k=0;k<0x10;k++)
          {
          try();
          wdlcd=*s;
          try();
          wclcd=0xc0;
          s++;
```

```
        try( );
        wdlcd = * s;
        try( );
        wclcd = 0xc0;
        s + + ;        //显示每行字模内容
        for( m = 0;m < 0x1c;m + + )
            {
                try( );
                wclcd = 0xc1;
            }      //进行换行
        }
    }
}
```

5.4 声响器件接口电路

仪器在使用中常需要发出声音提示,例如告警声、键盘输入时按键有效声等,有些要定时发出某些声音信息。因此需要安装合适的发声器。适用于仪器的发声器有两种,一种是小型喇叭或微型喇叭,可以在程序控制下发出各种声音或音乐。另一种是蜂鸣器,有连声的,有间断鸣响的,这一类主要用于报警或提示。

小型喇叭、微型喇叭与 8051 的连接见图 5.21。这种小喇叭由一只 9013 三极管就可以驱动,图中与喇叭并联一只二极管是因为喇叭中的负载是线圈,而且是有磁芯的线圈,属于感性负载。如果在某时刻其线圈上的感生电压为上负下正,如果没有这个二极管,则电源电压 VCC 再加上感生电压一下子加在三极管 9013 上,有可能会损坏三极管。9013 由 8051 的 P1.7 驱动,三极管基极串接一只限流电阻。

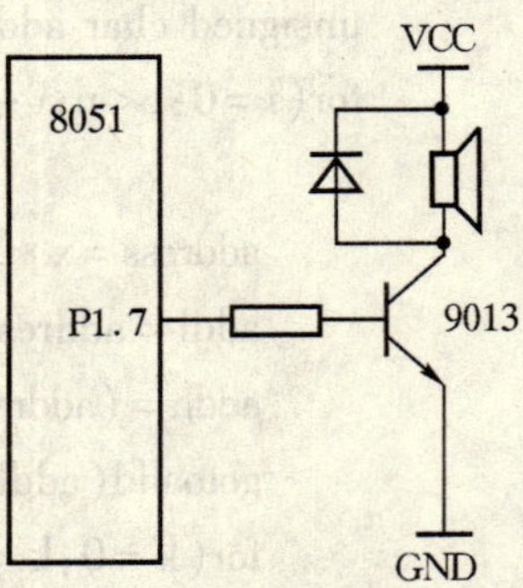

图 5.21　喇叭与蜂鸣器接法

在放一定频率的一种声音时,由程序控制 P1.7 输出所需频率的连续脉冲即可。如果发声器是蜂鸣器,则需要鸣响时只需要将 P1.7 置为高电平即可。要停止鸣响,将 P1.7 置低即可。

思考题与习题

1. I/O 接口电路的作用是什么？什么叫端口？它的作用是什么？

2. I/O 寻址方式有哪几种？各有什么优缺点？MCS－51 系列单片机采用哪种寻址方式？

3. 主机与外部设备的数据传送方式有哪几种？试说明它们各自的优缺点并指出各种数据传送方式的适用场合。

4. 有一键盘，其输出的按键 ASCII 码通过图 5.10 的接口送至 8051 单片机。现键入一个命令字(由 6 个字符所组成)，要求将此命令存放在内部 RAM 以 20H 为首地址的连续单元中。试按此要求编写相应的程序。

5. 设有一个采用 8155 芯片的接口电路，用它的 PA 口作输入，在其每根口线上接一个按钮开关；PB 口作输出，在其每根口线上接一个驱动器驱动 LED，按钮开关与 LED 一一对应。要求当某开关按下时，相应位的 LED 亮 1 秒钟。试根据上述要求画出接口电路并编写相应的程序。

6. 一个仪器采用图 5.9 所示的接口电路，8155 的 PA 口作数码管选通输出口，PB 口作显示数据输出口，试对 8155 初始化编程。

7. 要求在图 5.9 的动态扫描显示器中进行 8 字闪烁显示，即 6 个显示器同时显示“8”1 秒钟，暗 1 秒钟，不断重复。试编写相应的程序。

8. 根据图 5.9，试编写七段 LED 显示器的测试程序(即用软件测试每一个七段 LED 的好坏，该亮的段应亮，该暗的段应暗)。

9. 设在 8051 单片机内 RAM 的 50H 单元中存放一 ASCII 码，若其内容为 0～9 的 ASCII 码，则在图 5.9 所示的接口电路中从左到右不断地依次显示 8，否则不断地依次显示 4，编制其程序。

第 6 章 智能理论应用与仪器设计实例

本书前面章节介绍了智能仪器的基本理论、电路及接口技术，那么智能理论在仪器设计中怎么应用？仪器设计开发的流程是怎样规划和安排的？设计开发的各个阶段要进行哪些工作？这是本课程学习中需要了解的重要知识。本章将通过应用实例进行说明。

6.1 智能理论应用实例 1 太阳能与热泵联合集热系统的模糊控制

模糊控制是一种常用的智能控制方法，效果很好。本书以西安交通大学研究开发的太阳能与热泵联合集热计算机控制系统中模糊控制的应用为例介绍如下。

该研究采用了 MATLAB 软件中的模糊逻辑工具箱，该工具箱中的 SIMULINK 仿真模块和模糊逻辑工具箱 C 语言接口的推广应用，使模糊控制系统的设计、测试和实际应用变得比较方便。

6.1.1 热泵开关控制系统的分析

模糊控制系统要求有明确的输入量和输出量，根据这一特点，要先将太阳能与热泵联合集热系统中的输入量和输出量划分清楚。其输入量有 5 个，分别是：太阳能集热管水温 T_0、水箱水温 T_1、环境温度 T_2、水箱水位 H、光照度 U。输出控制量也有 5 个，分别是：热循环泵开关 P_1、热泵开关 P_2、水阀 F、用户循环泵开关 P_3、电辅助加热开关。显然，太阳能及热泵联合集热系统是一个复杂的多输入-多输出控制系统。

工程应用中对于多输出系统，要求各输出之间是独立的，并且要求输出不影响输入，即系统是解耦的。如果系统不能达到这个要求就需要对系统进行解耦处理。另外，系统在简化之后还应当使得系统的各个输入之间也是独立的。这些系统构建的原则在应用模糊系统时也需要遵从。

多输入-多输出模糊控制是一个非常复杂的系统设计问题。目前还没有一套比较完整的理论来指导系统的设计。由于人对具体事物的逻辑思维一般不超过三维，因此，对于许多多输入-多输出模糊控制系统而言，无法直接从人的经验上获取其规则。所以，必须把观察和实验数据进行重组。例如，已知样本数据(X_1,X_2,Y_1,Y_2,Y_3)，则可将其变换为(X_1,X_2,Y_1)，(X_1,X_2,Y_2)，(X_1,X_2,Y_3)。这样，把多输入-多输出模糊控制结构化为多输入-单输出模糊控制结构，然后可以用多输入-单输出模糊控制系统的设计方法来进行模糊控制系统的设计，这就是多变量控制系统的解耦问题。工业控制过程是相当复杂的，而模糊控制技术就是处理复杂系统控制问题的有效途径。

按照上述多输入-多输出模糊控制系统设计的基本原则和本系统实际的要求，可把太阳能及热泵联合集热系统分解为如下3个多输入-单输出模糊控制系统。

(1)水阀的控制　输入变量包括水箱水温 T_1 和水箱水位 H，输出变量是水阀F。这是一个典型二输入单输出模糊控制模型(T_1,H,F)。

(2)热泵开关的控制　输入变量包括光照度 U、水箱水温 T_1 和环境温度 T_2，输出变量是热泵开关 P_2。这个三输入单输出模糊控制模型为(U,T_1,T_2,P_2)。

(3)太阳能热循环泵开关的控制　输入变量包括太阳能集热管水温 T_0 与水箱水温 T_1 之差 E 以及 E 的变化 E_C，输出变量是热循环泵开关 P_1。这是一个典型的单输入单输出二维模糊控制系统，其模型为($E,E_\mathrm{C},\mathrm{P}_1$)。

另外，由于用户循环泵开关 P_3 是用于实现水箱和用户端水管热交换而设置的。而且在现场实际中，用户端水管部分温度传感器安装存在着一定困难。为简便起见，这里采用定时开启用户循环泵开关 P_3 一定时间进行热交换的方法进行处理。同样，由于当温度较低时，太阳能和热泵集热效果就会下降，所以进行如下设计：在寒冷季节，当环境温度小于7 ℃时，开启电辅加热，以便快速将水加热到所需温度。

在上述系统的整体分析中，分解出的3个模糊控制环节都是系统实现用户使用要求不可缺少的环节。但是从充分利用太阳能并采用热泵辅助供热这一节能的角度出发，热泵开关的控制这个环节无疑是更有意义的。因此，下面将重点介绍热泵开关模糊控制的设计方法。

由前面模糊控制理论的介绍可知，设计本模糊控制环节应首先确定相关的模糊变量、论域和模糊语言值。根据用户使用要求以及相关的实际情况，这里先给出热泵开关模糊控制环节的基本参数，如表6.1所示。

表 6.1　热泵开关模糊控制环节基本参数

模糊变量	论域	模糊语言值	量化等级	备注
光照度等同值 U	(0 V,3 V)	弱,中,强	(−3,−2,−1,0,1,2,3)	
水箱水温 T_1	(15 ℃,100 ℃)	冷,温,热	(−3,−2,−1,0,1,2,3)	
环境温度 T_2	(−50 ℃,60 ℃)	冷,温,热	(−3,−2,−1,0,1,2,3)	
热泵 P_2 开启时间	(0 min,60 min)	短,中,长	(−3,−2,−1,0,1,2,3)	

上表中热泵 P_2 开启时间的确定是以下面的计算结果为基础的:已知热泵的输入功率为 10 kW,输出功率约为输入功率的 3 倍,其供热效率随环境温度变化呈线性变化,具体数据如图 6.1 所示。

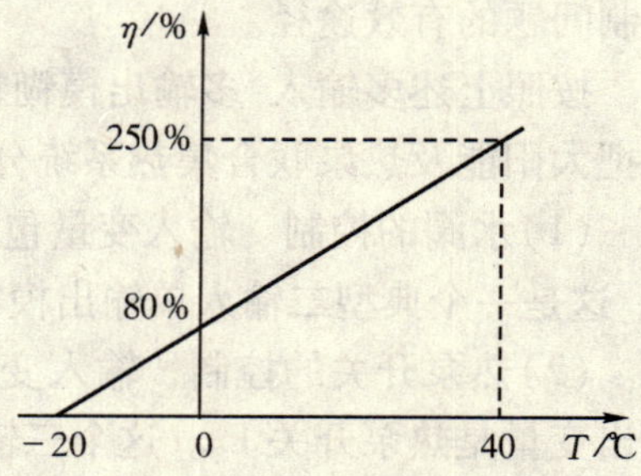

图 6.1　热泵供热效率随环境温度线性变化

设定在环境温度为 25 ℃的工作条件下,热泵供热效率为 64%,此时单独使用热泵加热 25 t(水位深度为 2.5 m)水使其温度升高 1 ℃,所需的时间 t 及其计算过程如下。

使 25 t 水温度升高 1 ℃需要的热量 Q 为

$$
\begin{aligned}
Q &= c \times m \times \Delta t \\
&= 1\ \text{kcal}/(\text{kg}\cdot℃) \times 2\,500\ \text{kg} \times 1\ ℃ = 25\,000\ \text{kcal} \approx 105\,000\ \text{kJ}
\end{aligned} \tag{6.1}
$$

在上述假设下,5 台热泵同时工作的有效功率 P 为

$$P = 10\ \text{kW} \times 5 \times 64\% \times 3 = 96\ \text{kW} \tag{6.2}$$

则所需时间 t 为

$$t = \frac{Q}{P} = \frac{105\,000\ \text{kJ}}{96\ \text{kW}} = 1\,093.75\ \text{s} \approx 18\ \text{min} \tag{6.3}$$

可见,在上述设定条件下,单独使用热泵加热使 25 t 水升高 1 ℃需时 18 min。因此,这里暂定控制输出量热泵 P_2 的论域即开启时段为(0 min,60 min)。确定水箱水温 T_1 的论域为(15 ℃,100 ℃),主要是考虑到了西安地区自来水的平均温度约为 12 ℃这个实际状况。光照度 U 和环境温度 T_2 的论域已经在前面讨论过,这里需要强调的一点是:光照度信号的调理电压值与实际的光照度呈线性变化。每个模糊语言值都对应一个隶属度函数,这里考虑系统要求的精度有限,故给每个模糊变量都分配三个模糊语言值。至于量化等级和相应的比例因子,在模糊控制系统的常规设计中都是需要的。但是,因为在本书中模糊控制系统的设计是借助 MATLAB 模糊逻辑工具箱完成的,而 MATLAB 模糊逻辑工具箱具有强大的逻辑推

理与计算能力，量化等级和相应的比例因子已经不用设置，后面将详细介绍。

6.1.2　水阀控制系统的分析

水阀控制系统的功能是实现温控上水，其中温控上水就是保证上水的过程中水箱的水温在 50 ℃以上。根据用户使用要求以及相关的实际情况，这里给出本模糊控制环节的基本参数，如表 6.2 所示。模糊语言值和量化等级的确定原则和表 6.1 中的相同，这里仅介绍各个模糊变量的论域。

表 6.2　水阀模糊控制环节基本参数

模糊变量	论域	模糊语言值	量化等级	备注
水箱水位 H	(0.5 m,2.5 m)	低,中,高	(−3, −2, −1,0,1,2,3)	
水箱水温 T_1	(15 ℃,100 ℃)	冷,温,热	(−3, −2, −1,0,1,2,3)	
水阀 F 开启时间	(0 min,60 min)	短,中,长	(−3, −2, −1,0,1,2,3)	

表中水阀 F 开启时间的论域选择是以下面的计算过程为依据的：已知本系统选择的电磁阀管径为 25 mm，流量约为 3 m^3/h。那么在系统不用水的情况下开启水阀 F 使水位上升 0.1 m 所需的时间 t 及其计算过程如下。

因为 3 m 高的圆柱形水箱容积为 30 m^3，那么系统选用的圆柱形水箱中 0.1 m 深水位对应的体积 V 为

$$V = 0.1\ \text{m} \times \frac{30\ \text{m}^3}{3\ \text{m}} = 1\ \text{m}^3 \tag{6.4}$$

使水位上升 0.1 m 所需的时间 t 为

$$t = \frac{1\ \text{m}^3}{3\ \text{m}^3/\text{h}} = \frac{1}{3}\ \text{h} = 20\ \text{min} \tag{6.5}$$

水箱水温 T_1 论域的选取原则和表 6.1 中的相同，水箱水位 H 上下限的选择是为了水箱安全工作，根据工程实践经验设置的。至于量化等级和相应比例因子，同样因为系统是借助 MATLAB 模糊逻辑工具箱设计完成的，不用设置。

6.1.3　热循环泵控制系统的分析

热循环泵控制系统的功能是及时把太阳能真空集热管的热水循环下来与水箱中的水进行热交换。根据用户使用要求以及相关的实际情况，先给出该模糊控制环节的基本参数，如表 6.3 所示。模糊语言值和量化等级的确定原则和表 6.1 中的相同，这里仅介绍各个模糊变量的论域。

表 6.3 热循环泵模糊控制环节基本参数

模糊变量	论域	模糊语言值	量化等级	备注
温差 E	(−15 ℃,85 ℃)	小,中,大	(−3,−2,−1,0,1,2,3)	
温差变化 E_C	(−5 ℃,5 ℃)	慢,中,快	(−3,−2,−1,0,1,2,3)	
热循环泵开启时间	(0 min,20 min)	短,中,长	(−3,−2,−1,0,1,2,3)	

已知本系统中太阳能真空集热管安装位置在 7 楼楼顶,选择的热循环泵功率为 1 kW,效率约为 90%,扬程 20 m 以上。实际安装太阳能真空集热管面积约为 360 m^2,选用真空管的直径 58 mm。热循环泵开启时间就是根据这些条件,以循环 1 m^3 水到楼顶需要的时间 t 为依据确定的。计算过程如下。

循环 1 m^3 水到约 20 m 高的楼顶需做功 W 为

$$\begin{aligned} W &= F \times S = m \times g \times S \\ &= 1 \times 10^3\ \text{kg/m}^3 \times 1\ \text{m}^3 \times 10\ \text{N/kg} \times 20\ \text{m} = 200\ \text{kJ} \end{aligned} \tag{6.6}$$

选用的热循环泵完成 200 kJ 的功,需要的时间 t 为

$$t = \frac{W}{p \times \eta} = \frac{200\ \text{kJ}}{1\ \text{kW} \times 90\%} = 222\ \text{s} \approx 3.7\ \text{min} \tag{6.7}$$

太阳能集热管中水温和水箱水温之差 E 的论域是根据两个容器水温实际的极限值设置的。相应的温差变化 E_C 的论域是根据上位机收到的两个最近的采样点(间隔 1 min)温度值的变化情况和热循环泵的流量估算出来的。量化等级和相应比例因子,不用设置。

6.1.4 MATLAB 模糊逻辑工具箱介绍

MATLAB 模糊逻辑工具箱是数字计算机环境下的函数集成体,可以利用它所提供的工具在 MATLAB 框架下设计、建立以及测试模糊推理系统,结合 Simulink,还可以对模糊系统进行模拟仿真,也可以编写独立的 C 语言程序来调用 MATLAB 中所设计的模糊系统。在 MATLAB 6.1 以上的版本中,这个工具箱提供了三种类型的工具:命令行函数、图形交互工具以及仿真模块和示例。

在模糊逻辑工具箱中有 5 个基本工具箱 GUI 工具用于建立、编辑和观察模糊推理系统(FIS)。它们分别是模糊推理系统编辑器、隶属度函数编辑器、规则编辑器、规则观察器和曲面观察器。这些 GUI 工具之间是动态链接的,使用它们中的任意一个对 FIS 的修改将影响任何其它已经打开的 GUI 中的显示结果。这 5 个 GUI 工具的基本功能介绍如下:

(1)FIS 编辑器为系统处理高层属性,确定有多少输入和输出变量,模糊逻辑工具箱不限制输入的数量,但是输入数量受到所用计算机可用内存的限制;

(2)隶属度函数编辑器用于定义对应于每个变量的隶属度函数的形状;

(3)规则编辑器用于定义系统行为的一系列规则;

(4)规则观察器和曲面观察器是不同于编辑器的用于察看 FIS 的工具,是只读工具。

通过模糊工具箱提供的 C 语言编程接口,可以很容易地在独立的 C 代码程序中使用 MATLAB 工具箱建立模糊推理系统,而不需要 MATLAB 的仿真环境。这样使得用户可以在 MATLAB 环境中完成一个具体模糊系统的建立、设计、修改和测试等工作,然后通过编写独立于 MATLAB 环境的 C 语言程序来调用这个模糊系统,进而可以方便地运用到实际的系统开发中去。

鉴于使用 MATLAB 模糊逻辑工具箱对模糊控制器进行辅助设计的显著优越性,太阳能及热泵联合集热模糊控制系统使用该工具箱建立相关的模糊逻辑推理系统。上述模糊逻辑工具箱中 5 个基本工具的用法也将在下面热泵开关模糊推理系统设计的过程中作详细介绍。

6.1.5　热泵开关控制系统的设计

在上述对太阳能及热泵联合集热系统分析的基础上,下面具体介绍通过 MATLAB 6.5 模糊逻辑工具箱实现组建模糊推理系统的一般过程,同时完成热泵开关模糊控制系统的设计。

由前面可知,该子系统模型(U, T_1, T_2, P_2)为三输入单输出控制模型。使用 MATLAB 模糊逻辑工具箱的 GUI 设计方法,完成的 FIS 编辑器设计如图 6.2 所示。该系统选用的是具有模糊产生器和模糊消除器的模糊逻辑系统(Mamdani 型)。MATLAB 模糊逻辑工具箱一般是采用肯定式推理,系统提供了 min(R_c)和 prod(R_p)两种模糊蕴涵(implication)推理方法供选择,此系统中选用了 min(R_c)模糊蕴涵推理方法。而对于合成算法(aggregation),则默认并且唯一采用最大-最小合成算法;反模糊方法(defizzification)采用面积平均法(centroid)。

完成系统输入-输出模型后,就可使用隶属度编辑器窗口,根据表 6.1 关于模糊变量以及模糊语言值的定义,设置各模糊语言值的论域和隶属度函数。由于模糊理论研究的对象具有“模糊性”和经验性,因此找到一种统一的隶属度计算方法是不现实的。确定隶属度函数的几种常用方法:主观经验法、分析推理法和调查统计法。具体分别如图 6.3、图 6.4、图 6.5 和图 6.6 中所示。

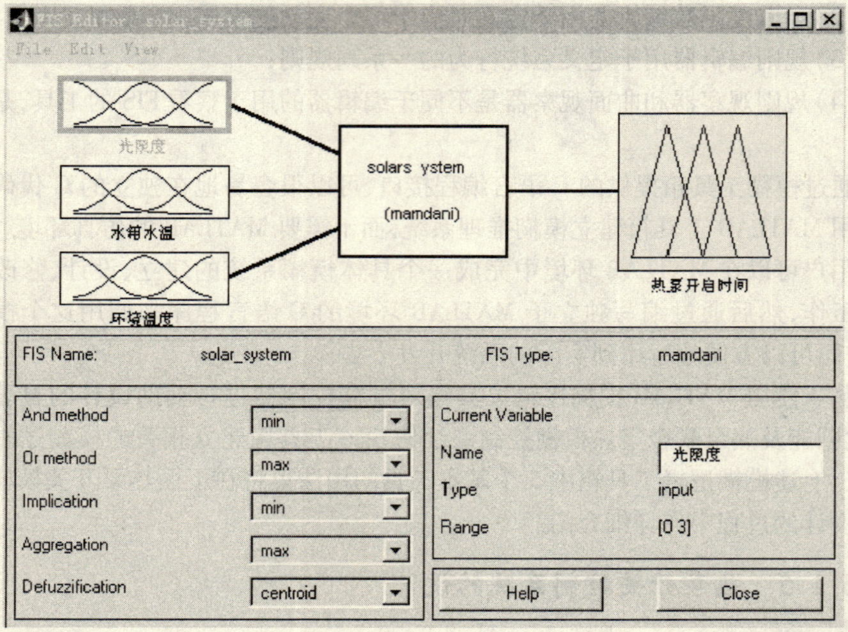

图 6.2　热泵开关模糊推理系统编辑器窗口

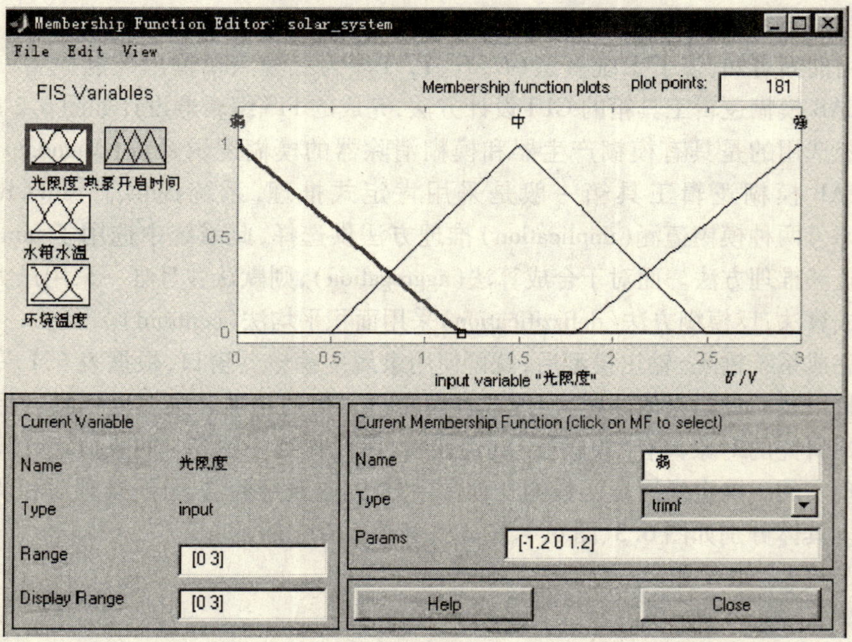

图 6.3　热泵开关模糊系统（光照度）隶属度编辑器窗口

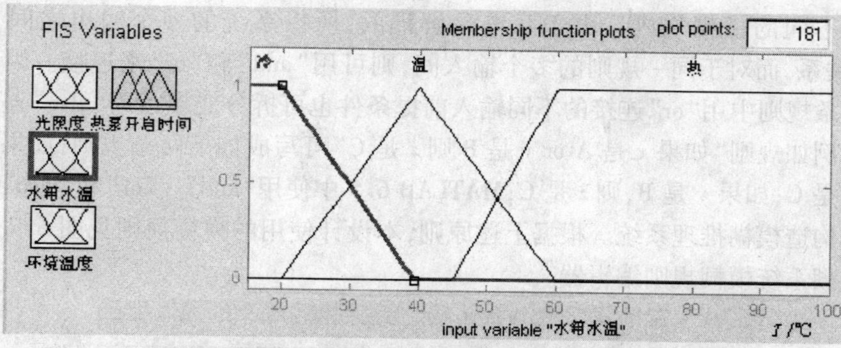

图 6.4　热泵开关模糊系统水箱水温隶属度编辑器窗口

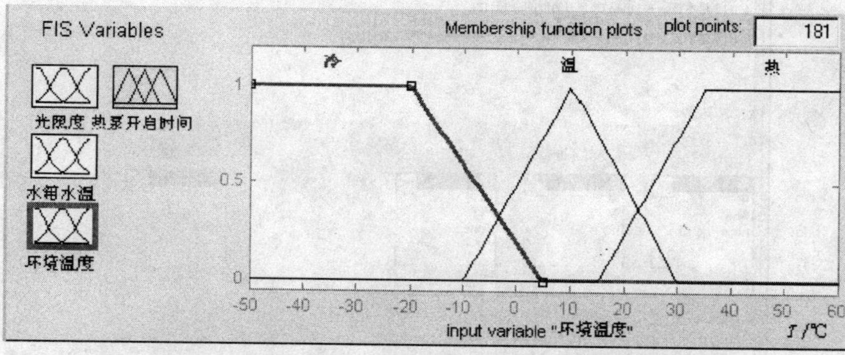

图 6.5　热泵开关模糊系统环境温度隶属度编辑器窗口

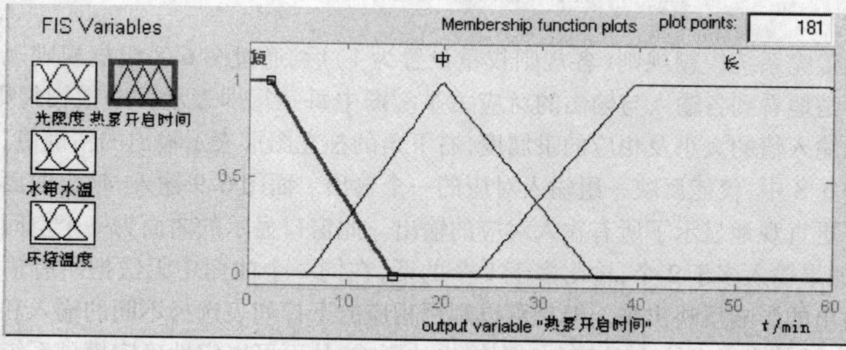

图 6.6　热泵开关模糊系统热泵开启时间隶属度编辑器窗口

前面介绍的 if - then 规则是最基本的模糊系统单元。对于复杂的模糊推理系统，如果满足“输出–输入是解耦的，各输入间、各输出间分别是独立的”，就可用连接词“and”、“or”和“also”连接的一系列简单的模糊规则组成的模糊规则库来表示。其中，“and”和“or”用来连接同一规则的多个输入或多个输出，“also”用来连接多条不同的模糊规则。由于系统是解耦的,所以系统的多个输出之间只有"and"关系,而对于同一规则的多个输入间,则可用"and"和"or"来连接。因为对于同一条规则中用"or"连接的不同输入前提条件也可拆分成多条用"also"连接的规则。例如规则"如果 x 是 A or y 是 B 则 z 是 C"可写成如下两条规则:如果 x 是 A,则 z 是 C;如果 y 是 B,则 z 是 C;MATLAB 6.5 中使用"and"、"or"和"also"三种连接词构造模糊推理系统。根据上述原则,本设计使用的模糊规则见图 6.7 热泵开关模糊系统模糊规则编辑器。

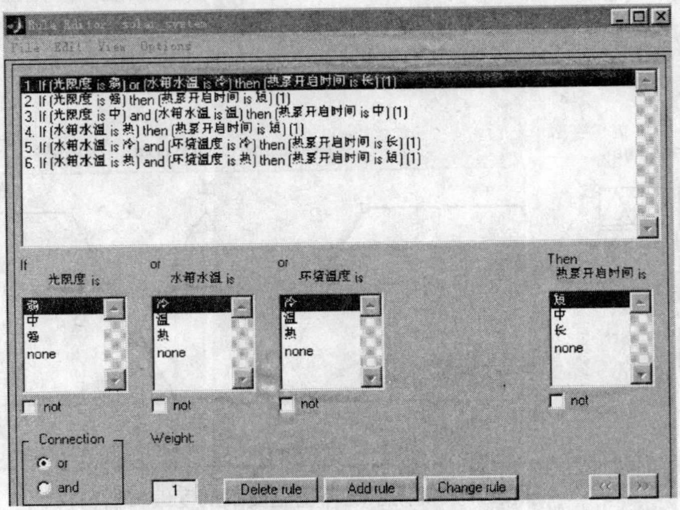

图 6.7　热泵开关模糊系统模糊规则编辑器窗口

设置完系统模糊规则(各规则权重设置为 1)后,通过图 6.8 模糊规则观察器就可清楚地看到各输入与输出的对应关系。图中每一行即表示一个模糊规则,竖线表示输入值的大小及相应的隶属度,右下角的独立图形表示输出的精确值。

图 6.8 中,仅能反映一组输入对应的一个输出。而图 6.9 输入-输出曲面观察器窗口更直观地显示了所有输入对应的输出。此窗口显示的曲面为一个空间坐标曲面,如果输入多于 2 个,输出多于 1 个的话,在同一个曲面中无法把所有输入对所有输出的影响反映出来。但是可以利用相应的下拉列表选择不同的输入和输出量,来查看其中 2 个输入对其中 1 个输出的影响,从而可以定性确定模糊系统的工作效果。这里需要注意热泵控制是个开关量,对于 FIS 输出的控制时间,还需在软件中处理,根据模糊推理和系统实际运行情况设置,如果输出时间 $t<10$ min(该时间在 MATLAB 中模拟后,经现场标定得到),则关闭热泵;反之开启热泵。这将在下面有关模糊逻辑工具箱 C 语言接口中详细介绍。

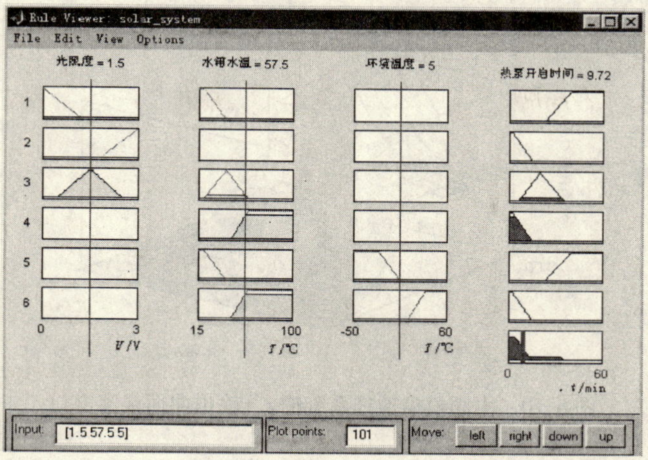

图6.8　热泵开关模糊系统模糊规则观察窗口

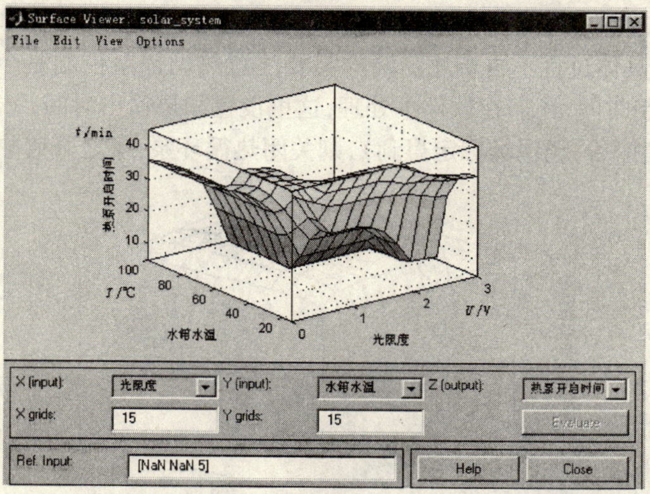

图6.9　热泵开关模糊推理系统输入-输出曲面观察窗口

6.1.6　水阀控制系统的设计

使用上述模糊推理系统的建立步骤和方法，可建立水阀模糊推理系统，如图6.10所示，具体过程不再赘述。同样需要注意水阀控制是个开关量，对于FIS输出的控制时间，还需在软件中处理，这里设置如果输出时间 $t<20$ min（该时间在MATLAB中模拟后，经现场标定得到），则关闭水阀；反之开启水阀。

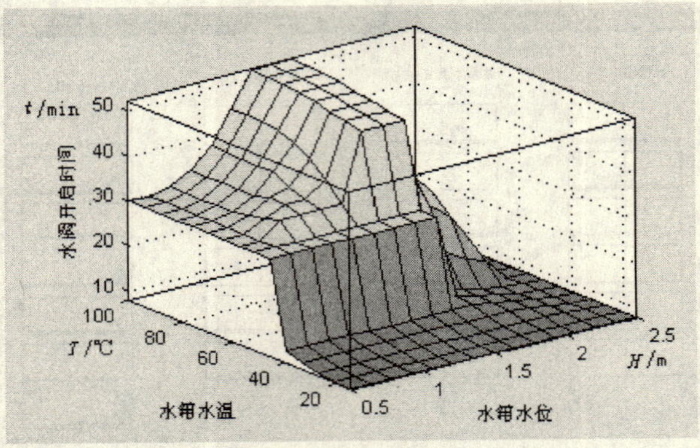

图 6.10 水阀模糊推理系统输入-输出曲面观察窗口

6.1.7 热循环泵控制系统的设计

使用上述模糊推理系统的建立步骤和方法,可建立热循环泵模糊推理系统,如图 6.11 所示,具体过程不再赘述。同样需要注意热循环泵控制是个开关量,对于 FIS 输出的控制时间,还需在软件中处理,这里设置如果输出时间 $t<8$ min(该时间在 MATLAB 模拟后,经现场标定得到),则关闭热循环泵;反之开启热循环泵。

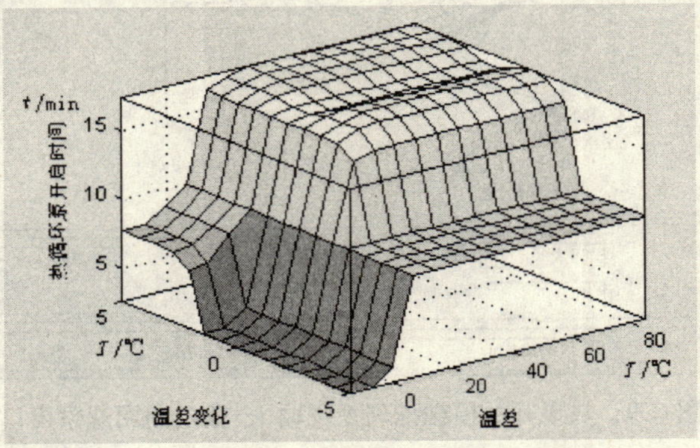

图 6.11 热循环泵模糊推理系统输入-输出曲面观察窗口

6.1.8 MATLAB 模糊逻辑工具箱的 C 语言接口

借助于 MATLAB 模糊逻辑工具箱的强大功能,设计完成模糊推理系统后,如何将 MATLAB 设计的模糊系统用独立于 MATLAB 环境的其它编程语言实现,这一点对于模糊推理系统在实际计算机控制等方面的应用十分重要。基于这样的使用需求,MathWork 公司开发了基于 MATLAB 模糊逻辑工具箱的独立 C 语言接口。

在MATLAB模糊逻辑工具箱目录fuzzy/fuzzy下,有两个文件分别为fismain. c和fis. c,MATLAB模糊逻辑工具箱提供这两个C语言的源文件可以实现在C语言环境下对模糊推理系统的功能调用。通过这两个文件中的函数调用可以读取模糊推理系统的磁盘文件,并读取输入数据文件来执行模糊推理。使用这两个C语言的源文件可以编写独立于MATLAB环境的应用程序实现相应的模糊逻辑推理系统,也可嵌入其它的外部应用中。

现在就具体说明如何用C语言独立处理已经用MATLAB模糊工具箱设计好的模糊推理系统(一般以文本方式存储,后缀为. fis)。对于已经用MATLAB设计好的系统,利用fis. c中的函数,可以方便地完成相关文件的读写以及相关的一些计算。fismain. c是一个已经按照一定要求编写了完整的读写 *. fis文件和输入矩阵后,进行模糊推理运算并将结果存盘的程序,对于一般的演示和计算已经完全适用。fis. c是MATLAB提供的相关读写模糊系统文件及进行模糊推理运算等函数的源代码,可以被其它工程调用。对于实际的运用来说,更重要的是调用fis. c中的函数(各函数的详细介绍请参见相关资料),而fismain. c则是调用fis. c中的函数的一个很好的范例程序。

fismain. c是一个调用fis. c中提供的函数来实现模糊逻辑系统的完整范例,它的使用方法如下。

(1)首先编译生成fismain. exe程序。用系统中的一个可运行的C或C++编译器将fismain. c编译链接成可运行的fismain. exe程序,注意应当将fismain. c与fis. c放在同一目录之下,否则在程序的初始或是编译环境中的目录应当作相应修改。

(2)在MATLAB环境下建立输入数据文件。

```
[x,y] = meshgrid( -3:3, -3:3);
input_data = [x(:),y(:)];
save fis_in input_data - ascii
```

这段程序保存所有的输入数据到一个49×2矩阵的ASCII文件fis_in中,这里矩阵的每行表示一个输入向量。

(3)利用fismain. exe在其它环境下调用模糊推理系统执行模糊推理。借鉴fismain. c的使用方法,这里通过调用fis. c中提供的结构类型和函数,编写出适合本系统的MATLAB热泵开关模糊逻辑推理系统solar_system. fis与C语言的接口程序rbcontrol. c。其程序太长,此处省略。

按照热泵开关模糊控制系统C语言接口函数的编写和调用过程,可以方便地分别编写并编译生成水阀模糊控制系统和热循环泵开关模糊控制系统的C语言接口程序sfcontrol. exe和rxhcontrol. exe,并在C++ Builder 5开发的应用程序里通过对 sfcontrol. exe 和 rxhcontrol. exe 的调用,实现前面开发的基于 MATLAB 模糊逻辑工具箱的 shuifa. fis 和 xunhuanbeng. fis 模糊逻辑推理系统的调用和执行。

6.1.9 系统运行效果分析

系统安装后,运行正常。根据用户单位的记录,对于每天约 25 t 生活用水的需求,太阳能及热泵联合集热系统的节能效果显著。其具体记录如表 6.4 所示。其中,七、八和九月份天气晴好时,热泵基本不需开启;阴雨天气时才会断续开启。

表 6.4 系统单月运行记录

月 份	7 月	8 月	9 月	10 月	11 月	12 月
热泵开启时间(h)	34	26	53	87	143	228
热循环泵开启时间(h)	197	212	165	124	77	41
用户循环泵开启时间(h)	93	93	90	93	90	93
单月耗电量(kW · h)	2 408.5	2 023.5	3 310	4 982.5	7 692	11 952.5

由于在上述考察时间段内主要的耗电设备为热泵、热循环泵和用户循环泵。已知,单台热泵的功率是 10 kW,共 5 台;热循环泵的功率是 1 kW;用户循环泵的功率是 5.5 kW。其相应的单月总耗电量也根据记录列在表 6.4 中。

在安装太阳能及热泵联合集热系统之前,用户单位使用的是燃气锅炉。据统计,月消耗天然气 1 万 m^3 左右,单月费用在 1.6 万元左右。而太阳能及热泵联合集热系统单月费用仅为 0.4 万元左右,其节能效果是显著的。尤其夏季时,其运行成本不到燃气锅炉运行成本的 20%。随着气温的下降运行成本逐渐升高,到 12 月份也仅升至燃气锅炉运行成本的 37% 左右。

6.2 智能理论应用实例 2 基于 BP 神经网络的回转窑温度控制系统设计

石灰是钢铁生产的原料之一,在钢铁生产中主要用于炼钢过程中脱硫和炼铁中的烧结。高活性度的石灰可降低吨钢(铁)石灰单耗,缩短冶炼时间,提高炼钢的收得率,增加经济效益。因此提高石灰的质量对钢铁企业提高生产效率有重要意义。回转窑作为石灰的烧制工具是石灰生产的关键设备,回转窑温度的控制是提高石灰质量的重要环节,也是目前控制中的一个难点。石灰石焙烧过程始终处于高温工况条件之下,物料连续运动,在运动过程中进行热量交换,物料接受高温火焰和高温气体传给的热量,经过一系列复杂的物理和化学反应后,被煅烧成石灰熟料。物料在回转窑中的反应过程滞后、时间常数大、扰动因素多,这是回转窑难以控制的主要原因,特别是直接测出窑内物料的温度难度大,使操作控制难以达到预期目的。因此石灰回转窑的温度控制技术的研究有重要工程实用价值。

影响石灰活性的因素有煅烧温度和煅烧时间。煅烧温度不仅决定石灰石的分解速度,而且也决定了石灰晶体粒度的大小,因此控制煅烧温度范围对石灰生产有着重大意义。在较高温度下,石灰石分解速度快,对提高产量有利,但随着温度的升高氧化钙晶粒长大,比表面积减少,气孔率减少,石灰的活性就降低。随着煅烧时间的延长,石灰晶体粒度变大,使气孔率和比表面积减少,发生过烧;而如果煅烧时间不足,较大块的石灰石分解不完全,出现夹生,两种情况都会影响到石灰活性。因此,石灰煅烧的关键是控制煅烧温度和煅烧时间。

试验证明,石灰石窑内煅烧的最佳温度为 1 100 ~ 1 200 ℃,在此温度保留的最佳时间是 15 分钟。

6.2.1　回转窑温度控制系统的分析

回转窑生产的工艺参数可分为在线工艺参数和离线工艺参数,前者包括煤气流量、一次风流量、二次风流量、预热器温度、压力、进料速度、窑转速等,后者包括物料品种、物料成份、燃烧质量等,这两类参数的综合作用,影响窑温的控制从而影响产品的质量、产量和生产的安全性。因此,实现回转窑温度的控制与自动监测是非常必要的。

回转窑温度是一个大滞后、大惯性、非线性的复杂控制对象,影响它的因数很多,且各个因数之间存在耦合,难以用一个精确的数学模型来描述,给温度控制的实施带来了困难。由于神经网络能够逼近任意复杂的非线性函数关系,具有很强的模式识别和自学习能力,可以实现那些难以用数学模型表示的复杂的映像关系,在解决非线性系统的建模方面具有巨大的潜力。因此,通过对回转窑系统生产工艺的研究,用 BP 神经网络对回转窑温度的控制过程进行建模。

6.2.2　网络结构设计

用神经网络建模是一种归纳思维的过程,它通过数据本身的内在联系建模,用网络自身的权值和阈值表示建模结构参数,建模的过程就是自适应的过程。应用神经网络建模回转窑温度的动态过程,是在深入研究回转窑结构和石灰生产工艺的基础上,分析影响回转窑参数变化的各种因素,以及反映窑内煤气燃烧、碳酸钙分解状况的参数,从而提出系统的检测量与控制量,作为网络的输入量与输出量,寻找两者之间的相互关系。神经网络直接通过学习在各种因素影响下系统的输入、输出数据,按照某种培训算法逐步调整神经元的阈值及神经元之间的连接权重,使得神经网络的输入输出关系满足回转窑温度控制实际问题的需要。

图 6.12 是根据回转窑系统而提出的一般而抽象的计算模型。图中,$y(t)$ 是模

型输出，为建模参数，$x_i(t)(i=1,2,\cdots,n)$是来自回转窑系统的检测参数，为建模的输入，t 为时间因子。

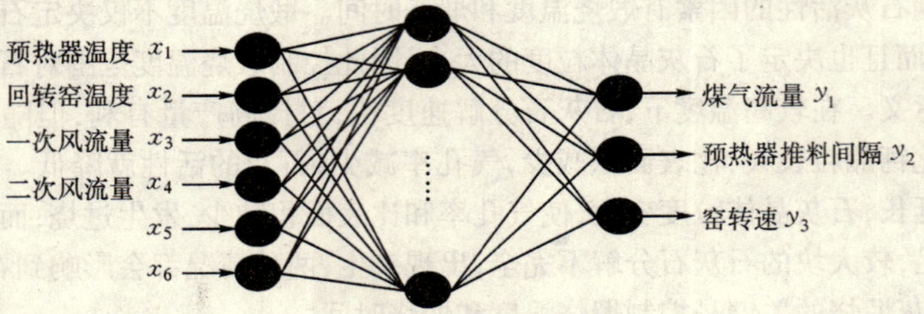

图 6.12 回转窑控制参数模型结构

(1)输入层和输出层的设计

回转窑温度与许多物理量有关，但有些物理量的实测值很难得到，因此这些物理量不易作为输入量。要保证石灰的质量，回转窑煅烧带（指煅烧区域）温度必须保持在 1 100 ~ 1 200 ℃，故得出温度保持在一定范围内时所需要的煤气量、进料速度、窑转速是进一步实现控制的前提。我们把预热器温度 x_1、回转窑煅烧带双色温度 x_2、一次风流量 x_3、二次风流量 x_4、回转窑尾压力 x_5、回转窑头压力 x_6 共 6 个物理参数作为神经网络的输入量，煤气流量 y_1、预热器推料间隔 y_2、窑转速 y_3 作为神经网络的输出量。因此，设定输入层节点数为 6，输出层节点数为 3。

(2) 隐层数和节点数的选择

1989 年，Robert Hecht-Nielsen 证明了对于任何闭区间内的一个连续函数都可以用一个隐层的 BP 网络来逼近。对三层（只包含输入层、隐含层、输出层）BP 神经网络，理论上已证明：当隐含层的神经元传递函数采用 S 形函数，而且隐含层的神经元个数足够多时，通过调整网络的加权系数和阈值，该网络可以逼近任意的非线性函数。故本模型采用单隐层。隐层单元数的选择往往靠经验确定。现应用公式 $m=\sqrt{n+l}+\alpha$，式中 m 为隐层单元数，n 为输入单元数，l 为输出单元数，α 为 1 ~ 10 之间的常数，据此可取 $m=7$。在实际运行网络时未发现某一节点的权值总变化，而且神经网络能很好地满足要求，故最终确定隐层单元数为 7。

(3)传递函数的选择

对非线性问题，输入层和隐层多采用非线性传递函数，输出层采用线性函数，以保持输出的范围，就非线性传递函数而言，若样本的输出均大于零时，多采用 Log-sigmoid 函数，否则采用 Tan-sigmoid 函数，对线性系统而言，各层多采用线性函数。根据本控制系统非线性的特点和样本数据的数值范围，三层神经网络系统，第一、二层传递函数类型为 TANSIG，第三层传递函数类型为 PURELIN。

（4）网络权值初始值选择

由于系统是非线性的，初始值对于能否达到局部最小和能否收敛的关系很大。一个重要的要求是希望初始权值在输入累加时，能使每个神经单元的状态接近于零，这样可保证一开始不落在那些平坦区。权值一般取随机数，而且权值要比较小，这样可保证神经元一开始都在它们的转换函数变化最大的地方进行。

6.2.3 MATLAB 中 BP 神经网络的实现

BP 网络的训练所采用的算法是反向传播法，可以以任意精度逼近任意的连续函数。近年来，在应用 BP 网络解决实际问题的过程中，选择多少层网络、每层多少个神经元节点、选择何种传递函数、何种训练算法等，均无可行的理论指导，只能通过大量的实验计算获得。这无形增加了研究工作量和编程计算工作量。MATLAB 软件提供了一个现成的神经网络工具箱（neural network toolbox，简称 NNbox），为解决这个矛盾提供了便利条件。NNbox 为用户提供了丰富的神经设计与分析函数，使用神经网络工具箱中的 NNTool 对神经网络进行设计和仿真简便易行直观，不需要编程，而且设计和仿真的结果完全能够满足一般工程设计人员的需要，能够取得事半功倍的效果。

（1）训练样本数据的处理

训练样本是从新兴石灰厂 2006 年 4 月 1 日到 4 月 30 日的实际生产记录中，根据要求挑出了控制效果较好的 10 组数据，如表 6.5 所示。

表 6.5　生产数据

样本号	1	2	3	4	5	6	7	8	9	10
X_1(℃)	153	152	151	139	139	157	134	131	124	120
X_2(℃)	1169	1173	1166	1128	1122	1085	1163	1133	1124	1156
X_3(m^3/h)	8426	8459	8486	7782	7703	8497	8679	8232	6405	5225
X_4(m^3/h)	2594	2596	2577	2521	2550	2675	2463	2402	2390	2445
X_5(Pa)	−203	−151	−27	−11	−44	−128	−148	−71	−163	−197
X_6(Pa)	54	22	−22	15	17	16	−16	40	38	9
Y_1(m^3/h)	10112	9894	10782	10018	10425	7172	10543	9256	8712	9968
Y_2(s)	11	11	11	20	13	25	13	15	15	20
Y_3(r/m)	1498	1499	1505	1298	1498	1198	1497	1493	1501	1200

打开 Matlab 应用软件后，双击 Neural Network toolbox 中的“NNtool”图标，或在命令窗口键入“nntool”，即可进入神经网络设计主界面。

在 NNtool 主界面中输入数据：

P = [153 1169 8426 2594 −203 54；152 1173 8459 2596 −151 22；151 1166 8486 2577 −27 −22；139 1128 7782 2521 −11 15；139 1122 7703 2550 −44 17；157 1085 8497 2675 −128 16；134 1163 8679 2463 −148 −16；131 1133 8232 2402 −71 40；124 1124 6405 2390 −163 38；120 1156 5225 2445 −197 9]；

t = [10112 11 1498；9894 11 1499；10782 11 1505；10018 20 1298；10425 13 1498；7172 25 1198；10543 13 1497；9256 15 1493；8712 15 1501；9968 20 1200]；

在 NNtool 主界面中点击“New Data”按钮，在弹出的窗口中输入数据，如图 6.13 所示。

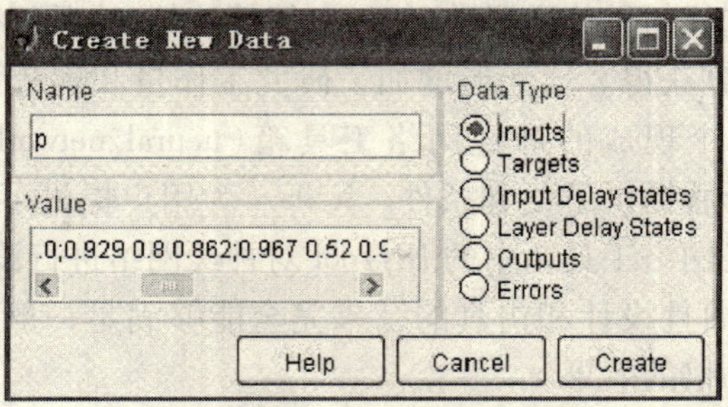

图 6.13　创建新的数据变量界面

（2）神经网络的创建

点击主界面中的“New Network...”，在弹出的对话框中可对网络的名称、类型、结构和训练函数等进行设置。根据本控制系统非线性的特点和样本数据的数值范围，建立三层神经网络，第一、二层传递函数类型为 TANSIG，第三层传递函数类型为 PURELIN，采用动量梯度下降反向传播算法对网络进行训练。神经网络创建界面和该网络的对象结构分别如图 6.14、图 6.15 所示。

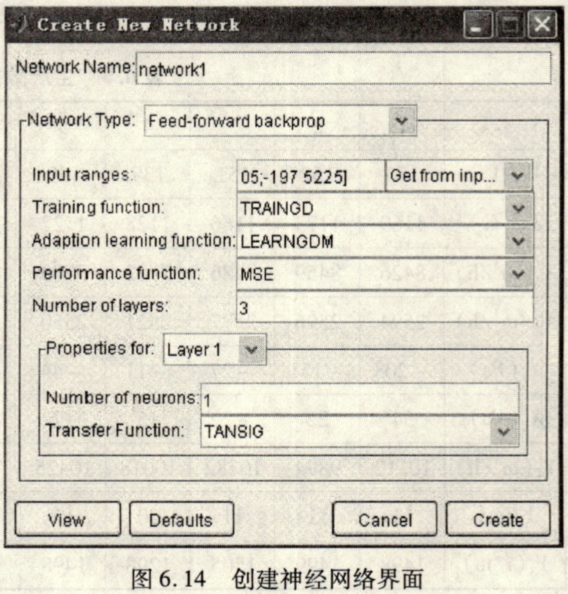

图 6.14　创建神经网络界面

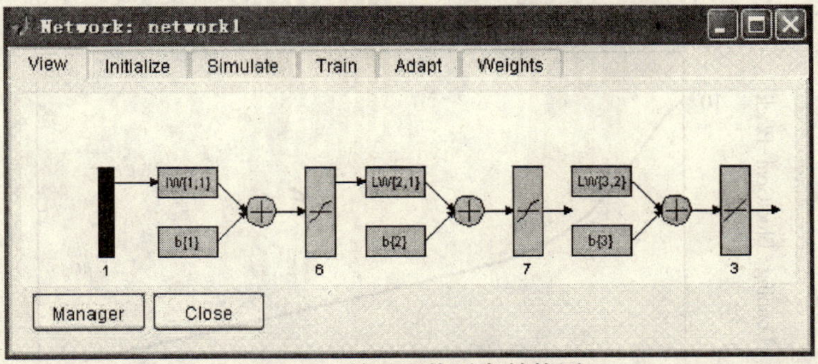

图 6.15　神经网络对象结构图

(3)神经网络的训练

神经网络创建完成后,点击主界面或神经网络结构图中的 Train 选项,即可进入训练页面,设置好训练信息 Training Info 和训练参数 Training Parameters 后,点击 Train Network 开始对网络的训练。如图 6.16、图 6.17 所示。

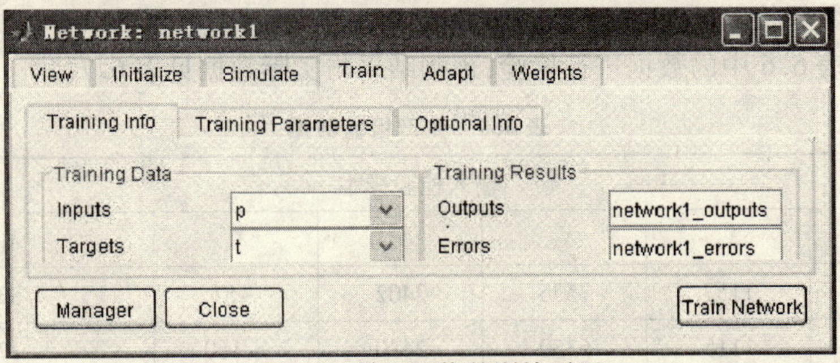

图 6.16　神经网络的训练页面

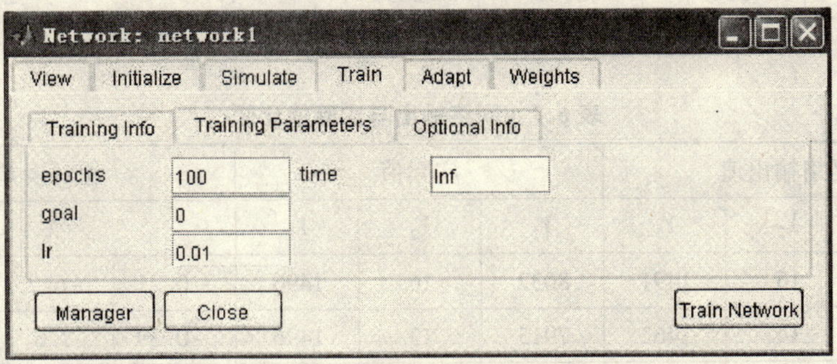

图 6.17　训练参数设置页面

(4) 训练结果

采用上述的 BP 网络学习算法,用表 6.5 的数据对网络进行训练,经过 165 步的学习,使误差平方和达到 0.000 001。如图 6.18 所示。

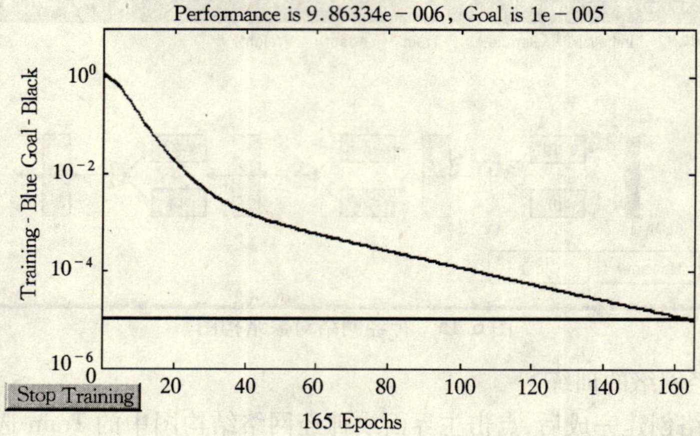

图 6.18　BP 网络学习训练结果

(5) 数据检验

选用表 6.6 中的数据进行检验,预测结果与实际数据见表 6.7。

表 6.6　生产检验数据

输入检验样本					
X_1	X_2	X_3	X_4	X_5	X_6
143	1157	7535	2402	－81	33
131	1115	6350	2480	－160	17
151	1143	8501	2457	－177	5

表 6.7　网络输出与实际值比较

网络输出值			实际值			相对误差		
Y_1	Y_2	Y_3	Y_1	Y_2	Y_3	%		
8015	15	1491	8032	16	1496	－0.21	－6.25	－0.33
7884	14	1462	7915	13	1496	－0.39	7.6	－2.27
7614	14	1478	7591	15	1493	3.02	6.6	－1.0

从表 6.7 中可知,预测值可以作为系统的决策依据,网络训练是成功的,也说明了该网络学习算法的有效性。

6.3　智能仪器设计开发流程

仪器设计开发流程通常如下所述。

(1)仪器功能要求的确定与仪器设计开发立项　首先,任何一种产品都是由某种社会需求提出的,要求产品具有一定的功能,仪器也不例外。要设计一种仪器,首先要有这种社会需求,或者能预测到有潜在的社会需求,而且这些需求是正当合法的、对社会和人民是有益的。例如铁轨的参数是否合乎要求对安全行车具有重要意义,为了保证铁路列车的安全行驶,在铁路建筑时要对铁轨的轨距、两条轨道的高差、轨道的水平度、两轨的平行度等按照规定进行铺设和调校,在铁路投入运行后,由于列车的碾压、地基的变化等也会造成铁轨变形以至于影响行车安全。因此在铁路建筑和日常维护中都有一项重要的工作,就是对铁轨的各项参数诸如轨距、水平度、平行度、三角坑等进行检测,从而判别铁路的病害程度,以便及时维修调校。这就需要一种仪器能够方便快速地进行检测,不仅能显示、记录、打印检测结果;还能将现场检测获得的大量数据通过计算机通信传输给 PC 计算机,进一步分析处理数据且将结果存入 PC 机中的海量数据库。根据以上功能要求,才能有的放矢,设计仪器,仪器设计开发流程通常如图 6.19 所示。

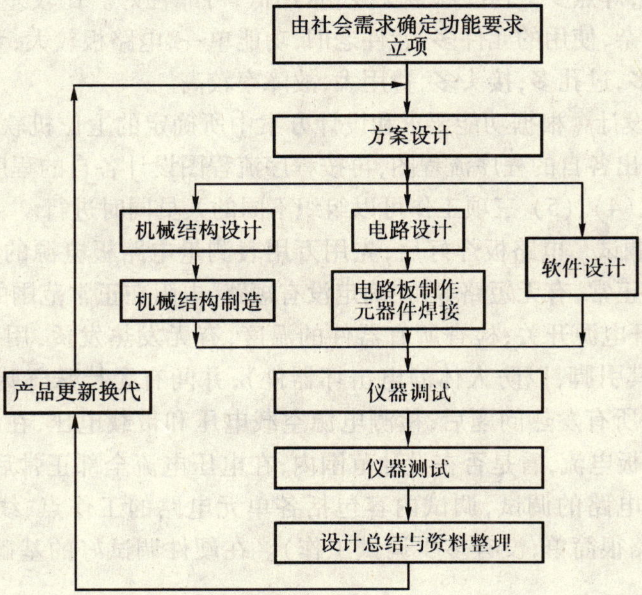

图 6.19　仪器设计流程图

(2)方案设计　根据功能要求,对仪器进行方案设计,要比现有的同类仪器性价比更好,这就需要进行多种方案的设计与比较,确定最佳方案。方案设计主要包括宏观的机械结构、宏观的电路结构、上位机和下位机选型、电源选型、通信方式选择(或现场总线选择)、上位机系统软件和工作软件及下位机系统软件和工作软件的选择等全局性总体性工作内容的确定。

(3)机械结构设计　机械结构设计是仪器设计的重要工作,涉及到外观造型、操作机构、内部器件的安装固定等,要求造型美观,操作简便,内部器件的安装固定简便牢靠,维修时拆卸方便。由于机械结构件的制作周期较长,因此机械结构设计工作在方案确定后就应开始进行。

(4)电路设计　根据功能要求和设计方案画出如绪论中图0.2所示的电路结构框图,再对框图中的每一部分选用什么元件进行设计选型,然后使用专用的电路设计软件画出电路原理图,然后画出印刷电路板图(PCB图),并交至印刷电路板厂去加工,然后根据电路图的材料清单去购买元器件,等电路板回来后就可以焊接元件、接线等。

在电路设计中,对实现同样功能的仪器可以按不同的电路去设计,在实现同样功能的条件下,水平越高的设计,其电路越简单;电路设计越复杂的,其水平越差。比较优秀的设计是使用元件少,元件新颖,功能较多,电路板较小,元件布局合理,走线合理规范,焊点少,过孔少,接头少,费用低,可靠性好。比较差的设计是电路设计的非常复杂,使用的元件多,元件老旧,功能单一,电路板较大,元件布局乱,走线差乱,焊点多,过孔多,接头多,费用大,故障率较高。

(5)软件设计　根据功能要求和设计方案中所确定的上位机软件功能和下位机软件功能画出各自的程序流程图,再按程序流程图设计各自的程序。

以上(3)、(4)、(5) 三项工作可以组织不同的人员同时进行。

(6)仪器调试　电路板焊好后,先用万用表测量电路板电源的正负极对其地线的电阻是否正常,有无短路等;在确定没有短路、电阻在正常范围的情况下,进行电源加载,打开电源开关;检查所有器件的温度,有无发热发烫,用手触摸其表面(不可碰触到其引脚,以防人体静电击坏器件),并闻有无特殊气味(例如焦糊味等);在排除了所有发热问题后,检测电源空载电压和带载电压,在电压全部正常时再测量电路板电流,看是否在设计范围内;在电压电流全部正常后,就可以进行硬件每一单元电路的调试,调试内容包括各单元电路的工作点、线性度、增益等(有些单元电路很简单,没有多少调试工作)。在硬件调试好的基础上,加载软件进行调试。

(7)功能测试　此项工作包括仪器的各项功能测试、高低温试验、振动试验,有些水下工作的仪器还必须作高压水防水试验和防潮试验。

(8)设计总结与资料整理　要将全部设计资料,包括设计方案、机械设计的全部图纸、电路设计的全部图纸、上位机下位机的全部软件、仪器测试的全部测试数据资料整理归档,以便在产品后续开发、升级换代的设计中参考。

下面我们以铁轨检测仪设计为例介绍智能仪器设计的全过程。为了叙述清晰,我们从具体设计开始,对每一项设计将另列一节进行介绍。

6.4　智能仪器设计实例　铁轨参数检测仪设计

铁轨参数是铁道部门对铁轨建造、维护、检修的依据,特别是在日常的维护中其参数起着非常重要的作用。目前对于其参数的获取有两种方式,一种是专用检测列车,因为其价格昂贵(每台车500万元),目前应用很少,而且在铁路铺设现场和维修现场无法使用。而这种现场检测需求遍布于全国所有铁路局的所有工务段的维修检测现场,因此研制一种简便的检测仪器势在必行。本例就是笔者应铁路部门的要求,设计开发便携式铁轨参数检测仪。

6.4.1　铁轨参数检测仪功能要求与方案设计

1. 铁轨参数检测仪的主要功能要求

(1)实现手持式或便携式符合国家铁轨建造标准的检测与数值分析系统。主要是利用单片机对铁轨参数值进行采集(信号处理部分、调零、放大倍数的计算与调整、A/D 转换、数字滤波)、分析(对比、历史对照、延伸至数值的图形化)、保存和打印,并可上传 PC·机。

(2)实现数值的图形化。利用上位机对来自下位机的数据进行处理,以图形的方式进行显示,供用户直观地观察、对比数据,了解铁轨技术状况,方便地得到故障点。同时在 PC 机上建立数据库,对所有的数据进行归类存放,方便用户查询、打印等。

(3)实现 USB 通信。上、下位机的通信采用现在手持式或便携式仪器常用的 USB 通信方式。完成内容包括下位机的固化程序和上位机的驱动程序、操作应用软件。

(4)便携式仪器电源的研究设计工作。主要研究对仪器电池的充放电管理、电压电流的监测,以保证为系统提供充足的电能,实现对电池进行最安全、合理、低耗的智能化使用管理,发挥电池最大的使用效能。

2. 铁轨参数检测仪方案设计

根据功能要求确定的最终方案如下,其方案框图见图 6.20。图中各信号流向如下:三路传感器转换出的电信号经过信号处理电路后,进入 C8051F 单片机内进行 A/D 转换。转换完毕后由 CPU 采集、处理,完毕后将数据存入非易失存储器。

同时，由液晶显示器显示当前数据，供操作者查看，并且对当前数据进行判断，如果数据超出正常值，则 CPU 输出报警信号，由报警电路报警。键盘主要用于操作者进行如下各项操作：参数设定、信号采集、数据查询等。下位机与上位机通信采用当前流行的 USB 通信方式，大量的数据上传至 PC 机后由 PC 机进行数据分析，包括采用多种方式的查询、直观的图形对比显示方式，并整理成不同的报表，供操作者打印、分析、判断轨道的运行状态。

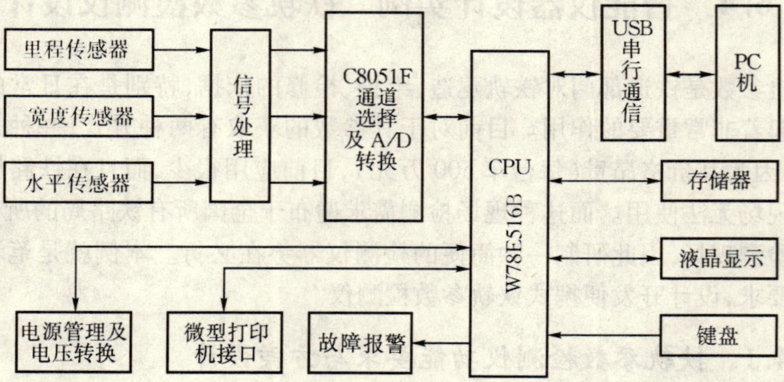

图 6.20 铁轨参数检测系统方案框图

6.4.2 铁轨参数检测仪机械结构设计与电路设计

1. 铁轨参数检测仪机械结构设计

下面给出已经完成的铁轨参数检测仪的外观图，见图 6.21。

图 6.21 铁轨参数检测仪

从上图可以看出，该仪器要放在铁轨上，由人手推行前进，在有火车时，必须能方便的移开，搬移都是人工扛持，因此仪器必须轻巧灵活，能够折叠，便于携带，必须限制总重量。仪器的核心是测量盒，就放置在仪器的上部，内置电路板、蓄电池，表面上有开关、液晶显示器、键盘、通信接口、微型打印机接口等。由于是靠振动信号来检测轨道的不平度，因此仪器的轮子不能做成防震的，必须让它随着路轨振动，但是测量盒是电路单元，要减少振动，因此测量盒安装要有防震结构。由于是在野外作业，阳光照射，液晶就不能选彩色或蓝背光的液晶，否则就看不清字符和数字，只能选用绿背光单色液晶。

由于本书侧重于仪器的电路设计，因此机械结构设计从略。

2. 铁轨参数检测仪电路设计

在硬件电路设计中，通常要先确定仪器所测量的物理量的参数，再根据设计方案选择确定各部分电路的部件和元件型号，画出电路原理图、印制板图，作出电路板，焊好元件，做好连线。

1）铁轨参数检测仪硬件电路设计技术参数指标要求

（1）里程

测量精度：1 m/km，　　测量范围：0 ~9 999.999 km。

（2）水平

测量精度：0.1 mm，　　测量范围：±150.0 mm。

（3）轨距

测量精度：0.1 mm，　　测量范围：1 450 ±10 mm。

（4）供电电压

锂离子电池组 3 ×3.6 V/5 AH。

（5）正常行进检测步长

每推进 6 m，测量一次轨道的水平值和宽度值。也可以随时按下检测按钮进行检测。

根据以上参数，下面讨论如何设计制作符合要求的硬件电路。为了更好地讨论硬件电路设计制作，把硬件分为数据采集及外围电路和电源管理两部分来讨论。

2）数据采集及外围电路实现

数据采集电路包括传感器、信号放大调理、A/D 转换、单片机等电路。下面就对这些电路进行讨论，并设计出可行的应用电路。

（1）传感器的选择

本系统主要采集量是：里程值、轨道水平值、轨道宽度值。因此，系统必须采用三个不同的传感器来进行非电量到电量的转换。

①里程传感器的选择。根据实际操作使用要求，本测量系统在轨道上行进的

速度不会超过 10 km/h，相对来讲速度较低。所以选用霍尔传感器，同时在滚轮上装磁性元件，滚轮滚动一周，霍尔传感器触发一次。由于要求的测量过程为每 6 m 自动测量一次，所以首先要确定好滚轮的直径。这里因为机械装置不是设计的重点，直接给出滚轮的直径 $D = 70$ mm

由此可以计算出其周长

$$L = D \times 3.14 \tag{6.8}$$

$$= 70 \times 3.14 = 219.8 \text{ mm}$$

所以要测量 6 m 所需要的触发次数为

$$n = 6\,000/219.8 = 27.29 \text{ 次} \tag{6.9}$$

这里取整数次为 27，因此存在的误差为

$$6\,000 - 27 \times 219.8 = 65.4 \text{ mm} \tag{6.10}$$

这就说明每测量一次就存在 65.4 mm 的里程误差。根据需要，这一误差必须尽量减小，但液晶显示仍以 6 m 为单位递增或递减。因此，必须在软件上采取相应措施，减小由触发次数只能为整数而带来的误差。

触发次数由单片机累计，然后用累计次数乘以滚轮周长即可得到所测路段的里程数。霍尔传感器的具体型号为东崎电气公司的 KF005。

其电气参数为：输入电压：10 ~ 30 V(DC)；输出电压：0 ~ 5 V(DC)。

②水平传感器的选择。水平传感器主要用于测量两轨顶平面与水平面的夹角。根据技术参数要求，选择北京通磁伟业传感技术有限公司生产的倾角传感器。有两种可供选择：WQ36 - 10S 和 WQ36 - 45，前一种用于小角度测量，后一种用于大角度测量。两个型号传感器的技术参数分别如下。

WQ36 - 10S　　线性量程：±10°，输出信号变化率：>85 mV/1°(5 V)

　　　　　　　分辨率：±0.001°

WQ36 - 45　　线性量程：±45°，输出信号变化率：>50 mV/1°(5 V)

　　　　　　　分辨率：±0.002°

根据现场使用要求，两侧轨道在转弯处水平高度差最大可达 150 mm，则可以得到角度测量范围为

$$\beta = \arctan \frac{h_1 - h_2}{1\,450} \tag{6.11}$$

式中，$h_1 - h_2 = 150$，则可以得到

$$\beta \approx 5.9° \tag{6.12}$$

所以设计测量的范围为 ±6°。设计时初步选择了 WQ36 - 10S，但当进行传感器性能测试试验时，WQ36 - 10S 重复性很差，达不到使用要求，而适当选取 WQ36 - 45的测量区间时，其技术性能满足要求，只是当在 ±6°范围内变化时，电压

变化仅为

$$(50\ \text{mV}/1°)\times 12° = 600\ \text{mV} \tag{6.13}$$

而设计的显示范围为±150.0 mm，显示精度为0.1 mm，所以0.1 mm对应的传感器电压变化量为

$$U_{0.1\ \text{mm}} = 600\ \text{mV}/3\ 000 = 0.2\ \text{mV} \tag{6.14}$$

上式说明当传感器电压每变化0.2 mV时，将会引起系统输出量变化0.1 mm（1个显示单位）。很显然，设计的信号处理电路其灵敏度很高才能达到设计要求。这就说明在设计信号处理电路时，减小外部干扰，提高电路的稳定性将是考虑的重点。

本设计中选用传感器型号为WQ36－45，该倾角传感器利用重力摆结构，可无触点的测量倾斜角度。具有体积小、灵敏度高、寿命长、耐环境污染、抗振动等特点。特别适合于运动频繁的场合，可耐水、油和各种恶劣环境，应用于水平姿态角度的测控、平面定位等需要。

③宽度传感器的选择。宽度传感器主要检测两轨道之间的距离，这里用直线位移传感器来检测这一参数。为了尽量减少数据处理的复杂性，对轨距的计算与显示作如下处理：把铁轨的修建标准宽度（1 450 mm）作为一个基准，利用这一个基准标定显示值为0，则在采集测量过程中，大于这一基准为正值，小于这一基准为负值。这样，测量显示的数据范围为±10.0 mm。选择直线位移传感器型号为HKWDC－100。

其参数如下：线性量程为0～80 mm；精度为0.05%～0.5%；输出为0～8 V；激励电压为9 V(DC)；输出电压变化率为100 mV/mm。

则宽度信号处理系统的输入与输出的关系为：当宽度传感器输入电压每变化10 mV，采集数据最终值将会变化1个显示单位(0.1 mm)。很明显，由于传感器的输出电压变化率大(10 mV/显示单位)，这将使信号处理电路设计起来非常容易，不需要很高的灵敏度就可以达到设计要求。

（2）信号放大器的选择与外围电路设计

放大器是任何一台现代测量仪器不可缺少的基本电路。越灵敏的仪器越是需要高增益、高性能的放大器。根据本检测系统研究开发指标，这里选择常用的运算放大器LM224。LM224为内部集成四运算放大器，14引脚DIP封装，其引脚功能见图6.22。技术参数如下。

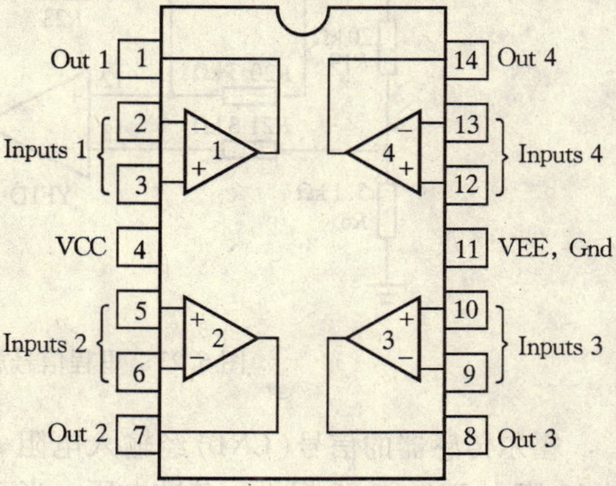

图6.22　LM224引脚功能图

工作电压(VCC):±1.5 ~ ±16 V 或 3 ~ 32 V

工作温度(t):−25 ~ +85 ℃

输入失调电压(V_{IOS}):±2 mV

输入失调电流(I_{IOS}):3.0 nA

输入偏置电流(I_{IB}):45 nA

差模电压增益(A_{VD}):100 dB

共模抑制比(K_{CMR}):70 ~ 80 dB

差模输入电阻(R_{ID}):2 MΩ

电源电流(I_S):0.7 mA

差模输入电压范围(V_{IDM}):±32 V

共模输入电压范围(V_{ICM}):±15 V

根据以上参数,可以看出 LM224 完全满足设计要求,因此初步选定 LM224。这里有三路信号要分别进行处理放大,所以从电路也可以看出,选择内部集成四个运算放大器的集成运放,可以进一步简化电路。

下面直接给出在讨论中设计的三路放大电路,并在此对其原理进行分析。

①里程信号放大处理电路。图 6.23 是选用 LM224 设计的里程传感器信号处理电路。对脉冲个数的计数由 CT0 送给单片机 8051 的计数器 T0 去计数。很明显,本电路利用运算放大器的正反馈,形成了典型的施密特电压比较器,加快了对开关量采集的速度。

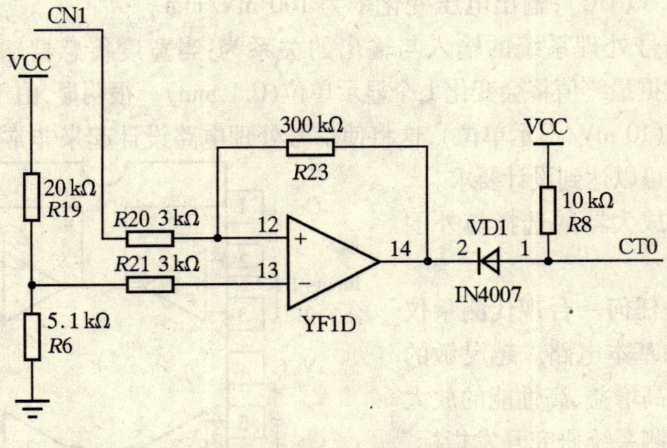

图 6.23 里程信号放大处理电路

霍尔传感器的信号(CN1)经输入电阻 $R20$ 接入 LM224 的第 12 引脚,LM224 的 13 脚由 $R19$ 和 $R6$ 提供一基准电压。当 CN1 电压在上升过程中,一旦电压大于这一基准电压,则运放的输出端第 14 脚电压立即上升,这一电压经反馈电阻加入到运放的同相输入端第12引脚，加快了同相输入端的电压上升速度，这又引起了运放输出端的电压上升，直到14引脚电压达到运放的最大输出。可以看到电路中接入了一个隔离二极管，则当14引脚为高电平时，CT0（与CPU中断引脚相连）与之隔离，其电平由*R*8上拉，CT0为高电平；而当CN1电压下降时，其工作过程与之相反，当CN1下降到施密特电压下限以下，运放输出电压下降为0 V，CT0电压被运算放大器14引脚通过二极管VD1下拉到0.7 V左右（为低电平）（LM224采用单12 V供电时）。可以计算出

$$U13 = 12 \times R6 \div (R6 + R19) = 12 \times 5.1 \div 25.1 = 2.43\ \text{V} \tag{6.15}$$

且VCC=5 V，则当LM224第14引脚为高电平时，$V_{CT0}=5$ V，为高电平。当其为低电平时，$V_{CT0}=0.7$ V，为低电平，所以当CN1信号在2.43 V以下变动时，LM224的第14引脚为0 V；只有当CN1电压高于2.43 V时，LM224的第14引脚电压才上升为高电平。

②水平信号放大处理电路。图6.24为水平信号放大处理电路原理图。由于水平传感器（倾角传感器）输出信号变化率小，为50 mV/1°，因此电路的放大倍数可计算得到

$$\beta = 12\ \text{V}/(0.05\ \text{V}/1° \times 12°) = 20 \tag{6.16}$$

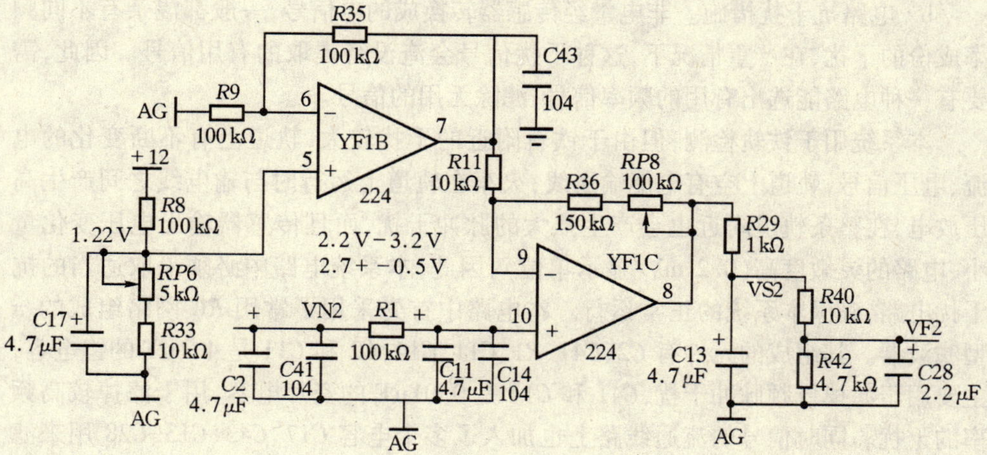

图6.24　水平信号放大处理电路

a.放大电路原理。从图6.24可以看出放大器YF1B和其外围电路组成了一个放大倍数为2的放大电路，其主要作用是为主放大器YT1C的负输入端提供一稳定的基准电压值，其电压值大小由电阻*R*8、*RP*6、*R*33和*C*17组成的分压电路决定，其电压范围为

$$U_{\min} = 12 \times (R33 + 0/R8 + R33) = 12 \times (10/110) = 1.09 \tag{6.17}$$

$$U_{max} = 12 \times ((R33 + RP6)/(R33 + RP6 + R8)) = 12 \times (15/115) = 1.56 \quad (6.18)$$

其具体的电压值可通过调整 $RP6$ 得到。其输出电压为 VF2。

设计这一可调整的基准电压，其主要原因是由于选用的传感器，当角度从 $-45° \sim +45°$变化时，输出电压为 1.7 ~ 3.5 V，且对放大器的供电采用的是单电源供电，所以必须为放大器提供一基准电压（要测量负的最大角度时，传感器输出的电压值）。这样，当传感器角度为要测量的负的最大值时，放大器输出为 0，再经过其它的处理，可以得到相应的角度值。

图中 $R11$、$R36$、$RP8$ 决定了主放大器的放大倍数，由其阻值可以算出放大倍数为

$$\beta = 1 + ((R36 + RP8)/R11) \quad (6.19)$$

即

$$\beta_{max} = 1 + ((150 + 100)/10) = 26 \quad (6.20)$$

$$\beta_{min} = 1 + ((150 + 0)/10) = 16 \quad (6.21)$$

所以，放大倍数由 $RP8$ 在调试过程中调整决定，其大小在 16 到 26 之间。

由于处理后的信号要进行 A/D 模数转换，且 A/D 允许的输入电压为 0 ~ 3.3 V，所以为了电路的配合，由电阻 $R29$、$R40$、$R42$ 和电容 $C28$ 组成了分压电路，当放大器输出电压在 0 ~ 12 V 变化时，VF2 电压在 0 ~ 3.3 V 之间变化。

b. 电路抗干扰措施。非电量经传感器转换成的电信号，一般都混杂有不同频率成份的干扰，在严重情况下，这种干扰信号会淹没待提取的有用信号。因此，需要有一种电路能选出有用的频率信号，滤除无用的信号。

本系统用于铁轨检测，但由于铁轨附近的干扰较大，轨道上有不断变化的电流、电压信号，轨道上空有电能输送线，火车在轨道上运行时与输电线之间产生高压放电，在整条轨道附近也会产生强大的脉冲干扰，而且传感器输出电压变化量小，电路的灵敏度高（0.2 mV/显示单位），因此，本系统电路中必须采取适当的抗干扰电路，确保本系统的正常运行。本电路中首先采用了常用 RC 网络组成的 π 型滤波器。其组成的元件有 $C2$、$C41$、$R1$、$C11$、$C14$，$C2$ 和 $C11$ 是 4.7μF 的钽电容，主要用于滤掉低频脉冲干扰，$C41$ 和 $C14$ 是 0.01μF 的瓷片电容，用于滤掉较高频率的干扰。同时信号的流通线路上也加入了多个电容 $C17$、$C43$、$C13$、$C28$ 用来滤除干扰。

再次，为了防止干扰信号从传输线上串入，对倾角传感器的信号输出端至信号采集电路板之间选用了专用的屏蔽线，并把屏蔽层接机壳，让外界干扰的信号直接流入大地，能显著地减小干扰。同时，还对电路板信号放大调理模块进行电磁屏蔽，再次阻止空间电磁波干扰信号串入被测信号中。

③宽度信号处理电路。图 6.25 为铁轨宽度信号处理放大电路原理图。其原理与水平信号放大电路相同，只是由于宽度信号每显示单位输入电压高（10 mV/

显示单位)，所以其自身的抗干扰能力强，设计的电路也相对简单。图中 *R*26、*R*P4、*R*3 组成分压电路，为运算放大器 YF1A 负输入端提供一基准电压。电路可调整的放大倍数为

$$\beta_{min} = 1 + ((RP5 + R27)/R4) = 1 + ((0 + 50)/20) = 3.5 \quad (6.22)$$

$$\beta_{max} = 1 + ((RP5 + R27)/R4) = 1 + ((100 + 50)/20) = 8.5 \quad (6.23)$$

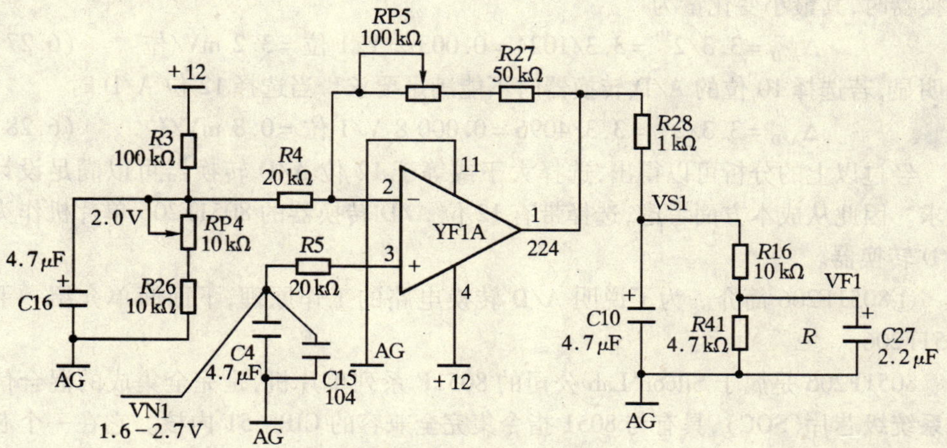

图 6.25 宽度信号放大处理电路

放大后的电压再次经由 *R*28、*R*16、*R*41 组成的分压电路，分压后所得的 VF1 送入 A/D 转换电路进行转换。电路中 *C*4、*C*15、*C*16、*C*10、*C*27 的作用也是对信号进行滤波处理，进一步滤除干扰信号，提高信噪比。

(3) A/D 转换器的选择及电路设计

由于本测量系统在轨道上行进的最大速度为 10 km/h，且测量速度为6 m/次。所以可以得到测量时间间隔最长为

$$t = (6/10\,000) \times 3\,600 = 2.16 \text{ s/次} \quad (6.24)$$

这一参数说明本测量系统对 A/D 转换器的速度要求不高，因此选择 A/D 转换器件时可以不考虑其转换速度，主要是考虑 A/D 的转换精度及其分辨率。

分辨率是 A/D 转换器对微小输入量变化敏感程度，即二进制数的末位变化 1 所需的最小输入电压对满量程值之比称为分辨率。分辨率越高，转换时对输入量微小变化的反应越灵敏。通常用数字量的位数表示，如 8 位、10 位、12 位，它们可分别对满刻度量程值的 $1/2^n$ 即 1/256、1/1024、1/4096 作出反应。对于 *n* 位的A/D 转换器，其分辨率 $=1/2^n$ 满刻度值，实际上就是等于 1 LSB。

在前几节的分析中，已经给出了实际测量对本系统的要求，在三路信号中，水平信号和宽信号要经过 A/D 转换，且水平信号满量程为 ±150 mm，精度为

0.1 mm，对应的满量程电压为3.3 V；宽度信号满量程为±10 mm，精度为0.1 mm，对应的满量程电压为3.3 V。因此，可以看出，两路信号A/D输入端最小变化量分别为

$$\Delta_{水} = 3.3/3\,000 = 0.001\,1\ \text{V} = 1.1\ \text{mV} \tag{6.25}$$

$$\Delta_{宽} = 3.3/200 = 0.016\,5\ \text{V} = 16.5\ \text{mV} \tag{6.26}$$

所以选择A/D转换器的最小分辨率应该小于1.1 mV/位。而当选择10位的A/D转换器时，其最小变化量为

$$\Delta_{A/D} = 3.3/2^{10} = 3.3/1024 = 0.003\,2\ \text{V}/1\ 位 = 3.2\ \text{mV}/位 \tag{6.27}$$

很明显，若选择10位的A/D转换器时不能满足要求。当选择12位A/D时

$$\Delta_{A/D} = 3.3/2^{12} = 3.3/4096 = 0.000\,8\ \text{V}/1\ 位 = 0.8\ \text{mV}/位 \tag{6.28}$$

经过以上的分析可以得出，选择大于或等于12位A/D转换器可以满足设计要求。因此从成本方面考虑，选择带有12位A/D转换器的8051F206单片机作为A/D转换器。

①8051F206简介。为了说明A/D转换电路的工作原理，下面简单介绍一下8051F206。

8051F206是属于Silcon Lab公司的8051F系列单片机，是完全集成的混合信号系统级芯片（SOC），具有与8051指令集完全兼容的CIP-51内核。它在一个芯片内集成了构成一个单片机数据采集或控制系统所需要的几乎所有模拟和数字外设及其它功能部件。这些外设或功能部件包括ADC、可编程增益放大器、DAC、电压比较器、电压基准、温度传感器、SMBus/I^2C、UART、SPI、定时器、可编程计数器/定时器阵列（PCA）、内部振荡器、看门狗定时器及电源监视器等。这些外设部件的高度集成为设计小体积、低功耗、高可靠性、高性能的单片机应用系统提供了方便，也可使系统的整体成本大大降低。

②本设计开发中A/D转换电路原理。本研究中采用8051F206单片机来完成A/D转换，主要是因为其使用简单、方便，而且价格低（2008年10月西安的市场价为￥16元/片），而且其电气性能完全满足技术要求，系工业级芯片。

a. A/D转换电路工作原理。采用8051F206单片机完成A/D转换的器件引脚连线图见图6.26。

本检测系统在轨道上行进过程中，滚轮每滚动一圈，里程传感器发一个计数脉冲，由主单片机（W78E516B）计数，当计数到27个时，计算出里程值，并将计数器清零。同时，向A/D转换单片机（8051F206）发出宽度检测和水平度检测信号，之后等待其检测完毕，并采回检测转换的数据。这一过程总共需要时间约25 μs，而由检测系统的行进速度约为10 km/h，可以算出25 μs可行进距离为

$$L = SV = 25 \times ((10 \times 10^9)/(3\,600 \times 10^6)) = 69.44\ \mu\text{m} \tag{6.29}$$

由于轨道是由刚性材料制造而成，其铁轨的参数发生变化只是一个渐变过程，

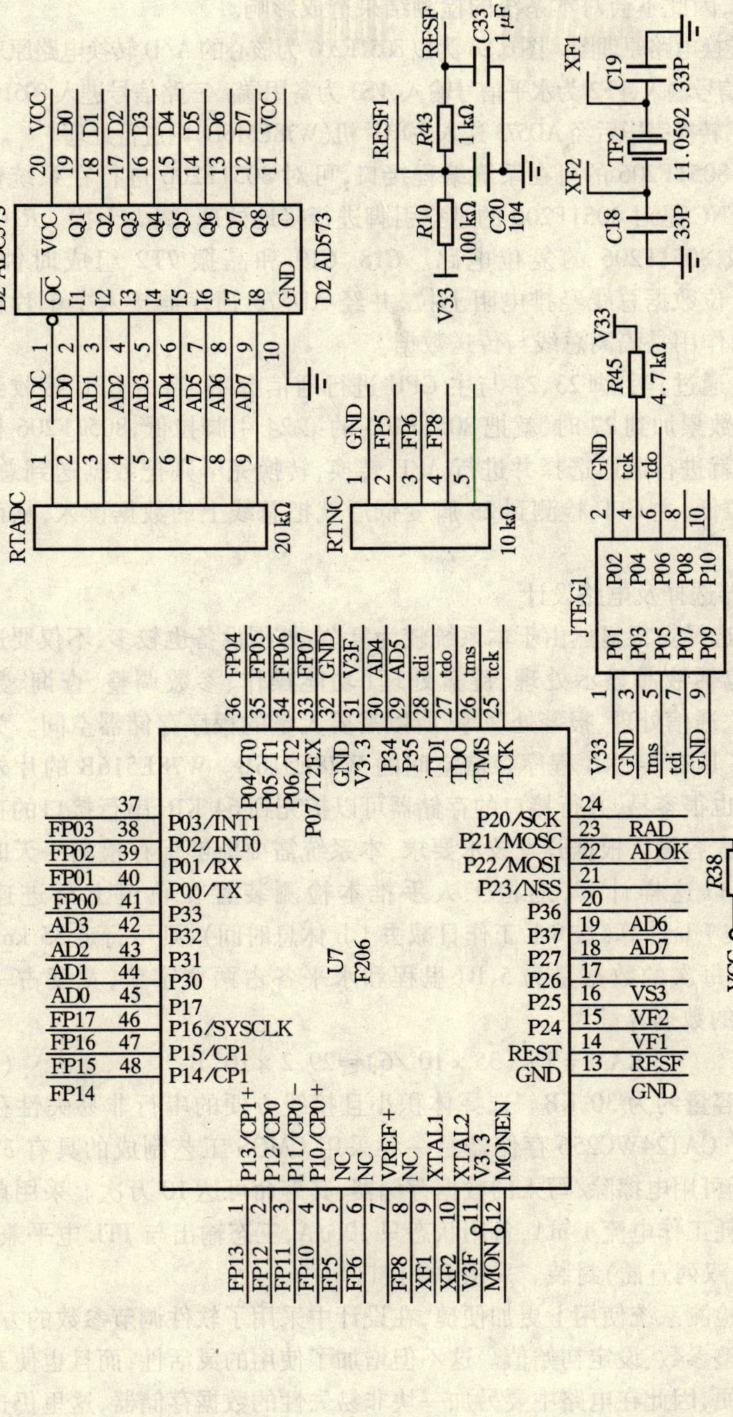

图6.26 A/D转换电路引脚接线图

不会产生突变,因此不会对本系统的检测结果造成影响。

b. A/D 转换电路原理图。图 6.26 为以 8051F206 为核心的 A/D 转换电路原理图,图中 *VF*1 为宽度信号输入,*VF*2 为水平信号输入,*VS*3 为备用端。三路信号进入 8051F206 内进行 A/D 转换,转换完毕后经 AD573 送入主单片机(W78E516B)内进行处理。

JTEG1 为 8051F206 的可在系统编程接口,可对 8051F206 进行在系统仿真和下载程序。RTNC 是对 8051F206 的悬空引脚进行接地处理,减少干扰。*R*10、*R*43、*C*20、*C*33 组成 8051F206 的复位电路。*C*18、*C*19 和晶振 *TF*2 组成时钟电路。8051F206 的 8 位数据总线经排电阻上拉,并经 AD573 锁存器接入主单片机的总线,573 芯片的作用是隔离总线与传送数据。

8051F206 通过其引脚 23、24 与主 CPU 进行通信握手,当主 CPU 接收到的霍尔传感器脉冲数累加到 27 时,就把 8051F206 的第 24 引脚拉低,8051F206 检测到这一低电平后就进行通道选择并进行 A/D 转换,转换完毕则把数据送到总线上,并将 23 引脚拉低,主 CPU 检测到 23 脚变低后就把总线上的数据读入,从而完成 A/D 转换。

(4)存储器选择及电路设计

a. 存储器选择。很显然由于本系统较为复杂,外围设备也较多,不仅要进行数据采集,而且包括液晶显示处理、键盘处理(功能操作、参数调整、查询、数据删除)、打印处理、通信处理、报警处理等,所以需要大量的程序存储器空间。为了简化电路,选择了具有 64 KB 程序存储空间的 W78E516B。W78E516B 的片外数据存储器的扩展也很容易,并行接口的存储器可以扩充到 64 KB,串行接口的存储器可以扩展到更大容量。根据开发技术要求,本系统需要能够保存检测一天时间的数据。因此可以这样计算,巡检工人手推本检测装置在轨道上行进速度为 5 km/h,一天按 7 h 计算(按 8 h 工作日减去 1 h 休息时间),则可行走 35 km,且每 6 m 检测一次,每次的数据量为 5 B(里程和水平各占两个字节,宽度占一个字节),那么需要的数据容量为

$$\mathrm{RAM} = 5 \times (35 \times 10^3/6) \approx 29.2 \times 10^3\ \mathrm{B} \tag{6.30}$$

即所需的容量约为 30 KB。选择体积小且接线方便的串行非易失性存储器 CAT24WC256。CAT24WC256 存储器是一种采用 CMOS 工艺制成的具有 32 K × 8 B容量的串行可用电擦除/写入的数据存储器,其寿命可达 10 万次。采用单一的 5 V电源,低功耗工作电流 1 mA,备用状态只 10 μA,三态输出与 TTL 电平兼容,采用 8 引脚 DIP(双列直插)封装。采用 I^2C 接口。

为了使本检测系统使用上更加便捷,在设计中采用了软件调节参数的方案,可以通过键盘调整参数、设定初始值。这不但增加了使用的灵活性,而且也使系统在调整时更加方便,因此在电路中要另加一块非易失性的数据存储器,这里仍选用串

行存储器，即 CAT24WC02。该存储器具有 256 字节 8 位的存储空间，主要用于保存在线修改的系统参数。

对于 I^2C(双向二线制串行总线)存储器芯片的读写操作这里不作介绍，可参考有关文献。

根据需要这里还选用常用的具有 8 KB 存储空间的随机数据存储器 6264。

b. 存储器电路介绍。如图 6.27 所示，为本检测系统存储器扩展原理图。图中两片 I^2C 存储器芯片直接由 CPU(W78E516B)的 I/O 口(P1 口)与之进行通信。其中 WC256 占用 CPU 的 P11、P12 口，WC02 占用 CPU 的 P16、P17。临时数据存储器(6264)属于快速存储器，其地址总线直接与 CPU 的 P0、P2 组成的 16 位地址总线相连，数据总线经地址锁存器 AD573 之后连接到系统的地址总线上。片选信号由 GAL20V8 对 CPU 高 8 位地址总线进行逻辑处理后(选通地址为 0000H - 1FFFH)，接入 CE 引脚来控制存储器 6264。经过上述处理后，就方便地得到 32 KB + 256 KB + 8 KB 的片外数据存储空间。其中 8 KB 为随机存取数据存储器，32 KB + 256 KB 为非易失性数据存储器。

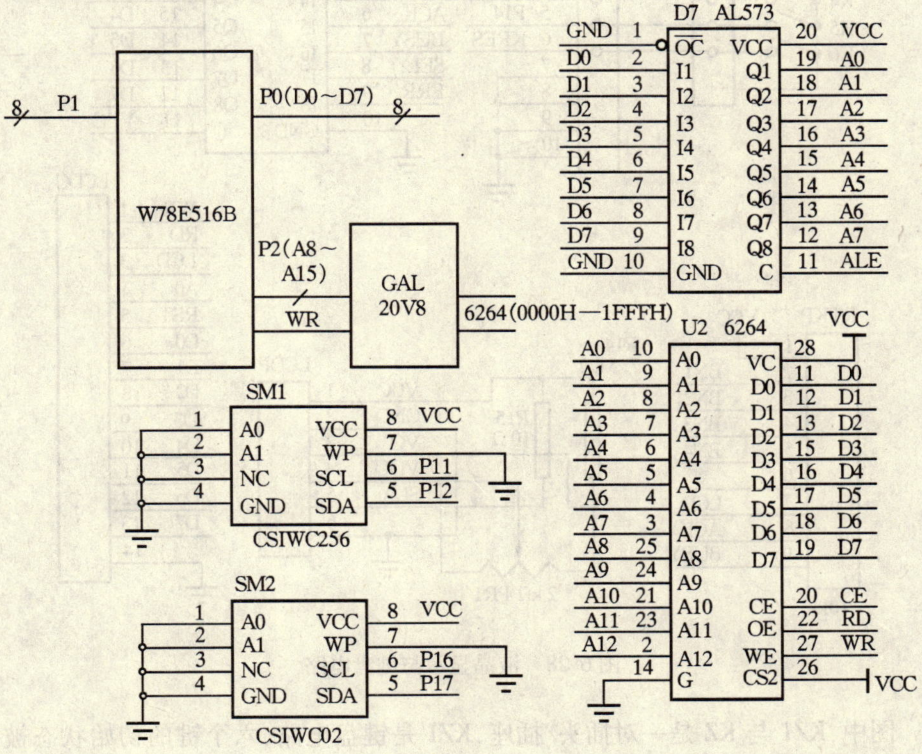

图 6.27　存储器扩展

(5)液晶显示器与键盘的选择及控制电路设计

在设计选择液晶显示器与键盘时,要立足于让键盘功能与显示信息画面更加人性化,简便易用。经过比较,选择了由东芝公司出品的 T6963C 芯片控制的 240128 型液晶显示器。考虑野外作业,选择绿背光单色显示器,该显示器由 240 × 128 个像素点构成,内有 64 KB 存储空间,可进行图形和字符的显示。其可视窗口为 115 mm × 65 mm,字符可以 5 × 8、6 × 8、7 × 8、8 × 8 等多种方式显示,并且其工作电压只需 5 V 电源,工作电流为 330 mA。

操作键盘采用自行设计制作的六键控制方式,其主要功能如下:设置、上行、下行、返回、测量、复位。其中设置、上行、下行、返回为多功能键,测量(手动测量键)和复位为单功能键。液晶显示器与键盘电路原理见图 6.28。

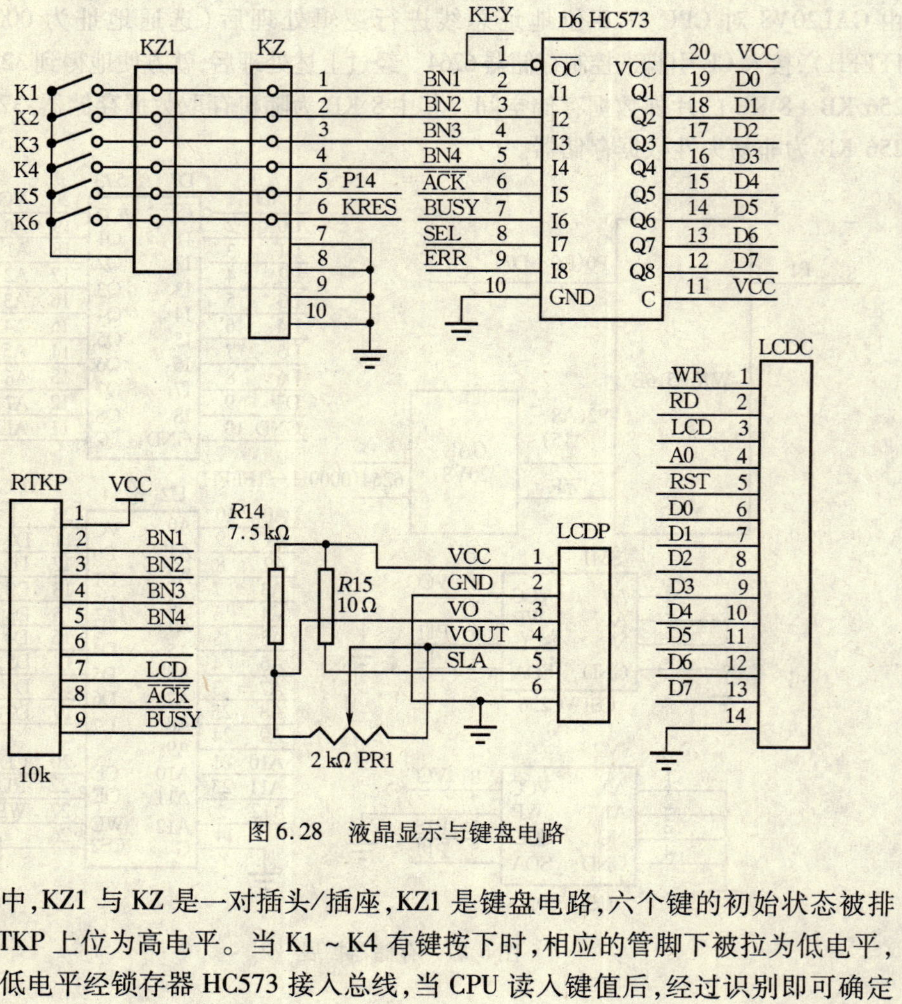

图 6.28　液晶显示与键盘电路

图中,KZ1 与 KZ 是一对插头/插座,KZ1 是键盘电路,六个键的初始状态被排电阻 RTKP 上位为高电平。当 K1 ~ K4 有键按下时,相应的管脚下被拉为低电平,这一个低电平经锁存器 HC573 接入总线,当 CPU 读入键值后,经过识别即可确定按下的键,则可作出相应的处理。从图中可以看出,K5 直接接入 CPU 的 P14,这样处理主要是利用 CPU 多余的 I/O 口直接快速处理相应的键值。当按下此键被 CPU 识别后,CPU 立即执行测量程序(即为手动测量功能)。K6 为 CPU 复位键,当按下此键后,主 CPU(W87E516B)和从 CPU(8051F206)及液晶显示器同时被复位。图中 LCDP、LCDC 为接入液晶显示器的插头。LCDP 为液晶显示器的电源处理电路,为液晶显示器提供相应的电源电压,同时图中的可调电位器可调整液晶显示器的对比度。LCDC 中第3脚为液晶显示器的片选控制信号,由 GAL20V8 经逻辑处理后提供此信号。第4脚为命令/数据识别信号线,其值为"0"时向液晶显示器写入数据,为"1"时向液晶显示器写入命令。第5脚为复位引脚,此引脚变低则液晶显示器被复位。

(6)CPU 的选择及外围电路设计

经过前面讨论研究,已经完成了部分硬件电路设计,这里主要是选择单片机及其外围电路。从前面可以看出,整个系统采用的是主-从式双处理器的方式,主处理器使用的是 W78E516B 单片机,主要是其内部带有 64 KB 的程序存储器,方便了外围电路的设计,简化了电路。该单片机所有指令与51系列完全兼容。从处理器采用的是 8051F206 单片机,其作用主要是进行 A/D 转换和电源管理(其性能在前面已讨论过)。W78E516B 是常用单片机,其内部电路特点及其特性这里不作讨论(具体可参考文献)。本节主要是对其外围电路进行开发设计,使其达到良好的运行状态,满足本系统要求。

①复位电路。本系统中,采用的是主-从式单片机方式,两个单片机的供电电压不相同(W78E516B 供电电压为 5 V,8051F206 为 3.3 V),且复位方式也不同,一个高电平复位,一个是低电平复位。为了使电路能正常工作,当按下操作面板上的复位键时,整个系统全部都能正常复位,采用了如图 6.29 的电路。图中的 RES、RST、RSFI 分别为供给 W78E516B、液晶、8051F206 的复位信号。

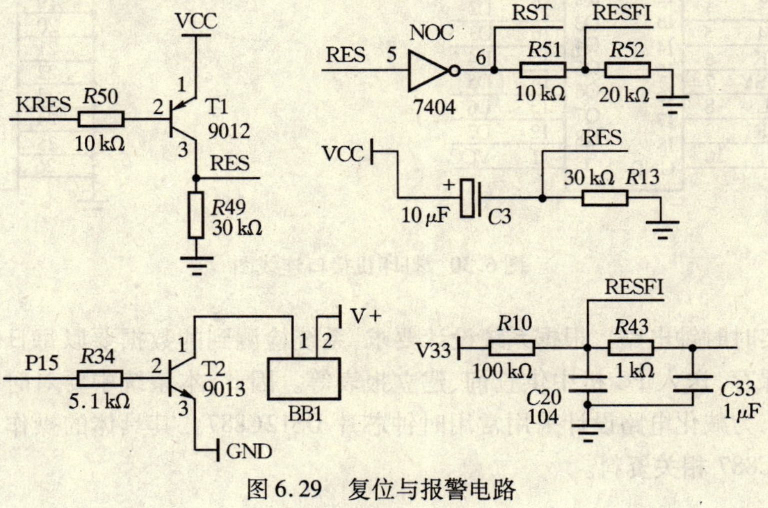

图6.29　复位与报警电路

②报警电路。本系统报警电路的作用主要有如下几个:a. 在操作过程中,当操作者按错键时,发出报警声,提醒操作者;b. 当电源电压不足时,发出报警声,提醒操作者及时保存数据;c. 当检测到的数据超出范围时,发出报警声提醒操作者做好相应的措施。主要是利用单片机的 I/O 口;经 9013 放大后驱动一个蜂鸣器发声。

③微型打印机接口电路。为便于操作者使用,本检测系统上设计了微型打印机接口,使用者可以用微型打印机直接打印出检测结果和有关的信息,为现场分析铁轨状态提供依据。其接口电路原理图见图 6.30。打印数据总线经锁存器 D3(HC574)之后接入打印接口 PRZ,其控制信号($\overline{\text{ACK}}$、BUSY、$\overline{\text{SEL}}$、ERR)也经过锁存器 D6(HC573)之后进入打印接口,且打印接口控制信号$\overline{\text{ACK}}$、BUSY 经10 kΩ排电阻上拉至高电平。锁存器 D3、D6 的控制信号也由 GAL20V8 对高 8 位地址数据进行逻辑处理后提供。

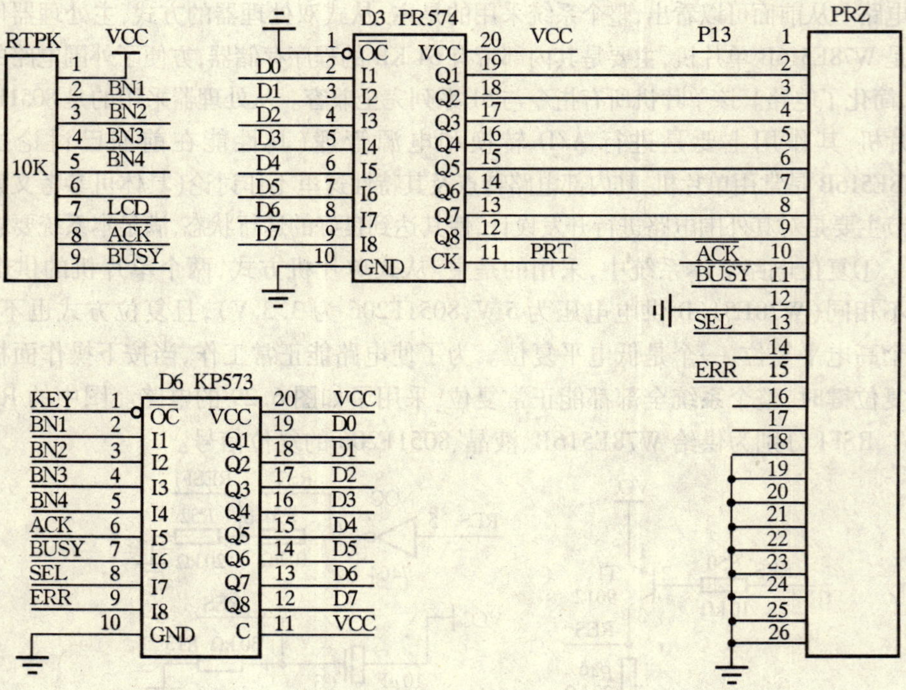

图 6.30 打印机接口连线图

④实时时钟电路。根据系统设计要求,系统检测到的数据要以每日时间为分类进行保存,送入 PC 机中供查询、建立报表等。因此,本系统中要对时间数据进行保存。为减化电路设计采用常用时钟芯片 DS12C887。其具体的操作方法可查阅 DS12C887 相关资料。

3. 电源管理、电压转换芯片的选择及其电路设计

随着社会的发展,电子技术的提高,人们对产品提出了更高的要求,特别是对使用电池供电的便携式电子产品,人们总是希望其单次充电使用时间更长,电池更耐用。但事实上,在使用过程中往往达不到应有的使用时间。究其原因,除了电池本身的性能外,最主要的是没有对电池充放电进行智能化管理,电池的效能没有得到最大的发挥。所以,电源的智能化管理也是便携式电子产品开发研究的重要工作之一。

1)电源硬件电路的实现

(1)电源管理电路

这里介绍本设计所采用的以电源管理芯片 DS2770 为核心组成的电源管理电路,用它实现电量监测、充放电管理。DS2770 是 DALLAS 公司制造的最新的便携式仪器电池充放电管理专用芯片,本芯片在使用中可以对电池进行充/放电状态、电流、电压、温度和容量的实时检测,所有的数据都能永久保存,并能以单总线的方式传送给 CPU,供 CPU 进行处理和显示。尤其是本芯片一改传统的以电池电压为准来判断电池容量的方法,而采用电荷流入、流出量计量的方法,来判断电池容量,使得电池容量的计量更加准确。本芯片采用 16 脚扁平封装,接线简单,是电池充/放电管理中的首选芯片。

电源管理电路见图 6.31,从图中可以看出,本电路简单,采用的元件少,实现容易。硬件原理图中,$R8$ 是 CPU 的上拉电阻,VCC 即为 CPU 的 +5 V 供电电源。图中的 $R7$ 的值选取:$R7$ 是检测电阻,其值选取大值可提高分辨率,但降低了电流检测的最大值;选取小值可扩大检测电流,但降低了检测分辨率。使用中注意其两端电压不能超过 51.2 mV。使用中可依据最大电流与电流分辨率范围选取,本设计选取 100 mΩ。则可检测的最大电流是 51.2 mV/0.1Ω = 512 mA;电流分辨率是 1.56 μV/0.1 Ω = 15.6 μA。

(2)DC/DC 变换电路

图 6.32 为本系统电源转换电路原理图。从图中可以看出,采用了分布式 DC/DC 变换电路,图中 ADG1 为一线绕电感,用于连接数字地和模拟地。P1、P2 分别为宽电压输入的 12 V 和 5 V 输出的 DC/DC 变换器件;P5C3 为 5 V 输入 3.3 V 输出的 DC/DC 变换器件;7809 为三端集成稳压器件,给传感器提供 9 V 工作电压。

2)工作原理描述

当外接电源插座插上电源时,DS2770 首先能经第 3 引脚检测到外接电源已接上,接着会自行根据记载的数据,判断电池是否需要充电,如果需要充电则启动充电电路,经 Q1 对电池先以恒流方式进行充电,同时,DS2770 对电池进行电流、电压、温度和容量监测。当达到电池满容量的 90% 时,则关闭 Q1 启动 Q2,以涓流的

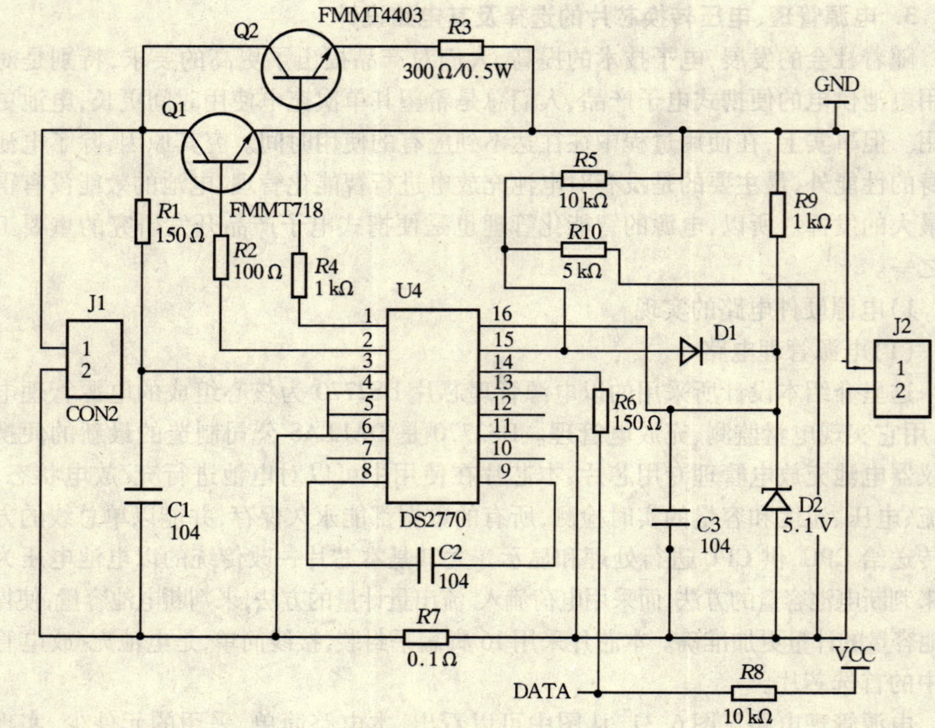

图 6.31　电源管理原理图

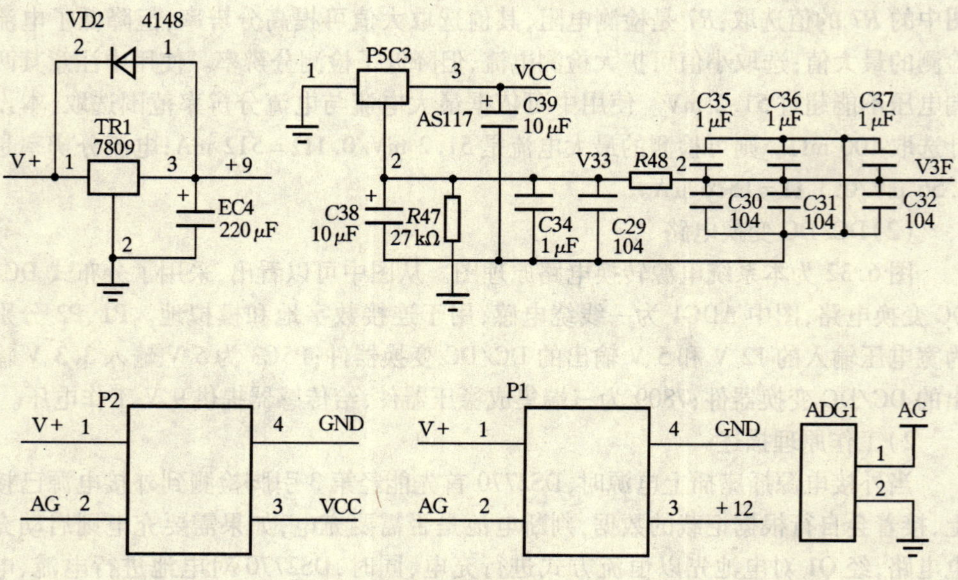

图 6.32　电源转换原理图

方式对电池进行充电至结束。放电过程中,DS2770对放电电流进行监测,记录放电的电流、电压、温度和计算电池容量。整个过程中,每个数据DS2770都会记录下来,并保存在芯片内部,通过第14引脚与CPU通信,传给CPU进行显示和处理。

4. 通信接口设计

从设计方案可知,本仪器要使用USB接口与上位计算机通信,实现测量数据的传送。

现在的USB芯片生产厂商很多,几乎所有的硬件厂商都有USB的产品。USB控制器一般有两种类型:一种是集成在MCU芯片里面的,如Intel的8X930AX、CYPRESS的EZ-USB、SIEMENS的C541U以及MOTOLORA、National Semiconductors等公司的产品;另一种就是纯粹的USB接口芯片,仅处理USB通信,如PHILIPS的PDIUSBD11(I^2C接口)、PDIUSBP11A、PDIUSBD12(并行接口),National Semiconductor的USBN9602、USBN9603、USBN9604等。前一种由于开发时需要单独的开发系统,因此开发成本较高;而后一种只是一个芯片与MCU接口实现USB通信功能,因此成本较低,而且可靠性高。本设计使用PHILIPS公司的PDIUSBD12器件。

PDIUSBD12为28管脚DIP封装。对于管脚功能说明,可在网上下载本芯片的PDF资料查看。

D12与CPU应用的连接图见图6.33。

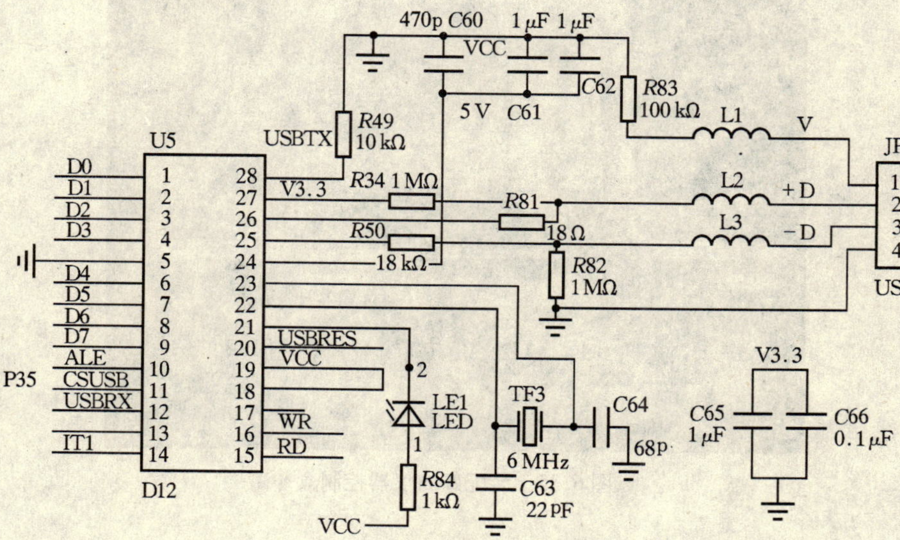

图6.33 PDIUSBD12应用连接图

5. 电路设计总成

用电路板专用设计软件Protel进行电路板设计。根据以上分析所确定的铁轨参数检测仪的电路板见图6.34,仪器装配好后的控制盒如图6.35所示。

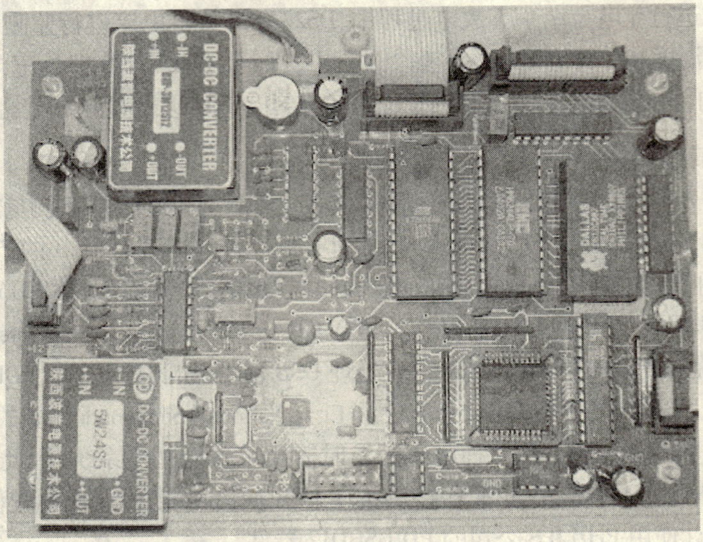

图 6.34　铁轨参数检测仪的电路板

图 6.35　装配好的仪器控制盒

6.4.3　仪器软件设计

软件设计通常是仪器、控制器设计中工作量最大的部分，涉及到各种算法。在数据采集中涉及到滤波方法、各种数据分析方法与算法，在控制中涉及到所选用控制方法的算法，而这些方法是否合适可行，往往还要在调试中反复试验，有可能还会改变算法,因此这是周期最长、最繁杂的工作。

对铁轨参数检测仪,根据设计方案可知,该仪器的软件分为上位机软件和下位机软件两大部分。分别叙述如下。

1. 下位机软件构成与开发系统选型

就是测量盒中电路的处理器使用的软件,主要有以下模块:

(1)初始化模块;

(2)数据采集模块,包括 A/D 转换、数据处理等;

(3)显示模块,包括所有测量数据的实时显示,参数设置显示,报警信息显示,打印、通信等操作信息显示;

(4)打印模块;

(5)通信模块,包括 USB 通信的全部程序包;

(6)键值处理模块;

(7)电源管理模块。

由于其处理器都属于 51 单片机,因此其软件设计都采用 C51 语言进行,由于主处理器是 W78E516B,负责大部分功能模块,因此其程序设计工作量大,程序代码也很大,采用了伟福公司的集成化仿真开发平台 WAVE6000,在 PC 机上进行程序的快速开发设计。

仪器中负责 A/D 转换、数据处理和电源管理的处理器是 C8051F206,该处理器内含 12 位 A/D 转换器。采用其专用的集成化仿真开发平台 CYGNALIDE,在 PC 机上进行快速开发设计。

2. 下位机系统主程序框图

软件编写,采取自顶向下的设计方法,先设计出整个系统程序流程框图,再进行各个模块的程序流程设计。对于整个系统的程序流程图,可先根据整个系统所要完成的全部功能,来进行程序流程的编写。整个系统的功能主要有数据采集、数据处理、键盘处理、液晶显示、数据查询、数据打印、报警电路、通信以及电源管理。根据以上功能设计的本检测系统主程序流程框图见图 6.36。

图中各功能模块的功能与作用如下。

(1)电源管理模块　主要是对电池进行充放电管理,同时对电池的电量、电压、电流和环境温度进行监控,上述各值如超出正常范围,则把报警信号送入报警电路进行报警,提醒操作者及时采取措施。

(2)液晶显示与键盘处理模块　主要是对键盘的各个键值进行相应的处理,并显示相应的操作窗口界面。同时在键盘处理程序中也包含了参数设定模块(其功能分别为设定数据采集的初始化参数,如初始里程值、检测轨道方向、系统时间

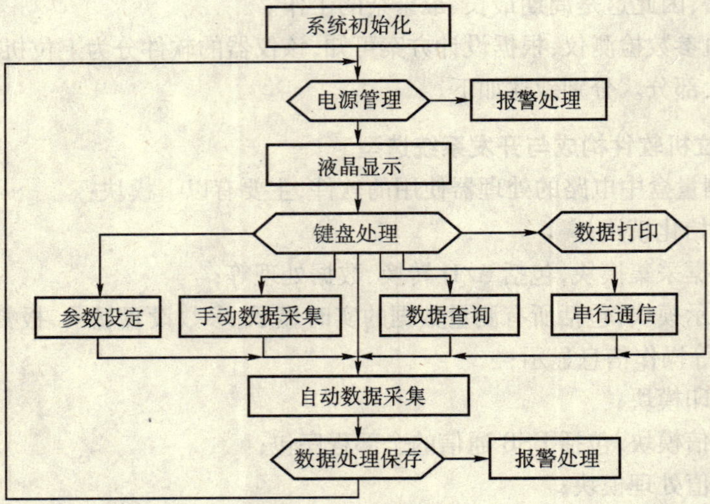

图 6.36　系统主程序流程图

调整等)、手动数据采集模块(在进行数据采集过程中,若要对某一处进行测量时,只需按下此键即进行一次数据采集)、数据查询模块(为操作者提供简单数据查询功能)、通信模块(上传数据给 PC 机)、数据打印(可对查询的结果进行打印)。

(3)自动数据采集模块　检测装置在轨道上行进过程中,自动按照一定的条件进行检测并采集铁轨参数。

(4)数据处理模块　对采集到的数据进行处理,如数字滤波、抗干扰处理等,并对数据进行分析保存,若有超出范围的数据则向报警电路发出报警信号,提醒操作者。

以下对各模块的编程作简单介绍。

3. 键盘处理模块程序设计

键盘处理模块程序编写是本系统中复杂的工作,相当于本系统的控制中心,通过键盘的操作,可以选择不同的程序模块运行,执行不同的功能,达到使用的要求。其流程框图如图 6.37 所示。

本系统中键盘为六个键(其操作面板可见附录中的产品图),从左至右依次为"设置"、"上行"、"下行"、"返回"、"手动测量"、"复位"。

在编写程序中,首先根据硬件定义键盘地址为:

```
#define key      XBYTE[0xf100]
int  key_val =0;
```

然后利用语句:key_val = key;

```
if(key_val!  =0){yanshi(1000); key_val = key;} /*去抖动*/
```

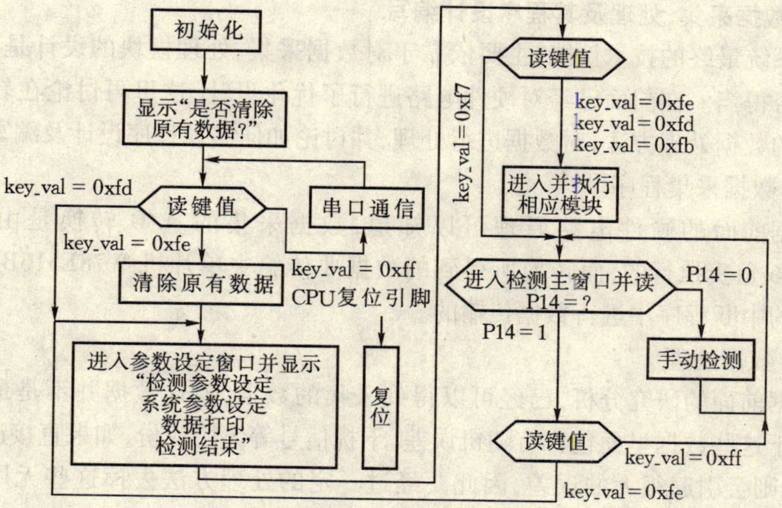

图6.37　键盘处理程序流程图

即可读取键盘的值，根据键值即可判断程序的流向，执行不同的功能。

从图中可以看出，除复位键和手动检测键为单功能键外，其它四个键均为多功能键。手动复位键由于其特殊性只能具有复位功能；手动检测键接入P14，这样设计可以使操作者在需要手动检测时，只需按下此键一次，系统便可直接执行检测功能。

图中，系统进行初始化完毕后，主窗口显示"是否清除原有数据?"，同时对键盘进行扫描。如果键值为"0xff"则无键按下，就不清除原有数据而直接进入通信模块。通信完毕或通信端口无数据，则再次进入键扫描程序，若仍无键按下则重复执行上述过程。如果键值为"0xfe"则对原有数据进行清除，并进入参数设置主窗口。如果键值为"0xfd"则不清除原有数据直接进入参数设置主窗口。

在参数设置主窗口中，再次读取键值，根据键值决定程序的流向。如果键值为"0xf7"，则表示直接进入检测主窗口，否则如果表达式"key_val = =0xfe | key_val = =0xfd | key_val = =0xfb"为真，则程序进入相应的参数设定处理程序。执行完毕也将进入检测主窗口准备数据采集。

在数据采集主窗口中，系统读取P14端口，如果为"0"则执行手动检测程序，执行一次手动检测后将再次读取P14端口状态，若为"0"则重复执行上述程序，否则P14为"1"则对键盘进行扫描。当键值为"0xff"，则再次读P14重复执行小循环，同时等待中断，进行自动检测。如果键值为"0xfe"，则再次进入参数设定主窗口，重复执行上述程序。

上面对键盘的主要程序流程进行了框图设计，根据上述流程就可以编写符合要求的键盘处理程序。

4. 数据采集、处理及其程序设计编写

本系统最终的技术性能，主要依靠于对数据采集、处理模块的设计是否合理，方法是否得当。在前面已经对硬件电路进行了优化设计，这里再讨论在软件上采用一定的数据处理方法，对数据进行处理，并讨论如何实现程序设计及编写。

(1)数据采集程序设计

根据前面的硬件电路原理可以知道，数据采集的 A/D 转换是由单片机 8051F206 负责执行的，而转换所得到的数据要传给主单片机 W78E516B，是在主单片机的中断程序中进行数据传输的。

(2)数据处理

根据前面的研究分析，已经可以得到采集的数据，但这数据并不是最终的数据。由于这些数据里面包含有随机误差、干扰信号等无用成份，如果直接进行数据值计算，则会引起很大的误差，因此要经过一定的处理方法去掉这些无用的成份后，采集的数据才能满足要求。

在前面硬件电路部分，已经讨论并采用了抗干扰的电路，为了更好地剔除这些干扰信号，在软件上也要采用一定的滤除方法。根据两路传感器信号的特性，在软件上分别采用算术平均滤波法，进一步减少数据中的干扰成份。

数据采集处理的软件流程见图 6.38。

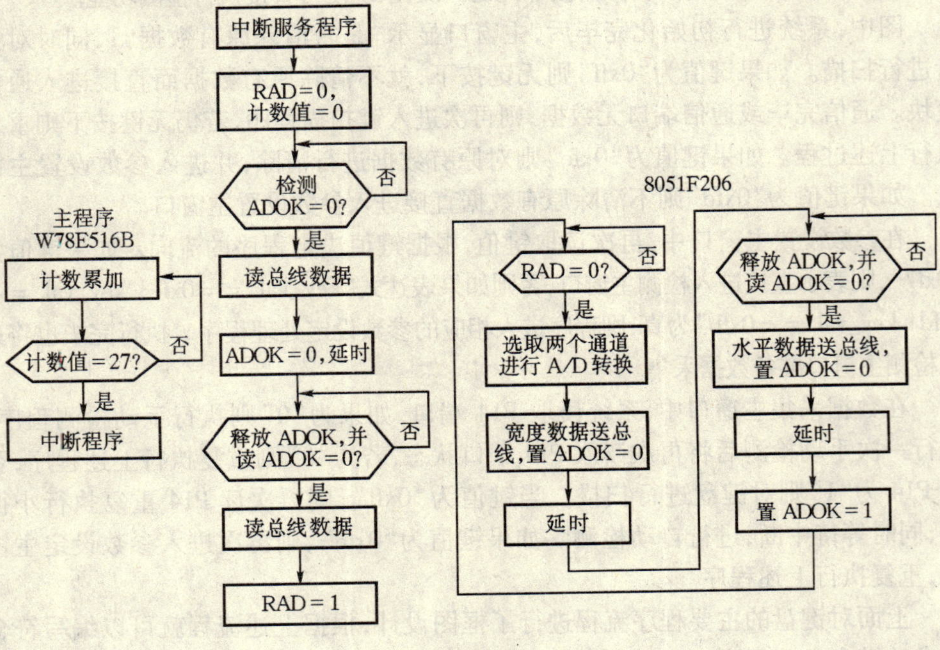

图 6.38　数据采集程序流程图

使用公式为

$$E = \min\left[\sum_{i=1}^{N}(y - x_i)^2\right] \tag{6.31}$$

由一元函数求极值的原理,可得

$$y = \frac{1}{N}\sum_{i=1}^{N} x_i \tag{6.32}$$

上式即为算术平均滤波的基本算式。

据以上计算原理,即可编写工作程序。

5. 电源管理模块程序设计及编写

根据前面硬件电路分析,电源管理功能主要由电源管理芯片 DS2770 和 8051F206 完成,因此,电源管理的程序主要是在 8051F206 内运行。正常运行时,由 8051F206 分时读取 DS2770 内部寄存器的数据。当数据超出范围时,8051F206 向主单片机发出中断申请,并将数据传给主单片机,由主单片机在中断程序中进行处理,发出相应的报警信息。

1)电源管理程序框图

由上述分析过程可以设计出电源管理程序流程图,根据电源管理流程图,即可进行程序的编写。其程序的编写是在 Cygnal 公司的 IDE(集成开发环境)中进行的。Cygnal 公司的 IDE 具有如下特点:源码编辑器;项目管理器;集成的 8051 宏汇编器;编程器;Cyngal 的全速、非侵入式在系统调试逻辑;源码级调试;支持第三方开发工具;MCU 配置向导。

为了方便软件的编写,将第三方软件 Keil 8051 工具集成到 Cyngal 公司的 IDE(集成开发环境)中,这样就可以直接采用 C 语言编写程序,并可方便地进行编辑、编译、下载和调试。

电源管理程序流程图见图 6.39。

2)软件的编写

首先要定义几个超限变量,主要用于对电源正常运行状态进行判断,并赋初值:

int u_max = 4200, u_min = 3000, I_max = 700, I_min = 500, t_max = 50, t_min = -10;

上述变量中,若电源电压因意外情况大于 4 200 mV,则认为电路工作不正常;若小于 3 000 mV 则认为电压过低,必须进行充电操作。I_max = 700 是由于本系统正常运行时的总电流为 650 mA,所以当电流大于 700 mA 时认为电路出现短路故障,必须停止操作;当电流小于 500 mA 时,认为电路中有断路故障发生,也必须停止操作。对于 t_max = 50, t_min = -10,定义当环境温度在 -10 ~ +50℃时,本

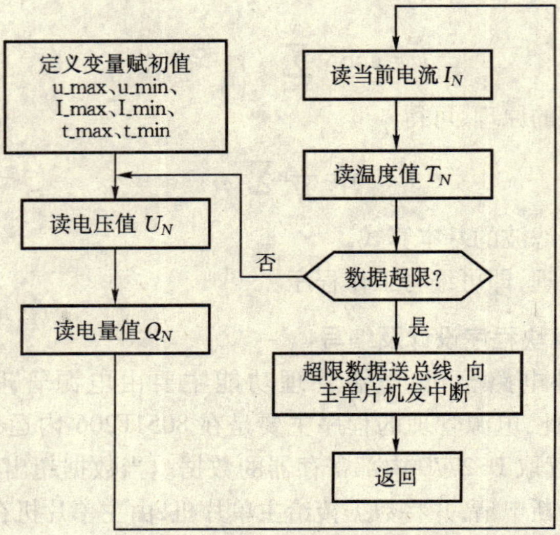

图 6.39　电源管理程序流程图

检测系统可正常工作,当超出这一限值后,也必须停止工作。当然这几个参数在最后调试时,可根据现场条件进行调整以更好地符合实用要求。

为了精确地控制单总线数据传输,必须先建立几个关键的函数。第一个是延时函数,它是所有的读和写控制的重要组成部分。这个函数完全依赖于微处理器的速度,为了更好地理解,本设计采用 8051F 处理器,工作时钟为 11.0592 MHz,则编写一延时函数如下:

```
void yanshi (int cu)
```

延时时间为:$21 + 16 \times cu$,单位为 μs。使用过程中,根据时序图适当调整 cu 的值满足要求即可。

```
//读电压值
{  unsigned char v1,v2;
   unsigned int v;
 a: fuwei();
   if(fmai! =0) goto a;
   write_byte(0xcc);
   v1 =0;
   write_byte(0x69);//读数据
   write_byte(0x0C);
   if(fmai! =0) goto b;
   write_byte(0xcc);
   v2 =0;
   write_byte(0x69);//读数据
   write_byte(0x0D);
   //电压值低 8 位
   v2 = read_byte();
   v =0;
```

```
//电压值高8位
    v1 = read_byte();
b: fuwei();
v = ((v1 * 8) + ((v2&0xE0)/32)) * 4.88;
//得到电压值
return(v); }
```

再依据上述电源电压采集程序编写的方法，就很容易编写出完整的系统工作电流、温度和电量采集程序，即：int read_i(void)、int read_t(void)、int read_q(void)。

得到上述值之后，就可以判断程序的流向，若为“1”表示本检测系统运行正常，程序将重新从DS2770读数据；若为“0”表示系统运行不正常，则将超出范围的数据送到总线上，并向主单片机发出中断请求，由主单片机进行处理。

以上对本系统的主要程序编写进行了讨论，其它的程序也可采用上述方法进行编写。所有的程序编写、调试、连接完成后，主单片机采用专用程序编写器将生成的文件(*.bin)编写到其内部的ROM中，从单片机用仿真器直接下载即可。

6. USB总线接口软件设计

USB总线接口的软件设计主要包括下位机(设备端)单片机的固件编程和上位机的驱动程序及上位机应用程序的编写。

1) 单片机的USB程序

对于单片机控制程序，目前没有任何厂商提供自动生成固件(firmware)的工具，因此所有程序都要由自己手工编制。USB单片机控制程序通常由三部分组成：

①初始化单片机和所有的外围电路(包括PDIUSBD12)；

②主循环部分，其任务是可以中断的；

③中断服务程序，其任务是对时间敏感的，必须马上执行。

2) USB上位机驱动程序和应用程序

在调试USB设备时，可使用UsbView程序检测设备是否能被Windows枚举并配置，如果成功，还可在该程序中查看设备描述符、配置描述符和端点描述符是否正确。之后可以使用Driver Wizard生成一个通用驱动程序，在Windows提示安装驱动程序时，选择Driver Wizard生成的驱动程序。其实Driver Wizard生成的仅是一个Windows控制台的应用程序，它会调用安装Driver Wizard安装在系统中的通用USB驱动程序。使用该程序就可测试设备是否能够正确传输数据以及传输速度。该程序也可作为最终产品USB传输部分的框架；如果不能满足要求，也可用WDM重新编制驱动程序，用调试好的USB设备来开发、调试主机软件。

7. 上位机数据分析系统应用软件的编写

上位机应用软件的编写，选择在功能强大也容易入手的C++ Builder集成开发环境中进行。C++ Builder(简称BCB)是Borland公司继Delphi之后开发的又一个通用的 Client/Server 结构的开发工具。C + + Builder 的集成开发环境(IDE)比 Delphi 融入了更多的 Windows 组件,也可以建立更多的对象。作为 32 位 Windows 环境下的快速开发工具(RAD),C + + Builder 基于最流行的面向对象的设计(OOP)语言 C + +,采用领先的数据库技术,并结合使用了图形用户界面(GUI)的先进特性和设计思想,使得 C + + Builder 成为目前继 Visual Basic,Delphi 之后在 32 位 Windows 环境下最具吸引力的开发工具。它把完全的可视化与真正的面向对象和 C + +的高效率、高性能完美地结合起来,在大大地简化了开发过程的同时,并没有降低代码的效率。从开发操作系统级的系统软件到高层企业级的应用,C + +Builder 都是很好的选择。在此简要介绍利用C + + Builder开发线路静态检测分析系统的结果。

所设计的操作界面如图 6.40 所示。在操作主窗口中,下拉菜单“文件”中设计了数据备份、数据恢复、数据删除、退出四个菜单;在“数据通信”中设计了通信参数设置、数据接收两个菜单;在“数据查询”菜单中设计了主查询、分级查询、分项查询三个菜单;在“数据分析”菜单中设计了主查询图形显示、重复性对比图形显示两个菜单;在“打印”菜单中设计了主查询打印、分级查询打印、分项查询打印三个菜单;在“系统设置”菜单中设计了用户设置、密码修改两个菜单,在“帮助”菜单中也设计了两个菜单帮助文件和关于本软件文件。并且还在主窗口中,设计了七个快捷按钮分别为:数据接收、主查询、分级查询、分项查询、主图形、对比图形、用户设置,方便用户操作使用。建立了完整的主窗体之后,则对其进行保存。

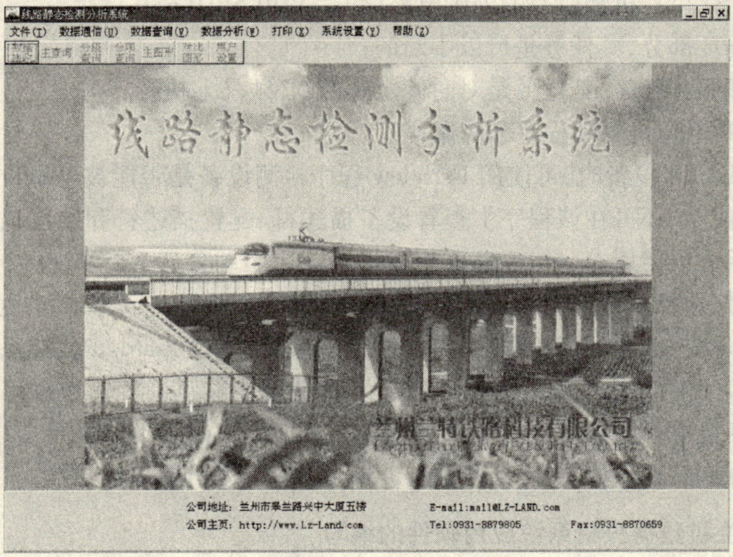

图 6.40　线路静态检测分析系统主界图

完成了主窗口的设计,接着进入各个菜单项和按钮控件事件响应的设计和代码编写。在 C + + Builder 中,每一个菜单或控键都是一个组件,都包含属性、事件和方法。一般来说,菜单项都响应鼠标单击事件,即每个菜单项都有一个事件响应函数 NameClik( )(这里的 Name 表示菜单项的名称)。每当单击菜单项时,C + + Builder 就调用 NameClick 事件响应函数,执行这一函数的代码。

1)数据查询功能实现

数据库查询应用程序是最常用的应用之一,C + + Builder 具有强大的数据库支持功能,利用它来开发数据库应用程序,快速简便而且功能丰富。

本应用软件主要的功能之一,即能以各种方式对数据库数据进行查询。在实现数据库查询功能之前,要先用数据库软件 Microsoft Access 生成如图 6.41 所示格式的数据表。

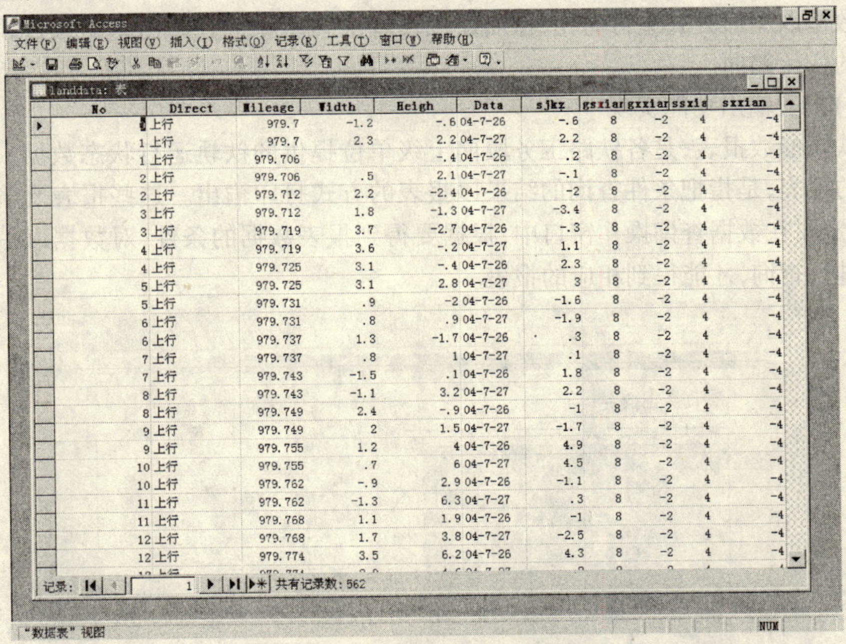

No	Direct	Mileage	Width	Heigh	Data	sjkz	gsxian	gxxian	ssxia	sxxian
[illegible]	上行	979.7	-1.2	-.6	04-7-26	-.6	8	-2	4	-4
1	上行	979.7	2.3	2.2	04-7-27	2.2	8	-2	4	-4
1	上行	979.706		-.4	04-7-26	.2	8	-2	4	-4
2	上行	979.706	.5	2.1	04-7-27	-.1	8	-2	4	-4
2	上行	979.712	2.2	-2.4	04-7-26	-2	8	-2	4	-4
3	上行	979.712	1.8	-1.3	04-7-27	-3.4	8	-2	4	-4
3	上行	979.719	3.7	-2.7	04-7-26	-.3	8	-2	4	-4
4	上行	979.719	3.6	-.2	04-7-27	1.1	8	-2	4	-4
4	上行	979.725	3.1	-.4	04-7-26	2.3	8	-2	4	-4
5	上行	979.725	3.1	2.8	04-7-27	3	8	-2	4	-4
5	上行	979.731	.9	-2	04-7-26	-1.6	8	-2	4	-4
6	上行	979.731	.8	.9	04-7-27	-1.9	8	-2	4	-4
6	上行	979.737	1.3	-1.7	04-7-26	.3	8	-2	4	-4
7	上行	979.737	.8	1	04-7-27	.1	8	-2	4	-4
7	上行	979.743	-1.5	.1	04-7-26	1.8	8	-2	4	-4
8	上行	979.743	-1.1	3.2	04-7-27	2.2	8	-2	4	-4
8	上行	979.749	2.4	-.9	04-7-26	-1	8	-2	4	-4
9	上行	979.749	2	1.5	04-7-27	-1.7	8	-2	4	-4
9	上行	979.755	1.2	4	04-7-26	4.9	8	-2	4	-4
10	上行	979.755	.7	6	04-7-27	4.5	8	-2	4	-4
10	上行	979.762	-.9	2.9	04-7-26	-1.1	8	-2	4	-4
11	上行	979.762	-1.3	6.3	04-7-27	.3	8	-2	4	-4
11	上行	979.768	1.1	1.9	04-7-26	-1	8	-2	4	-4
12	上行	979.768	1.7	3.8	04-7-27	-2.5	8	-2	4	-4
12	上行	979.774	3.5	6.2	04-7-26	4.3	8	-2	4	-4

图 6.41　建立的数据表

先要用数据库软件 Microsoft Access 生成两个数据表,一个是主数据表用于存放数据(如上图),另一个用于存放对主数据表进行管理的数据。生成的两个数据表在同一数据库内,然后进入 Windows 系统的控制面板,打开系统 ODBC(数据库管理)进行相应的设置,使系统能链接上数据库。

数据表建立完毕,就可以在 C + + Builder 开发环境中编写代码实现数据库的查询了。在子窗口中,选取 Table, Datasource, Query, DBGridl 等数据库管理组件,并对各个组件的属性作相应的设置，再根据要求对整个窗口界面布局进行设计并调整到最佳，完成之后进入相应的单元(Unit)文件中加入相应的代码。图 6.42 即为设计完成的主查询操作窗口。

在此操作窗口中，可以多种方式来查询所希望的结果，可分别单独以时间、里程、轨距、水平进行查询，也可以任何两个或三个为条件来组合查询，也可以全部为条件来查询，所以对数据进行查询非常方便。

按照相同的设计，就可以完成其它的查询操作窗口设计和代码的编写。

2）图形方式显示数据功能的实现

以图形方式显示数据，是对数据进行分析的一种方法，主要让操作者根据由数据组成的曲线图来判断铁轨的运行状态和发展变化趋势。这种分析方法简洁直观，并且可从图上直接看出铁轨参数是否超限。同时，还可实现对同一路段多次测量的数据以图形方式进行对比，从而使操作者很容易就可判断出本路段铁轨运行状态的变化趋向。

3）报表输出功能实现

铁轨参数报表，是各铁路工务段向上级单位提供的铁轨运行状态数据。本系统里的报表，是指把条件查询的结果以报表的方式打印输出。这些报表要输出之前，一定要在数据查询操作窗口中，根据要得到报表数据的条件，对数据以一定的条件进行查询，才能得到相应的报表。

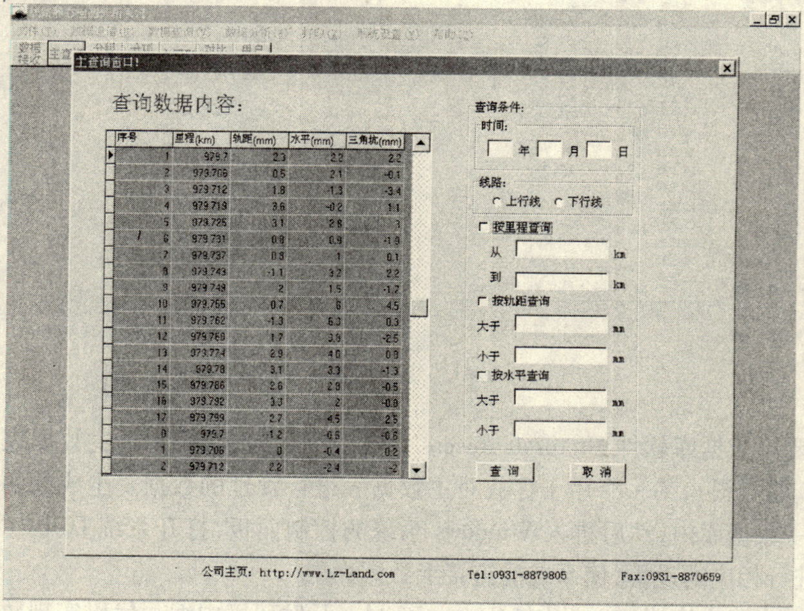

图 6.42　主查询操作界面

6.4.4 现场软硬件统调及实测数据分析

在前面几节，详细地研究讨论并设计制作了本系统的硬件电路和软件系统。在本节里，主要讨论研究软、硬件现场统一调试。软、硬件调试也是设计产品的关键环节，方法得当，操作规范就可能顺利完成，否则也许会在这一环节花费大量时间。下面，将对本系统的主要电路部分调试过程进行讨论研究。

1. 软硬件调试

对本系统的调试是在专用的"铁轨检测量具校准仪"上进行的。"铁轨检测量具校准仪"是一套精度非常高的校准仪，其水平度和高度都采用数字显示，且精度都达到 0.01 mm。当进行调整时，其高度差（水平度）可在 -10.00 ~ +200.00 mm 之间变化；宽度也可在（1 450 ±20.00）mm 之间变化。

1）调试过程理论依据

根据电路原理图和前面讨论的标度变换式，可以把整个系统的水平数据采集环节，用如下的数学方程式进行模拟

$$\left[(U_{调}-U_{传}^{0})\times\frac{RP8+150}{10}\right]\times\frac{4\ 096}{12}\times\frac{3\ 000}{4\ 096}\times a_1-1\ 500\times a_0=0 \qquad (6.33)$$

$$\left[(U_{调}-U_{传}^{1})\times\frac{RP8+150}{10}\right]\times\frac{4\ 096}{12}\times\frac{3\ 000}{4\ 096}\times a_1-1\ 500\times a_0=100 \qquad (6.34)$$

式中，$U_{调}$ 是调整 $RP6$ 在放大器负端产生电压值，$U_{传}^{0}$、$U_{传}^{100}$ 分别是传感器在校准仪显示 0.00 和 100.00 时输出的电压值。$RP8$ 为放大器放大陪数调整电位器，a_1、a_0 为系统可调节参数，这里设其为 1。很显然在以上两式中 $U_{传}^{0}$、$U_{传}^{100}$ 均为已知值，所以联立两方程，即可解得 $U_{调}$ 与 $RP8$ 的值。

2）调试过程

在调试前，首先按要求安装好选定的倾角传感器和直线位移传感器，接好连线并检查整个系统，确定无误之后，打开电源开关。然后按照如下步骤进行调试。

（1）转动高度调整旋钮，使校准仪高度显示为 0.00。在调整时要注意，首先转动旋钮，使显示为最小，然后按同一方向旋转调整旋钮，使显示数据字按要求连续增大，这样可减小校准仪的机械间隙误差。

（2）微调倾角传感器安装角度，使其输出电压为 2.4 V 左右。由图 6.43 倾角传感器性能曲线图（图中曲线为传感器性能，加入拟合直线便于对比），可以看出，只有当倾角传感器角度在 60°~80°之间变化时才有较好的线性。而由前面的分析可知检测范围约为 ±6°，所以此传感器能满足检测要求，没有必要对其数据进行拟合。

（3）参照前述的电路原理图调整可调电阻 $RP6$，并同时按本系统"手动检测"按键，对水平信号进行采集，直到采集到的数据为 0.0 即可。

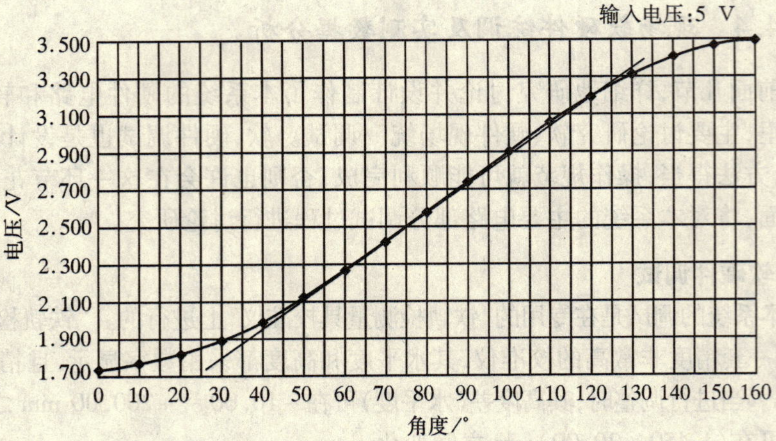

图 6.43　倾角传感器性能曲线图

(4)将校准仪高度调整旋钮按相同方向旋转,使其显示为 100.00,然后参照电路原理图再调整 *RP*8(放大陪数调整电阻),并同时按本系统"手动检测"按键,再次对水平信号进行采集,直到采集到的数据为 100.0 即可。

(5)按步骤 1 到步骤 4 重复调整,直到当校准仪从 0.00 到 100.00 调整时,不调整 *RP*6 和 *RP*8 本检测系统采集到的数据也能从 0.0 到 100.0 作相应变化为止。

对于霍尔传感器信号和位移传感器信号的硬件电路调试,与上述方式相同,经过调试也可得到较好的调试结果。

2. 现场实测数据分析

现场测试数据分析是对产品性能鉴定的一种有效的方法。这里的数据分析分为两步进行,先在室内利用高精度仪器进行调整校正后,再到现场进行实测检验。

1)室内对比检测数据精度分析

为了检验本系统的性能,在本系统调试完毕的情况下,直接在校准仪上进行了检测对比。即当完成了调试后,使校准仪显示为 0.00,此时按下本系统的"手动检测"按键后,采集到的数据也应为 0.0。为了能更好地计算本系统的性能,慢慢转动校准仪水平度调整旋钮,同时按动本系统上的"手动检测"按钮,直到采集到的数据为 10.0 时,记下这一数据,并记下此时校准仪的显示数据。记下后继续转动校准仪水平度调整旋钮,直到本检测系统采集到的数据为 20.0 时,再记下此数据和校准的显示数据。这样直到本检测系统采集到的数据为 150.0 时为止。

注意在旋钮旋转过程中,一定要按同一方向转动,切不可来回旋转旋钮,否则会出现较大的机械传动误差。记录的数据见表 6.8。

表 6.8　精度分析数据表

序　号	本检测系统采集值	校准仪显示值	序　号	本检测系统采集值	校准仪显示值
1	0.0	0.00	9	80.0	80.07
2	10.0	10.01	10	90.0	90.03
3	20.0	20.09	11	100.0	100.00
4	30.0	30.07	12	110.0	110.01
5	40.0	40.00	13	120.0	120.03
6	50.0	50.05	14	130.0	130.01
7	60.0	60.09	15	140.0	139.98
8	70.0	70.10	16	150.0	149.95

由于在校准仪上进行上述的数据采集非常复杂，特别是校准仪本身灵敏度和精度较高，转动高度调整旋钮时，稍不注意转动角度就会过大，因此作上述数据采集时，没有对每毫米进行对比测量，只是对每厘米进行了数据采集。由于本系统的分辨率为 0.1 mm，由上表数据可以得到如下几个参量：

(1)绝对误差值 δ

$$\delta = X - X_0 = 70 - 70.10 = -0.1\ \text{mm} \tag{6.35}$$

(2)相对误差值 γ

$$\gamma = \frac{\delta}{X_0} \times 100\% = \frac{|X - X_0|}{X_0} \times 100\% = \frac{0.1}{70.10} \times 100\% = 0.14\% \tag{6.36}$$

上式是以本检测系统的测量值为测量值，以校准仪显示值为被测量值的最大差值进行计算得到的。从绝对误差和相对误差结果可以看出，本仪器水平差值精度符合技术要求。

对于宽度信号采集处理电路，由于水平传感器的电压变化量只有 50 mV/°，而位移传感器的变化量为 100 mV/mm，所以采用相同电路对宽度信号进行处理，其精度和稳定度与水平信号采集处理有量的飞跃。特别是采集的数据非常稳定，也完全满足精度要求。因此，这里对宽度信号的调试就不再重复了。由于里程脉冲信号采集只是简单的对脉冲信号计数，很简单，因此对于里程脉冲信号的处理电路和调试不作讨论。

2)现场实测数据重复性分析

很显然，在室内进行检测的数据由于外界干扰少，数据很容易就可以达到要求，但这并不能说明，在现场实际测量中就一定很可靠。因此经过一定的准备，到铁轨上进行实际测量,进一步检验其性能。多次测量调整无误后,完整地记录下一次测量的数据,然后上传到上位机线路静态检测分析系统中,并以图形的方式显示出来,再与其它标准测试方法所得到的数据进行对比,如果偏差大于技术指标要求,还要再进行调试直到达到技术要求,就可以小批量生产,成熟后就可以批量生产。

由于篇幅所限,仪器的温度试验和振动试验从略。

6.4.5 设计总结与资料整理

设计开发完成后,对仪器能够实现的功能、技术特点和不足之处要进行总结,对全部设计试验资料要进行整理、归档保存,以便以后产品维护检修或升级换代继续开发,使产品性能和技术不断更新。

1. 对于铁轨参数检测仪的总结

本项目分析研究了倾角传感器和位移传感器信号采集、处理以及便携式检测仪电源管理、USB 串行通信和基于 Windows 环境下的应用软件开发、数据库建立、管理和数据图形化分析等技术。并参照常用的便携式数据采集系统开发设计制作了经济、实用、轻便、性能可靠的"铁轨参数检测仪"和"线路静态检测分析系统"。并经现场实测使用,达到商业化产品标准,现已成批生产。通过本项目的研究开发,取得了以下几项成果。

(1)应铁路建设和现场维修之急需,提出了适合于现场反复多次检测和可按程序推进检测的铁轨参数检测仪及其数据处理和数据库系统方案。

(2)阻碍铁轨参数检测仪发展的主要问题是传感器的精度低、现场干扰大,而高精度的传感器依靠进口也是限制我国铁轨参数检测仪发展的重要原因,本设计利用国产传感器和特种单片机组合,研究并开发完成了适应传感器信号特点、抗干扰能力强、优良可靠的信号调理电路。

(3)运用双处理器方案,成功地完成了铁轨参数信号采集、数据处理、人机交互、电源管理、数据通信等全部前台工作,完成了符合铁路建设标准的铁轨参数检测仪整个系统。

(4)成功地将 USB 串行数据通信嵌入到了便携式数据采集仪中,完全顺应了当前 PC 机与外设通信的发展趋势,提高了便携式数据采集设备的适应性。

(5)成功地将电源智能化管理移植到了便携式数据采集系统中,进一步提高了便携式采集仪的智能化、人性化及能源使用合理化。

(6)在 Windows 环境下成功地完成了数据库的建立与管理,并在数据分析中实现了图形化对比分析方法,使得数据的比较更为直观简洁,提高了数据处理的效率。

虽然,铁轨参数检测系统经过一年多时间的设计研究、试验,才最终成为商业化产品,但经过近半年的实际应用,仍有欠缺的地方需要进一步完善。

(1)由于器件的限制,本系统的设计作业温度只能在 -10 ~ +50 ℃之间(传感器限制,控制电路全部按 -40 ~ +85 ℃设计),但实际应用是在室外操作,其环境温度往往超过这一规定值。所以随着今后宽温度传感器的开发上市,本系统的温度适应性会更好。

(2)PC 机应用软件操作界面设计还不够完美。由于专业的原因,在对应用软件各个操作界面设计过程中,只注重功能的实现,对操作窗口的人性化、艺术美观化考虑不足,还应进一步开发。

(3)上位机软件数据库共享功能不足。面对快速发展的网络化资源,本软件的数据共享只能依靠 U 盘或硬盘,进行数据转储,没有实现远程数据库的共享,因此在下一步的研究开发中,这一功能要做进一步的开发,实现远程数库共享,铁路系统各单位从网上就可以直接查询到全部铁轨各个路段的运行状态和发展变化趋势。

2. 设计资料归档

所有设计资料归档,归档的基本资料如下:

(1) 立项书(内有详细的功能要求和技术指标要求);

(2) 电原理图;

(3) 印刷电路板图;

(4) 机械结构设计图;

(5) 所有软件;

(6) 所有测试数据。

思考题与习题

1. 一个多路数据采集器设计,要求如下:

所设计的数据采集器,共有 16 路信号输入,每路信号都是直流 0 ~ 20 mV 信号,每秒钟采集一遍,将其数据传给上位 PC 计算机。本采集器地址为 50H。要求多路模拟开关用 4067,A/D 转换器用 ADC0809,运算放大器用 OP07,单片机用 89C51,通信用 RS232 接口,通信芯片用 MAX232,数据采集器与 PC 机的 RS232 串口进行通信。

2. 设计一个带处理器的控制电路或数据采集器。处理器类型和型号不限,电路功能自行设计,根据功能要求,设计出电原理图,用 C 语言编制其工作程序。

第Ⅱ部分

实验指导

实验1　并行接口的存储器读写实验

1. 实验目的

掌握微机并行接口的存储器读写方法。

2. 实验设备

智能仪器实验仪1台，PC微机1台，实验软件1套。

3. 实验原理

并行接口的存储器数据口线按数据位数的多少，分为8位、16位、32位等多种。在与处理器连接时，其数据口线与处理器的数据总线一一对应连接，其地址总线也与处理器的地址总线一一对应连接，其片选信号与系统的地址译码电路的某一口线相连，其读写信号与处理器的读写线相连。其数据的读写是一次性读出或写入。在选用并行接口存储器时，要注意选用读写速度与处理器相适应的芯片，如果存储器速度较慢，读写时可以在软件上加延时。有些处理器没有读写过程中加延时的功能，就要选用速度相近的存储器芯片。

在存储器没有被选通时，或在存储器被选通但读写信号还没有到来时，存储器的内部数据总线的输入输出端口对外部呈现高阻态，与外部数据总线互相隔离。

在从存储器读出数据或向存储器中写入数据时，处理器先输出存储单元的地址信号，同时由译码器对该地址信号译码输出片选信号。此时，片选信号有效的存储器，其中由地址确定的存储单元就会与其芯片的内部数据总线接通，也就是该存储单元的每一位与片内数据总线的每一位对应接通，但此时，其片内数据总线与外部电路板上的数据总线还没有连通，其内部数据总线的输入输出端口对外还呈现高阻态。然后到底是读出还是写入，由读写信号决定，在读写信号到来之后，芯片的数据输入输出端口才能打开，从而使其内部数据总线与外部数据总线连通。读信号是一个输出允许信号，写信号是一个写入允许信号。如果是读信号有效，则所选通的单元数据被放到数据总线上，再被处理器读入到CPU中。如果是写信号有效，则将外部数据总线上由CPU输出的数据写入到芯片内部被选通的单元中去。

图S1.1表达了51单片机对并行接口的外部数据存储器的存取时序，该时序图表明，在访问片外数据存储器时，主要由地址总线、片选线、ALE、$\overline{RD}$、$\overline{WR}$等信号控制，$\overline{RD}$是读片外数据存储器（包括I/O设备）控制线，通常与存储器的输出允许端$\overline{OE}$相连。在数据存储器被选通且$\overline{RD}$或$\overline{WR}$信号有效期间，存储器的输出端口才与数据总线接通，在其它时间其数据输出端口都呈现高阻态。在执行读片外数据存储器指令期间，首先是地址与片选信号有效，将所选的存储器内由地址决定的单元与芯片的内部数据总线连通，此时$\overline{RD}$负脉冲还没有到来。$\overline{RD}$还是高电平，该数据存储器的数据端口对外还是高阻态，在$\overline{RD}$有效的低电平期间，被选通的数据存储器的数据端口与外部数据总线接通，把数据送到数据总线上，再由 CPU 从 P0 口将总线上的数据读入到累加器 A 中，$\overline{RD}$的上跳变封锁数据存储器的数据端口，使其又恢复平常的高阻态，然后，地址与片选信号消失，完成一次读操作。$\overline{WR}$是向片外数据存储器（包括 I/O 设备）写数据的控制线。在执行写片外数据存储器指令期间，出现一次$\overline{WR}$负脉冲。在$\overline{WR}$负脉冲上跳变之前，CPU 已把数据送上 P0 口且稳定在外部数据总线上，并持续到$\overline{WR}$上跳变之后一段时间。$\overline{WR}$有效期间的低电平将被写的片外数据存储器的内部数据总线与外部数据总线接通，把数据总线上的数据送到此数据存储器内部由地址确定的存储单元。然后利用$\overline{WR}$的上跳变把数据锁存在数据存储器里。在不对片外数据存储器进行写操作时，$\overline{WR}$一直为高电平（无效）。

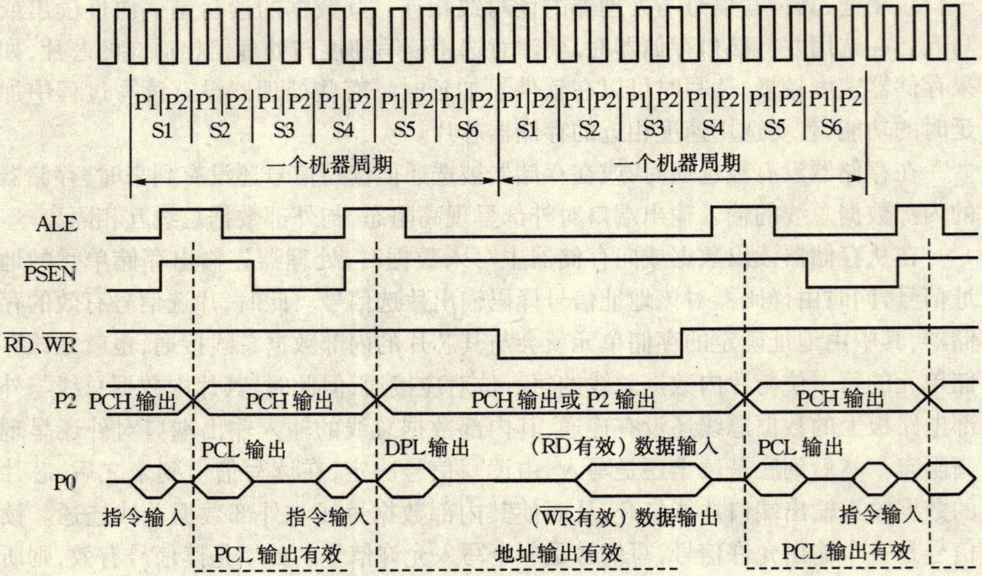

图 S1.1　8051 访问外部数据存储器时序图

存储器 6264A 是 8 K×8 位共 64 K 位 8 K 字节的可读写存储器。其读写速度与 8051 单片机的读写速度相同，在 8051 为 CPU 的系统中，大都采用 6264A 作为其随机数据存储器 RAM，其与 8051 单片机的连接见图 S1.2。其片选信号由译码器 GAL20V8 输出，低 8 位地址由地址锁存器 74HC573 输出，高 5 位地址由 8051 的 P2 口直接输出，其数据线与 8051 的 P0 口相连。其$\overline{OE}$与$\overline{WE}$分别与 8051 的$\overline{RD}$与$\overline{WR}$相连。

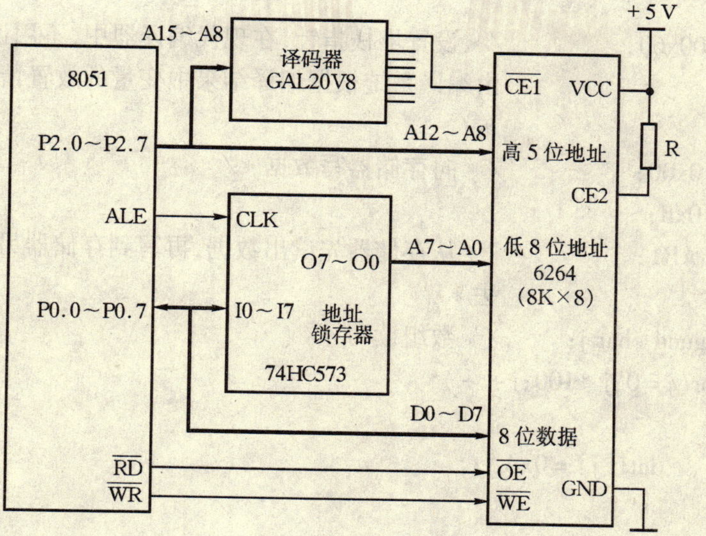

图 S1.2　8051 与 6264 的连接

其存储器地址为0000H~1FFFH。

设某变量 *AR*1 地址为0010H,则对该变量进行定义、赋值的程序如下:

```
#define uchar unsigned char          /*宏定义*/
#define uint unsigned int
#define _Nop() _nop_()               /*定义空指令*/
#include <Reg51.h>                   /*包含头文件指令*/
#include <Intrins.h>
#include <Absacc.h>
#include <Stdio.h>
#include <Math.h>
#include <String.h>
uchar data AR1,DAT;
uchar xdata dat1[200] _at_ 0x0100;
uchar xdata dat2[200] _at_ 0x0200;
uchar xdata dat3[200] _at_ 0x0300;
uchar xdata stt[100] _at_ 0x0400;
uchar xdata stu[100] _at_ 0x0500;
void main()
```

```
{
    SP = 00x60;            /* 设置堆栈指针,在现代编译器中,不用设置 SP,
                              由编译系统根据编译结果中变量的放置情况自行决定
                              */
    AR1 = 0x00;            /* 向存储器写数据 */
    AR1 = 0xff;
    DAT = AR1;             /* 从存储器先读出数据,再写到存储器另外的单元中
                              去 */
    { unsigned char j;     /* 数组读写 */
       for(j = 0;j < 100;j + + )
         {
           dat1[j] = 0xAA;
         }
       }
}
```

4. 实验步骤

(1)运行 AR1 = 0x00 这一句,之后用鼠标点击 AR1,屏幕上会自动显示 AR1 的数值。

(2)运行 AR1 = 0xff 这一句,之后用鼠标点击 AR1 查看结果。

(3)运行 DAT = AR1 这一句,之后用鼠标点击 DAT 查看结果。

(4)运行循环赋值语句 dat1[j] = 0xAA,之后看 XDATA 窗口中的 0100 单元到以后 100 个单元的内容,是不是 AA。也可以用鼠标点击 dat1[ ]查看。

(5)自行编制一段数组读写程序,用循环语句对一个数组的每一个单元进行赋值,并在 XDAT 窗口中观察该数组所在单元的数据变化情况。

5. 实验报告要求

(1)总结并行接口存储器读写原理与方法。

(2)列出自己编写的对 6264A 中数组读写的程序清单。

实验2 I^2C 串行接口的存储器读写实验

I^2C 总线,是 INTER－IC 串行总线的缩写。INTER－IC 意思是用于相互作用的集成电路,这种集成电路主要由双向串行时钟线 SCL 和双向串行数据线 SDA 两条线路组成。由荷兰菲利浦公司于上世纪 80 年代研制开发成功,主要进行数据串行通信。SDA 和 SCL 都是双向线路,连接到总线器件的输出级必须是漏极开路或是集电级开路,必须通过一个电流源或上拉电阻连接到正的电源电压。当总线空闲时,这两条线路都是高电平。在标准模式下,数据传输的速度可为 0～100 kb/s。本实验主要介绍 I^2C 的基本原理和工作方法,并通过美国 CATALYST 公司出品的 CAT24WCXX 系列 I^2C 总线 CMOS E^2PROM 的基本使用来掌握 I^2C 总线协议。

1. 实验目的

(1)掌握 I^2C 总线的基本原理;

(2)掌握 I^2C 元件的基本使用方法;

(3)掌握 I^2C 元件电路的基本连接方式。

2. 实验设备

智能仪器实验仪 1 台,PC 微机 1 台,实验软件 1 套。

3. 实验原理

在 I^2C 总线上每个器件都有一个唯一的地址,而且都可以作为一个发送器或是接收器。此外,器件在执行数据传输时也可以被看作是主机或是从机。

发送器:本次传送中发送数据(不包括地址和命令)到总线的器件。

接收器:本次传送中从总线接收数据(不包括地址和命令)的器件。

主机:初始化发送、产生时钟信号和终止发送的器件,它可以是发送器或接收器;主机通常是微处理器,在这里就是单片机。

从机:被主机寻址的器件,它可以是发送器或接收器,在这里就是 I^2C 存储器。

I^2C 总线上每传输一个数据位必须产生一个时钟脉冲。

(1)数据的有效性

SDA 线上的数据必须在时钟的高电平周期保持稳定,数据线的高或低电平状态只有在 SCL 线的时钟信号是低电平时才能改变,如图 S2.1 所示。在标准模式下,高低电平宽度必须不小于 4.7 μs。

(2)起始位和停止位

在 I^2C 总线中唯一违反上述数据有效性的是被定义为起始(S)和停止(P)的条件。如图 S2.2 所示。起始条件:在 SCL 线是高电平时 SDA 线从高电平向低电

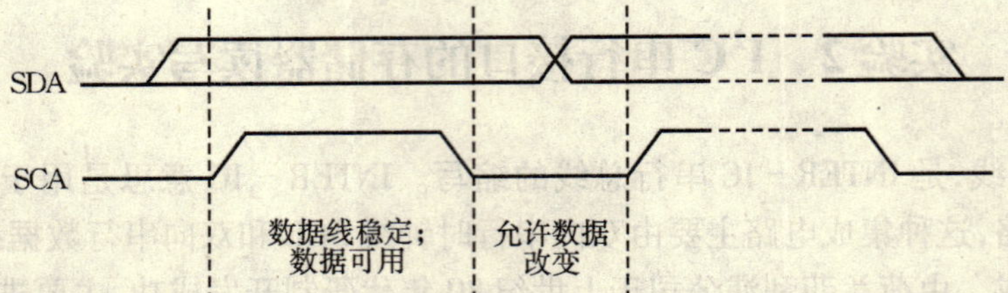

图 S2.1 I²C 总线的位传输

平切换。停止条件:在 SCL 线是高电平时 SDA 线由低电平向高电平切换。

起始和停止条件一般由主机产生。起始条件作为一次传送的开始,在起始条件后总线被认为处于忙的状态。停止条件作为一次传送的结束,在停止条件的某段时间后,总线被认为再次处于空闲状态。重复起始条件既作为上次传送的结束,也作为下次传送的开始。

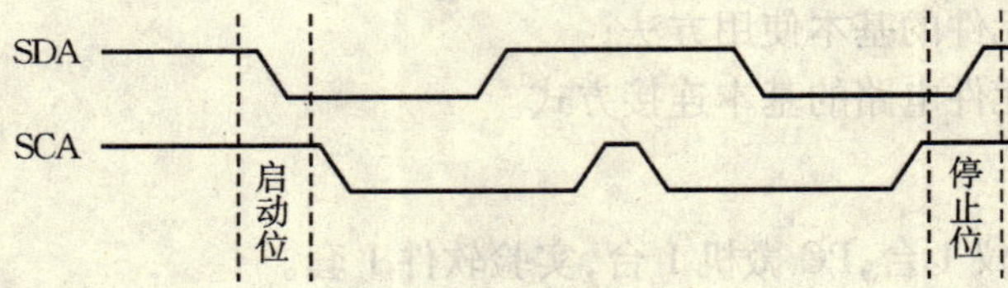

图 S2.2 超始条件和停止条件

(3)数据传输

①字节格式。发送到 SDA 线上的每个字节必须为 8 位。每次传输可以发送的字节数量不受限制。每个字节后必须跟一个应答位。首先传输的是数据的最高位(MSB)。

②应答。相应的应答信号由接收器产生,在应答的时钟脉冲期间,发送器释放 SDA 线,接收器必须将 SDA 电平拉低,使它在这个时钟脉冲的高电平期间保持稳定的低电平作为应答信号。

一般说来,被寻址匹配的从机(接收器)接收完一字节的数据,接收器将产生一个应答。若主机(发送器)在发送完一个字节后,没有收到应答(或收到一个非应答位),或接收器没有发送应答位(或发送一个非应答位),那么主机必须产生一个停止条件或重复起始条件来结束本次传输。

若接收器不能接收更多的数据字节,将不产生这个应答位;接收器在接收完最后一个字节后不产生应答,等于通知发送器数据传输结束。数据传输示意图见图S2.3。

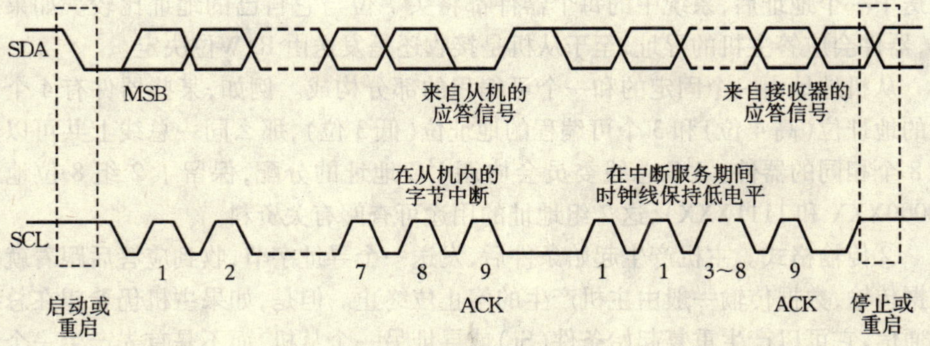

图 S2.3　I^2C 总线的数据传输

(4)仲裁与时钟发生

①同步。时钟同步是通过各个能产生时钟的器件进行"线与"方式连接到 SCL 线上来实现的,连接到总线上的各个器件可能都有自己独立的时钟,各个时钟信号的频率、周期、相位和占空比可能不相同,由于"线与"的结果,在 SCL 线上产生的实际时钟的低电平宽度由低电平持续时间最长的器件决定,而高电平宽度由高电平持续时间最短的器件决定。

②仲裁。当总线空闲时,多个主机启动传输,可能会有不止一个主机检测到满足起始条件,而同时获得主机权,这就要进行仲裁,当 SCL 线是高电平时,仲裁在 SDA 线发生,当其它主机发送低电平时,发送高电平的主机将丢失仲裁,因为总线上的电平与它自己的电平不同。

仲裁可以持续多位,它的第一个阶段是比较地址位,如果每个主机都尝试寻址相同的器件,仲裁会继续比较数据位,或者比较响应位。因为 I^2C 总线的地址和数据信息由赢得仲裁的主机决定,在仲裁过程中不会丢失信息。

③时钟同步机制作为握手。器件可以快速接收数据字节,但可能需要更多时间保存接收到的字节或准备一个要发送的字节。此时这个器件可以使 SCL 线保持低电平,迫使与之交换数据的器件进入等待状态,直到准备好下一字节的发送或接收。

(5)传输协议

①寻址字节。主机产生起始条件后,发送的第一个字节为寻址字节,该字节的头 7 位(高 7 位)为从机地址,最低位(LSB)决定了报文的方向,"0"表示主机写信息到从机,"1"表示主机读从机中的信息,如图 S2.4 所示。当

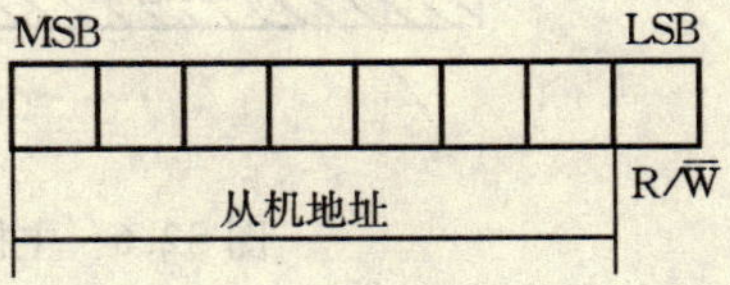

图 S2.4　起始条件后的第一个字节

发送了一个地址后，系统中的每个器件都将头 7 位与它自己的地址比较。如果一样，器件会应答主机的寻址，至于从机是接收还是发送由 $R/\overline{W}$位决定。

从机地址由一个固定的和一个可编程的部分构成。例如，某些器件有 4 个固定的地址位(高 4 位)和 3 个可编程的地址位(低 3 位)，那么同一总线上共可以连接 8 个相同的器件。I^2C 总线委员会协调 I^2C 地址的分配，保留了 2 组 8 位地址(0000XXX 和 1111XXX)，这 2 组地址的用途可查阅有关资料。

②传输格式。主机产生起始条件后，发送一个寻址字节，收到应答后跟着就是数据传输，数据传输一般由主机产生的停止位终止。但是，如果主机仍希望在总线上通信，它可以产生重复起始条件(Sr)或寻址另一个从机，而不是首先产生一个停止条件。在这种传输中，可能有不同的读/写格式结合。可能的数据传输格式有：主机发送数据到从机，见图 S2.5，寻址字节的 $R/\overline{W}$位为 0，数据传输方向从主机到从机；主机向从机要数据，寻址字节的 $R/\overline{W}$位为 1，主机在发送了寻址字节后，立即读从机传来的数据，见图 S2.6。在从机产生响应时，主机从发送变成接收，从机从接收变成发送。之后，数据由从机发送，主机接收，每个应答由主机产生，时钟信号仍由主机产生。若主机要终止本次传输，则发送一个非应答信号(A)，接着主机产生停止条件。复合格式，见图 S2.7。传输改变方向的时候，起始条件和从机地址都会被重复，但 $R/\overline{W}$位取反。如果主机发送一个重复起始条件，它之前应该要发送一个非应答信号(A)。

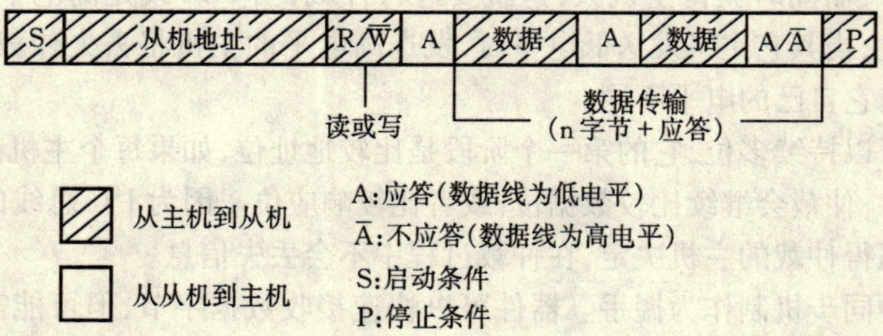

图 S2.5　主机发送数据到从机的命令与数据传输

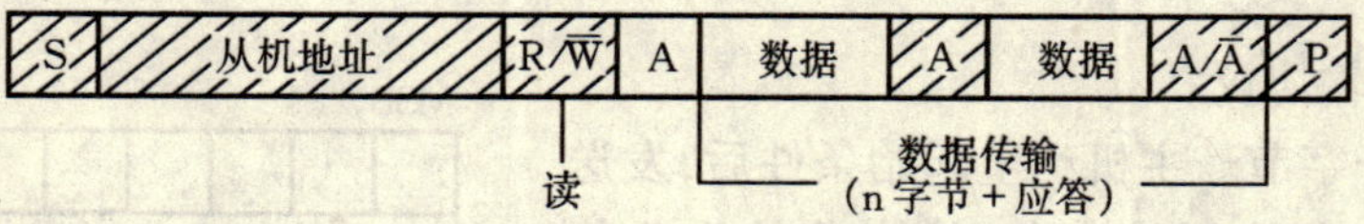

图 S2.6　主机向从机要数据的命令与数据传输

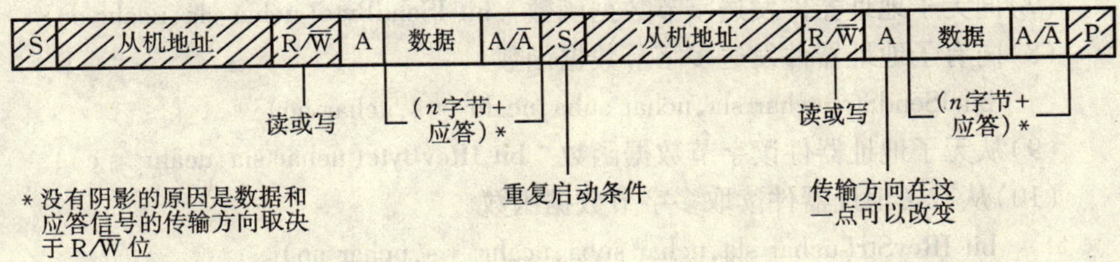

图 S2.7　复合格式

(6)硬件电路

在实验仪中所使用的串行 E^2PROM 是24WC02,它与单片机的连接如图S2.8所示,它的SDA和SCL分别与单片机的P1.2和P1.1相连。由图可知A1A0=00,WP=0,数据可读可写(没有写保护)。且根据CSIWC02的数据手册可知,其A7A6A5A4=1010。可知该芯片的地址为1010XX00B,即为a0H。

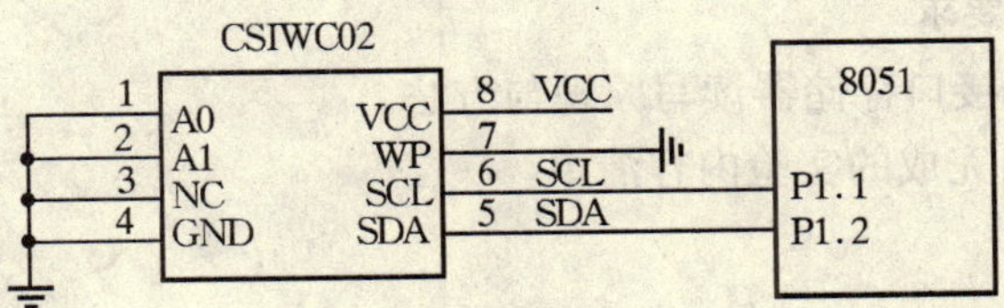

图 S2.8　硬件原理图

4. I^2C 实用软件包介绍

此软件包是使用单片机的I/O口模拟 I^2C 的总线。它是 I^2C 操作平台(主方式的软件平台)底层的C子程序,如发送数据及接收数据,应答位发送,并提供了几个直接面对器件的操作函数,它很方便地与用户程序连接并扩展。

注意:函数是采用软件延时的方法产生SCL脉冲,对高晶振频率要作一定的修改以保证必要的延时。本实验仪使用11.059 2 MHz的晶振,机器周期约为1μs。

本软件包包括以下软件:

(1)初始化定义文件　VI²C_C51.C;

(2)起动总线函数　void Start_I²C();

(3)结束总线函数　void Stop_I²C();

(4)字节数据传送函数　void SendByte(uchar c);

(5)字节数据接收函数　uchar RcvByte();

(6)应答子函数　void Ack_I²C(bit a);

(7)向无子地址器件发送字节数据函数　bit ISendByte(uchar sla,ucahr c);

(8)向有子地址器件发送多字节数据函数

bit ISendStr(uchar sla,uchar suba,ucahr *s,uchar no);

(9)从无子地址器件读字节数据函数　bit IRcvByte(uchar sla,ucahr *c);

(10)从有子地址器件读取多字节数据函数

bit IRcvStr(uchar sla,uchar suba,ucahr *s,uchar no)。

I^2C 使用软件包可在网上下载。

5. 实验内容及步骤

(1) 建立新工程,将 I^2C 软件包加入工程文件中。

(2) 使用 ISendStr()函数向存储器中写入数据。

(3) 使用 IRcvStr()函数从存储器中读出数据。

(4) 通过查看存储器来判断对 I^2C 存储器操作是否正确。

6. 实验报告要求

(1)总结 I^2C 接口存储器读写原理与方法。

(2)列出自己完成的实验内容清单。

实验3　RS－232C 通信实验

1. 实验目的

掌握 RS－232 通信的基本原理和基本方法，掌握对 RS－232 通信的编程。

2. 实验设备

智能仪器实验仪 1 台，PC 微机 1 台，实验软件 1 套。

3. 实验原理

(1) RS－232C 接口标准

①RS－232C 接口信号

2 个数据信号：发送 TXD；接收 RXD。

1 个信号地线：SG。

6 个控制信号：

DSR，数传机（即 MODEM）准备好，Data Set Ready。

DTR，数据终端（DTE，即微机接口电路，如 8051）准备好，Data Terminal Ready。

RTS，DTE 请求 DCE 发送（Request To Send）。

CTS，DCE 允许 DTE 发送（Clear To Send），该信号是对 RTS 信号的回答。

DCD，数据载波检出，Data Carrier Detection；当本地 DCE 设备（MODEM）收到对方的 DCE 设备送来的载波信号时，使 DCD 有效，通知 DTE 准备接收，并且由 DCE 将接收到的载波信号解调为数字信号，经 RXD 线送给 DTE。

RI，振铃信号 Ringing；当 DCE 收到交换机送来的振铃呼叫信号时，使该信号有效，通知 DTE 已被呼叫。

②电气特性

EIA-RS－232C 对电器特性、逻辑电平和各种信号线功能都作了规定。

在 TXD 和 RXD 上：逻辑 1（MARK）＝ －3 ～ －15 V；逻辑 0（SPACE）＝ +3 ～ +15 V

在 RTS、CTS、DSR、DTR 和 DCD 等控制线上：

信号有效（接通，ON 状态，正电压）＝ +3 ～ +15 V；信号无效（断开，OFF 状态，负电压）＝ －3 ～ －15 V

以上规定说明了 RS－232C 标准对逻辑电平的定义。对于数据（信息码）：逻辑“1”（传号）的电平低于 －3 V，逻辑“0”（空号）的电平高于 +3 V；对于控制信号；接通状态（ON）即信号有效的电平高于 +3 V，断开状态（OFF）即信号无效的电平低于 －3 V，也就是当传输电平的绝对值大于 3 V 时，电路可以有效地检查出来，介于 －3 ～ +3 V 之间的电压无意义，低于 －15 V 或高于 +15 V 的电压也认为无意义。因此,实际工作时,应保证电平在 ±(3~15) V 之间。

EIA-RS-232C 与 TTL 转换:EIA-RS-232C 是用正负电压来表示逻辑状态,与 TTL 以高低电平表示逻辑状态的规定不同。因此,为了能够同计算机接口或终端的 TTL 器件连接,必须在 EIA-RS-232C 与 TTL 电路之间进行电平和逻辑关系的变换。实现这种变换的方法可用分立元件,也可用集成电路芯片。目前较为广泛地使用集成电路转换器件,如 MC1488、SN75150 芯片可完成 TTL 电平到 EIA 电平的转换,而 MC1489、SN75154 可实现 EIA 电平到 TTL 电平的转换。ICL232、MAX232 等芯片可完成 TTL⟷EIA 双向电平转换。

③机械特性

电缆长度:在通信速率低于 20 kb/s 时,RS-232C 所直接连接的最大物理距离为 15 m(50 英尺)。

最大直接传输距离说明:RS-232C 标准规定,若不使用 MODEM,在码元畸变小于 4% 的情况下,DTE 和 DCE 之间最大传输距离为 15 m(50 英尺)。可见这个最大的距离是在码元畸变小于 4% 的前提下给出的。为了保证码元畸变小于 4% 的要求,接口标准在电气特性中规定,驱动器的负载电容应小于 2 500 pF。

(2)串行口控制

MCS-51 单片串行口有 4 种工作方式。控制串行口的控制器共有 2 个,特殊功能寄存器 SCON 和 PCON,格式如下:

串行口控制寄存器 SCON(字节地址 98H,位地址由 98H~9FH)

SCON	SM0	SM1	SM2	REN	TB8	RB8	TI	RI
位地址	9F	9E	9D	9C	9B	9A	99	98

SM0、SM1:控制串行口的工作方式。

SM2:允许方式 2 和方式 3 建立多机通信协议。

REN:允许串行接收。

TB8:为方式 2 或方式 3 中要发送的第 9 位数据。

RB8:为方式 2 或方式 3 中接收到的第 9 位数据。

TI:发送中断标志。

RI:接收中断标志。

SM0	SM1	方　式	功能说明
0	0	方式 0	移位寄存器方式
0	1	方式 1	8 位 UART
1	0	方式 2	9 位 UART
1	1	方式 3	9 位 UART

特殊功能寄存器 PCON(没有位寻址功能,字节地址 87H)

SMOD				GF1	GF0	PD	IDL

SMOD 为波特率选择位。

当选方式 0 时，波特率 $=\dfrac{f_{OSC}}{12}$

当选方式 1，3 时，波特率 $=\dfrac{2^{SMOD}\cdot(\text{T1 溢出率})}{32}$（T1 每溢出 32 次发送或接收 1 位数据）

而定时器 T1 的溢出率 $=\dfrac{f_{OSC}}{12}\left(\dfrac{1}{2^k-\text{初值}}\right)$（$k$ 是定时器 T1 的低 8 位 TL1 的位数，初值是 T1 的高 8 位 TH1 的初值，要求的波特率不同，初值也不同）

则方式 1，3 的波特率 $=\dfrac{2^{SMOD}}{32}\dfrac{f_{OSC}}{12}\left(\dfrac{1}{256-\text{初值}}\right)$

当选方式 2 时，波特率 $=\dfrac{2^{SMOD}\cdot f_{OSC}}{64}$

最常用的波特率是 110，300，600，1 200，2 400，4 800，9 600 和 19 200 b/s。

（3）本实验的电路原理图

在本实验中采用 MAX232 芯片作为 TTL 电平到 RS－232C 电平的转换器，MAX232 芯片内有一个泵电源，可以将芯片电源引脚输入的 +5 V 电压转换为 ±15 V 输出。从其第 11 脚（T1I）输入 TTL 电平信号 TX，在其第 14 脚（T1O）输出对应的 RS－232C电平信号 TXO，作为数据发送之用。在其 13 脚（R1I）输入 RS－232C 电平信号，则在其第 12 脚（R1O）输出 TTL 电平信号 RX，用于接收数据。其电路见图 S3.1。

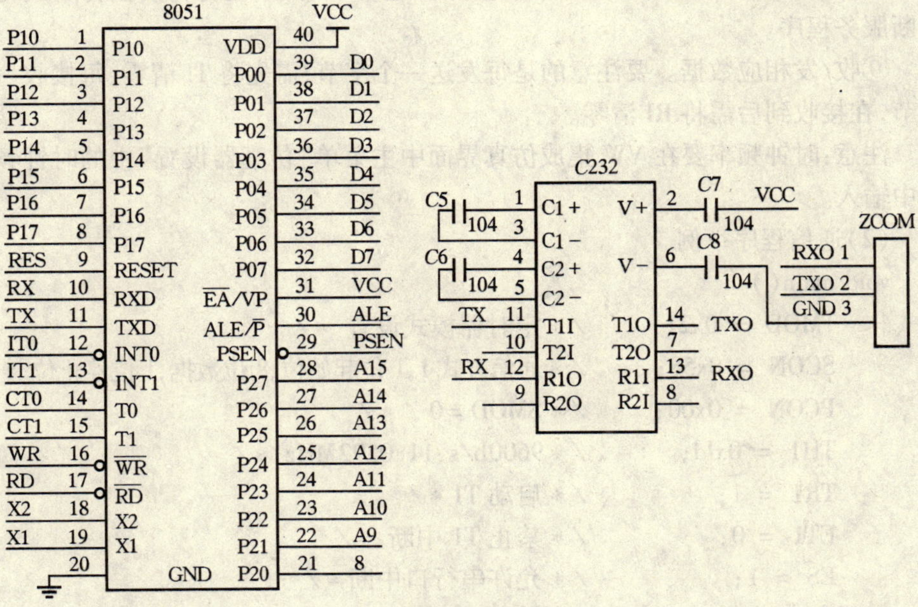

图 S3.1　通信电路图

4. 实验内容

(1)编写单片机异步通信程序步骤

①设置串行口工作方式。此时需要对 SCON 中的 SM0、SM1 进行设置。PC 机与单片机的通信中一般选择串口在方式 1 下工作。

②选择波特率发生器。选择定时器 1 作为其波特率发生器。

③设置定时器 1 工作方式。需设置其方式寄存器 TMOD 为定时方式并选择相应的工作方式(一般选择方式 2 以进行定时器初值重装入操作)。

④设置波特率参数。在单片机时钟频率已经确定的情况下影响波特率的参数还有两个,一是特殊功能寄存器 PCON 的 SMOD 位,另一个是相应定时器的初值,计算公式如下:

8051 和 PC 机通信的波特率由 SCON、PCON 和时钟频率 f_{osc} 来控制。如果 $f_{osc}=11.059\,2$ MHz,则工作在方式 1 或方式 3 时,重装入值 TH1 = FAH(250D),T1 工作在方式 2,且 SMOD = 1,则

$$\text{波特率}=\frac{2}{32}\times\frac{11\ 059\ 200}{12}\left(\frac{1}{256-250}\right)=9\ 600\ \text{b/s}$$

⑤允许串行中断。因在程序中我们一般采用中断接收方式,故应设 EA = 1,ES = 1。

⑥允许接收数据。设置 SCON 中的 REN 为 1,表示允许串行口接收数据。

⑦允许定时/计数器 T1 工作。令 TR1 = 1,就开启了 T1,使其产生波特率。

⑧编写串行中断服务程序。当有数据到达串口时,系统将自动执行所编写的中断服务程序。

⑨收/发相应数据。要注意的是每发送一个字节,需先将 TI 清零,每接收一个字节,在接收到后需将 RI 清零。

注意:时钟频率要在 VW 集成仿真界面中主菜单“仿真器设置”中的时钟频率栏中输入。

(2)通信程序举例

```
void main()
{   TMOD = 0x21;      /*定时器模式设置 */
    SCON = 0x58;      /*通信方式1,1位起始位,8位数据,1位停止位 */
    PCON = 0x00;      /*SMOD=0  */
    TH1 = 0xfd;       /*9600b/s,11.0592MHz */
    TR1 = 1;          /*启动T1 */
    ET1 = 0;          /*禁止T1中断 */
    ES = 1;           /*允许串行口中断 */
    EA = 1;           /*开放总中断 */
```

```
    }
  /* Receive data from  RS-232 */
void sirial_port(void) interrupt 4  using 1
{  uchar ii;
   unsigned char picknum[10];
   EA=0;                    /* 关中断 */
   if(RI==1)                /* 判断是否真的串口中断 */
       {
       RI = 0;
       ii = SBUF;
       if(ii==0x41) /* 41 是本机地址码 */
       { TI=0;
           for(ii=0;ii<100;ii++)
             {  SBUF = dat1[ii]; /* 发送 dat1[]中的数据 */
             while(TI==0); /* 等待发送完毕 */
             TI = 0; /* 清 TI 为 0 */
             }
       }
     }
  EA=1; /* 开中断 */
}
```

5. 实验报告要求

(1)总结 RS-232C 通信原理与方法。

(2)列出自己完成的实验内容清单。

实验 4　键盘输入实验

1. 实验目的

了解键盘的工作原理，掌握键盘的控制方法。

2. 实验设备

智能仪器实验仪 1 台，PC 微机 1 台，实验软件 1 套。

3. 实验原理

单片机应用系统中除了复位按键有专门的复位电路，以及专一的复位功能外，其它按键或键盘都是以开关状态来设置控制功能或输入数据的。因此，这些开关不只是简单地用于电平输入。图中的 74HC147 是编码器，将键值编为数码。KEY573 是键盘与单片机的接口芯片。

(1)键盘的输入过程与软件结构

当所设置的功能键或数字键按下时，计算机应用系统应完成该按键所设定的功能。因此键信息输入是与软件结构密切相关的过程。对某些应用系统，例如智能仪表来说，键输入程序是整个应用程序的重要部分。对一组键，或一个键盘，总有一个接口电路与 CPU 相连。通过软件了解键输入信息，CPU 可以采用中断方式或查询方式了解有无键输入并检查是哪一个键按下，当有键按下时，执行该键的功能程序。

图 S4.1 是 MCS－51 单片机应用系统的键输入过程框图。

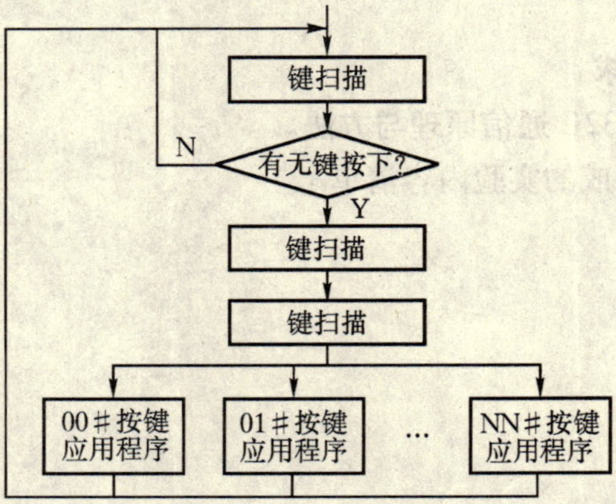

图 S4.1　键输入过程框图

(2)按键的结构

按键结构见图 S4.2。本实验中所用的键盘为独立式键盘。独立式键盘是指直接用 I/O 口线构成的单个按键电路。每个独立式按键单独占有一根 I/O 口线，每根 I/O 口线上的按键工作状态不会影响其它 I/O 口线的工作状态。独立式按键电路配置灵活，软件结构简单，但每个按键必须占用一根 I/O 口线，在按键数量较多时，I/O 口线浪费较大。故在按键数量不多时，常规定这种按键电路。实验中所采用的按键电路如图 S4.2 所示。

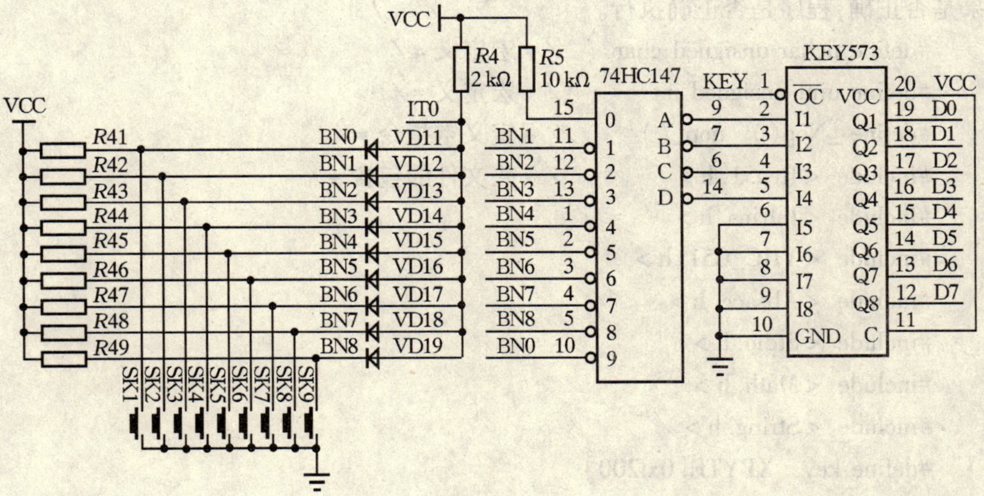

图 S4.2　按键电路图

实验中按键的工作方式既可以采用中断式，又可以采用查询式。通常按键输入都规定低电平有效。上拉电阻保证了按键断开时，I/O 口线有确定的高电平。

(3) 如何编制好键盘程序

一个完善的键盘控制程序应具备下列功能。

①监测有无按键按下。

②有键按下后，在无硬件去抖动电路时，应有软件延时方法去除抖动影响。采用软件去除抖动影响的办法是在检测到有按键按下时，执行一个 10 ms 的延时程序后再确认该键电平是否仍保持闭合状态电平，如保持闭合状态电平则确认为真正键按下状态，从而消除了抖动影响。

③有可靠的逻辑处理方法。如 n 键锁定，即只处理一个键，其间任何按下又松开的键不产生影响；不管一次按键持续有多长时间，仅执行一次按键功能程序等。

4. 实验内容

编程读取键盘的键值，通过判断键值进行程序控制，通过仿真机观察实验结果。

(1)获取键值

本实验中键盘的地址定义为 0F200H,编程通过函数的调用获得各键的键值。其中,通过软件去除键盘抖动。

(2)根据键值进行程序控制

编程实现通过键盘控制两个以上的程序段,并且通过仿真机调试、观察实验结果是否正确,程序是否正确执行。

```
#define uchar unsigned char          /*宏定义*/
#define uint unsigned int            /*宏定义*/
#define _Nop() _nop_()               /*定义空指令*/
#include <Reg51.h>                   /*头文件的包含*/
#include <Intrins.h>
#include <VIIC_C51.h>
#include <Absacc.h>
#include <Stdio.h>
#include <Math.h>
#include <String.h>
#define key   XBYTE[0xf200]
unsigned char xdata kdata _at_ 0x0030;
void main()
{
    SP = 00x60;                      /*设置堆栈指针*/
  kkk:Delay();                       /*延时去抖动*/
      kdata = key;                   /*读键值*/
    goto kkk;
}
```

(3)编制一段循环程序,将每个键值读入一个数组内的各单元中。观测读到的键值。

(4)编制一段程序,每按下第二个键,LED 灯闪亮一次。按其它键无效。

5. 实验报告要求

(1)总结键盘接口电路原理与读键方法。

(2)列出自己编写的键处理程序清单。

实验5　液晶图形与字符显示实验

实验仪所用液晶为由东芝公司出品的 T6963C 芯片控制的 240128 型液晶，由 240×128 个像素点构成，内有 64 KB 存储空间，可进行图形和字符的显示。

1. 实验目的

(1)掌握液晶显示的基本原理；

(2)学会使用液晶进行字符显示；

(3)学会使用液晶进行图形显示。

2. 实验设备

智能仪器实验仪 1 台，PC 微机 1 台，实验软件 1 套。

3. 实验原理

(1)硬件电路

实验硬件电路见图 S5.1。地址译码器将地址选通信号接入液晶的选通端口

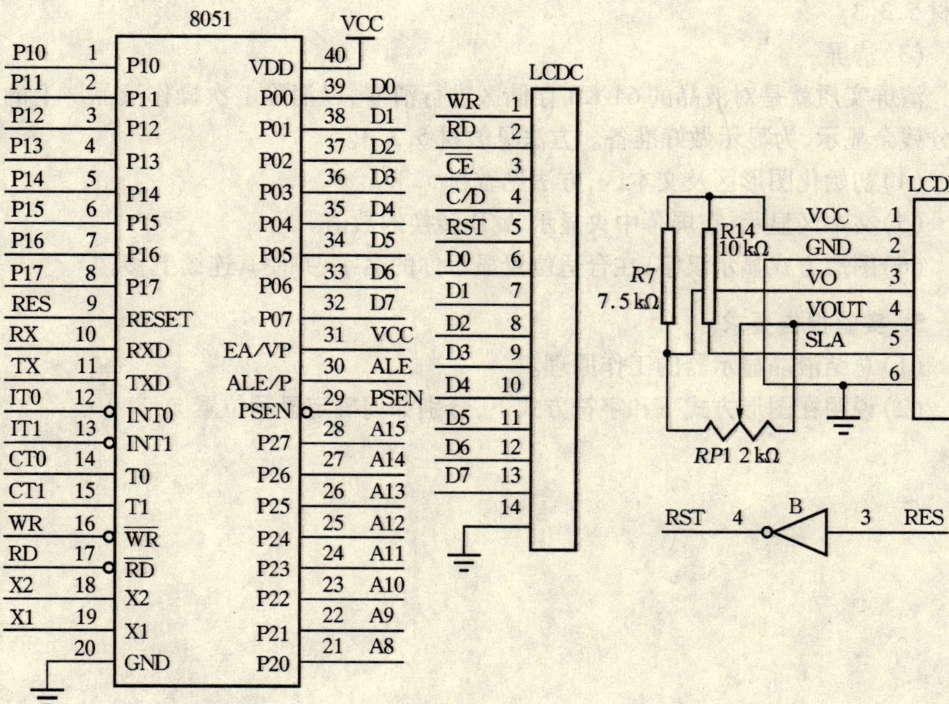

图 S5.1　液晶电路连接图

$\overline{\text{CE}}$端，地址的最低位 A0 位接入液晶的指令数据选择端口 C/D，使液晶的数据和指令地址分别为 F100H 和 F101H。240128 液晶内部有 64 KB 的 RAM，这些存储区又可设置为图形显示区和字符显示区（字符区又称为文本区），两部分区域可以通过设置图形显示区和字符显示区首地址来自由分配在 64 KB 数据区内。两区域所显示内容按一定的逻辑关系同时显示在液晶屏上，注意在分配数据区时两部分地址不可以重叠。

4. 实验内容及步骤

在使用液晶前首先要对液晶进行初始化，初始化主要包括：清屏、设置图形区首地址及宽度、设置文本区首地址及宽度、设置显示方式、设置显示开关。然后就可对图形区和文本区进行读写，进行图形和文本的显示。（本程序以 C 语言为例）

（1）设置数据区

首先根据硬件已规定的地址对液晶数据及指令地址进行设置，以方便对数据及指令的读写。设置方法见教材 5.3.3 节，显示程序编制方法见教材 5.3.4。

（2）测试液晶状态

在液晶进行读写前必须读状态寄存器以检查液晶是否准备好，测试子程序见教材 5.3.3。

（3）清屏

清屏实质就是对液晶的 64 KB 存储区进行清零，以消除上次操作液晶屏上的部分残余显示，为显示做好准备。方法见教材 5.3.3。

（4）初始化图形区及文本区，方法见教材 5.3.3。

（5）文本区显示，在屏幕中央显示 A/D 转换的数值。

（6）图形方式显示汉字，在合适位置显示你的名字，并使其连续上移。

5. 实验报告要求

（1）总结液晶显示器的工作原理。

（2）说明在图形方式下和字符方式下，分别如何确定显示位置。

实验 6　开关量输入与输出实验

1. 实验目的

(1)了解开关量的输入、输出操作;

(2)进一步熟悉单片机软件的运行及对端口操作的特点。

2. 实验器材

智能仪器实验仪 1 台,PC 微机 1 台,实验软件 1 套。

3. 实验电路及原理

开关量作为 CPU 能直接识别的信号,在单片机系统中常常用到。对于 8051 单片机有 4 个八位的并行接口,记作 P0、P1、P2 和 P3,共 32 根 I/O 线,每一个 I/O 口都能独立地用作输入或输出。作输出时,数据可以锁存,作输入时数据可以缓冲。但这 4 个接口的功能不完全相同(详细内容可参考教材)。本实验采用 P0 作为数据输入和输出总线。本实验的开关量输入电路见图 S6.1。开关量输出电路见图 S6.2。

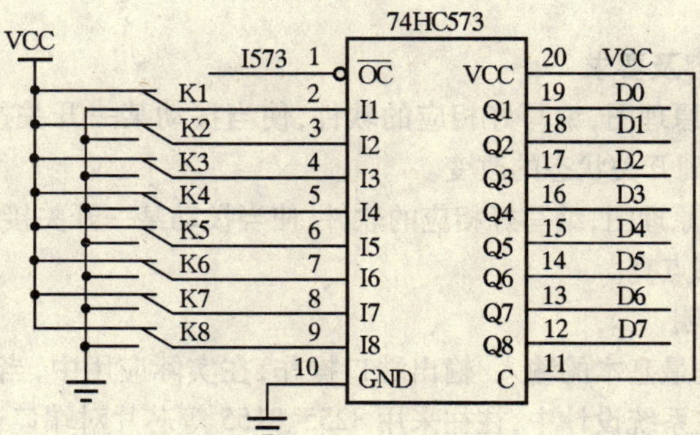

图 S6.1　开关量输入电路

输入电路接口芯片为 74HC573,其作用主要是对开关 K1 ~ K8 的状态进行传递并在必要时隔离总线。74HC573 的 $\overline{OC}$ 为高电平时,其输出端口 Q1 ~ Q8 呈现高阻态,使其内部总线与外部总线隔离开,外部总线被释放保证总线对其它芯片的操作;当该引脚为低电平时,74HC573 的内部总线与外部总线接通,开关的状态被传递到外部数据总线,其数值被 CPU 读入。74HC573 选通地址为 F400H。

在输出电路图中的芯片 74HC574 是触发器,其作用是触发输出并锁存数据,D0 ~ D7 接单片机的数据总线,第 1 脚接低电平,保证芯片处于导通状态,当 11 脚有电平上跳沿时(其地址为 F500H)则输入数据被送到输出口,并被锁存在输出端,当某输出脚为高电平时,则相应的发光二极管被点亮。图中的 $R1 \sim R8$ 是限流电阻,其作用是限制发光二极管的电流。

实验中要注意,开关量的采集要以总线的形式读入数据,点亮二极管的数据也要以总线的形式送出。

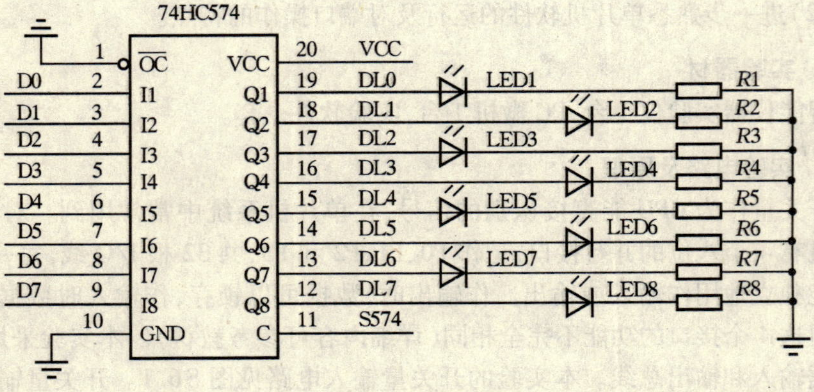

图 S6.2　开关量输出电路

4. 实验内容及要求

(1)据电路原理图,编写好相应的软件,使当拨动某一开关接地时,对应的二极管被点亮,直到开关状态的改变。

(2)据电路原理图,编写好相应的软件,使当拨动某一开关接地时,8 个二极管按某一方式全部点亮。

(3)实验说明

本实验只是最基本的输入/输出端口操作,在实际应用中,当只有少量的开关量时才使用。在系统设计中,往往采用 8255、8155 等芯片对端口进行扩展,相关的知识可参考教材或有关书籍。

5. 实验报告要求

(1)总结输入输出的电路原理。

(2)列出自己编写的开关量输入输出的程序清单。

实验7　定时器/计数器中断实验

1. 实验目的

掌握定时器/计数器的定时用法和计数用法。

2. 实验设备

智能仪器实验仪1台，PC微机1台，实验软件1套。

3. 实验原理

MCS－51单片机内部设置有两个16位可编程的定时器/计数器T0和T1，用于定时或对外部事件进行计数。在用作“定时器”时，每个机器周期，内部计数器加1，即按机器周期计数。机器周期乘以计数次数（常数）即为定时时间。由于一个机器周期包括12个振荡周期，因此，计数速率为振荡频率的1/12。在用作“计数器”时，对外部输入端T0、T1上从1到0的跳变信号（即事件）进行加1计数。在计数状态下，每一个机器周期（或之后）采样为低电平时，内部计数器加1。由于采样一个1到0的跳变至少需要两个机器周期，即24个振荡周期，因此外部计数的最快速率为振荡频率的1/24。外部输入信号的速率向下不受限制，但脉冲宽度至少要保持一个完整的机器周期。

定时/计数器主要由4个8位计数器（TH0、TL0、TH1、TL1）和两个特殊功能寄存器（TMOD、TCON）组成，TH0、TL0为T0计数器，TH1、TL1为T1计数器。

两个定时/计数器共有4种工作方式，可通过编程进行选择。

（1）定时/计数器工作方式寄存器TMOD，用来存放定时/计数器工作方式控制字，其格式如下：

D7	D6	D5	D4	D3	D2	D1	D0
GATE	$C/\overline{T}$	M1	M0	GATE	$C/\overline{T}$	M1	M0
用于T1				用于T0			

其中GATE为定时/计数器控制权选择位，用于T1以控制定时/计数器是由程序启停还是由外部INT0上的信号启停。当该位置“1”时，由外部信号启停，此时外部INT0为高电平，同时TR置“1”，定时/计数器启动；当该位置“0”时，由程序启停，此时，仅当TR置“1”，定时/计数器启动。C/T为定时/计数选择位，该位置“1”时，选择计数；该位置“0”时，选择定时。M1、M0为工作方式选择位，其功能如下：

M1	M0	方式	功能说明
0	0	0	13 位计数器(TL0 为 5 位,TH0 为 8 位)
0	1	1	16 位计数器
1	0	2	可自动重装入的 8 位计数器
1	1	3	把定时/计数器 T0 分成一个 8 位定时/计数器和一个 8 位定时器

(2)定时/计数器启停控制寄存器 TCON,也称状态寄存器,用来控制定时器/计数器的启停和作为计数的溢出标志,其格式如下:

D7	D6	D5	D4	D3	D2	D1	D0
TF1	TR1	TF0	TR0	IE1	IT1	IE0	IT0

其中低 4 位用于中断控制,高 4 位用于定时器/计数器的启停控制和溢出标志,其功能如下。

TF1:定时/计数器 T1 溢出中断标志,当 T1 溢出时,该位自动置“1”,当 CPU 转入中断服务程序时,该位由内部硬件清“0”。

TR1:定时/计数器 T1 的启停控制位,由程序置“1”或者清“0”来控制 T1 的启停。

TF0:定时/计数器 T0 溢出中断标志,其作用与 TF1 相似。

TR0:定时/计数器 T0 的启停控制位,其作用与 TR1 相似。

IE1:外中断 1 的请求标志。当外中断 1 请求中断时该位置“1”。

IT1:外中断 1 的中断触发方式控制位,当 IT1 =0 时,设置 INT1 为电平触发方式, INT1 为低电平时,将 IE1 置为“1”;当 IT1 =1 时,设置 INT1 为下跳沿触发方式,INT1 端出现 1 到 0 的跳变时 IE1 被置为 1 触发中断。

IE0:外中断 0 的请求标志,当外中断 0 请求中断时该位置“1”。

IT0:外中断 0 的中断触发方式控制位,当 IT0 =0 时,设置 INT0 为电平触发方式, INT0 为低电平时,将 IE0 位置“1”;当 IT0 =1 时,设置 INT0 为下跳沿触发方式,INT0 端出现 1 到 0 的跳变时 IE0 被置为 1 触发中断。

本实验中,使用两种方式获得脉冲计数,一种是通过手拨动开关来提供脉冲输入;另一种方式是通过 V/F 变换得到均匀的脉冲输入。电路图见图 S7.1。

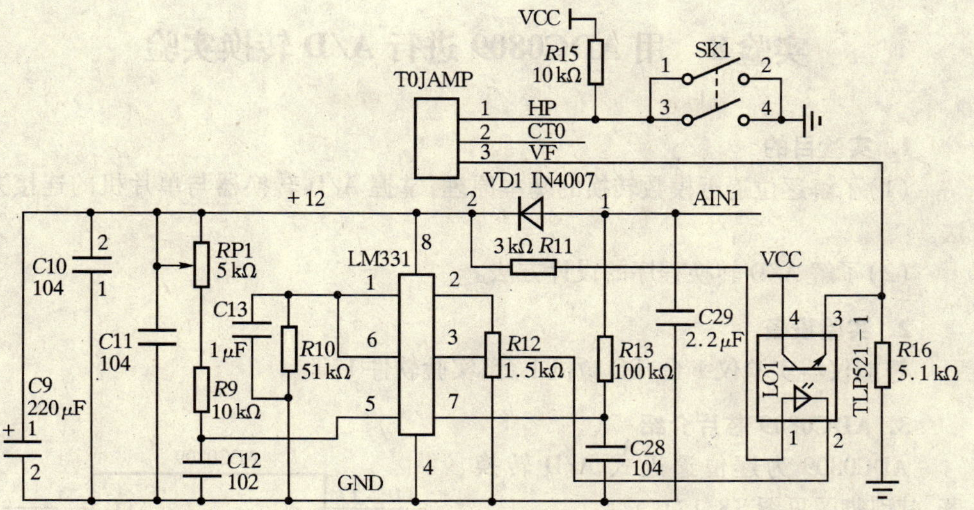

图 S7.1　定时/计数器实验电路图

4. 实验内容

(1)编程将两个定时/计数器设定为定时器,工作方式0,并从数据输出锁存发光二极管观察实验结果。连续计满10次溢出时,发光管变换1次状态。

(2)编程将两个定时/计数器设定为定时器,工作方式1,并从数据输出锁存发光二极管观察实验结果。连续计满10次溢出时,发光管变换1次状态。

(3)编程将两个定时/计数器设定为计数器,工作方式1,计数容量为100,计数脉冲通过V/F变换产生。通过仿真机观察结果。

5. 实验报告要求

(1)总结定时/计数器设置方法。

(2)列出自己编写的定时/计数器程序清单和定时/计数实验结果。

实验 8　用 ADC0809 进行 A/D 转换实验

1. 实验目的

(1) 了解逐位逼近模数转换的基本原理，掌握 A/D 转换器与单片机的连接方法。

(2) 了解 A/D 转换程序的设计方法。

2. 实验设备

智能仪器实验仪 1 台，PC 微机 1 台，实验软件 1 套。

3. ADC0809 芯片介绍

ADC0809 为逐位逼近式 A/D 转换器，其引脚图见图 S8.1。

其引脚功能如下。

D7 ~ D0：8 位数据输出线。

IN7 ~ IN0：8 路模拟信号输入。

ADDC、ADDB、ADDA：地址，用于 8 路模拟信号输入通道的选择。

ALE：地址锁存允许，其正跳变锁存地址线状态，经译码选通对应的模拟输入通道。

START：启动信号，上升沿使片内所有寄存器清零，下降沿启动 A/D 转换。

EOC：转换结束信号，转换开始后，此引脚变为低电平，转换一结束，此引脚变为高电平。

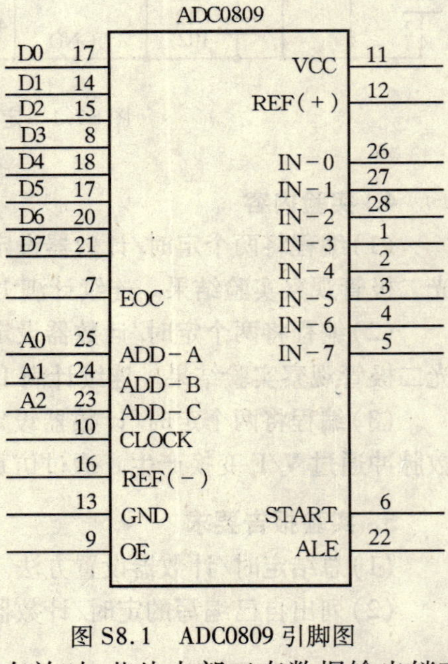

图 S8.1　ADC0809 引脚图

OE：输出允许，此引脚为高电平有效，当有效时，芯片内部三态数据输出锁存缓冲器被打开，转换结果送到 D7 ~ D0 口线上。

CLOCK：时钟，最高可达 1 280 kHz，由外部提供。

REF(＋)、REF(－)：参考电压正极、负极，通常 REF(＋)接 VCC，REF(－)接 GND。

VCC：电源，＋5 V；GND：地线。

4. 实验原理

其连接由片选信号产生电路和其它控制信号连接电路组成，见图 S8.2。图中，高 8 位地址总线通过 GAL20V8 译码，产生 ADC0809 的片选地址信号 F30XH，其中 X 所表示的是低四位 A3、A2、A1、A0 所产生的地址信号，A2、A1、A0 是 8 路模拟信号输入通道的地址选择线，具体见表 S8.1。

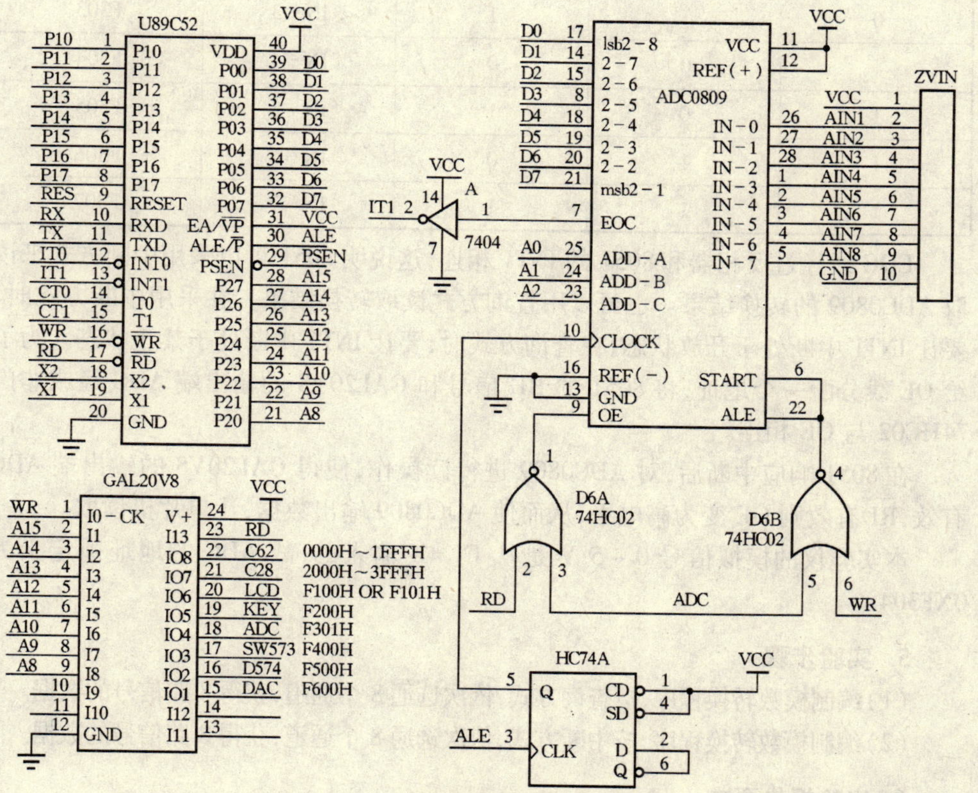

图 S8.2　ADC0809 转换器的电路连接图

由图可见，START 和 ALE 互连可使 ADC0809 在接收模拟量信号路数地址时启动工作。START 信号由 8051 的 $\overline{WR}$ 和 GAL20V8 的输出端 ADC 经或非门 74HC02 产生。平时 START 因 GAL20V8 输出端 ADC 上为高电平而封锁。当 8051 选通 ADC 的地址 F30xH 时，ADC 输出为低电平，与 $\overline{WR}$ 的有效信号低电平共同作用于或非门 74HC02，使其输出 1 个高电平脉冲，加在 ADC0809 的 START 上，该正脉冲启动 ADC0809 工作，ALE 上正脉冲使得 ADDA、ADDB、ADDC 上的地址得到锁存。

表 S8.1 ADC0809 各信号通道地址

A2	A1	A0	AD 通道	地址
0	0	0	IN－0	F300
0	0	1	IN－1	F301
0	1	0	IN－2	F302
0	1	1	IN－3	F303
1	0	0	IN－4	F304
1	0	1	IN－5	F305
1	1	0	IN－6	F306
1	1	1	IN－7	F307

EOC 线经过反相器和 8051 的 INT1 相连,这说明 8051 可以采用中断方式来读取 ADC0809 的转换结果。也可以用查询方式读取转换结果。在采用中断方式时,要让 INT1 中断处于开放状态,在查询方式时,要让 INT1 中断处于禁止状态。为了给 OE 线分配一个地址,将 8051 的 RD 信号和 GAL20V8 的输出端 ADC 经或非门 74HC02 与 OE 相连。

在 8051 响应中断后,对 ADC0809 进行读操作,使得 GAL20V8 的输出端 ADC 有效,$\overline{RD}$有效则 OE 变为高电平,从而使 ADC0809 输出数据,让单片机读取。

本实验仪的模拟信号 0 ~ 5 V 是从 IN－4 输入的,故 ADC 的地址须定义为 0XF304。

5. 实验步骤

(1) 编制模数转换程序,按查询方式,依次选通 8 个通道,获得 8 路信号的数据。

(2) 编制模数转换程序,按中断方式,依次选通 8 个通道,获得 8 路信号的数据。

6. 实验报告要求

(1) 总结 ADC0809 模数转换原理。

(2) 列出自己编写的两种方式的模数转换程序清单。

实验9　用 V/F 变换方法进行 A/D 转换数据采集实验

1. 实验目的

掌握用 V/F 变换方法进行模数转换数据采集的方法。

2. 实验设备

智能仪器实验仪 1 台, PC 微机 1 台,实验软件 1 套。

3. 实验原理

用 V/F 变换方法进行模数转换采集数据,是工业现场对变化速度比较缓慢的信号进行数据采集时比较常用的方法。其基本原理是对振荡频率由外加电压控制振荡器的输出脉冲进行定时计数。这种振荡器的输出脉冲频率必须与外加电压成正比。当外加电压变化时,振荡频率随之变化,而且其输出频率与外加电压有良好的线性关系。

LM331 芯片就是一款优良的 V/F 变换器。信号电压输入给 LM331,经过 LM331 后,在其输出端得到对应频率的脉冲输出。再通过 8051 单片机的计数器,按确定的时间对其脉冲进行计数,即可获得外加信号电压的大小。

V/F 变换器和 8051 系统的接线图见本实验指导书图 S7.1。

图中信号电压从 AIN1 输入,经过 $R13$ 进入 LM331 的 7 脚,转换后的脉冲信号从 LM331 的 3 脚输出,经过光电耦合器 TLP521－1 到达连接器 IOJMP 的 3 脚,经跳线器连接 2、3 脚,脉冲信号进入 8051 的计数器 T0。注意 V/F 变换电路要用 12 V电压才能有效地工作。由于电压不同,采用光耦隔离。

程序举例:

```
void main( )
{   TMOD = 0x25;        /* 设置 T0 为 16 位计数器 */
    TCON = 0x45;
    SCON = 0x58;
    PCON = 0x00;
    TH0 = 0x00;
    TL0 = 0x00;
    TH1 = 0xfd;         /* 9600BPS 11.0592 MHz */
    TL1 = 0xfd;
    TR0 = 1;            /* start timer 0 */
    TR1 = 1;            /* start timer 1 */
```

```
    ET0 = 1;              /* enable Timer0 interrupt */
    EX0 = 0;              /* disable external-0 interrupt */
    EX1 = 0;              /* disable external-1 interrupt */
    ES = 1;               /* enable sirial-port interrupt */
    EA = 1;               /* global interrupt enable */
    }
  /* 定时计数程序 */
void COUNT(void)
{   int data1,data2,data3;
    unsigned char picknum[10];
    EA = 0;
    TH0=0;TL0=0;        /* 计数器 T0 清零 */
    data1 = 0;
    TR0 = 1;              /* 启动计数器0 */
    delay(100);           /* 延时 100 ms */
    TR0 = 0;
    data1 = TH0;
    data2 = TL0;
    data3 = data1<<8 + data2;
    /* data3 就是定时 100 ms 时间的计数值,观察变量 data3 */
}
```

4. 实验内容

(1)编写延时程序 delay(100);

(2)用计数器 0 对输入电压信号进行数据采集并观察结果。

5. 实验报告要求

(1)总结 V/F 变换模数转换方法。

(2)列出自己在转换中,输入电压数值与对应的转换结果数值。

实验 10　大量数据存储与保存实验

1. 实验目的

(1)熟悉、了解单片机的存储空间分配及数据存储与保存操作;

(2)进一步熟悉单片机软件的编写及对数据存储空间的设置操作;

(3)熟练掌握伟福仿真机的使用及程序调试、编译、下载、运行技能。

2. 实验相关知识

当程序中设定了一个数组时,C 编译器就会在系统的存储空间开辟一个区域用于存放该数组内容。数组就包含在这个由连续存储单元组成的存储体内。对字符数组而言,它占据了内存中一串连续的字节位置。对整型(int)数组而言,它们将在存储区中占据一串连续的字节对的位置。对长型(long)或浮点(float)数组,一个成员将占有 4 个字节的存储空间。对于多维数组来说,一个 10×10×10 的三维浮点数组将需要大约 4 KB 的存储空间,而一个 25×25×25 的三维浮点数组就需要大于 62 KB 的存储空间(8051 单片机的最大可寻址空间只有 64 KB)。

当数组、特别是多维数组中大多数元素没有被有效地利用时,就会浪费大量的存储空间。8051 单片机这样的嵌入式控制器,不像 PC 机系统那样拥有大量的存储区,其存储资源极为有限,因此无论如何不能被不必要地占用。因此在进行编程开发时要仔细地根据需要来选择数组的大小。

8051 系列单片机在物理上有 4 个存储空间:①片内程序存储空间;②片外程序存储空间;③片内数据存储空间;④片外数据存储空间。

8051/8751 单片机有 4 KB 片内 ROM/EPROM,其片内地址为 0000H～0FFFH。8051 单片机无片内 ROM,需要在片外扩展程序存储器。对于 8051/8751 系列单片机,当片内 4 KB 程序存储器(ROM)不够用时,需要扩展片外程序存储器。由于 8051 系列单片机的程序计数器 PC 和数据存储器的地址指针 DPTR 都是 16 位字长的,因此 8051 系列单片机存储空间的最大可寻址空间为 64 KB,地址范围 0000H～0FFFFH。其存储单元地址分布见图 S10.1。

对于 8051 和 8751 系列单片机,其片内、片外的 ROM 空间的地址从 0000H～0FFFH 是重叠的。外加一个电平信号到 8051 系列单片机芯片的 EA 引脚上,可以选择地址重叠区中的片内地址或片外地址。对于片内有 ROM/EPROM 的 8051/8751系列单片机,就将其引脚接到高电平(VCC)。运行时,CPU 从片内 ROM/EPROM的 0000H 地址处开始执行程序,当 PC 值超过 0FFFH 时,自动转换到片外 ROM/EPROM 区的 1000H～0FFFFH 地址空间去执行程序。而对于片内无

ROM/EPROM的8051 系列单片机,必须在片外扩展 EPROM,则 EA 端就接到低电平(GND),使 CPU 从外部 EPROM 的 0000H 地址开始读取程序指令。

8051 系列单片机的数据存储空间也分片内和片外两种,二者的地址空间彼此是独立的,各有不同的指令。由于片外数据存储器的地址指针 DPTR 是 16 位的,因此片外 RAM 扩展的最大地址空间为 64 KB,地址从 0000H ~ 0FFFFH。

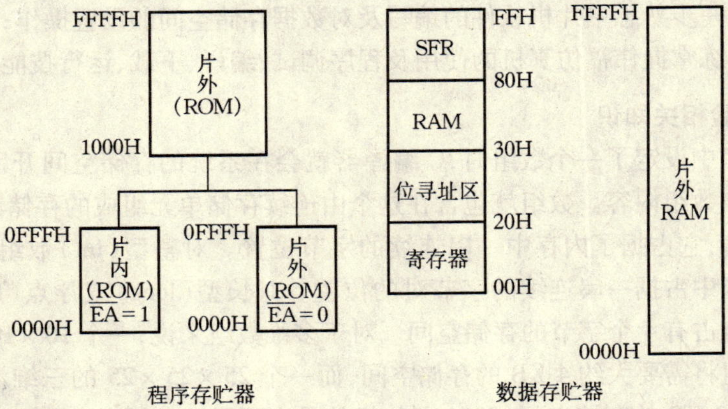

图 S10.1　8051 单片机的存储空间分布

片内数据存储器地址范围是 00H ~ 0FFH。其范围又可分为两大区域:从 00H ~ 7FH为片内低 128 字 RAM 区;80H ~ 0FFH 为特殊功能寄存器区(SFR)。地址为 00H ~ 7FH 的低 128 字节片内 RAM 区又可分为三个区域:①通用寄存器区;②可位寻址区;③用户 RAM 区(堆栈也可以设在这里)。当不使用通用寄存器时,00H ~ 1FH 区域可作为用户 RAM 区使用,用字节地址寻址。可位寻址地址为 20H ~ 2FH的 16 个字节单元,这些单元既可以按字节寻址,也可按位地址操作,位地址为 00H ~ 7FH,共 16 × 8 = 128 位。用户 RAM 区地址为 30H ~ 7FH,这个区域只能用字节地址寻址,堆栈可以设在这里。

总之在 8051 系列单片机中,程序存储器与数据存储器严格分开,特殊功能寄存器与片内数据存储器统一编址,这是其特点之一。

C51 编译器完全支持 8051 单片机硬件结构,可完全访问 8051 硬件系统的所有部分。该编译器通过将变量、常量定义成不同的存储类型的方法,将它们定位在不同的存储区中。存储类型(data, bdata, idata, pdata, xdata, code)与 8051 单片机实际存储空间的对应关系如表 S10.1。

表 S10.1　存储类型与 8051 单片机实际存储空间的对应关系

存储类型	与存储空间的对应关系
data	直接寻址片内数据存储区,访问速度快(128 字节)
bdata	可位寻址片内数据存储区,允许位与字节混合访问(16 字节)
idata	间接寻址片内数据存储区,可访问片内全部 RAM 地址空间(256 字节)
pdata	分页寻址片外数据存储区(256 字节)由 MOVX @ R0 访问
xdata	片外数据存储区(64 KB),由 MOVX @ DPTR 访问
code	代码存储区(64 KB),由 MOVC @ DPTR 访问

其存储类型及其大小和值域如表 S10.2 所示。

表 S10.2　8051 单片机存储类型与值域范围

存储类型	长度(bit)	长度(Byte)	值域范围
data	8	1	0 ~ 127 8bit
idata	8	1	0 ~255 8bit
pdata	8	1	0 ~255 8bit
code	8	1	0 ~65 535 8bit
xdata	8	1	0 ~65 535 8bit

3. 实验器材

智能仪器实验仪 1 台, PC 微机 1 台,实验软件 1 套。

4. 实验步骤

(1)实验电路组成及工作原理

本实验的电原理图在硬件实验 1 中已经介绍过了。6264 空间大小为 8 KB,地址为 0000H ~ 1FFFH。2864 与 6264 的区别是 2864 是非易失性存储器 E^2PROM,掉电后数据能有效地保存。但其数据固化速度比 6264 慢得多。在写入一个字节后必须延时 10 ms 后才能再次写入数据。2864 的引脚见图 S10.2。

由于 2864 是非易失性存储器,因此实验中数据库的开发主要对本芯片地址存储区进行操作。其空间大小为 8 KB,地址为 2000H ~ 3FFFH。

(2)实验内容及要求

①按实验要求连接好实验电路板及仿真机;编写程序在 6264 存储区间地址(0000H ~ 1FFFH)内开辟数组空间;对数组值进行改写,并通过仿真机观察数组地

址内容的变化情况。

②按实验要求连接好实验电路板及仿真机；编写程序在2864存储区间地址内（2000H～3FFFH）开辟数据库空间；对数据库初始化赋值，特别注意在每个字节写入语句后边，必须调用延时15 ms的延时程序，以保证可靠地写入。通过仿真机观察存储单元内容的变化情况。保存数据库内容并按规定程序关掉仿真机及实验板电源；按规定程序再打开仿真机及实验板电源，再次读出2864数据库地址内容，并比较是否与上次保存的值相同。

(3) 注意事项

①在实验过程中，要注意地址分配情况，各数组地址不得重叠，否则重叠地址内的值只能是最后改写的值，读写时会有误。

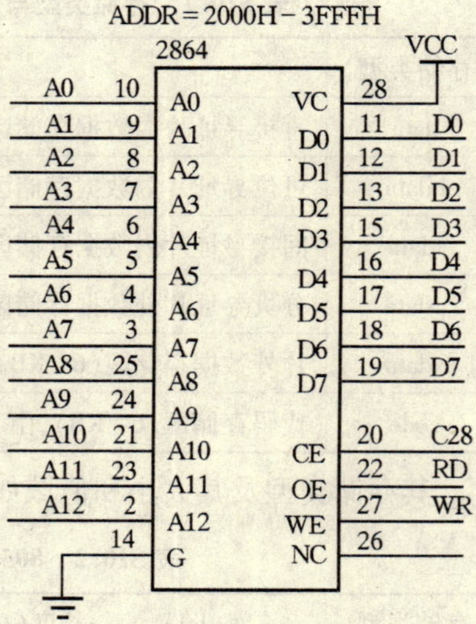

图 S 10.2　2864引脚图

②开发数组与数据库时，先要算好数组与数据库的大小，最好各数据段之间留有几个字节的空间，便于观察与区别。

5. 实验报告要求

(1) 总结6264存储器读写原理与方法。

(2) 列出自己编写的2864中数据库的程序清单。

附录　C51 程序设计语言简介

C 语言是一种通用的计算机程序语言，具有一般高级语言的特点。它克服了汇编语言编写程序的可读性差和可移植性差、程序开发周期长、调试和排错困难的缺点，又克服了高级语言编程难以实现汇编语言对于计算机硬件的直接操作的缺点。因此 C 语言应用越来越广泛。

C 语言编写的程序必须经过编译和链接后才能生成可执行的代码，C51 编译器的作用是把 C 语言源程序翻译成 51 单片机的目标代码文件，但是这个目标代码文件地址是浮动的，不能直接装入 8051 单片机的 EPROM 中运行，必须经过链接定位器 L51 的链接和定位，生成具有绝对地址的目标代码才能在单片机中运行。

1. C51 程序设计的基本语法

(1)数据类型

字符类型 char，整型 int，长整型 long，浮点型 float，指针型 *，位变量 bit，特殊功能寄存器 sfr，16 位特殊功能寄存器 sfr16，寄存器可寻址位 sbit。

(2)变量及其存储模式

在 C51 中，对变量进行定义的格式如下：

[存储种类] 数据类型 [存储器类型] 变量名；

其中，“存储种类”和“存储器类型”是可选项。变量的存储种类有四种：自动(auto)，外部(extern)，静态(static)和寄存器(register)。默认的存储种类是自动(auto)。

其数组和变量地址也可以在定义变量时指定。例如：

char xdata peram[248] _at_ 0x1640；就将数组 peram[ ]定义在外部数据存储区从 1640 单元开始的 248 个字节的存储区中。

8051 单片机的存储类型见表 F1.1

表 F1.1　8051 单片机存储器类型

存储器类型	访问位置
data	直接访问内部数据存储器(128 字节)
bdata	可位寻址内部数据存储器(16 字节)
idata	间接访问内部数据存储器(256 字节)
pdata	分页访问外部数据存储器(256 字节)
xdata	外部数据存储器(64 KB)
code	程序存储器(64 KB)

为了访问单片机里的一些特殊功能寄存器，C51 编译器扩充了关键字 sfr 和 sfr16，其定义方法如下：

sfr 特殊功能寄存器 = 地址常数

如，sfr P0 = 0x80； /＊定义 I/O 口 P0，其地址为 80H＊/

sfr16 T2 = 0xCC； /＊定义 TIMER2：其地址为 T2L = 0CCH，T2H = 0CDH＊/

为了访问特殊功能寄存器的某些位，C51 扩充了关键字 sbit，利用它可位寻址对象。其定义方法如下：

①sbit 位变量名 = 位地址；这种方法定义时，位地址必须位于 80H ~ FFH 之间。

如，sbit OV = 0xD2；

②sbit 位变量名 = 特殊功能寄存器^位地址；“位地址”是一个 0 ~ 7 的常数。

如，sfr PSW = 0xD0；

sbit OV = PSW^2；

sbit CY = PSW^7；

③sbit 位变量名 = 字节地址^位地址；“字节地址”必须在 80H ~ FFH 之间。“位地址”是一个 0 ~ 7 的常数。

如，sbit OV = 0xD0^2；

(3)8051 并行接口及其 C51 定义

8051 单片机芯片内有 4 个 8 位的并行口，共 32 根 I/O 线。每个口主要由 3 部分组成：端口锁存器；输入缓冲器；输出缓冲器；把这 4 个并行口分别称为 P0、P1、P2、P3，其中 P1 口、P2 口和 P3 口为准双向口，P0 口为双向三态口。

除了 8051 芯片上的 4 个 I/O 口之外，还可以在片外扩展硬件 I/O 口。8051 单片机没有专用的 I/O 指令，其扩展硬件 I/O 口的地址与数据存储器地址是统一编址的，即把一个这样的口当作数据存储器中的一个单元来看待。

8051 系列单片机的内部口是可以位寻址的，而大部分外部 I/O 口是字节寻址，在口地址指定硬件扩展电路时，可以在内部口中设置 I/O 控制线和信号线，而将外部口定义为字节宽度 I/O 口，这样在编程时可以大大简化寻址，并避免使用许多逻辑屏蔽位。

当使用 C51 进行编程时，8051 片内 I/O 口与片外扩展 I/O 口可以统一在头文件中定义，也可以在程序中(一般在开始的位置)进行定义，其方法如下：

对于 8051 片内 I/O 口用关键字 sfr 来定义。如，

Sfr P0 = 0x80； /＊定义 P0 口，地址 80H ＊/

Sfr Pl = 0x90； /＊定义 P1 口，地址 90H＊/

对于片外扩展 I/O 口，则根据其硬件译码地址，将其视为片外数据存储器的一

个单元,用#define 语句进行定义:

```
#include <absacc.h>
#define PORTA XBYTE[0xffc0]/* 将 PORTA 定义为外部 I/O 口,地址为
                              0xffc0,长度为 8 位 */
```

一旦在头文件或程序中对这些片内外 I/O 口进行定义以后,在程序中就可以自由使用这些口了。定义口地址的目的是为了便于 C51 编译器按 8051 实际硬件结构建立 I/O 口变量名与其实际地址的联系,以便使单片机能进行正确的硬件操作。以上这些端口定义在 REG51.h 头文件中已经全都有了,因此可以直接用包含头文件的方法调用。

(4)位变量

除了通常的 C 数据类型外,C51 编译器支持"bit"数据类型,对此说明如下。

①位变量的 C51 定义的语法及语义

```
bit direction_bit;     /* 将 direction_bit 定义为位变量 */
bit lock_pointer;      /* 将 lock_pointer 定义为位变量 */
bit display_invers;    /* 将 display_invers 定义为位变量 */
```

②函数可包含类型为"bit"的参数,也可以将其作为返回值

```
bit func(bit b0,bit b1)
{
    程序语句 /*…… */
    return(b1);
}
```

注:使用禁止中断[#pragma disable]或包含明确的寄存器组切换(using n)的函数不能返回位值,否则编译器将会识别出来,并返回一个错误信息。

③对位变量定义的限制

位变量不能定义成一个指针,如不能定义:bit *bit-pointer。

不存在位数组,如不能定义 bit b-array[]。

在位定义中,允许定义存储类型,位变量都被放入一个位段,此段总位于 8051 内部 RAM 中,因此存储类型限制为 DATA 或 IDATA,如果将位变量的存储类型定义成其它类型都将导致编译出错。

可位寻址对象指可以字节或位寻址的对象,该对象应位于 8051 片内可位寻址 RAM 区中,C51 编译器允许数据类型为 idata 的对象放入 8051 片内可位寻址 RAM 区中。

(5)运算符和表达式

①赋值运算符。格式:变量 = 表达式;如:X = 9 + 3 * b。

②算术运算符和关系运算符

格式:表达式 1　算术运算符　表达式 2

C 语言中的算术运算符有:	C 语言中的关系运算符有:
+ 加或取正运算符;	> 大于; < 小于;
- 减或取负运算符;	>= 大于等于; <= 小于等于;
* 乘运算符;	以上 4 种关系运算符优先级相同(高)。
/ 除运算符;	== 等于 ; != 不等于;
% 取余运算符。	以上 2 种关系运算符优先级相同(低)。

以上 3 类运算符的优先级从高到低是:算术运算符、关系运算符、赋值运算符。

③逻辑运算符

&& 逻辑与,为双目运算符,要求有两个运算对象。

|| 逻辑或,为双目运算符,要求有两个运算对象。

! 逻辑非,为单目运算符,只要求有一个运算对象。

④增量和减量运算符

++ 增量运算符。　-- 减量运算符。

⑤位运算符

格式:变量 1　位运算符　变量 2

~ 按位取反,例:b = ~a; & 按位与,例:a = b&c;

<< 位左移,例:b = a<<n; | 按位或,例:a = b|c(与逻辑或含义相同);

>> 位右移,例:b = a>>n;

^ 按位异或,对应位相同为 0,不同为 1,例:c = a^b。

⑥自增减运算符、复合运算符及其表达式

自增减运算符:++i,--i;在使用 i 之前,先使 i 值加(减)1;

i++,i--;在使用 i 之后,再使 i 值加(减)1;

自增减运算符只能用于变量而不能用于常量表达式。其结合方式是自右向左,如:-i++ 相当于 -(i++)。假定 i 原值为 3,则表达式 k = -i++ 的结果是 k = -4,i 值为 4。

复合运算符及其表达式:凡是二目运算符,都可以与赋值运算符"="一起组成复合运算符。C51 共提供了 10 种复合赋值运算符。如下:+=,-=,*=,/=,%=,<<=,>>=,&=,^=,|=。

采用这种复合赋值运算符的目的,是为了简化程序,提高 C 程序编译效率。如:a+=b 相当于 a=a+b; a-=b 相当于 a=a-b; a*=b 相当于 a=a*b;a/=b 相当于 a=a/b; a%=b 相当于 a=a%b; a<<=n 相当于 a=a<<n;a>>=n 相当于 a=a>>n。

又如:PORTA& =0xf7 相当于 PORTA = PORTA&0xf7。其作用是使用 & 运算,将 PORTA.3 位置为 0。

2. C51 流程控制语句

(1)选择语句 if

基本格式:if(条件表达式){ 语句 };

在这种结构中,如果圆括号中的表达式为真,则执行花括号的语句;否则,跳过花括号的语句,执行下面其它的语句。

(2)switch/case 语句

switch 语句的一般格式为:

```
switch(表达式)
    {
        case 常量表达式1:{语句1;}    break;
        case 常量表达式2:{语句2;}    break;
        ……
        case 常量表达式n:{语句n;}    break;
        default :{语句n+1;}
    }
```

当 switch 后边圆括号中表达式的值与某一 case 后面的常量表达式的值相等时,就执行它后面的语句,然后因遇到 break 语句而退出 switch 语句。若所有的 case 中的常量表达式都没有与表达式的值相匹配时,就执行 default 后面的语句。

(3)while 语句

格式:while(条件表达式){ 语句 /*循环体*/ };

在这里,条件表达式是 while 能继续循环的条件,而语句则是循环体,是执行重复操作的部分。只要表达式为真,就重复执行循环体里的句子。反之,中止 while 循环,执行循环之外的下一条语句。

(4)do while 语句

格式:do {语句;} /*循环体*/ while(条件表达式);

该语句的执行过程如下:先执行循环体的语句,然后执行条件表达式中的语句。如果表达式的结果为真,则继续循环;如果表达式的语句为假,则中止循环,执行此语句后面的程序。

(5)for 语句

格式:for([初值设定表达式];[循环条件表达式];[更新表达式])

{ 语句; }

for 语句的执行过程如下:

①先对设定表达式赋初值；

②判断循环条件表达式是否满足给定的条件，若满足，则执行循环体内的语句，否则结束循环。

3. 函数

函数定义的一般形式为：

函数类型　函数名(形式参数表)

形式参数说明

{

局部变量定义

函数体语句

}

函数分为无参数函数、有参数函数、空函数。函数的参数分为形式参数和实际参数。形式参数指的是在定义函数时，函数后面括号中的变量；实际参数指的是在函数调用时，函数后面括号中的表达式。

C51 编译器支持在 C 语言源程序里直接编写 8051 单片机的中断服务函数。为此，C51 编译器对函数的定义进行了扩展，增加了扩展关键字 interrupt。定义中断服务函数的一般形式为：

函数类型　函数名(形式参数表) interrupt n using n

关键字 interrupt 后面的 n 是中断号，n 的取值范围是 0 ~ 4。

8051 系列单片机可以在内部 RAM 中使用 4 个不同的工作寄存器组，每个寄存器组包括 8 个工作寄存器(R0 ~ R7)。C51 编译器扩展了一个关键字 using，专门用来选择 8051 单片机中不同的工作寄存器组。using 后面的 n 是一个 0 ~ 3 的常数，分别选择不同的工作寄存器组。

中断对函数目标代码的影响如下：

①当调用函数时，SFR 中的 ACC、B、DPH、DPL 和 PSW(当需要时)入栈；

②如果不使用寄存器组切换，中断函数所需要的所有工作寄存器都入栈；

③函数退出前，所有的寄存器内容出栈；

④中断函数由 8051 的指令“RETI”终止。

4. 数组

数组是一组有序数据的集合，数组中的每一个数据都属于同一个数据类型。数组中的各个元素可以用数组名和下标来唯一确定。

数组的定义格式为：

数据类型 数组名[常量表达式 1] [常量表达式 2]…[常量表达 n]；

其中,“数据类型”说明数组中各个元素的类型。“数组名”是整个数组的标识符, n 表示该数组的维数。

数组元素赋初值,可以采用如下方法:

数据类型［存储器类型］数组名[常量表达式]＝{常量表达式表}。

如在 ROM 中制作一张共阴极 LED 的显示字符段码表,可如下设置:

Char code EG[11] = {0x3F,0x06,0x5B,0x4F,0x66,0x6D,0x7D,0x07,0x7F,0x6F}。

当程序中设定了一个数组时,C 编译器就会在系统的存储空间开辟一个区域用于存放该数组的内容。数组就包含在这个由连续存储单元组成的存储体内。对整形(int)数组而言,它们将在存储区占据一连串连续的字节对位置,对于长型(long)数组,一个成员将占有 4 个字节的存储空间。当数组、特别是多维数组中大多数元素没有被有效利用时,就会浪费大量的存储空间。8051 是一个嵌入式控制器,存储资源有限,因此在进行 C51 编程开发时要仔细根据需要来选择数组的大小。

数组名还可以作为函数参数,一个数组的数组名表示的是该数组的首地址。用一个数组名作为函数参数时,在进行函数调用时参数传递方式是地址传送。

5. 指针

为了能够直接对存储单元进行操作,C 语言引入了指针的概念。指针变量的定义形式如下:

数据类型　［存储器类型］　*标识符;

如,char　xdata　*px　/*在 xdata 存储器中定义一个指向类型为 char 的基于存储器的指针。指针自身在默认的存储器区域,长度为 2 个字节*/

与指针变量有关的运算符有两个,它们是取地址运算符 & 和间接访问运算符 *。指针变量可以作为函数的参数,可以用指针来描述字符数组。另外,指针还有以下一些用法:

函数型指针　　如: int (*func1)();

指针数组　　如: int *RedKey[10];

指针型指针　　如: char **j;

抽象型指针　　如: void *p1;

以上仅是对用 C51 语言编程的简单介绍。C51 中函数、数组、指针的详细用法可以参考有关 C 语言程序设计的书籍。

参考文献

[1] 唐俊杰,等.微型计算机原理及应用[M].北京:高等教育出版社,1993.

[2] 王福瑞,等.单片微机测控系统设计大全[M].北京:北京航空航天大学出版社,1998.

[3] 窦振中.单片机外围器件实用手册[M].北京:北京航空航天大学出版社,1998.

[4] 毕宏彦,张日强,张小栋.计算机技术及应用[M].西安:西安交通大学出版社,2010.

[5] 毕宏彦,杨杰,蔡兵强,等.电力直流在线监测技术研究(系列 1—4)[J].自动化与仪表,2003(1):58~60;2003(2):58~59;2003(3):52~54.

[6] 张菊鹏.计算机硬件技术基础 [M].北京:清华大学出版社,2000.

[7] 朱毅.混凝土配料智能控制器技术的研究[D].西安:西安交通大学机械工程学院,2000.

[8] 薛之光.玻璃生产线精密配料控制技术的研究[D].西安:西安交通大学机械工程学院,2002.

[9] 吴小华.网络化的精密配料控制技术研究[D].西安:西安交通大学机械工程学院,2003.

[10] 周荃.智能监测与诊断及其网络技术研究[D].西安:西安交通大学机械工程学院,2003.

[11] 陈花玲,厉彦中,张小栋.机械工程测试技术[M].北京:机械工业出版社,2002.

[12] 郑学坚,周斌.微型计算机原理及应用[M].北京:清华大学出版社,2001.

[13] 刘玉清.基于 DSP 和 SPWM 的新型全自动生化分析仪电机控制系统的研究与开发[D].西安:西安交通大学机械工程学院,2004.

[14] 于光波.激光扫描实时控制系统研究[D].西安:西安交通大学机械工程学院,2004.

[15] 张亮,孟庆昌,华正权.Σ-Δ 模数转换器基本原理及应用[J].电子技术应用,1997(2):57~59;1997(3):50~51.

[16] 刘方华.便携式铁轨参数检测分析系统研究与开发[D].西安:西安交通大学机械工程学院,2005.

[17] 闻红志.太阳能及热泵联合集热模糊控制系统研究[D].西安:西安交通大学机械工程学院,2006.

[18] 唐春霞.基于 BP 神经网络的白灰窑生产线 DCS 控制系统的研究[D].西安:西安交通大学机械工程学院,2007.